R〈日本複製権センター委託出版物〉
本書(誌)を無断で複写複製(コピー)することは、著作権法上の例外を除き、禁じられています。本書(誌)をコピーされる場合は、事前に日本複製権センター(電話:03-3401-2382)の許諾を受けてください。

江川博康 著

弱点克服

大学生の微積分

東京図書

はしがき

　本書は，大学の数学として最初に学ぶ微積分学でつまずいている人，あるいは高校での微積分の授業を十分に受けられなかった文系出身の人で大学の微積分が必要となった人が，見てすぐわかることを最大の目標において書き上げました．

　教養課程で学ぶ微積分の重要かつ典型的な内容の中から，100項目をとりあげました．レベルは基本から標準です．読みやすく勉強しやすいように，一つの項目を見開きで，左頁が用語および定理・公式などの解説，さらに例題をとりあげて計算方法・公式の使い方などを説明しました．また，右頁にはそれぞれの項目の重要問題の解答および解答へのアプローチとなるポイントを入れました．解答は，さまざまな問題を解く上での土台になるように，きわめてオーソドックスなものを心がけました．さらに，理解の確認をはかれるように，練習問題として類題をつけ，巻末に詳しい解答を載せました．

　本書は，理系の人で，大学の数学と高校の数学とのギャップに困っている人にはもちろん，文系の学部から理系の学部への転部・編入を考えている人には，絶好の指南書になるものと確信しています．

　この本がそのような方々のお役に立てることを願っています．

　最後になりましたが，東京図書編集部の須藤静雄氏，則松直樹氏には執筆の当初より貴重なご意見，温かい励ましのお言葉をいただき，終始お世話になりました．ここに，感謝の意を表します．

2005 年 11 月

江川博康

目次

はしがき …………………………………………………………… iii
■このテキストの使用説明書 …………………………………… viii

Chapter 1. 1変数関数の微分法　　1

問題 01	右方極限・左方極限 …………………………………… 2 □□□
問題 02	不定形の極限 …………………………………………… 4 □□□
問題 03	重要な極限値（1） ……………………………………… 6 □□□
問題 04	重要な極限値（2） ……………………………………… 8 □□□
問題 05	はさみうちの原理 ……………………………………… 10 □□□
問題 06	関数の連続 ……………………………………………… 12 □□□
問題 07	微分係数の定義 ………………………………………… 14 □□□
問題 08	連続性と微分可能性 …………………………………… 16 □□□
問題 09	有理関数の微分法 ……………………………………… 18 □□□
問題 10	無理関数の微分法 ……………………………………… 20 □□□
問題 11	三角関数の微分法 ……………………………………… 22 □□□
問題 12	指数関数・対数関数の微分法 ………………………… 24 □□□
問題 13	対数微分法 ……………………………………………… 26 □□□
問題 14	逆三角関数 ……………………………………………… 28 □□□
問題 15	逆三角関数の微分法 …………………………………… 30 □□□
問題 16	双曲線関数の微分法 …………………………………… 32 □□□
問題 17	媒介変数による微分法，陰関数の微分法 …………… 34 □□□
問題 18	第2次導関数 …………………………………………… 36 □□□
問題 19	高次導関数 ……………………………………………… 38 □□□
問題 20	ライプニッツの公式 …………………………………… 40 □□□
問題 21	ロルの定理と平均値の定理 …………………………… 42 □□□
問題 22	コーシーの平均値の定理 ……………………………… 44 □□□
問題 23	ロピタルの定理 ………………………………………… 46 □□□
問題 24	テイラー展開 …………………………………………… 48 □□□
問題 25	マクローリン展開 ……………………………………… 50 □□□
問題 26	関数の近似式 …………………………………………… 52 □□□
コラム 1	ε-δ 論法とランダウの記号 ………………………………… 54

Chapter 2. 1変数関数の積分法　　55

問題 27	1次式型の不定積分	56 ☐☐☐
問題 28	分数関数の不定積分	58 ☐☐☐
問題 29	逆三角関数になる不定積分	60 ☐☐☐
問題 30	定積分の基本	62 ☐☐☐
問題 31	置換積分法（1）——丸見え型	64 ☐☐☐
問題 32	置換積分法（2）——無理関数	66 ☐☐☐
問題 33	置換積分法（3）——超越関数	68 ☐☐☐
問題 34	置換積分法（4）——三角関数による置換	70 ☐☐☐
問題 35	部分積分法（1）	72 ☐☐☐
問題 36	部分積分法（2）	74 ☐☐☐
問題 37	部分積分法（3）	76 ☐☐☐
問題 38	不定積分と漸化式	78 ☐☐☐
問題 39	$\int_0^{\frac{\pi}{2}} \sin^n x\, dx$, $\int_0^{\frac{\pi}{2}} \cos^n x\, dx$ の積分計算	80 ☐☐☐
問題 40	有限区間における異常積分	82 ☐☐☐
問題 41	無限区間における異常積分	84 ☐☐☐
問題 42	ベータ関数	86 ☐☐☐
問題 43	ガンマ関数	88 ☐☐☐
問題 44	級数の和の極限値	90 ☐☐☐
問題 45	定積分と不等式	92 ☐☐☐
問題 46	面積の基本	94 ☐☐☐
問題 47	媒介変数表示の曲線の面積	96 ☐☐☐
問題 48	極座標表示の曲線の面積	98 ☐☐☐
問題 49	断面積を利用する体積	100 ☐☐☐
問題 50	回転体の体積	102 ☐☐☐
問題 51	回転体の体積（バーム・クーヘン型，斜回転体）	104 ☐☐☐
問題 52	曲線の弧長	106 ☐☐☐
問題 53	極座標表示の曲線の弧長	108 ☐☐☐
コラム 2	定積分の練習のススメと組立除法	110

★問題の頁数のあとのマス目は，解答の「**理解度 Check!**」を参考に自分の理解の度合いを記入しておくのに，ご利用ください．

Chapter 3. 多変数関数の微分法 111

問題 54	2変数関数の極限	112 □□□
問題 55	2変数関数の連続	114 □□□
問題 56	偏導関数	116 □□□
問題 57	高次偏導関数	118 □□□
問題 58	調和関数	120 □□□
問題 59	偏微分係数	122 □□□
問題 60	合成関数の偏導関数（1）	124 □□□
問題 61	合成関数の偏導関数（2）	126 □□□
問題 62	合成関数の偏導関数（3）	128 □□□
問題 63	証明問題（1）	130 □□□
問題 64	証明問題（2）	132 □□□
問題 65	全微分	134 □□□
問題 66	偏微分法における近似式	136 □□□
問題 67	全微分における関数決定	138 □□□
問題 68	偏微分法におけるテイラーの定理	140 □□□
問題 69	偏微分法におけるマクローリン展開	142 □□□
問題 70	2変数の関数の極値（1）	144 □□□
問題 71	2変数の関数の極値（2）	146 □□□
問題 72	陰関数における第2次導関数	148 □□□
問題 73	陰関数の極値	150 □□□
問題 74	条件つき極値問題	152 □□□
問題 75	包絡線	154 □□□
問題 76	接平面	156 □□□
コラム 3	多変数関数のグラフを見ておこう	158

Chapter 4. 多変数関数の積分法　　159

問題 77	くり返し積分 (1) ……………………………… 160 □□□
問題 78	くり返し積分 (2) ……………………………… 162 □□□
問題 79	2重積分 (1) …………………………………… 164 □□□
問題 80	2重積分 (2) …………………………………… 166 □□□
問題 81	積分順序の変更 (1) …………………………… 168 □□□
問題 82	積分順序の変更 (2) …………………………… 170 □□□
問題 83	3重積分の基本…………………………………… 172 □□□
問題 84	極座標への変数変換 (1) ……………………… 174 □□□
問題 85	極座標への変数変換 (2) ……………………… 176 □□□
問題 86	代表的な積分変数の変換……………………… 178 □□□
問題 87	一般の積分変数の変換………………………… 180 □□□
問題 88	3重積分における積分変数の変換…………… 182 □□□
問題 89	2重積分における広義積分 (1) ……………… 184 □□□
問題 90	2重積分における広義積分 (2) ……………… 186 □□□
問題 91	有名な広義積分………………………………… 188 □□□
問題 92	重積分による面積……………………………… 190 □□□
問題 93	2重積分を利用する体積 (1) ………………… 192 □□□
問題 94	2重積分を利用する体積 (2) ………………… 194 □□□
問題 95	3重積分と体積…………………………………… 196 □□□
問題 96	曲面積……………………………………………… 198 □□□
問題 97	回転体の曲面積 (側面積) ……………………… 200 □□□
問題 98	平面図形の重心………………………………… 202 □□□
問題 99	線積分……………………………………………… 204 □□□
問題 100	グリーンの定理………………………………… 206 □□□
コラム 4	変数変換と行列・行列式………………………208

TEST shuffle 20 ……………………………………………………………………209

練習問題解答 …………………………………………………………………………231

■　カバー・表紙デザイン　高橋　敦

■ このテキストの使用説明書

▶大学数学のなかでも，とりわけ「大きな山」としてそびえているのが微積分学だ．同時に多くの科学のベースでもあるため，その習得を必須とされる理系の専門分野は多い．そして習得のためには，しっかりした計算技術が要求される．

▶このテキストの内容がすべて理解でき，問題もこなせるようになった，とすれば，大学の微積分については十分な実力がついたと考えてよい．しかし，この「大学の微積分」という山は，それまでの道のりからすれば，なかなか険しい．数学に苦手意識をもつかたはもちろん，高校での数学がわりとできたというかたにも，おすすめしておきたいのは，「**最初からパーフェクトを求めない**」ということだ．「解けたか・解けなかったか」という結果にとらわれるのでなく，自分でどこまで考えられたか，あとどういうヒント（解くための道具）があれば正答にたどりついたか，と検討し，あなた自身の登頂ルートを，現在の体力や所持している道具と照らし合わせて，いつも確認してほしい．

▶これからあなたがいろいろな学習や研究であるいは試験の中で問題を解く時，基本的にはあなた自身の頭の中から，

　(1)　何を**解決の道具**として選びとれるか，
　(2)　その道具をどのように**使いこなせる**か，
　(3)　現実的に，**どのくらいの時間**で解決（解答）にたどりつけるか

ということを判断し実行することが必要だ．現実的な選択として「この問題は現時点では手がつけられないので，パスする」ということも起こりうる．取り組むいくつかの問題に**優先順位**をつけ，それに要する**時間を予測する**，ということは（じつは数学の問題を解くときだけでなく）大学生として学習や研究，さらには仕事を進めていくうえで必要となっていくことだ．

▶上記のことを具現化したトレーニングが，本文の重要問題 100 題をランダムに 5 題ずつ配列した「**TEST shuffle 20**」(p. 209〜p. 229) である．これの具体的な使い方は p. 209 を参照してほしいが，まずここでは，あなた自身のなかで難易度の指標を作ろう．そして何度でもくり返し「**トライ＆エラー**」で取れそうなところを少しずつ増やしていってほしい．

▶本文はすべて見開き 2 頁で，<u>左頁に問題と重要事項の詳細な解説が</u>，<u>右頁に問題の解答と練習問題</u>が配置されている．左頁は時間のないときはゴシックやアミの部分を確認していけば基本事項が押さえられる．右頁には「**理解度 Check!**」をつけ，ただ「解けなかった」ではなく，自分は「ここまではたどりついていた」「あと，これが足りなかった」と自己点検するさいに，また試験で部分点を稼ぐ大まかな参考にして，弱点を克服する助けとして利用してほしい．

Chapter 1

１変数関数の微分法

問題 01 右方極限・左方極限

次の極限を調べよ．

(1) $\displaystyle\lim_{x\to 0}\frac{x-2}{x^2-x}$ (2) $\displaystyle\lim_{x\to 2}\frac{x-a}{x^2-4}$

解説 $\displaystyle\lim_{x\to 3}(2x-1)(x+2)^2=(2\cdot 3-1)(3+2)^2=125$, $\displaystyle\lim_{x\to 2}\frac{2x-1}{x+3}=\frac{2\cdot 2-1}{2+3}$
$=\dfrac{3}{5}$ などの極限の計算については問題ないであろう．ところが，たとえば
$\displaystyle\lim_{x\to 2}\frac{3x}{x-2}$ は $\dfrac{3\cdot 2}{2-2}=\dfrac{6}{0}$ とするわけにはいかない $\left(\dfrac{1}{0}\text{という数は定義できない}\right)$.
$x\to 2$ とは，x が 2 と異なる値をとりながら 2 に限りなく近づくことだから，

x が 2 より大きい値をとりながら 2 に限りなく近づく（**右方極限**）ときは

$$x=2.000\cdots 1 \text{ として } \frac{3x}{x-2}=\frac{6.000\cdots}{0.000\cdots 1} \longrightarrow \infty$$

x が 2 より小さい値をとりながら 2 に限りなく近づく（**左方極限**）ときは

$$x=1.999\cdots 9 \text{ として } \frac{3x}{x-2}=\frac{5.999\cdots}{-0.000\cdots 1} \longrightarrow -\infty$$

となり，両者が一致しないので $\displaystyle\lim_{x\to 2}\frac{3x}{x-2}$ の極限は存在しない，と考える．

これは $y=\dfrac{3x}{x-2}=\dfrac{3(x-2)+6}{x-2}=\dfrac{6}{x-2}+3$

のグラフから容易に理解できよう．

実際には

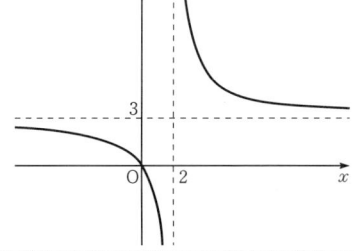

右方極限 $\displaystyle\lim_{x\to 2+0}\frac{3x}{x-2}\left(=\frac{6}{2+0-2}=\frac{6}{+0}\right)=\infty$

左方極限 $\displaystyle\lim_{x\to 2-0}\frac{3x}{x-2}\left(=\frac{6}{2-0-2}=\frac{6}{-0}\right)=-\infty$

より $\displaystyle\lim_{x\to 2+0}\frac{3x}{x-2}\neq\lim_{x\to 2-0}\frac{3x}{x-2}$ だから，$\displaystyle\lim_{x\to 2}\frac{3x}{x-2}$ の極限は存在しない．

とすればよい．（　）の中は答案には書かずに自分だけの計算（裏の計算）として処理しよう．

本問では，いずれも分母 $\to 0$ となるので，それぞれの分母である $y=x^2-x$, $y=x^2-4$ のグラフをかくことにより，右方極限と左方極限を調べることになる．とくに，(2) では，$x\to 2$ のとき分子 $\to 2-a$ となるので，$a=2$ と $a\neq 2$ の場合に分けて考えなければいけない．

解答

(1) $x \to 0$ のとき，$x-2 \to -2$

また，$x \to +0$ のとき $x^2-x \to -0$ だから

$$\lim_{x \to +0} \frac{x-2}{x^2-x} = \infty \qquad \cdots\cdots ①$$

$x \to -0$ のとき，$x^2-x \to +0$ だから

$$\lim_{x \to -0} \frac{x-2}{x^2-x} = -\infty \qquad \cdots\cdots ②$$

よって，①，②から $\lim_{x \to +0} \neq \lim_{x \to -0}$ だから

$$\lim_{x \to 0} \frac{x-2}{x^2-x} \text{ は存在しない．} \qquad \cdots\cdots \text{(答)}$$

(2) $x \to 2$ のとき，

$$x-a \to 2-a, \qquad x^2-4 \to 0$$

したがって，$a=2$ のとき

$$\text{与式} = \lim_{x \to 2} \frac{x-2}{x^2-4} = \lim_{x \to 2} \frac{x-2}{(x+2)(x-2)}$$

$$= \lim_{x \to 2} \frac{1}{x+2} = \frac{1}{4} \qquad \cdots\cdots \text{(答)}$$

また，$x \to 2+0$ のとき，$x^2-4 \to +0$
$x \to 2-0$ のとき，$x^2-4 \to -0$

だから

$a>2$ のとき，$2-a<0$ より

$$\lim_{x \to 2+0} \frac{x-a}{x^2-4} = -\infty, \quad \lim_{x \to 2-0} \frac{x-a}{x^2-4} = \infty$$

$a<2$ のとき，$2-a>0$ より

$$\lim_{x \to 2+0} \frac{x-a}{x^2-4} = \infty, \quad \lim_{x \to 2-0} \frac{x-a}{x^2-4} = -\infty$$

よって，$a \neq 2$ のとき，$\lim_{x \to 2} \frac{x-a}{x^2-4}$ は存在しない．

$$\cdots\cdots \text{(答)}$$

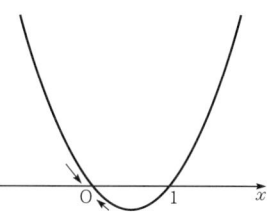

㋐ $y=x^2-x$ のグラフ

㋑ $\lim_{x \to +0} \frac{x-2}{x^2-x} = \frac{-2}{-0} = \infty$

㋒ $\lim_{x \to -0} \frac{x-2}{x^2-x} = \frac{-2}{+0} = -\infty$

理解度 Check!
$x \to +0$，$x \to -0$ の確認をしていれば A．
(答) まで完答で B．

㋓ $y=x^2-4$ のグラフ

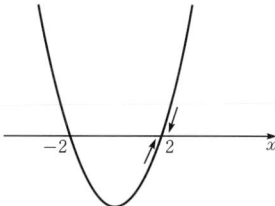

㋔ $\lim_{x \to 2+0} \frac{x-a}{x^2-4} = \frac{2-a}{+0}$

$= \frac{\text{負の定数}}{+0}$

$= -\infty$

理解度 Check!
$a=2$，$a \neq 2$ の場合分けまでで A．
(答) まで完答で B．

練習問題 01

解答は p.232

次の極限を調べよ．

(1) $\displaystyle\lim_{x \to 2-0} \frac{|x-2|}{(x-2)^2}$

(2) $\displaystyle\lim_{x \to 0} \frac{1}{1+2^{\frac{1}{x}}}$

問題 02　不定形の極限

次の極限を求めよ．

(1) $\displaystyle\lim_{x\to 0}\dfrac{\sqrt{4+x-x^2}-2}{\sqrt{1-x^3}-\sqrt{1-x}}$ 　　(2) $\displaystyle\lim_{x\to -\infty}(\sqrt{x^2-4x-2}+x)$

解 説　$a>0$ とするとき，次は $x\to\infty$ の極限を求めるときの土台となる．

$$\lim_{x\to\infty}kx^a = \begin{cases} \infty & (k>0) \\ 0 & (k=0) \\ -\infty & (k<0) \end{cases}, \quad \lim_{x\to\infty}\dfrac{k}{x^a}=0 \quad (k \text{ は定数})$$

さて，$\displaystyle\lim_{x\to 2}\dfrac{x^3-8}{x-2}$, $\displaystyle\lim_{x\to\infty}\dfrac{3x^2-4x}{x^2-2x+3}$, $\displaystyle\lim_{x\to\infty}(x-\sqrt{x^2+x})$ などは，形式的には，$\dfrac{0}{0}$, $\dfrac{\infty}{\infty}$, $\infty-\infty$ と表せるが，このままでは極限の結果は不明である．このような極限を**不定形**と呼ぶが，いろいろな工夫を施して不定形の要素を除去する必要がある．不定形の極限は，上記の他に $0\times\infty$, ∞^0, 1^∞, 0^0 などがあるが，代表的な不定形の処理のコツは次のようになる．

①　$\dfrac{0}{0}$　　分数式 $\Rightarrow$ 約分，無理式 $\Rightarrow$ 有理化

②　$\dfrac{\infty}{\infty}$　　分数式 $\Rightarrow$ 分母の最高次の項で分母・分子を割る

③　$\infty-\infty$　　整式 $\Rightarrow$ 最高次の項でくくり出す

　　　　　　無理式 $\Rightarrow$ 有理化 $\left(\sqrt{A}-\sqrt{B}=\dfrac{A-B}{\sqrt{A}+\sqrt{B}}\right)$

これらを用いると

$$\lim_{x\to 2}\dfrac{x^3-8}{x-2}=\lim_{x\to 2}\dfrac{(x-2)(x^2+2x+4)}{x-2}=\lim_{x\to 2}(x^2+2x+4)=12$$

$$\lim_{x\to\infty}\dfrac{3x^2-4x}{x^2-2x+3}=\lim_{x\to\infty}\dfrac{3-\dfrac{4}{x}}{1-\dfrac{2}{x}+\dfrac{3}{x^2}}=\dfrac{3}{1}=3$$

$$\lim_{x\to\infty}(x-\sqrt{x^2+x})=\lim_{x\to\infty}\dfrac{x^2-(x^2+x)}{x+\sqrt{x^2+x}}=\lim_{x\to\infty}\dfrac{-1}{1+\sqrt{1+\dfrac{1}{x}}}=-\dfrac{1}{2}$$

なお，後述のロピタルの定理は不定形の極限においては大変便利である．ロピタルの定理は Chapter 1 問題 23（p.46）で取りあげる．

解 答

(1) 与式 $=\lim_{x\to 0}\dfrac{(4+x-x^2-4)(\sqrt{1-x^3}+\sqrt{1-x})}{(1-x^3-1+x)(\sqrt{4+x-x^2}+2)}$

$=\lim_{x\to 0}\dfrac{x(1-x)(\sqrt{1-x^3}+\sqrt{1-x})}{x(1-x)(1+x)(\sqrt{4+x-x^2}+2)}$

$=\lim_{x\to 0}\dfrac{\sqrt{1-x^3}+\sqrt{1-x}}{(1+x)(\sqrt{4+x-x^2}+2)}$

$=\dfrac{2}{1\cdot 4}=\dfrac{1}{2}$ ……(答)

㋐ 分母・分子がともに無理式で，$\dfrac{0}{0}$ の不定形
⇒分母・分子のダブル有理化

理解度 Check!
上のダブル有理化に気づいていれば A．完答までで B．

(2) $x=-t$ とおくと，$x\to -\infty$ のとき $t\to\infty$

与式 $=\lim_{t\to\infty}(\sqrt{t^2+4t-2}-t)$

$=\lim_{t\to\infty}\dfrac{t^2+4t-2-t^2}{\sqrt{t^2+4t-2}+t}$ ……①

$=\lim_{t\to\infty}\dfrac{4t-2}{\sqrt{t^2+4t-2}+t}$

$=\lim_{t\to\infty}\dfrac{4-\dfrac{2}{t}}{\sqrt{1+\dfrac{4}{t}-\dfrac{2}{t^2}}+1}$

$=\dfrac{4}{2}=2$ ……(答)

㋑ 無理式で $\infty-\infty$ の不定形
⇒有理化

㋒ $\dfrac{\infty}{\infty}$ の不定形
⇒分母の最高次の項で分母・分子を割る

理解度 Check!
①式までできて A．
完答で B．

(**参考**) (2)において，$t^2+4t-2=(t+2)^2-6$ となるが，t が十分大きいとき

$$\sqrt{t^2+4t-2}=\sqrt{(t+2)^2-6}\fallingdotseq t+2$$

と見なせるので $\sqrt{t^2+4t-2}-t\fallingdotseq 2$
すなわち $\lim_{t\to\infty}(\sqrt{t^2+4t-2}-t)=2$ となる．

㋓ t が十分大きいとき，$(t+2)^2$ から見て -6 は微々たる数すなわち無視可能と考えてよい．検算として用いると便利である．

練習問題 02

解答は p.232

次の極限を求めよ．

(1) $\displaystyle\lim_{x\to 0}\dfrac{\sqrt[3]{1+x}-\sqrt[3]{1-x}}{x}$

(2) $\displaystyle\lim_{x\to -\infty}\dfrac{1}{\sqrt{x^2-4x-1}+x}$

問題 03　重要な極限値 (1)

次の極限を求めよ．
(1) $\displaystyle\lim_{x\to 0}\frac{\cos 5x-\cos x}{x\sin x}$ 　　(2) $\displaystyle\lim_{x\to\frac{\pi}{2}}\frac{1+\operatorname{cosec} 3x}{\cos^2 x}$

解 説

本問はいずれも $\dfrac{0}{0}$ の不定形である．

$\left(\operatorname{cosec}\theta\text{ はコセカント }\theta\text{ と読むが，}\operatorname{cosec}\theta=\dfrac{1}{\sin\theta}\text{ である}\right)$

三角関数の不定形の極限では，次の 2 つの公式に帰着させて考えるのが原則である．

$$\lim_{\theta\to 0}\frac{\sin\theta}{\theta}=1,\quad \lim_{\theta\to 0}\frac{\tan\theta}{\theta}=1\quad (\theta\text{ は弧度法})$$

三位一体（同じ角）

たとえば $\displaystyle\lim_{\theta\to 0}\frac{\sin 3\theta}{2\theta}=\lim_{\theta\to 0}\frac{\sin 3\theta}{3\theta}\cdot\frac{3}{2}=1\cdot\frac{3}{2}=\frac{3}{2}$

$$\lim_{\theta\to 0}\frac{1-\cos\theta}{\theta^2}=\lim_{\theta\to 0}\frac{(1-\cos\theta)(1+\cos\theta)}{\theta^2(1+\cos\theta)}=\lim_{\theta\to 0}\frac{\sin^2\theta}{\theta^2(1+\cos\theta)}$$

$$=\lim_{\theta\to 0}\left(\frac{\sin\theta}{\theta}\right)^2\cdot\frac{1}{1+\cos\theta}=1^2\cdot\frac{1}{2}=\frac{1}{2}$$

となる．$\displaystyle\lim_{\theta\to 0}\frac{\sin a\theta}{b\theta}=\frac{a}{b}$，$\displaystyle\lim_{\theta\to 0}\frac{1-\cos\theta}{\theta^2}=\frac{1}{2}$ は公式として覚えておくとよい．

また，$\displaystyle\lim_{\theta\to\frac{\pi}{2}}(\pi-2\theta)\tan\theta$ は，$\theta-\dfrac{\pi}{2}=t$ とおくことにより $\displaystyle\lim_{\theta\to\frac{\pi}{2}}$ を $\displaystyle\lim_{t\to 0}$ に帰着させるとよい．$\theta=\dfrac{\pi}{2}+t$ より

$$\lim_{\theta\to\frac{\pi}{2}}(\pi-2\theta)\tan\theta=\lim_{t\to 0}\left\{\pi-2\left(\frac{\pi}{2}+t\right)\right\}\tan\left(\frac{\pi}{2}+t\right)=\lim_{t\to 0}\frac{-2t}{-\tan t}$$

$$=\lim_{t\to 0}2\cdot\frac{t}{\tan t}=2\cdot 1=2$$

となる．さらに，$a\neq 0$ のとき

$$\lim_{x\to\infty}x\sin\frac{a}{x}=\lim_{t\to 0}\frac{\sin at}{t}=a\quad\left(x=\frac{1}{t}\text{ とおいた}\right)$$

となる．なお，本問の (1) は

$$\cos\alpha-\cos\beta=-2\sin\frac{\alpha+\beta}{2}\sin\frac{\alpha-\beta}{2}$$

の公式を用いて，分子を正弦（sin）の角に直して解くことになる．

解答

(1) ㋐ $\cos 5x - \cos x = -2\sin\dfrac{5x+x}{2}\sin\dfrac{5x-x}{2}$
$\qquad\qquad\qquad\quad = -2\sin 3x \sin 2x$ だから

$\quad$ 与式 $= \displaystyle\lim_{x\to 0}\dfrac{-2\sin 3x \sin 2x}{x\sin x}$ ……①

$\qquad = \displaystyle\lim_{x\to 0}(-2)\cdot\dfrac{\sin 3x}{3x}\cdot\dfrac{\sin 2x}{2x}\cdot\dfrac{x}{\sin x}\cdot 6$

$\qquad = (-2)\cdot 1\cdot 1\cdot 1\cdot 6 = -12$ ……(答)

(2) $x - \dfrac{\pi}{2} = t$ とおくと，$x \to \dfrac{\pi}{2}$ のとき $t \to 0$

$x = \dfrac{\pi}{2} + t$ だから

$\quad \cos x = \cos\left(\dfrac{\pi}{2}+t\right) = -\sin t$

$\quad \text{cosec}\, 3x = \dfrac{1}{\sin 3x} = \dfrac{1}{\sin\left(\dfrac{3}{2}\pi + 3t\right)}$
㋑
$\qquad\qquad\quad = -\dfrac{1}{\cos 3t}$ ……②

よって

与式 $= \displaystyle\lim_{t\to 0}\dfrac{1-\dfrac{1}{\cos 3t}}{\sin^2 t} = \lim_{t\to 0}\dfrac{\cos 3t - 1}{\sin^2 t \cos 3t}$
㋒
$\qquad = \displaystyle\lim_{t\to 0}\dfrac{-\sin^2 3t}{\sin^2 t \cos 3t(\cos 3t + 1)}$

$\qquad = \displaystyle\lim_{t\to 0}\left(\dfrac{t}{\sin t}\right)^2\cdot\left(\dfrac{\sin 3t}{3t}\right)^2\cdot\dfrac{-9}{\cos 3t(\cos 3t+1)}$

$\qquad = 1^2\cdot 1^2\cdot\dfrac{-9}{1\cdot 2} = -\dfrac{9}{2}$ ……(答)

㋐ $\dfrac{5x+x}{2} = 3x$ より
$\cos 5x = \cos(3x+2x)$
$\qquad = \cos 3x\cos 2x$
$\qquad\quad -\sin 3x\sin 2x$
$\cos x = \cos(3x-2x)$
$\qquad = \cos 3x\cos 2x$
$\qquad\quad +\sin 3x\sin 2x$
この 2 式を辺々引けばよい．

理解度 Check!
sin○sin△の積の形に気づいて①までで **A**．完答で **B**．

㋑ $\sin\left(\dfrac{3}{2}\pi + 3t\right)$
$= \sin\left(2\pi + 3t - \dfrac{\pi}{2}\right)$
$= \sin\left(3t - \dfrac{\pi}{2}\right)$
$= -\sin\left(\dfrac{\pi}{2} - 3t\right)$
$= -\cos 3t$

㋒ $1-\cos\theta = 2\sin^2\dfrac{\theta}{2}$ を用いて

与式 $= \displaystyle\lim_{t\to 0}\dfrac{-2\sin^2\dfrac{3t}{2}}{\sin^2 t \cos 3t}$

として計算してもよい．

理解度 Check!
②の変形に気づいていれば **A**．完答まで **B**．

練習問題 03   解答は p.232

次の極限を求めよ．

(1) $\displaystyle\lim_{x\to 0}\dfrac{\sqrt{1-x^2}-\left(1-\dfrac{x^2}{2}\right)}{\sin^4 x}$ (2) $\displaystyle\lim_{x\to 0}\dfrac{1-\cos(1-\cos x)}{x^4}$

問題 04　重要な極限値（2）

次の極限を求めよ．

(1) $\displaystyle\lim_{x\to 0}\dfrac{\log_e(a+2x)-\log_e a}{x}$　$(a>0)$

(2) $\displaystyle\lim_{x\to 0}(1+x+x^2)^{\frac{1}{x}}$

解説　(1) は，$\dfrac{0}{0}$ の不定形で分子が対数関数である．(2) は，1^{∞}（あるいは $1^{-\infty}$）の不定形で $\{1+f(x)\}^{g(x)}$ の形をしている．このような場合は e の定義

$$\lim_{\underset{\downarrow}{h}\to 0}(1+\underset{\downarrow}{h})^{\frac{1}{\underset{\downarrow}{h}}}=e \quad (e=2.71828\cdots) \qquad\cdots\cdots\text{①}$$

三位一体

に帰着させるのが原則である．e は**自然対数の底**と呼ばれる無理数である．①からは，次の公式が導かれる．

$$\lim_{x\to 0}\dfrac{e^x-1}{x}=1,\quad \lim_{x\to 0}\dfrac{a^x-1}{x}=\log_e a\quad (a>0),\quad \lim_{x\to\pm\infty}\left(1+\dfrac{1}{x}\right)^x=e$$

$\displaystyle\lim_{x\to 0}\dfrac{e^x-1}{x}=1$ を示してみよう（これは関数 $f(x)=e^x$ の $f'(0)$ にあたる）．

$e^x-1=h$ とおくと，$x=\log_e(1+h)$ で $x\to 0$ のとき $h\to 0$ だから

$$\lim_{x\to 0}\dfrac{e^x-1}{x}=\lim_{h\to 0}\dfrac{h}{\log_e(1+h)}=\lim_{h\to 0}\dfrac{1}{\log_e(1+h)^{\frac{1}{h}}}$$

$$=\dfrac{1}{\log_e e}=1$$

以上の定義，公式を用いると

$$\lim_{x\to 0}(1+2x)^{\frac{1}{x}}=\lim_{x\to 0}\{(1+2x)^{\frac{1}{2x}}\}^2=e^2$$

$$\lim_{x\to 0}\dfrac{3^x-2^x}{x}=\lim_{x\to 0}\dfrac{2^x\left\{\left(\frac{3}{2}\right)^x-1\right\}}{x}=\lim_{x\to 0}2^x\times\lim_{x\to 0}\dfrac{\left(\frac{3}{2}\right)^x-1}{x}$$

$$=1\times\log_e\dfrac{3}{2}=\log_e\dfrac{3}{2}$$

$$\lim_{x\to\infty}\left(1-\dfrac{1}{x}\right)^x=\lim_{x\to\infty}\left(\dfrac{x-1}{x}\right)^x=\lim_{x\to\infty}\left(\dfrac{x}{x-1}\right)^{-x}=\lim_{x\to\infty}\left\{\left(1+\dfrac{1}{x-1}\right)^x\right\}^{-1}$$

$$=\lim_{x\to\infty}\left\{\left(1+\dfrac{1}{x-1}\right)^{x-1}\left(1+\dfrac{1}{x-1}\right)\right\}^{-1}=(e\cdot 1)^{-1}=\dfrac{1}{e}$$

となる．本問の (2) は，$x+x^2=y$ とおき，上の①の形にもっていく．

解答

(1) $\displaystyle\lim_{x\to 0}\frac{\log_e(a+2x)-\log_e a}{x}$

$\displaystyle =\lim_{x\to 0}\frac{\log_e\left(1+\frac{2x}{a}\right)}{x}$

$\displaystyle =\lim_{x\to 0}\frac{\log_e\left(1+\frac{2x}{a}\right)}{\frac{2x}{a}}\cdot\frac{2}{a}$　　㋐

$\displaystyle =\lim_{x\to 0}\frac{2}{a}\log_e\left(1+\frac{2x}{a}\right)^{\frac{1}{\frac{2x}{a}}}$

$\displaystyle =\frac{2}{a}\cdot\log_e e=\frac{2}{a}\cdot 1=\frac{2}{a}$ ……(答)

(2) $x+x^2=y$ とおくと, $x\to 0$ のとき $y\to 0$

$\displaystyle\lim_{x\to 0}(1+x+x^2)^{\frac{1}{x}}=\lim_{\substack{x\to 0\\ y\to 0}}(1+y)^{\frac{1}{x}}$ ……①

$\displaystyle\qquad\qquad\qquad =\lim_{\substack{x\to 0\\ y\to 0}}\{(1+y)^{\frac{1}{y}}\}^{\frac{y}{x}}$

ここで $\displaystyle\lim_{x\to 0}\frac{y}{x}=\lim_{x\to 0}\frac{x+x^2}{x}$

$\displaystyle\qquad\qquad =\lim_{x\to 0}(1+x)=1$

よって与式$=e^1=e$ ……(答)

㋐ $\displaystyle\lim_{⃝h\to 0}(1+⃝h)^{\frac{1}{⃝h}}=e$
　　三位一体

を用いるために, 分母を $\frac{2x}{a}$ に直した. なお

$\displaystyle\lim_{x\to 0}\frac{\log(1+x)}{x}=1$

は公式として用いてもよい.

理解度 Check!
㋐の変形までできて A . 完答で B .

なお (1) は $2x=h$ とおくと $x\to 0$ で $h\to 0$ で $f(x)=2\log_e x$ の $x=a$ における微係数とみることもできる.

理解度 Check!
$x+x^2=y$ とおいて ①までで A . 完答で B .

練習問題 04

次の極限を求めよ.

(1) $\displaystyle\lim_{x\to 0}\frac{e^{\sin 2x}-1}{x}$　　(2) $\displaystyle\lim_{x\to\infty}\left(1-\frac{1}{x^2}\right)^x$

解答は p.232

豆知識

e^x, $\log(1+x)$, $\sin x$, $\cos x$ などの $x=0$ での微係数から, 重要な極限値が得られる.

$\displaystyle (e^x)'_{x=0}=\lim_{x\to 0}\frac{e^x-1}{x}=1,\qquad (\log(1+x))'_{x=0}=\lim_{x\to 0}\frac{\log(1+x)}{x}=1$

$\displaystyle (\sin x)'_{x=0}=\lim_{x\to 0}\frac{\sin x}{x}=1,\qquad (\cos x)'_{x=0}=\lim_{x\to 0}\frac{1-\cos x}{x}=0$

問題 05　はさみうちの原理

$a>1$ のとき $\lim_{x\to\infty}\dfrac{x}{a^x}$ を求め，さらに $\lim_{x\to+0} x\log x$ を求めよ．

解 説
一般に，次の定理が成り立つ．

① $x=a$ を含む区間 $a-\delta<x<a+\delta$ において $g(x)\leqq f(x)\leqq h(x)$ が成り立ち，$\lim_{x\to a}g(x)=\lim_{x\to a}h(x)=\alpha$ が成り立つならば $\lim_{x\to a}f(x)=\alpha$ となる．

② x の十分大きな値で $g(x)\leqq f(x)\leqq h(x)$ が成り立ち，$\lim_{x\to\infty}g(x)=\lim_{x\to\infty}h(x)=\alpha$ が成り立つならば $\lim_{x\to\infty}f(x)=\alpha$ となる．

これらを，「はさみうちの原理」と呼ぶ．使い方の例を挙げておこう．

$\lim_{x\to\infty}\dfrac{\sin x}{x}$ は，$\dfrac{-1\text{ から }1\text{ までの定数}}{\infty}$ となり $\lim_{x\to\infty}\dfrac{\sin x}{x}=0$ となるが，次のように考える．

$$0\leqq|\sin x|\leqq 1 \text{ から } 0\leqq\left|\dfrac{\sin x}{x}\right|\leqq\dfrac{1}{|x|}$$

$x\to\infty$ のとき $\dfrac{1}{|x|}\to 0$ だから，はさみうちの原理から $\lim_{x\to\infty}\left|\dfrac{\sin x}{x}\right|=0$

$$\therefore\ \lim_{x\to\infty}\dfrac{\sin x}{x}=0$$

また，$\lim_{x\to\infty}(a^x+b^x)^{\frac{1}{x}}\ (a>b>0)$ は，$x>0$ のとき $0<b^x<a^x$ より

$$a^x<a^x+b^x<2a^x \quad (a^x)^{\frac{1}{x}}<(a^x+b^x)^{\frac{1}{x}}<(2a^x)^{\frac{1}{x}}$$

$$\therefore\ a<(a^x+b^x)^{\frac{1}{x}}<2^{\frac{1}{x}}a$$

$x\to\infty$ とすると $a\leqq\lim_{x\to\infty}(a^x+b^x)^{\frac{1}{x}}\leqq\lim_{x\to\infty}(2^{\frac{1}{x}}a)=a$

よって，はさみうちの原理から $\lim_{x\to\infty}(a^x+b^x)^{\frac{1}{x}}=a$

となる．さて，本問の $\lim_{x\to\infty}\dfrac{x}{a^x}\ (a>1\text{ のとき})$ は有名な極限値である．$[x]=n$ すなわち，$n\leqq x<n+1$ となる自然数 n をとると，$a>1$ で

$$0<\dfrac{x}{a^x}<\dfrac{n+1}{a^n}$$

が成り立つが，さらに，$a>1$ のとき $a=1+h\ (h>0)$ とおけることに着目して $a^n=(1+h)^n$ に 2 項定理を適用すればよい．これにより，はさみうちの原理を利用可能な不等式の形が浮かび上がってくる．

解答

x は十分大きい正の数と考えてよい。

$[x]=n$ すなわち自然数 n に対して $n \leq x < n+1$ とすると，$a>1$ のとき

$$0 < \frac{x}{a^x} < \frac{n+1}{a^n} \quad \cdots\cdots ①$$

㋐

$a>1$ のとき，$a=1+h$ $(h>0)$ とおけるので

$$a^n = (1+h)^n$$

㋑

$$= 1 + nh + \frac{n(n-1)}{2}h^2 + \cdots$$

$$> \frac{n(n-1)}{2}h^2$$

$$\therefore \quad \frac{n+1}{a^n} < \frac{n+1}{\frac{n(n-1)}{2}h^2} = \frac{2(n+1)}{n(n-1)h^2}$$

$$\cdots\cdots ②$$

①，② から，$0 < \dfrac{x}{a^x} < \dfrac{2(n+1)}{n(n-1)h^2} = \dfrac{2\left(1+\dfrac{1}{n}\right)}{(n-1)h^2}$

ここに $x \to \infty$ のとき $n \to \infty$ だから

$$0 \leq \lim_{x \to \infty} \frac{x}{a^x} \leq \lim_{n \to \infty} \frac{2\left(1+\frac{1}{n}\right)}{(n-1)h^2} = 0$$

よって，はさみうちの原理から

$$\lim_{x \to \infty} \frac{x}{a^x} = 0 \quad \cdots\cdots (答)$$

次に，$\lim_{x \to +0} x \log x$ において $\log x = -t$ とおくと

$x \to +0$ のとき，$t \to \infty$ で，$x = e^{-t} = \dfrac{1}{e^t}$

$$\therefore \quad \lim_{x \to +0} x \log x = \lim_{t \to \infty} \frac{1}{e^t} \cdot (-t)$$

$$= \lim_{t \to \infty}\left(-\frac{t}{e^t}\right) = 0 \quad \cdots\cdots (答)$$

㋒

㋐ $a>1$ のとき，a^x のグラフは単調増加だから，$n \leq x < n+1$ のとき

$$0 < a^n \leq a^x < a^{n+1}$$

より $\dfrac{1}{a^{n+1}} < \dfrac{1}{a^x} \leq \dfrac{1}{a^n}$

$\therefore \quad (0<) \ \dfrac{n}{a^{n+1}} < \dfrac{x}{a^x} < \dfrac{n+1}{a^n}$

㋑ 2項定理により

$$(1+h)^n$$
$$= {}_nC_0 + {}_nC_1 h + {}_nC_2 h^2 + \cdots$$
$$+ {}_nC_n h^n$$

$x \to \infty$ のとき $n \to \infty$ より，$n \geq 2$ としてよいので

$$(1+h)^n > {}_nC_2 h^2$$
$$= \frac{n(n-1)}{2} h^2$$

理解度 Check!

①まで A．2項定理の適用に気づけば B．②までで C．(答)までで D．

㋒ $e>1$ より $\lim_{t \to \infty} \dfrac{t}{e^t} = 0$

理解度 Check!

$\log x = t$ とおけて A．(答)までで B．

練習問題 05

次の極限を求めよ。

解答は p.233

(1) $\lim_{x \to 0} x \cos \dfrac{1}{x}$

(2) $\lim_{x \to \infty} (a^x + b^x + c^x)^{\frac{1}{x}}$ (a, b, c は正)

問題 06　関数の連続

次の各関数の連続性を調べ，そのグラフをかけ．

(1)　$f(x) = \begin{cases} \dfrac{x^3-1}{x-1} & (x \neq 1) \\ 2 & (x = 1) \end{cases}$
(2)　$f(x) = \displaystyle\lim_{n\to\infty} \dfrac{1-x^n+x^{n+1}}{1-x^n+x^{n+2}}$

解説　関数 $f(x)$ が $x=a$ で連続であるとは，直観的には $x=a$ でグラフがつながっていることであるが，正確な定義は

> 関数 $f(x)$ が $x=a$ を含むある区間 D で定義されていて，かつ $\displaystyle\lim_{x\to a} f(x) = f(a)$ となるとき，$f(x)$ は $x=a$ で**連続**であるという

である．D のすべての点で連続なとき，$f(x)$ は変域 D で連続であるという．ここに，$\displaystyle\lim_{x\to a} f(x) = f(a)$ は $\displaystyle\lim_{x\to a+0} f(x) = \displaystyle\lim_{x\to a-0} f(x) = f(a)$ を意味するが，

> $\displaystyle\lim_{x\to a+0} f(x) = f(a)$ かつ $\displaystyle\lim_{x\to a-0} f(x) \neq f(a)$ [図 6-1]，$\displaystyle\lim_{x\to a-0} f(x) = f(a)$ かつ $\displaystyle\lim_{x\to a+0} f(x) \neq f(a)$ [図 6-2] であるとき，$f(x)$ はそれぞれ
> 　　$x=a$ で**右側連続**，$x=a$ で**左側連続**

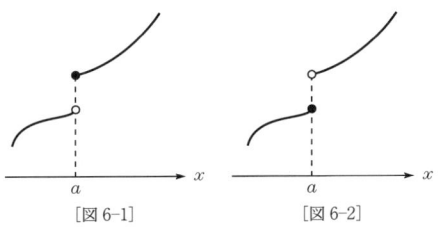

[図 6-1]　[図 6-2]

であるという．また，関数 $f(x)$ が $x=a$ で連続でないとき，$f(x)$ は $x=a$ で不連続であるという．

一般に，関数 $f(x)$，$g(x)$ が $x=a$ で連続ならば

$$kf(x)\ (k\ は定数),\ f(x) \pm g(x),\ f(x)g(x),\ \dfrac{f(x)}{g(x)}\ (g(a) \neq 0)$$

は $x=a$ で連続である．また，x の多項式，$\sin x$，$\cos x$，e^x などはすべての x で連続であり，$\tan x$ は定義域 $x \neq n\pi + \dfrac{\pi}{2}$ (n は整数)，$\log x$ は定義域 $x > 0$ でそれぞれ連続である．定義されない x の値では不連続とはいわない．

なお，$f(x) = \begin{cases} \dfrac{\sin x}{x} & (x \neq 0) \\ 1 & (x = 0) \end{cases}$ の連続性については次のように調べる．

$x \neq 0$ のとき $f(x)$ が連続であることは自明．

$\displaystyle\lim_{x\to 0} f(x) = \lim_{x\to 0} \dfrac{\sin x}{x} = 1$ より $\displaystyle\lim_{x\to 0} f(x) = f(0)$ が成り立つので，$f(x)$ は $x=0$ でも連続である．よって，$f(x)$ はすべての x で連続である．

解 答

(1) $x \neq 1$ のとき

$$f(x) = \frac{(x-1)(x^2+x+1)}{x-1}$$
$$= x^2 + x + 1$$
$$= \left(x+\frac{1}{2}\right)^2 + \frac{3}{4}$$

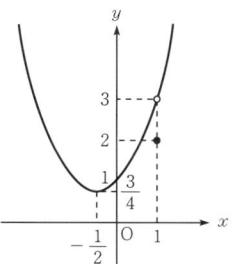

また $\lim_{x \to 1} f(x) = \lim_{x \to 1}(x^2+x+1) = 3 \neq f(1)$

よって，$f(x)$ は $x \neq 1$ では連続であるが，$x=1$ では不連続である．グラフは右上図のようになる．

(2) $f(x) = \lim_{n \to \infty} \frac{1-x^n+x^{n+1}}{1-x^n+x^{n+2}} = \lim_{n \to \infty} g_n(x)$ とおく．

$|x|<1$ のとき $f(x) = 1$

$x=1$ のとき $f(1) = 1$

また $g_n(-1) = \frac{1-(-1)^n+(-1)^{n+1}}{1-(-1)^n+(-1)^{n+2}} = 1-2(-1)^n$

したがって，$f(x)$ は $x=-1$ では定義されない．
また，$|x|>1$ のとき $x^2-1>0$ で

$$f(x) = \lim_{n \to \infty} \frac{\frac{1}{x^n}-1+x}{\frac{1}{x^n}-1+x^2}$$
$$= \frac{x-1}{x^2-1} = \frac{1}{x+1}$$

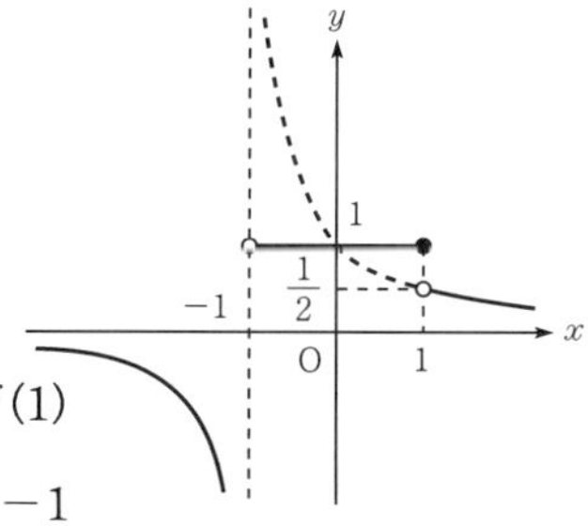

また $\lim_{x \to 1+0} f(x) = \frac{1}{2} \neq f(1)$

よって，$f(x)$ は $x \neq -1$ で定義され，$x \neq \pm 1$ で連続であるが，$x=1$ では不連続である．グラフは上図のようになる．

⑦ $\lim_{x \to 1} f(x)$ の $f(x)$ は $x \neq 1$ のときである．

理解度 Check!
$x \neq 1$ での2次式変形で $\boxed{A}$．$x=1$ での不連続性で $\boxed{B}$．グラフまでで $\boxed{C}$．

④ x^n を含む極限は $|x|<1$，$x=1$，$x=-1$，$|x|>1$ に分けて考える．

⑨ $|x|<1$ のとき，$x^n \to 0$，$x^{n+1} \to 0$，$x^{n+2} \to 0$ より．

㊁ $g_n(-1)$ は $n \to \infty$ のとき，振動する(収束しない)．

理解度 Check!
x の場合分けがわかって $\boxed{A}$．$|x| \leq 1$ の状況までで $\boxed{B}$．連続性 $\Rightarrow \boxed{C}$．グラフ $\Rightarrow \boxed{D}$．

練習問題 06

次の各関数の連続性を調べ，そのグラフをかけ．

(1) $f(x) = \begin{cases} \dfrac{[x]}{x} & (x \neq 0) \\ 0 & (x=0) \end{cases}$

(2) $f(x) = \lim_{n \to \infty}(\sin^n x - \cos^n x)$

(注：$[x]$ は，問題05の解説 (p.10) で出てきた関数で，「ガウス記号」と呼ばれる)

解答は p.233

問題 07 微分係数の定義

次の関数の与えられた点における微分係数を定義にしたがって求めよ．

(1) $f(x) = \dfrac{1}{\sqrt{x}}$ $(x = a > 0)$　　(2) $f(x) = \tan x$ $\left(x = \dfrac{\pi}{3}\right)$

解説　連続関数 $f(x)$ の定義域内の 2 点 a, x に対して，$\dfrac{f(x) - f(a)}{x - a}$ を区間 $[a, x]$ または $[x, a]$ における関数 $f(x)$ の**平均変化率**という．

$x - a = h$ すなわち $x = a + h$ とおいて，平均変化率は $\dfrac{f(a + h) - f(a)}{h}$ と表すことが多い．

ここで $x \to a$（あるいは $h \to 0$）で，平均変化率の極限が有限な値になるとき

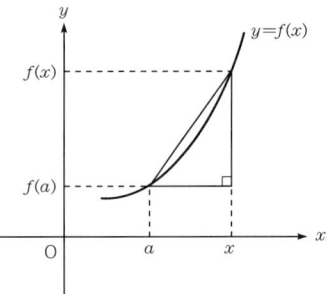

$$f'(a) = \lim_{x \to a} \frac{f(x) - f(a)}{x - a} = \lim_{h \to 0} \frac{f(a + h) - f(a)}{h}$$

を関数 $f(x)$ の $x = a$ における**微分係数**（あるいは微係数）と定義する．このとき，$f(x)$ は $x = a$ で**微分可能**であるという．

また，$x > a$ であるとき，すなわち $\displaystyle\lim_{x \to a+0} \dfrac{f(x) - f(a)}{x - a}$ が存在するとき，

$f'_+(a) = \displaystyle\lim_{x \to a+0} \dfrac{f(x) - f(a)}{x - a} = \lim_{h \to +0} \dfrac{f(a + h) - f(a)}{h}$ と表し，$x = a$ における**右方微係数**という．同様に，$f'_-(a) = \displaystyle\lim_{x \to a-0} \dfrac{f(x) - f(a)}{x - a} = \lim_{h \to -0} \dfrac{f(a + h) - f(a)}{h}$ を $x = a$ における**左方微係数**という．ここに，次式は重要である．

$$f(x) \text{ が } x = a \text{ で微分可能} \iff f'_+(a) = f'_-(a)$$

たとえば，$f(x) = x^2$ について $f'(3)$ を定義にしたがって求めると

$$f'(3) = \lim_{x \to 3} \frac{f(x) - f(3)}{x - 3} = \lim_{x \to 3} \frac{x^2 - 9}{x - 3} = \lim_{x \to 3} (x + 3) = 6$$

あるいは $f'(3) = \displaystyle\lim_{h \to 0} \frac{f(3 + h) - f(3)}{h} = \lim_{h \to 0} \frac{(3 + h)^2 - 9}{h} = \lim_{h \to 0} (h + 6) = 6$ となる．

また，$f(x) = \log x$ について $f'(1)$ を求めると

$$f'(1) = \lim_{h \to 0} \frac{f(1 + h) - f(1)}{h} = \lim_{h \to 0} \frac{\log(1 + h)}{h} = 1$$

となる．

解答

(1) $f'(a) = \lim_{h \to 0} \dfrac{f(a+h) - f(a)}{h}$

$= \lim_{h \to 0} \dfrac{\dfrac{1}{\sqrt{a+h}} - \dfrac{1}{\sqrt{a}}}{h}$

$= \lim_{h \to 0} \dfrac{1}{\sqrt{a+h}\sqrt{a}} \cdot \dfrac{\sqrt{a} - \sqrt{a+h}}{h}$ ㋐

$= \lim_{h \to 0} \dfrac{1}{\sqrt{a+h}\sqrt{a}} \cdot \dfrac{-h}{h(\sqrt{a} + \sqrt{a+h})}$

$= \lim_{h \to 0} \dfrac{1}{\sqrt{a+h}\sqrt{a}} \cdot \dfrac{-1}{\sqrt{a} + \sqrt{a+h}}$

$= \dfrac{1}{\sqrt{a}\sqrt{a}} \cdot \dfrac{-1}{2\sqrt{a}} = -\dfrac{1}{2a\sqrt{a}}$ ㋑ ……(答)

(2) $f'\left(\dfrac{\pi}{3}\right) = \lim_{h \to 0} \dfrac{f\left(\dfrac{\pi}{3} + h\right) - f\left(\dfrac{\pi}{3}\right)}{h}$

$= \lim_{h \to 0} \dfrac{\tan\left(\dfrac{\pi}{3} + h\right) - \tan\dfrac{\pi}{3}}{h}$

$= \lim_{h \to 0} \dfrac{\sin\left(\dfrac{\pi}{3} + h\right)\cos\dfrac{\pi}{3} - \cos\left(\dfrac{\pi}{3} + h\right)\sin\dfrac{\pi}{3}}{h\cos\left(\dfrac{\pi}{3} + h\right)\cos\dfrac{\pi}{3}}$ ㋒

$= \lim_{h \to 0} \dfrac{\sin h}{h} \cdot \dfrac{2}{\cos\left(\dfrac{\pi}{3} + h\right)}$

$= 1 \cdot \dfrac{2}{\cos\dfrac{\pi}{3}} = 4$ ㋓ ……(答)

㋐ $\dfrac{0}{0}$ の不定形より，分子の有理化．

㋑ 無理関数の微分なら，
$f(x) = \dfrac{1}{\sqrt{x}} = x^{-\frac{1}{2}}$ だから
$f'(x) = -\dfrac{1}{2}x^{-\frac{1}{2}-1}$
$= -\dfrac{1}{2}x^{-\frac{3}{2}}$
$f'(a) = -\dfrac{1}{2}a^{-\frac{3}{2}} = -\dfrac{1}{2a\sqrt{a}}$
となる．

理解度 Check! 微係数を極限式で表せて A ．分子の有理化まで B ．(答)までで C ．

㋒ 分子に加法定理を用いて
$\sin\left(\dfrac{\pi}{3} + h - \dfrac{\pi}{3}\right) = \sin h$

㋓ $\tan$ の微分なら
$f'\left(\dfrac{\pi}{3}\right) = \dfrac{1}{\cos^2\dfrac{\pi}{3}} = 4$
となる．

理解度 Check! 微係数を極限式で表せて A ． $\sin$ の加法定理が使えて B ．(答)までで C ．

練習問題 07

次の関数の与えられた点における微分係数を定義にしたがって求めよ．

解答は p.234

(1) $f(x) = e^{2x}$ $(x = a)$　　(2) $f(x) = \sqrt[3]{x}$ $(x = a)$

問題 08 連続性と微分可能性

次の関数の $x=0$ における連続性および微分可能性について調べよ。

$$f(x) = \begin{cases} x \cdot \dfrac{2-e^{\frac{1}{x}}}{2+e^{\frac{1}{x}}} & (x \neq 0) \\ 0 & (x=0) \end{cases}$$

解説 関数 $f(x)$ の連続性と微分可能性については

> 関数 $f(x)$ が $x=a$ で微分可能 $\rightleftarrows$ $f(x)$ は $x=a$ で連続

が成り立つ。微分可能 → 連続は次のようにして示される。

$f(x)$ が $x=a$ で微分可能ならば，

$$\lim_{x \to a}\{f(x)-f(a)\} = \lim_{x \to a}\frac{f(x)-f(a)}{x-a} \cdot (x-a)$$
$$= f'(a) \cdot 0 = 0$$

したがって，$\lim_{x \to a} f(x) = f(a)$ となり，$f(x)$ は $x=a$ で連続である。また，連続 ↛ 微分可能，すなわち，連続な関数が必ずしも微分可能ではないことを示すには，反例を挙げればよい。たとえば，$f(x)=|x|$ は明らかにすべての x で連続であるが

$$\lim_{h \to +0}\frac{|h|-|0|}{h} = \lim_{h \to +0}\frac{h}{h} = 1 \text{ および } \lim_{h \to -0}\frac{|h|-|0|}{h} = \lim_{h \to -0}\frac{-h}{h} = -1$$

となるので，右方微係数 $f'_+(0)=1$，左方微係数 $f'_-(0)=-1$
したがって，$f'_+(0) \neq f'_-(0)$ より $f(x)=|x|$ は $x=0$ で微分不可能である。

さて，$f(x) = \begin{cases} x \sin \dfrac{1}{x} & (x \neq 0) \\ 0 & (x=0) \end{cases}$ について調べてみよう。

$0 \leq \left|\sin\dfrac{1}{x}\right| \leq 1$ だから，$0 \leq \left|x \sin\dfrac{1}{x}\right| \leq |x|$

$\lim_{x \to 0}|x|=0$ だから，$\lim_{x \to 0} x \sin\dfrac{1}{x} = 0$ となり $\lim_{x \to 0} f(x) = 0 = f(0)$

したがって，$f(x)$ は $x=0$ で連続である。また

$$\lim_{h \to 0}\frac{f(h)-f(0)}{h} = \lim_{h \to 0}\frac{h \sin\dfrac{1}{h}}{h} = \lim_{h \to 0}\sin\dfrac{1}{h}$$

は存在しない。それは h の値のとり方によって一定の値に近づかないからである。したがって，$f(x)$ は $x=0$ で微分可能ではない。

解答

$\lim_{x\to 0} f(x) = \lim_{x\to 0} x \cdot \dfrac{2-e^{\frac{1}{x}}}{2+e^{\frac{1}{x}}}$ において

$\left|\dfrac{2-e^{\frac{1}{x}}}{2+e^{\frac{1}{x}}}\right| < 1$ だから，$0 \leq \left|x \cdot \dfrac{2-e^{\frac{1}{x}}}{2+e^{\frac{1}{x}}}\right| < |x|$
　㋐

$\lim_{x\to 0} |x| = 0$ だから，$\lim_{x\to 0} x \cdot \dfrac{2-e^{\frac{1}{x}}}{2+e^{\frac{1}{x}}} = 0$

$\therefore \ \lim_{x\to 0} f(x) = 0 = f(0)$

したがって，$f(x)$ は $x=0$ で連続である．
また，

$$\lim_{h\to 0}\dfrac{f(h)-f(0)}{h} = \lim_{h\to 0}\dfrac{h\cdot\dfrac{2-e^{\frac{1}{h}}}{2+e^{\frac{1}{h}}}-0}{h}$$

$$= \lim_{h\to 0}\dfrac{2-e^{\frac{1}{h}}}{2+e^{\frac{1}{h}}}$$

$\therefore \ f'_+(0) = \lim_{h\to +0}\dfrac{2e^{-\frac{1}{h}}-1}{2e^{-\frac{1}{h}}+1} = -1$
　　　　　　　㋑

$f'_-(0) = \lim_{h\to -0}\dfrac{2-e^{\frac{1}{h}}}{2+e^{\frac{1}{h}}} = 1$
　　　　㋒

すなわち，$f'_+(0) \neq f'_-(0)$

したがって，$f(x)$ は $x=0$ で微分不可能である．

以上から，$f(x)$ は $x=0$ で連続であるが，微分不可能である． ……(答)

㋐ $e^{\frac{1}{x}} > 0$ だから

$1 - \dfrac{2-e^{\frac{1}{x}}}{2+e^{\frac{1}{x}}} = \dfrac{2e^{\frac{1}{x}}}{2+e^{\frac{1}{x}}} > 0$

かつ

$\dfrac{2-e^{\frac{1}{x}}}{2+e^{\frac{1}{x}}} - (-1) = \dfrac{4}{2+e^{\frac{1}{x}}}$

$\phantom{\dfrac{2-e^{\frac{1}{x}}}{2+e^{\frac{1}{x}}} - (-1)} > 0$

となるので，

$-1 < \dfrac{2-e^{\frac{1}{x}}}{2+e^{\frac{1}{x}}} < 1$

㋑ $\lim_{h\to +0} e^{-\frac{1}{h}} = e^{-\infty}$

$\phantom{\lim_{h\to +0} e^{-\frac{1}{h}}} = \dfrac{1}{e^{\infty}} = 0$

㋒ $\lim_{h\to -0} e^{\frac{1}{h}} = e^{-\infty} = 0$

理解度 Check!
$|f(x)| \leq |x|$ までで **A**．
連続性までで **B**．微分不可能まで示して **C**．

練習問題 08

次の関数の $x=0$ における連続性および微分可能性について調べよ．

$$f(x) = \begin{cases} \dfrac{x}{1+2^{\frac{1}{x}}} & (x \neq 0) \\ 0 & (x = 0) \end{cases}$$

解答は p.234

問題 09　有理関数の微分法

次の関数を微分せよ．ただし，m，nは整数およびa，bは定数とする．
(1)　$y=(a+x)^m(b-x)^n$　　(2)　$y=(x^2+x+1)^3$
(3)　$y=\dfrac{x+a}{(x+b)(x+c)}$　　(4)　$y=\dfrac{1}{(x^2+1)^3(2x+1)^2}$

解説

a_i，b_iを定数，m，nを自然数とするとき
$$y=\frac{a_0x^m+a_1x^{m-1}+\cdots+a_m}{b_0x^n+b_1x^{n-1}+\cdots+b_n}$$
の形の式を**有理関数**という．分母が定数のときは**有理整関数**という．

有理関数の微分法の基本は

$$(c)'=0 \quad (c は定数)，\quad (x^n)'=nx^{n-1} \quad (n は自然数)$$

の2式である．実際の計算は，$f(x)$，$g(x)$が微分可能なとき，

定数倍	$\{kf(x)\}'=kf'(x)$	
和・差	$\{f(x)\pm g(x)\}'=f'(x)\pm g'(x)$	（複号同順）
積	$\{f(x)g(x)\}'=f'(x)g(x)+f(x)g'(x)$	
商	$\left\{\dfrac{f(x)}{g(x)}\right\}'=\dfrac{f'(x)g(x)-f(x)g'(x)}{\{g(x)\}^2}$	$(g(x)\neq 0)$
とくに	$\left\{\dfrac{1}{g(x)}\right\}'=-\dfrac{g'(x)}{\{g(x)\}^2}$	
合成関数	$\{f(g(x))\}'=f'(g(x))g'(x)$	

などを用いる．合成関数 $f\circ g(x)=f(g(x))$ の微分の公式は次のように示される．

$y=g(x)$ が微分可能で $z=f(y)$ が $y=g(x)$ の値域で微分可能ならば，
$$\lim_{h\to 0}\frac{g(x+h)-g(x)}{h}=\frac{dy}{dx},\quad \lim_{k\to 0}\frac{f(y+k)-f(y)}{k}=\frac{dz}{dy}$$
であるから $g(x+h)-g(x)=\left(\dfrac{dy}{dx}+\varepsilon_1\right)h=k$，$h\to 0$ のとき $\varepsilon_1\to 0$

$$f(y+k)-f(y)=\left(\dfrac{dz}{dy}+\varepsilon_2\right)k,\quad k\to 0 \text{ のとき } \varepsilon_2\to 0$$

$$\therefore\quad f(y+k)-f(y)=\left(\dfrac{dz}{dy}+\varepsilon_2\right)\left(\dfrac{dy}{dx}+\varepsilon_1\right)h$$

$h\to 0$ のとき $k\to 0$ となるので，$\varepsilon_1\to 0$ かつ $\varepsilon_2\to 0$

よって，$\dfrac{dz}{dx}=\lim_{h\to 0}\dfrac{f(y+k)-f(y)}{h}=\dfrac{dz}{dy}\cdot\dfrac{dy}{dx}$

すなわち，$\{f(g(x))\}'=f'(y)g'(x)=f'(g(x))g'(x)$

解 答

(1) $y' = m(a+x)^{m-1}(b-x)^n$
$\qquad + (a+x)^m \cdot n(b-x)^{n-1} \cdot (-1)$
　　（㋐）
$= (a+x)^{m-1}(b-x)^{n-1}\{m(b-x) - n(a+x)\}$
$= (a+x)^{m-1}(b-x)^{n-1}\{mb - na - (m+n)x\}$
　　　　　　　　　　　　　　……（答）

㋐ $\{(b-x)^n\}'$
$\quad = n(b-x)^{n-1} \cdot (b-x)'$
$\quad = n(b-x)^{n-1} \cdot (-1)$

(2) $y' = 3(x^2+x+1)^2 \cdot (x^2+x+1)'$
　（㋑）
$= 3(x^2+x+1)^2(2x+1)$　　……（答）

㋑ $\{(f(x))^n\}'$
$\quad = n(f(x))^{n-1} \cdot f'(x)$

(3) $y' = \dfrac{(x+a)'(x+b)(x+c) - (x+a)\{(x+b)(x+c)\}'}{\{(x+b)(x+c)\}^2}$
　（㋒）
$= \dfrac{(x+b)(x+c) - (x+a)(x+c+x+b)}{(x+b)^2(x+c)^2}$
$= \dfrac{-x^2 - 2ax - ab + bc - ca}{(x+b)^2(x+c)^2}$　　……（答）

㋒ 商の微分

(4) $y' = -\dfrac{\{(x^2+1)^3(2x+1)^2\}'}{\{(x^2+1)^3(2x+1)^2\}^2}$
　（㋓）
分子 $= 3(x^2+1)^2 \cdot 2x \cdot (2x+1)^2$
$\qquad + (x^2+1)^3 \cdot 2(2x+1) \cdot 2$
$= 2(x^2+1)^2(2x+1)\{3x(2x+1) + 2(x^2+1)\}$
$= 2(x^2+1)^2(2x+1)(8x^2 + 3x + 2)$

∴ $y' = -\dfrac{2(x^2+1)^2(2x+1)(8x^2+3x+2)}{(x^2+1)^6(2x+1)^4}$
$= -\dfrac{2(8x^2+3x+2)}{(x^2+1)^4(2x+1)^3}$　　……（答）

㋓ $\left\{\dfrac{1}{f(x)}\right\}' = -\dfrac{f'(x)}{\{f(x)\}^2}$
あるいは
$\quad y = (x^2+1)^{-3}(2x+1)^{-2}$
として，㋑を使ってもよい．

理解度 Check！ それぞれ ㋐〜㋓の公式が使えて **A**．（答）まで完答で **B**．

練習問題 09

次の関数を微分せよ．m, n は整数とする．

(1) $y = (x-1)^5(2x+1)^3$
(2) $y = \dfrac{(x^2-1)^m}{(x^2+1)^n}$

解答は p.234

問題 10　無理関数の微分法

次の関数を微分せよ．ただし，a, b は定数とする．

(1)　$y = \sqrt{(x+a)(x+b)}$　　(2)　$y = \dfrac{x}{\sqrt{x^2+a^2}}$

(3)　$y = \sqrt[3]{\dfrac{1-\sqrt{x}}{1+\sqrt{x}}}$

解 説　微分可能な関数 $f(x)$ が**逆関数** $f^{-1}(x)$ をもつとき，$f^{-1}(x)$ の導関数を求める公式を導いてみよう．

$y = f^{-1}(x) \Leftrightarrow x = f(y)$ だから，$x = f(y)$ の両辺を x で微分して

左辺は $\dfrac{d}{dx}x = 1$，右辺は $\dfrac{d}{dx}f(y) = \dfrac{d}{dy}f(y) \cdot \dfrac{dy}{dx} = \dfrac{dx}{dy} \cdot \dfrac{dy}{dx}$

よって，$\dfrac{dx}{dy} \cdot \dfrac{dy}{dx} = 1$ から，公式 $\dfrac{dy}{dx} = \dfrac{1}{\dfrac{dx}{dy}}$ $\left(\text{ただし，}\dfrac{dx}{dy} \neq 0\right)$ が得られる．

この公式を利用すると，$y = \sqrt[n]{x}$（n は自然数）の導関数は $y = x^{\frac{1}{n}}$ の両辺を n 乗して $x = y^n$ となるので

$$\dfrac{dy}{dx} = \dfrac{1}{\dfrac{dx}{dy}} = \dfrac{1}{ny^{n-1}} = \dfrac{1}{n} \cdot \dfrac{1}{\left(x^{\frac{1}{n}}\right)^{n-1}} = \dfrac{1}{n} \cdot \dfrac{1}{x^{1-\frac{1}{n}}} = \dfrac{1}{n}x^{\frac{1}{n}-1}$$

さらに，$y = \sqrt[n]{x^m} = x^{\frac{m}{n}}$（$m, n$ は整数で，$n \geq 2$）は合成関数の微分法を用いて

$$\dfrac{dy}{dx} = \dfrac{d}{dx}x^{\frac{m}{n}} = \dfrac{d}{dx}(x^{\frac{1}{n}})^m = m(x^{\frac{1}{n}})^{m-1} \cdot (x^{\frac{1}{n}})'$$

$$= mx^{\frac{m}{n}-\frac{1}{n}} \cdot \dfrac{1}{n}x^{\frac{1}{n}-1} = \dfrac{m}{n}x^{\frac{m}{n}-1}$$

よって，α が有理数のとき，$(x^\alpha)' = \alpha x^{\alpha-1}$

が成り立つ（α が実数の場合は，問題 13（p.26）を参照）．これを用いると

$$(\sqrt{x})' = (x^{\frac{1}{2}})' = \dfrac{1}{2}x^{\frac{1}{2}-1} = \dfrac{1}{2}x^{-\frac{1}{2}} = \dfrac{1}{2\sqrt{x}}$$

$$\left(\dfrac{1}{\sqrt[3]{x^2}}\right)' = (x^{-\frac{2}{3}})' = -\dfrac{2}{3}x^{-\frac{5}{3}} = -\dfrac{2}{3\sqrt[3]{x^5}}$$

となる．なお，$\{\sqrt{f(x)}\}'$ は合成関数の微分法を用いて

$$\{\sqrt{f(x)}\}' = \dfrac{f'(x)}{2\sqrt{f(x)}}$$

となるが，これは公式として覚えておくとよい．

解答

(1) ㋐ $y' = \dfrac{\{(x+a)(x+b)\}'}{2\sqrt{(x+a)(x+b)}}$

$= \dfrac{2x+a+b}{2\sqrt{(x+a)(x+b)}}$ ……(答)

㋐ $\{\sqrt{f(x)}\}' = \dfrac{f'(x)}{2\sqrt{f(x)}}$

(2) $y' = \dfrac{(x)'\sqrt{x^2+a^2} - x(\sqrt{x^2+a^2})'}{x^2+a^2}$

$= \dfrac{\sqrt{x^2+a^2} - x \cdot \dfrac{2x}{2\sqrt{x^2+a^2}}}{x^2+a^2}$

$= \dfrac{(x^2+a^2) - x^2}{(x^2+a^2)\sqrt{x^2+a^2}} = \dfrac{a^2}{(x^2+a^2)\sqrt{x^2+a^2}}$

……(答)

(3) $y = \sqrt[3]{\dfrac{1-\sqrt{x}}{1+\sqrt{x}}} = \left(\dfrac{1-\sqrt{x}}{1+\sqrt{x}}\right)^{\frac{1}{3}}$

㋑ $y' = \dfrac{1}{3}\left(\dfrac{1-\sqrt{x}}{1+\sqrt{x}}\right)^{-\frac{2}{3}}\left(\dfrac{1-\sqrt{x}}{1+\sqrt{x}}\right)'$

$= \dfrac{1}{3}\left(\dfrac{1+\sqrt{x}}{1-\sqrt{x}}\right)^{\frac{2}{3}}$

$\times \dfrac{-\dfrac{1}{2\sqrt{x}} \cdot (1+\sqrt{x}) - (1-\sqrt{x}) \cdot \dfrac{1}{2\sqrt{x}}}{(1+\sqrt{x})^2}$

$= \dfrac{1}{3}\left(\dfrac{1+\sqrt{x}}{1-\sqrt{x}}\right)^{\frac{2}{3}} \cdot \dfrac{-1}{\sqrt{x}(1+\sqrt{x})^2}$

$= -\dfrac{1}{3\sqrt{x}\sqrt[3]{(1-\sqrt{x})^2(1+\sqrt{x})^4}}$ ……(答)

㋑ $\{\sqrt[3]{f(x)}\}'$
$= \{(f(x))^{\frac{1}{3}}\}'$
$= \dfrac{1}{3}(f(x))^{-\frac{2}{3}}f'(x)$

理解度 Check！ それぞれ
㋐～㋑の公式が使えて
A ．(答)まで完答で B ．

練習問題 10

解答は p.234

次の関数を微分せよ．

(1) $y = x^2(2+x^2)\sqrt{2-x^2}$ (2) $y = x^{\frac{1}{4}}(1+2x)^{\frac{1}{3}}$

(3) $y = \sqrt{\dfrac{1-\sqrt[3]{x}}{1+\sqrt[3]{x}}}$

問題 11　三角関数の微分法

次の関数を微分せよ．ただし，a, b は定数とする．

(1)　$y = \sin^n x \cos nx$　　(2)　$y = \dfrac{\sec x + \tan x}{\sec x - \tan x}$

(3)　$y = \dfrac{\sin x}{\sqrt{a^2 \cos^2 x + b^2 \sin^2 x}}$

解説

三角関数の微分法の基本公式は

$$(\sin x)' = \cos x, \quad (\cos x)' = -\sin x, \quad (\tan x)' = \frac{1}{\cos^2 x} = \sec^2 x$$

である．これらは次のように示される．

$$(\sin x)' = \lim_{h \to 0} \frac{\sin(x+h) - \sin x}{h} = \lim_{h \to 0} \frac{2\cos\left(x + \dfrac{h}{2}\right)\sin\dfrac{h}{2}}{h}$$

$$= \lim_{h \to 0} \frac{\sin \dfrac{h}{2}}{\dfrac{h}{2}} \cdot \cos\left(x + \dfrac{h}{2}\right) = 1 \cdot \cos x = \cos x$$

$$(\cos x)' = \left\{\sin\left(x + \frac{\pi}{2}\right)\right\}' = \cos\left(x + \frac{\pi}{2}\right) \cdot \left(x + \frac{\pi}{2}\right)' = -\sin x$$

$$(\tan x)' = \left(\frac{\sin x}{\cos x}\right)' = \frac{\cos x \cdot \cos x - \sin x \cdot (-\sin x)}{\cos^2 x} = \frac{1}{\cos^2 x} = \sec^2 x$$

一般には，合成関数の微分法を利用して

$$\{\sin f(x)\}' = f'(x)\cos f(x), \quad \{\cos f(x)\}' = -f'(x)\sin f(x)$$

$$\{\tan f(x)\}' = f'(x)\sec^2 f(x)$$

あるいは $\{\sin^\alpha f(x)\}' = \alpha \sin^{\alpha-1} f(x) \cdot \{\sin f(x)\}'$

$$= \alpha \sin^{\alpha-1} f(x) \cdot f'(x) \cos f(x)$$

などを用いる．これを用いると，たとえば

$$\{\sqrt{\sin(x^2+1)}\}' = \frac{\{\sin(x^2+1)\}'}{2\sqrt{\sin(x^2+1)}} = \frac{x \cos(x^2+1)}{\sqrt{\sin(x^2+1)}}$$

となる．また，$\sin x$, $\cos x$, $\tan x$ の逆数の微分法は

$$(\operatorname{cosec} x)' = \left(\frac{1}{\sin x}\right)' = -\frac{(\sin x)'}{\sin^2 x} = -\frac{\cos x}{\sin^2 x} = -\operatorname{cosec} x \cdot \cot x$$

$$(\sec x)' = \left(\frac{1}{\cos x}\right)' = -\frac{(\cos x)'}{\cos^2 x} = \frac{\sin x}{\cos^2 x} = \sec x \cdot \tan x$$

$$(\cot x)' = \left(\frac{1}{\tan x}\right)' = -\frac{(\tan x)'}{\tan^2 x} = -\frac{1}{\tan^2 x} \cdot \frac{1}{\cos^2 x} = -\frac{1}{\sin^2 x} = -\operatorname{cosec}^2 x$$

となる．

解答

(1) $y' = n\sin^{n-1} x \cos x \cdot \cos nx$
    $\quad + \sin^n x \cdot (-n\sin nx)$
  $= n\sin^{n-1} x \underbrace{(\cos x \cos nx - \sin x \sin nx)}_{㋐}$
  $= n\sin^{n-1} x \cos(n+1)x$ ……(答)

㋐ 加法定理
$\cos\alpha\cos\beta - \sin\alpha\sin\beta$
$= \cos(\alpha+\beta)$
を利用する．

(2) $y = \underbrace{\dfrac{\sec x + \tan x}{\sec x - \tan x}}_{㋑} = \dfrac{1+\sin x}{1-\sin x}$
  $y' = \dfrac{\cos x(1-\sin x) - (1+\sin x)(-\cos x)}{(1-\sin x)^2}$
  $= \dfrac{2\cos x}{(1-\sin x)^2}$ ……(答)

㋑ 分母・分子に $\cos x$ をかけた．与えられた関数のまま微分すると面倒である．

(3) $y' = \dfrac{g(x)}{a^2\cos^2 x + b^2\sin^2 x}$
  ここに
  $g(x) = \cos x \sqrt{a^2\cos^2 x + b^2\sin^2 x}$
  $\quad -\sin x \cdot \underbrace{\dfrac{(a^2\cos^2 x + b^2\sin^2 x)'}{2\sqrt{a^2\cos^2 x + b^2\sin^2 x}}}_{㋒}$
  $= \cos x\sqrt{a^2\cos^2 x + b^2\sin^2 x}$
  $\quad - \dfrac{\sin x}{\sqrt{a^2\cos^2 x + b^2\sin^2 x}}$
  $\quad \times (-a^2\cos x\sin x + b^2\sin x\cos x)$
  $= \dfrac{\cos x(a^2\cos^2 x + b^2\sin^2 x) - \sin x \cdot (b^2-a^2)\sin x\cos x}{\sqrt{a^2\cos^2 x + b^2\sin^2 x}}$
  $= \dfrac{a^2\cos x}{\sqrt{a^2\cos^2 x + b^2\sin^2 x}}$
  よって $y' = \dfrac{a^2\cos x}{\sqrt{(a^2\cos^2 x + b^2\sin^2 x)^3}}$ ……(答)

㋒ $(a^2\cos^2 x + b^2\sin^2 x)'$
  $= a^2 \cdot 2\cos x \cdot (-\sin x)$
  $\quad + b^2 \cdot 2\sin x \cdot \cos x$
  $= -2a^2\cos x\sin x$
  $\quad + 2b^2\sin x\cos x$

理解度 Check! (1)は合成関数および積の微分，(2)(3)は商の微分まで使えて **A**．あとは最後まで合って **B**．

練習問題 11

解答は p.235

次の関数を微分せよ．

(1) $y = \sin^3\sqrt{x^2+x+1}$ (2) $y = \left(\tan x + \dfrac{1}{\tan x}\right)^2$

問題 12 指数関数・対数関数の微分法

次の関数を微分せよ．ただし，a は定数で $a>0$, $a \neq 1$ とする．
(1) $y = a^{\cos x}$ (2) $y = \log|\cos x|$
(3) $y = \log_a(x + \sqrt{x^2 - a^2})$ (4) $y = \log\sqrt{\dfrac{\sqrt{1+x^2}+x}{\sqrt{1+x^2}-x}}$

解説

指数関数と対数関数の微分法の基本公式は

$$(e^x)' = e^x, \quad (a^x)' = a^x \log_e a \quad (a>0, \ a\neq 1)$$

$$(\log_e x)' = \frac{1}{x}, \quad (\log_a x)' = \frac{1}{x \log_e a} \quad (a>0, \ a\neq 1)$$

である．まず，$(\log_e x)' = \dfrac{1}{x}$ を示してみよう．

$$(\log_e x)' = \lim_{h \to 0} \frac{\log_e(x+h) - \log_e x}{h} = \lim_{h \to 0} \frac{1}{h} \log_e\left(1 + \frac{h}{x}\right)$$

$$= \lim_{t \to 0} \frac{1}{xt} \log_e(1+t) \quad \left(\frac{h}{x} = t \text{ とおいた}\right)$$

$$= \frac{1}{x} \lim_{t \to 0} \log_e(1+t)^{\frac{1}{t}} = \frac{1}{x} \log_e e = \frac{1}{x}$$

これを用いて $(\log_a x)' = \left(\dfrac{\log_e x}{\log_e a}\right)' = \dfrac{1}{x \log_e a}$

となる．e を底とする対数を**自然対数**といい，e を**自然対数の底**というが，自然対数はその底を省略して，単に $\log x$ と書くことが多い．

また，$y = e^x$ の導関数は，$y = e^x \Leftrightarrow x = \log y$
となるので，両辺を y で微分すると

$$\frac{dx}{dy} = \frac{1}{y} \quad \therefore \quad (e^x)' = \frac{dy}{dx} = \frac{1}{\dfrac{dx}{dy}} = y = e^x$$

となる．$(a^x)' = a^x \log a$ も同様に示される．

なお，$\{\log(-x)\}' = \dfrac{1}{-x} \cdot (-x)' = \dfrac{-1}{-x} = \dfrac{1}{x}$ となるので，$(\log x)' = \dfrac{1}{x}$ と合わせて $(\log|x|)' = \dfrac{1}{x}$ となる．

具体的な問題では

$$\left.\begin{array}{l} \{e^{f(x)}\}' = e^{f(x)} f'(x), \quad \{a^{f(x)}\}' = a^{f(x)} f'(x) \log a \\ \{\log|f(x)|\}' = \dfrac{f'(x)}{f(x)} \end{array}\right\} \cdots\cdots (\bigstar)$$

などを用いて計算する．

解 答

(1) $y' = a^{\cos x} \log a \cdot (\cos x)'$
   $= -a^{\cos x} \sin x \cdot \log a$ ……(答)

(2) $y' = \dfrac{(\cos x)'}{\cos x} = \dfrac{-\sin x}{\cos x}$
   $= -\tan x$ ……(答)

(3) $y' = \dfrac{(x+\sqrt{x^2-a^2})'}{(x+\sqrt{x^2-a^2})\log a}$
   $= \dfrac{1+\dfrac{x}{\sqrt{x^2-a^2}}}{(x+\sqrt{x^2-a^2})\log a}$
   $= \dfrac{1}{\sqrt{x^2-a^2}\log a}$ ……(答)

(4) $y = \dfrac{1}{2}\log\dfrac{\sqrt{1+x^2}+x}{\sqrt{1+x^2}-x}$
   $= \dfrac{1}{2}\{\log(\sqrt{1+x^2}+x) - \log(\sqrt{1+x^2}-x)\}$
   $\therefore\ y' = \dfrac{1}{2}\left\{\dfrac{(\sqrt{1+x^2}+x)'}{\sqrt{1+x^2}+x} - \dfrac{(\sqrt{1+x^2}-x)'}{\sqrt{1+x^2}-x}\right\}$
   $= \dfrac{1}{2}\left(\dfrac{\dfrac{x}{\sqrt{1+x^2}}+1}{\sqrt{1+x^2}+x} - \dfrac{\dfrac{x}{\sqrt{1+x^2}}-1}{\sqrt{1+x^2}-x}\right)$
   $= \dfrac{1}{2}\left(\dfrac{1}{\sqrt{1+x^2}} + \dfrac{1}{\sqrt{1+x^2}}\right) = \dfrac{1}{\sqrt{1+x^2}}$ ……(答)

㋐ $\{a^{f(x)}\}'$
 $= a^{f(x)}\log a \cdot f'(x)$
 また，$a^x = e^{x\log a}$ を用いて
 $(a^{\cos x})'$
 $= (e^{\cos x \cdot \log a})'$
 $= e^{\cos x \cdot \log a} \cdot (\cos x \cdot \log a)'$
 としてもよい．

㋑ $\sqrt{1+x^2} > \sqrt{x^2} = |x|$ より $\sqrt{1+x^2} > x$ かつ $\sqrt{1+x^2} > -x$ であるから，真数の分母・分子はいずれも正となり，公式
$$\log\dfrac{M}{N} = \log M - \log N$$
が使える．一般には
$$\log\dfrac{M}{N} = \log\left|\dfrac{M}{N}\right|$$
$$= \log|M| - \log|N|$$
となる．なお，㋑の部分を有理化して
$$y = \log(\sqrt{1+x^2}+x)$$
としてから微分してもよい．

理解度 Check！ それぞれ左ページ解説の(★)が利用できて **A**．完答で **B**．

練習問題 12

解答は p.235

次の関数を微分せよ．ただし，a, b は定数とする．

(1) $y = e^{ax}(a\sin bx - b\cos bx)$

(2) $y = \log\dfrac{\sqrt{x+a}+\sqrt{x+b}}{\sqrt{x+a}-\sqrt{x+b}}$ ($a > b$)

問題 13　対数微分法

対数微分法によって，次の関数を微分せよ．
(1)　$y = \dfrac{x+1}{(x+2)^2(x+3)^3}$　　　(2)　$y = e^{x^x}$　$(x>0)$

解説　$y = x^x$ $(x>0)$, $y = (\tan x)^{\sin x}$ $\left(0 < x < \dfrac{\pi}{2}\right)$ のように，$f(x)$, $g(x)$ が x の関数のとき，$f(x)^{g(x)}$ の微分は**対数微分法**を用いる．

$y = f(x)^{g(x)}$ の両辺の絶対値の自然対数をとると
$$\log|y| = \log|f(x)|^{g(x)} = g(x)\log|f(x)|$$
両辺を x で微分すると
$$\frac{d}{dx}\log|y| = \frac{d}{dx}g(x)\log|f(x)|$$
左辺は合成関数の微分法を利用して
$$\frac{d}{dx}\log|y| = \frac{d}{dy}\log|y| \cdot \frac{dy}{dx} = \frac{1}{y} \cdot \frac{dy}{dx}$$
であるから $\dfrac{1}{y} \cdot \dfrac{dy}{dx} = g'(x)\log|f(x)| + g(x) \cdot \dfrac{f'(x)}{f(x)}$

これより $\dfrac{dy}{dx} = f(x)^{g(x)}\left\{g'(x)\log|f(x)| + \dfrac{g(x)f'(x)}{f(x)}\right\}$ となる．

　これを利用して，α が実数の定数のとき $(x^\alpha)' = \alpha x^{\alpha-1}$ が成り立つことが証明できる．

> $y = x^\alpha$ とおいて，両辺の絶対値の自然対数をとると
> $$\log|y| = \log|x|^\alpha = \alpha\log|x|$$
> 両辺を x で微分して $\dfrac{y'}{y} = \alpha \cdot \dfrac{1}{x}$　　∴　$(x^\alpha)' = y' = \alpha \cdot \dfrac{1}{x} \cdot y = \alpha x^{\alpha-1}$

また，$y = x^x$ $(x>0)$ は $\log y = \log x^x = x\log x$

両辺を x で微分して $\dfrac{y'}{y} = \log x + x \cdot \dfrac{1}{x} = \log x + 1$

　　∴　$(x^x)' = y' = y(\log x + 1) = x^x(\log x + 1)$

また，$y = (\tan x)^{\sin x}$ $\left(0 < x < \dfrac{\pi}{2}\right)$ は $\log y = \log(\tan x)^{\sin x} = \sin x \log(\tan x)$

両辺を x で微分して $\dfrac{y'}{y} = \cos x \log(\tan x) + \sin x \cdot \dfrac{\sec^2 x}{\tan x}$

　　∴ $\{(\tan x)^{\sin x}\}' = y' = (\tan x)^{\sin x}\{\cos x \log(\tan x) + \sec x\}$

となる．

解 答

(1) 両辺の絶対値の自然対数をとると

$$\log|y| = \log\left|\frac{x+1}{(x+2)^2(x+3)^3}\right|$$
$$= \log|x+1| - 2\log|x+2| - 3\log|x+3|$$

両辺を x で微分して

$$\frac{y'}{y} = \frac{1}{x+1} - \frac{2}{x+2} - \frac{3}{x+3}$$
$$= \frac{-2(2x^2+6x+3)}{(x+1)(x+2)(x+3)}$$

よって $y' = \dfrac{x+1}{(x+2)^2(x+3)^3} \cdot \dfrac{-2(2x^2+6x+3)}{(x+1)(x+2)(x+3)}$

$$= -\frac{2(2x^2+6x+3)}{(x+2)^3(x+3)^4} \quad \cdots\cdots(答)$$

(2) 両辺の自然対数をとると

$$\log y = \log e^{x^x} = x^x \quad \cdots\cdots ①$$

$u = x^x$ とおくと

$$\log u = \log x^x = x\log x \quad \cdots\cdots ②$$

このとき，①は $\log y = u$

この両辺を u で微分して

$$\frac{1}{y} \cdot \frac{dy}{du} = 1 \quad \therefore \quad \frac{dy}{du} = y$$

さらに，②の両辺を x で微分して

$$\frac{1}{u} \cdot \frac{du}{dx} = \log x + x \cdot \frac{1}{x}$$

$$\therefore \quad \frac{du}{dx} = u(\log x + 1)$$

よって $\dfrac{dy}{dx} = \dfrac{dy}{du} \cdot \dfrac{du}{dx} = y \cdot u(\log x + 1)$

$$= x^x e^{x^x}(\log x + 1) \quad \cdots\cdots(答)$$

㋐ 商の微分の公式でもよいが，対数微分法を用いると，いかに計算が楽になるかが実感されると思う．

㋑ 一般には
$$\log\left|\frac{A^p}{B^q C^r}\right|$$
$$= \log|A^p| - \log|B^q C^r|$$
$$= p\log|A| - q\log|B|$$
$$\quad - r\log|C|$$

㋒ x^x はこのままでは微分できないので，$u = x^x$ とおいて，さらに自然対数をとって考える．

㋓ $\dfrac{d}{du}\log y = \dfrac{d}{du}u$

左辺 $= \dfrac{d}{dy}\log y \cdot \dfrac{dy}{du}$

$= \dfrac{1}{y} \cdot \dfrac{dy}{du}$

右辺 $= \dfrac{d}{du}u = 1$

理解度 Check! それぞれ y の対数を正しくとれて A．完答で B．

練習問題 13

対数微分法によって，次の関数を微分せよ．

(1) $y = \sqrt[5]{(x+2)^3(x^2+3)}$ 　　(2) $y = (\log x)^x \quad (x > 1)$

解答は p.235

問題 14 逆三角関数

次の等式を証明せよ．

(1) $\sin^{-1}\dfrac{5}{13} - 2\cos^{-1}\dfrac{4}{5} = \cos^{-1}\dfrac{204}{325}$

(2) $\tan^{-1} x + \tan^{-1}\dfrac{1}{x} = \dfrac{\pi}{2}$ $(x>0)$

解 説

三角関数 $\sin x$, $\cos x$, $\tan x$ などの逆関数を**逆三角関数**という．

一般に，$y=f(x)$ が $[a,b]$ で連続な単調増加関数（または単調減少関数）のとき，逆関数 $y=f^{-1}(x)$ は存在するが，三角関数では定義域を適当に制限して考えなければいけない．$y=\sin x$ については，単調増加で値域が $-1 \leqq y \leqq 1$ となる区間 $-\dfrac{\pi}{2} \leqq x \leqq \dfrac{\pi}{2}$ を考えて，$y=\sin x \left(-\dfrac{\pi}{2} \leqq x \leqq \dfrac{\pi}{2}\right)$ の逆関数は

$$y = \sin^{-1} x \ (-1 \leqq x \leqq 1)$$

と定義される．$\sin^{-1} x$ は，**アークサイン x** と読む．

また，$y=\sin^{-1} x$ $(-1 \leqq x \leqq 1)$ の値域 $-\dfrac{\pi}{2} \leqq y \leqq \dfrac{\pi}{2}$ を $y=\sin^{-1} x$ の主値という．

同様にして，$y=\cos x$, $y=\tan x$ の逆関数 $y=\cos^{-1} x$, $y=\tan^{-1} x$ も定義される．逆三角関数の定義域と主値を表にまとめておく．

逆三角関数	定義域	値域（主値）
逆正弦 $y=\sin^{-1} x$	$-1 \leqq x \leqq 1$	$-\dfrac{\pi}{2} \leqq y \leqq \dfrac{\pi}{2}$
逆余弦 $y=\cos^{-1} x$	$-1 \leqq x \leqq 1$	$0 \leqq y \leqq \pi$
逆正接 $y=\tan^{-1} x$	$-\infty < x < \infty$	$-\dfrac{\pi}{2} < y < \dfrac{\pi}{2}$

（例） $\sin^{-1}\dfrac{1}{2} = \dfrac{\pi}{6}$

$\cos^{-1}\left(-\dfrac{1}{\sqrt{2}}\right) = \dfrac{3}{4}\pi$

$\tan^{-1}\sqrt{3} = \dfrac{\pi}{3}$

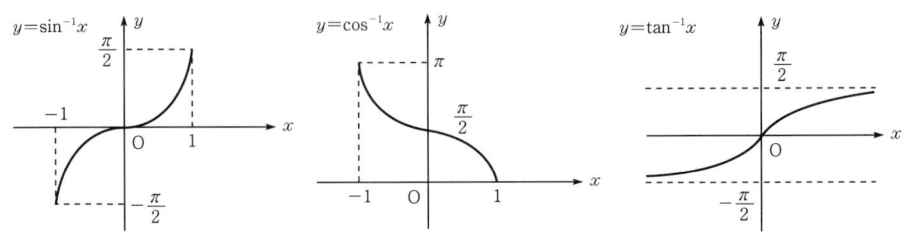

さて，$\cos(\sin^{-1} x) = \sqrt{1-x^2}$ は次のように示される．

$\sin^{-1} x = \alpha$ とおくと，$-\dfrac{\pi}{2} \leqq \alpha \leqq \dfrac{\pi}{2}$, $\sin \alpha = x$ より

$\cos \alpha = \sqrt{1-\sin^2 \alpha} = \sqrt{1-x^2}$ ∴ $\cos(\sin^{-1} x) = \sqrt{1-x^2}$

解 答

(1) $\sin^{-1}\dfrac{5}{13}=\alpha$, $\cos^{-1}\dfrac{4}{5}=\beta$ とおくと

$0<\alpha<\dfrac{\pi}{4}$, $0<\beta<\dfrac{\pi}{4}$ で $\sin\alpha=\dfrac{5}{13}$, $\cos\beta=\dfrac{4}{5}$ ㋐

$\therefore\ \cos\alpha=\dfrac{12}{13}$, $\sin\beta=\dfrac{3}{5}$ ㋑

したがって

$\cos(\alpha-2\beta)=\cos\alpha\cos 2\beta+\sin\alpha\sin 2\beta$ ㋒
$=\cos\alpha(2\cos^2\beta-1)$
$+\sin\alpha\cdot 2\sin\beta\cos\beta$
$=\dfrac{12}{13}\cdot\dfrac{7}{25}+2\cdot\dfrac{5}{13}\cdot\dfrac{3}{5}\cdot\dfrac{4}{5}=\dfrac{204}{325}$

$-\dfrac{\pi}{2}<\alpha-2\beta<\dfrac{\pi}{4}<\dfrac{\pi}{2}$ より $\alpha-2\beta=\cos^{-1}\dfrac{204}{325}$ ㋓

よって $\sin^{-1}\dfrac{5}{13}-2\cos^{-1}\dfrac{4}{5}=\cos^{-1}\dfrac{204}{325}$

(2) $x>0$ のとき，$\tan^{-1}x=\alpha$ とおくと

$0<\alpha<\dfrac{\pi}{2}$ で $\tan\alpha=x$

$\therefore\ \dfrac{1}{x}=\cot\alpha=\tan\left(\dfrac{\pi}{2}-\alpha\right)$

ここで $0<\dfrac{\pi}{2}-\alpha<\dfrac{\pi}{2}$ ㋔

したがって $\tan^{-1}\dfrac{1}{x}=\dfrac{\pi}{2}-\alpha$

よって $\tan^{-1}x+\tan^{-1}\dfrac{1}{x}=\alpha+\left(\dfrac{\pi}{2}-\alpha\right)=\dfrac{\pi}{2}$

(注) $x<0$ のときは，$\tan^{-1}x+\tan^{-1}\dfrac{1}{x}=-\dfrac{\pi}{2}$ となることが示される．

㋐ $\alpha-2\beta$ の角の変域を考える必要があるので，$\dfrac{\pi}{4}$ と比較してこのようにした．
㋑ $\cos\alpha=\sqrt{1-\sin^2\alpha}$
$\sin\beta=\sqrt{1-\cos^2\beta}$
㋒ 示すべきは
$\cos(\alpha-2\beta)=\dfrac{204}{325}$
左辺に加法定理を用いた．
㋓ $\alpha-2\beta$ が $\cos^{-1}\dfrac{204}{325}$ の主値になりうることの確認．

理解度 Check！ ㋑までで
A．㋒の展開が示せて
B．㋒の数値が合って
C．(答)までで D．

㋔ $\dfrac{\pi}{2}-\alpha$ は $\tan^{-1}\dfrac{1}{x}$ の主値になり得る．
(2)の意味は右図で
$\alpha+\beta=\dfrac{\pi}{2}$
というコト．

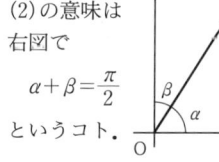

理解度 Check！ $\dfrac{1}{x}$ が tan で表せて A．㋔から $\tan^{-1}$ が決まって B．(答)までで C．

練習問題 14

次の等式を証明せよ．

(1) $\sin^{-1}\left(\cos\dfrac{\pi}{10}\right)+\cos^{-1}\left(\cos\dfrac{3}{5}\pi\right)=\pi$

(2) $\tan^{-1}x+\dfrac{\pi}{4}=\tan^{-1}\dfrac{1+x}{1-x}$ $(|x|<1)$

解答は p.235

問題 15　逆三角関数の微分法

次の関数を微分せよ．ただし，a, b は定数とする．

(1)　$y = \sin^{-1}\sqrt{\dfrac{1-x}{1+x}}$　　(2)　$y = \tan^{-1}\dfrac{a\sin x + b\cos x}{a\cos x - b\sin x}$

解説　逆三角関数の微分法の公式は次のようである．

$$(\sin^{-1} x)' = \frac{1}{\sqrt{1-x^2}} \quad (|x|<1), \quad (\cos^{-1} x)' = -\frac{1}{\sqrt{1-x^2}} \quad (|x|<1)$$

$$(\tan^{-1} x)' = \frac{1}{1+x^2} \quad (x \text{ は全実数})$$

これは次のようにして示される．

$y = \sin^{-1} x$ は $x = \sin y$ だから，逆関数の微分法の公式により

$$\frac{dy}{dx} = \frac{1}{\dfrac{dx}{dy}} = \frac{1}{\dfrac{d}{dy}\sin y} = \frac{1}{\cos y}$$

$|x|<1$ のとき，$y = \sin^{-1} x$ の主値から $|y| < \dfrac{\pi}{2}$ だから $\cos y > 0$

$$\therefore \quad \frac{dy}{dx} = \frac{1}{\sqrt{1-\sin^2 y}} = \frac{1}{\sqrt{1-x^2}} \quad (|x|<1)$$

また，$y = \cos^{-1} x$ は $x = \cos y$ だから，同様にして

$$\frac{dy}{dx} = \frac{1}{\dfrac{dx}{dy}} = \frac{1}{\dfrac{d}{dy}\cos y} = \frac{1}{-\sin y} = -\frac{1}{\sqrt{1-\cos^2 y}} = -\frac{1}{\sqrt{1-x^2}}$$

$(\because \ y = \cos^{-1} x$ の主値から $0 < y < \pi$ だから $\sin y > 0)$

さらに，$y = \tan^{-1} x$ は $x = \tan y$ だから

$$\frac{dy}{dx} = \frac{1}{\dfrac{dx}{dy}} = \frac{1}{\dfrac{d}{dy}\tan y} = \frac{1}{\sec^2 y} = \cos^2 y = \frac{1}{1+\tan^2 y} = \frac{1}{1+x^2}$$

これより，次式も公式として覚えておくとよい．

$$\left. \begin{array}{l} \{\sin^{-1} f(x)\}' = \dfrac{f'(x)}{\sqrt{1-\{f(x)\}^2}} \quad (|f(x)|<1) \\[2mm] \{\tan^{-1} f(x)\}' = \dfrac{f'(x)}{1+\{f(x)\}^2} \quad (f(x) \text{ は全実数}) \end{array} \right\} \cdots\cdots (\bigstar)$$

なお，$\sin^{-1} x + \cos^{-1} x = \dfrac{\pi}{2}$ が成り立つことから，$(\sin^{-1} x)' + (\cos^{-1} x)' = 0$ すなわち，$(\cos^{-1} x)' = -(\sin^{-1} x)'$ を導くこともできる．

解答

(1) ㋐ $y' = \dfrac{1}{\sqrt{1-\left(\sqrt{\dfrac{1-x}{1+x}}\right)^2}} \cdot \left(\sqrt{\dfrac{1-x}{1+x}}\right)'$

$= \dfrac{1}{\sqrt{\dfrac{2x}{1+x}}} \cdot \dfrac{1}{2}\left(\dfrac{1-x}{1+x}\right)^{-\frac{1}{2}}\left(\dfrac{1-x}{1+x}\right)'$ ㋑

$= \dfrac{1}{\sqrt{\dfrac{2x}{1+x}}} \cdot \dfrac{1}{2}\sqrt{\dfrac{1+x}{1-x}} \cdot \dfrac{-2}{(1+x)^2}$ ㋒

$= \dfrac{1+x}{\sqrt{2x(1-x)}} \cdot \dfrac{-1}{(1+x)^2}$

$= -\dfrac{1}{(1+x)\sqrt{2x(1-x)}}$ ……(答)

(2) ㋓ $y' = \dfrac{1}{1+\left(\dfrac{a\sin x + b\cos x}{a\cos x - b\sin x}\right)^2}$

$\quad \times \left(\dfrac{a\sin x + b\cos x}{a\cos x - b\sin x}\right)'$

$= \dfrac{(a\cos x - b\sin x)^2}{(a\cos x - b\sin x)^2 + (a\sin x + b\cos x)^2}$

$\quad \times \dfrac{(a\cos x - b\sin x)^2 + (a\sin x + b\cos x)^2}{(a\cos x - b\sin x)^2}$

$= 1$ ……(答)

㋐ $(\sin^{-1} f(x))'$
$= \dfrac{f'(x)}{\sqrt{1-\{f(x)\}^2}}$

を用いる.
また, 与えられた関数から
$\sqrt{\dfrac{1-x}{1+x}} < 1$ だから

$0 \leq \dfrac{1-x}{1+x} < 1$ ……①

㋑ 分母の根号内 >0 より
$\dfrac{2x}{1+x} > 0$ ……②

㋒ 根号内 ≥ 0 より
$\dfrac{1+x}{1-x} \geq 0$ ……③

よって, x の変域は①〜③から $0 < x < 1$

㋓ $(\tan^{-1} f(x))'$
$= \dfrac{f'(x)}{1+\{f(x)\}^2}$

を用いる.

理解度 Check! それぞれ左ページ解説の（★）が利用できて A. 完答で B.

(2)の結果にビックリした人は

$\dfrac{a}{\sqrt{a^2+b^2}} = \cos\varphi$,

$\dfrac{b}{\sqrt{a^2+b^2}} = \sin\varphi$

となる φ を考えて, 元の式を変形してみよう.

練習問題 15

解答は p.236

次の関数を微分せよ. ただし, a, b は定数とする.

(1) $y = (\sin^{-1} 2x)^3$

(2) $y = \tan^{-1}\left(\dfrac{b}{a}\tan\dfrac{x}{2}\right)$

(3) $y = \cos^{-1}\left(\dfrac{3+5\cos x}{5+3\cos x}\right)$

問題 16 双曲線関数の微分法

次の関数を微分せよ．
(1) $y = \tanh^{-1} x$
(2) $y = \dfrac{1}{2}\left(x\sqrt{x^2+a^2} + a^2 \sinh^{-1}\dfrac{x}{a}\right)$ $(a > 0)$

解 説

工学系でよく扱われる**双曲線関数**についてまとめておこう．

双曲線正弦　$y = \sinh x = \dfrac{e^x - e^{-x}}{2}$，　双曲線余弦　$y = \cosh x = \dfrac{e^x + e^{-x}}{2}$

双曲線正接　$y = \tanh x = \dfrac{\sinh x}{\cosh x} = \dfrac{e^x - e^{-x}}{e^x + e^{-x}}$

さらに，$\operatorname{cosech} x = \dfrac{1}{\sinh x}$, $\operatorname{sech} x = \dfrac{1}{\cosh x}$, $\coth x = \dfrac{1}{\tanh x}$

によって定義される関数を，まとめて**双曲線関数**という．sinh は hyperbolic-sine の略でハイパボリックサインと読む．他についても同様である．

双曲線関数には，次の性質がある．

1° $\cosh^2 x - \sinh^2 x = 1$,　　　$1 - \tanh^2 x = \operatorname{sech}^2 x$
   $\sinh(x \pm y) = \sinh x \cosh y \pm \cosh x \sinh y$
   $\cosh(x \pm y) = \cosh x \cosh y \pm \sinh x \sinh y$
   $\sinh 2x = 2\sinh x \cosh x$,　　$\cosh 2x = \cosh^2 x + \sinh^2 x$

これらは各自確かめてみよ．また，双曲線関数の微分法の基本は

2° $(\sinh x)' = \cosh x$,　　$(\cosh x)' = \sinh x$,　　$(\tanh x)' = \operatorname{sech}^2 x$

である．証明は，容易である．

$$(\sinh x)' = \left(\dfrac{e^x - e^{-x}}{2}\right)' = \dfrac{e^x + e^{-x}}{2} = \cosh x$$

$$(\cosh x)' = \left(\dfrac{e^x + e^{-x}}{2}\right)' = \dfrac{e^x - e^{-x}}{2} = \sinh x$$

$$(\tanh x)' = \left(\dfrac{\sinh x}{\cosh x}\right)' = \dfrac{\cosh x \cosh x - \sinh x \sinh x}{\cosh^2 x} = \dfrac{1}{\cosh^2 x} = \operatorname{sech}^2 x$$

また，双曲線関数の逆関数を**逆双曲線関数**といい，$y = \sinh^{-1} x$, $y = \cosh^{-1} x$, $y = \tanh^{-1} x$ などと表す．たとえば，$y = \sinh^{-1} x$ は逆関数の定義に戻って $x = \sinh y = \dfrac{e^y - e^{-y}}{2}$ とし，これを y について解くことにより，
$y = \sinh^{-1} x = \log(x + \sqrt{x^2 + 1})$ が得られる．（詳しくは右の解答を参照）

解 答

(1) $y = \tanh^{-1} x$ のとき

$$x = \tanh y = \frac{e^y - e^{-y}}{e^y + e^{-y}} = \frac{e^{2y} - 1}{e^{2y} + 1}$$

$$x(e^{2y} + 1) = e^{2y} - 1$$

$$(1-x)e^{2y} = 1+x \qquad e^{2y} = \frac{1+x}{1-x}$$

$$\therefore \underset{\text{㋐}}{y = \tanh^{-1} x = \frac{1}{2}\log\frac{1+x}{1-x}}$$

よって $y' = \frac{1}{2} \cdot \frac{1-x}{1+x} \cdot \left(\frac{1+x}{1-x}\right)'$

$$= \frac{1}{2} \cdot \frac{1-x}{1+x} \cdot \frac{1-x-(1+x)\cdot(-1)}{(1-x)^2}$$

$$= \frac{1}{1-x^2} \underset{\text{㋑}}{\quad}(|x|<1) \qquad \cdots\cdots \text{(答)}$$

(2) $y = \sinh^{-1} x$ のとき

$$x = \sinh y = \frac{e^y - e^{-y}}{2} = \frac{e^{2y} - 1}{2e^y}$$

$$e^{2y} - 2xe^y - 1 = 0$$

$$\underset{\text{㋒}}{e^y = x + \sqrt{x^2+1}}$$

$$\therefore \quad y = \sinh^{-1} x = \log(x + \sqrt{x^2+1})$$

したがって

$$\underset{\text{㋓}}{(\sinh^{-1} x)' = \frac{(x+\sqrt{x^2+1})'}{x+\sqrt{x^2+1}} = \frac{1}{\sqrt{x^2+1}}}$$

よって

$$y' = \frac{1}{2}\left\{\sqrt{x^2+a^2} + \frac{x^2}{\sqrt{x^2+a^2}} + a^2 \cdot \frac{\frac{1}{a}}{\sqrt{\left(\frac{x}{a}\right)^2+1}}\right\}$$

$$= \frac{1}{2}(\sqrt{x^2+a^2} + \sqrt{x^2+a^2}) = \sqrt{x^2+a^2} \qquad \cdots\cdots \text{(答)}$$

㋐ $e^{2y} = \dfrac{1+x}{1-x}$ の両辺の自然対数をとった.

㋑ $y = \dfrac{1}{2}\log\dfrac{1+x}{1-x}$ の真数条件から,

$\dfrac{1+x}{1-x} > 0$ を解いて

$-1 < x < 1$

理解度 Check!

㋐の行の式までできて A . 微分が合って B . 完答で C .

㋒ $e^y > 0$ より
$e^y = x - \sqrt{x^2+1}$ は不適.

㋓ $(x+\sqrt{x^2+1})'$
$= 1 + \dfrac{2x}{2\sqrt{x^2+1}}$
$= \dfrac{\sqrt{x^2+1}+x}{\sqrt{x^2+1}}$

理解度 Check!

$\sinh^{-1} x$ を log の式で表せて A . この微分までで B . 完答で C .

練習問題 16

次の関数を微分せよ.

(1) $y = \cosh^{-1} x$ (2) $y = \text{cosech}^{-1} x$

解答は p.236

問題 17　媒介変数による微分法，陰関数の微分法

次の問いに答えよ．

(1) サイクロイド $\begin{cases} x = a(\theta - \sin\theta) \\ y = a(1 - \cos\theta) \end{cases}$ 上の $\theta = \dfrac{\pi}{3}$ における接線の方程式を求めよ．

(2) 曲線 $\sqrt{x} + \sqrt{y} = \sqrt{a}$ $(a>0)$ 上の任意の点における接線が x 軸，y 軸と交わる点を P，Q とするとき，OP+OQ$=a$ であることを示せ．

解説　(1) x, y が媒介変数 t によって，$x = f(t)$, $y = g(t)$ ……①

と表されるとき，$f(t)$, $g(t)$ が t で微分可能，$f'(t) \neq 0$ とすれば，

$\dfrac{dy}{dx} = \dfrac{\dfrac{dy}{dt}}{\dfrac{dx}{dt}} = \dfrac{g'(t)}{f'(t)}$ が成り立つ．これは，次のようにして示される．

t の変化量 Δt に対する x, y の変化量をそれぞれ Δx, Δy とすると，$\displaystyle\lim_{\Delta t \to 0} \dfrac{\Delta x}{\Delta t}$

$= \dfrac{dx}{dt} = f'(t) \neq 0$ だから，$\Delta x \neq 0$ としてよい．また，$f(t)$ の連続性より，$\Delta x = f(t+\Delta t) - f(t) \to 0$ のとき $\Delta t \to 0$ としてよい．

よって，$\dfrac{dy}{dx} = \displaystyle\lim_{\Delta x \to 0} \dfrac{\Delta y}{\Delta x} = \lim_{\Delta t \to 0} \dfrac{\dfrac{\Delta y}{\Delta t}}{\dfrac{\Delta x}{\Delta t}} = \dfrac{\dfrac{dy}{dt}}{\dfrac{dx}{dt}} = \dfrac{g'(t)}{f'(t)}$ となる．

また，①で表される曲線の $t = t_1$ に対応する点における接線の方程式は，

$y - g(t_1) = \dfrac{g'(t_1)}{f'(t_1)}(x - f(t_1))$ である．

(2) $f(x, y) = 0$ で表される関数を**陰関数**と呼ぶ（$y = f(x)$ は陽関数）．たとえば，$2x^2 + 2xy + y^2 = 1$ は $y^2 + 2xy + (2x^2 - 1) = 0$ として y について解くと，$y = -x \pm \sqrt{1 - x^2}$ となるので，これから $\dfrac{dy}{dx}$ を求めることもできるが，y が x の関数であることに着目して，**合成関数の微分法を利用**するのが一般的である．$2x^2 + 2xy + y^2 = 1$ の両辺を x で微分して

$\dfrac{d}{dx}(2x^2 + 2xy + y^2) = \dfrac{d}{dx}(1) \qquad 4x + 2\left(y + x\dfrac{dy}{dx}\right) + 2y\dfrac{dy}{dx} = 0$

$(x + y)\dfrac{dy}{dx} = -(2x + y) \qquad \therefore\ \dfrac{dy}{dx} = -\dfrac{2x + y}{x + y}$

解 答

(1) $\dfrac{dy}{dx}=\dfrac{\frac{dy}{d\theta}}{\frac{dx}{d\theta}}=\dfrac{a\sin\theta}{a(1-\cos\theta)}=\dfrac{\sin\theta}{1-\cos\theta}$

$=\dfrac{2\sin\frac{\theta}{2}\cos\frac{\theta}{2}}{2\sin^2\frac{\theta}{2}}=\dfrac{\cos\frac{\theta}{2}}{\sin\frac{\theta}{2}}=\cot\dfrac{\theta}{2}$

$\theta=\dfrac{\pi}{3}$ のとき, $(x,y)=\left(a\left(\dfrac{\pi}{3}-\dfrac{\sqrt{3}}{2}\right),\dfrac{a}{2}\right)$, および $\dfrac{dy}{dx}=\cot\dfrac{\pi}{6}=\sqrt{3}$ だから, 求める接線の方程式は

$$y-\dfrac{a}{2}=\sqrt{3}\left\{x-a\left(\dfrac{\pi}{3}-\dfrac{\sqrt{3}}{2}\right)\right\}$$

$\therefore\quad y=\sqrt{3}\,x+\left(2-\dfrac{\sqrt{3}}{3}\pi\right)a \qquad$ ……(答)

(2) $\sqrt{x}+\sqrt{y}=\sqrt{a}$ の両辺を x で微分して

$\dfrac{1}{2\sqrt{x}}+\dfrac{y'}{2\sqrt{y}}=0 \qquad \therefore\quad y'=-\dfrac{\sqrt{y}}{\sqrt{x}}$

曲線上の点を (x_0,y_0) とおくと, 接線の方程式は

$y-y_0=-\dfrac{\sqrt{y_0}}{\sqrt{x_0}}(x-x_0)$

ここで, $y=0$ とおくと
$x=x_0+\sqrt{x_0}\sqrt{y_0}=\sqrt{x_0}(\sqrt{x_0}+\sqrt{y_0})$
$=\sqrt{x_0}\sqrt{a}=\sqrt{ax_0}$

$x=0$ とおくと
$y=y_0+\sqrt{x_0}\sqrt{y_0}=\sqrt{y_0}(\sqrt{y_0}+\sqrt{x_0})$
$=\sqrt{y_0}\sqrt{a}=\sqrt{ay_0}$

したがって, $P(\sqrt{ax_0},0)$, $Q(0,\sqrt{ay_0})$ であり $OP+OQ=\sqrt{a}(\sqrt{x_0}+\sqrt{y_0})=a$

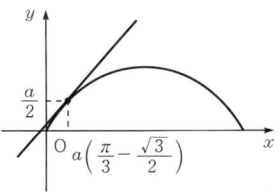

㋐ 媒介変数表示の微分法.

㋑ 接線の傾き.

理解度 Check!
㋐の公式までで **A**. 接線の傾きが出せて **B**. 接点の座標で **C**. 完答で **D**.

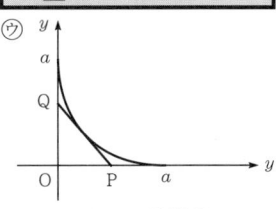

㋒ ここでは, 陰関数による微分法から, 接線の方程式を求める.

㋓ 点 P の x 座標.

㋔ (x_0,y_0) は曲線上の点より $\sqrt{x_0}+\sqrt{y_0}=\sqrt{a}$

理解度 Check!
㋒の微分までで **A**. 接線の式で **B**. $OP+OQ=a$ が示せて **C**.

練習問題 17

各関数について, $\dfrac{dy}{dx}$ を求めよ. ただし, a, α は定数とする.

(1) $x=a^t$, $y=\tan^{-1}t \quad (a>0, a\neq 1)$

(2) $x^2-2xy\cos\alpha+2y^2=1$

解答は p.237

問題 18　第 2 次導関数

次の問いに答えよ．

(1) $y^3 - 3xy + 6 = 0$ のとき，y を x の関数とみて，$\dfrac{d^2y}{dx^2}$ を求めよ．

(2) $\begin{cases} x = a\cos t + b\sin t \\ y = a\cos t - b\sin t \end{cases}$ のとき，$\dfrac{d^2y}{dx^2}$ を t で表せ．

解説

関数 $f(x)$ の導関数を $f'(x)$ とするとき，$\displaystyle\lim_{h\to 0}\dfrac{f'(x+h)-f'(x)}{h}$ が存在すれば，これを $f(x)$ の**第 2 次導関数**といい，$f''(x)$ と表す．$y = f(x)$ の第 2 次導関数はこの他，y''，$\dfrac{d^2y}{dx^2}$，$\dfrac{d^2}{dx^2}f(x)$ などとも表す．

たとえば，$y = e^{3x}\cos x$ ならば
$$y' = 3e^{3x}\cos x + e^{3x}(-\sin x) = e^{3x}(3\cos x - \sin x)$$
$$y'' = 3e^{3x}(3\cos x - \sin x) + e^{3x}(-3\sin x - \cos x) = 2e^{3x}(4\cos x - 3\sin x)$$

となる．一般には

合成関数 $y = f(u)$，$u = g(x)$ ならば，$\dfrac{dy}{dx} = \dfrac{dy}{du}\dfrac{du}{dx}$ より

$$\dfrac{d^2y}{dx^2} = \dfrac{d}{dx}\left(\dfrac{dy}{dx}\right) = \dfrac{d}{dx}\left(\dfrac{dy}{du}\dfrac{du}{dx}\right) = \dfrac{d}{dx}\left(\dfrac{dy}{du}\right)\dfrac{du}{dx} + \dfrac{dy}{du}\dfrac{d}{dx}\left(\dfrac{du}{dx}\right)$$
$$= \dfrac{d}{du}\left(\dfrac{dy}{du}\right)\dfrac{du}{dx}\dfrac{du}{dx} + \dfrac{dy}{du}\dfrac{d^2u}{dx^2} = \dfrac{d^2y}{du^2}\left(\dfrac{du}{dx}\right)^2 + \dfrac{dy}{du}\dfrac{d^2u}{dx^2}$$

媒介変数 $x = f(t)$，$y = g(t)$ ならば，$\dfrac{dy}{dx} = \dfrac{\dfrac{dy}{dt}}{\dfrac{dx}{dt}}$ より

$$\dfrac{d^2y}{dx^2} = \dfrac{d}{dx}\left(\dfrac{dy}{dx}\right) = \dfrac{d}{dt}\left(\dfrac{\dfrac{dy}{dt}}{\dfrac{dx}{dt}}\right)\dfrac{dt}{dx} = \dfrac{\dfrac{d^2y}{dt^2}\dfrac{dx}{dt} - \dfrac{dy}{dt}\dfrac{d^2x}{dt^2}}{\left(\dfrac{dx}{dt}\right)^3}$$

となる．これらは丸暗記する必要はないが，いつでもできるようにしておきたい．

たとえば，$\begin{cases} x = \cos t \\ y = \sin t \end{cases}$ のとき，$\dfrac{dy}{dx} = \dfrac{\cos t}{-\sin t} = -\cot t$ より

$$\dfrac{d^2y}{dx^2} = \dfrac{d}{dx}\left(\dfrac{dy}{dx}\right) = \dfrac{d}{dt}(-\cot t)\dfrac{dt}{dx} = \operatorname{cosec}^2 t \cdot \dfrac{1}{-\sin t} = -\dfrac{1}{\sin^3 t}$$

となる．これを慌てて $\dfrac{d^2y}{dx^2} = (-\cot t)' = \operatorname{cosec}^2 t$ などとしないように注意しよう．

解答

(1) ㋐ $y^3 - 3xy + 6 = 0$ の両辺を x で微分して

$$\frac{d}{dx}(y^3 - 3xy + 6) = \frac{d}{dx}(0)$$

$$3y^2 \frac{dy}{dx} - 3\left(y + x\frac{dy}{dx}\right) = 0 \quad \therefore \quad \frac{dy}{dx} = \frac{y}{y^2 - x}$$

㋑ $\dfrac{d^2y}{dx^2} = \dfrac{d}{dx}\left(\dfrac{dy}{dx}\right) = \dfrac{d}{dx}\left(\dfrac{y}{y^2 - x}\right)$

$$= \frac{\dfrac{dy}{dx}(y^2 - x) - y\dfrac{d}{dx}(y^2 - x)}{(y^2 - x)^2}$$

$$= \frac{\dfrac{y}{y^2 - x}(y^2 - x) - y\left(2y\dfrac{dy}{dx} - 1\right)}{(y^2 - x)^2}$$

$$= \frac{y - y\left(\dfrac{2y^2}{y^2 - x} - 1\right)}{(y^2 - x)^2}$$

$$= \frac{y(y^2 - x) - y(y^2 + x)}{(y^2 - x)^3}$$

$$= \frac{-2xy}{(y^2 - x)^3} = \frac{2xy}{(x - y^2)^3} \quad \cdots\cdots (\text{答})$$

(2) $\dfrac{dy}{dx} = \dfrac{\dfrac{dy}{dt}}{\dfrac{dx}{dt}} = \dfrac{a\sin t + b\cos t}{a\sin t - b\cos t}$ であるから
㋒

$\dfrac{d^2y}{dx^2} = \dfrac{d}{dx}\left(\dfrac{dy}{dx}\right) = \dfrac{d}{dt}\left(\dfrac{a\sin t + b\cos t}{a\sin t - b\cos t}\right)\dfrac{dt}{dx}$
㋓

$$= \frac{-2ab}{(a\sin t - b\cos t)^2} \cdot \frac{1}{-a\sin t + b\cos t}$$

$$= \frac{2ab}{(a\sin t - b\cos t)^3} \quad \cdots\cdots (\text{答})$$

㋐ 陰関数の微分法.

㋑ $(y^2 - x)\dfrac{dy}{dx} - y = 0$
の両辺を x で微分して,

$\left(2y\dfrac{dy}{dx} - 1\right)\dfrac{dy}{dx}$
$\quad + (y^2 - x)\dfrac{d^2y}{dx^2} - \dfrac{dy}{dx}$
$= 0$

これより

$\dfrac{d^2y}{dx^2} = \dfrac{2\left(y\dfrac{dy}{dx} - 1\right)\dfrac{dy}{dx}}{x - y^2}$

$\qquad = \dfrac{2\cdot\dfrac{x}{y^2-x}\cdot\dfrac{y}{y^2-x}}{x - y^2}$

$\qquad = \dfrac{2xy}{(x - y^2)^3}$

としてもよい.

㋒ $\dfrac{\dfrac{dy}{dt}}{\dfrac{dx}{dt}} = \dfrac{-a\sin t - b\cos t}{-a\sin t + b\cos t}$

㋓ 結果は
$\dfrac{g(t)}{(a\sin t - b\cos t)^2}$ で,
$g(t) = -2ab$ となる.

理解度 Check! (1) (2)
とも $\dfrac{dy}{dx}$ までで **A**.
完答で **B**.

練習問題 18

解答は p.237

$y = (x + \sqrt{x^2 + 1})^n$ のとき,次式が成り立つことを示せ.

$$(x^2 + 1)\frac{d^2y}{dx^2} + x\frac{dy}{dx} - n^2 y = 0$$

問題 19　高次導関数

$y = x^{n-1} e^{\frac{1}{x}}$（$n$ は自然数）であるとき
$$y^{(n)} = (-1)^n x^{-(n+1)} e^{\frac{1}{x}}$$ が成り立つことを示せ．

解説

問題 18 で $f(x)$ の第 2 次導関数 $f''(x)$ を学んだが，さらに，$f''(x)$ が微分可能ならば，第 3 次導関数 $f'''(x)$ が考えられる．このように，一般に $f(x)$ が n 回微分可能ならば**第 n 次導関数**が考えられる．これを $f^{(n)}(x)$, $y^{(n)}$, $\dfrac{d^n y}{dx^n}$ などで表す．もちろん，$y^{(n+1)} = \dfrac{d}{dx} y^{(n)}$, $\dfrac{d^{n+1} y}{dx^{n+1}} = \dfrac{d}{dx}\left(\dfrac{d^n y}{dx^n}\right)$ である．また，$f^{(1)} = f'(x), f^{(2)} = f''(x), \cdots$ であり，とくに $f^{(0)}(x) = f(x)$ と定義する．2 次以上の導関数を高次導関数あるいは高階導関数という．

$y = x^a$ ならば，$y^{(n)} = a(a-1)\cdots\{a - (n-1)\} x^{a-n}$

$y = \sin x$ ならば，$y' = \cos x = \sin\left(x + \dfrac{\pi}{2}\right)$, $y'' = \cos\left(x + \dfrac{\pi}{2}\right) = \sin\left(x + 2\cdot\dfrac{\pi}{2}\right)$

$\cdots$, $y^{(n)} = \sin\left(x + n\cdot\dfrac{\pi}{2}\right)$

$y = e^{-2x}$ ならば，$y' = -2 e^{-2x}, y'' = (-2)^2 e^{-2x}, \cdots, y^n = (-2)^n e^{-2x}$

などは，いつでも導き出せるようにしておきたい．

また，$y = \dfrac{1}{x^2 - 4}$ ならば，$y = \dfrac{1}{4}\left(\dfrac{1}{x-2} - \dfrac{1}{x+2}\right)$ と部分分数に分解して

$$\dfrac{d^n y}{dx^n} = \dfrac{1}{4}\left\{\dfrac{d^n}{dx^n}(x-2)^{-1} - \dfrac{d^n}{dx^n}(x+2)^{-1}\right\}$$

$$= \dfrac{1}{4}\{(-1)\cdot(-2)\cdots(-n)(x-2)^{-(n+1)} - (-1)\cdot(-2)\cdots(-n)(x+2)^{-(n+1)}\}$$

$$= \dfrac{1}{4}\{(-1)^n n!(x-2)^{-(n+1)} - (-1)^n n!(x+2)^{-(n+1)}\}$$

$$= (-1)^n \dfrac{n!}{4}\left\{\dfrac{1}{(x-2)^{n+1}} - \dfrac{1}{(x+2)^{n+1}}\right\}$$

となる．さらに，$y = \sin 4x \cos x$ ならば，$y = \dfrac{1}{2}(\sin 5x + \sin 3x)$ として

$$\dfrac{d^n y}{dx^n} = \dfrac{1}{2}\left(\dfrac{d^n}{dx^n}\sin 5x + \dfrac{d^n}{dx^n}\sin 3x\right)$$

$$= \dfrac{1}{2}\left\{5^n \sin\left(5x + n\cdot\dfrac{\pi}{2}\right) + 3^n \sin\left(3x + n\cdot\dfrac{\pi}{2}\right)\right\}$$

となる．

本問の場合は，**数学的帰納法**によって証明するのが定石である．

解 答

数学的帰納法で示す.

（ I ） $n=1$ のとき, $y=e^{\frac{1}{x}}$

$$\therefore \quad y'=-x^{-2}e^{\frac{1}{x}}=(-1)^1 x^{-(1+1)}e^{\frac{1}{x}}$$

㋐ $n=2$ のとき, $y=xe^{\frac{1}{x}}$

$$y'=e^{\frac{1}{x}}+x\cdot(-x^{-2}e^{\frac{1}{x}})=(1-x^{-1})e^{\frac{1}{x}}$$

$$\therefore \quad y''=x^{-2}e^{\frac{1}{x}}+(1-x^{-1})(-x^{-2}e^{\frac{1}{x}})$$

$$=x^{-3}e^{\frac{1}{x}}=(-1)^2 x^{-(2+1)}e^{\frac{1}{x}}$$

したがって, $n=1, 2$ のとき成り立つ.

（II） ㋑ $n=k,\ k+1$ のとき成り立つと仮定すると

$$(x^{k-1}e^{\frac{1}{x}})^{(k)}=(-1)^k x^{-(k+1)}e^{\frac{1}{x}}$$

$$(x^k e^{\frac{1}{x}})^{(k+1)}=(-1)^{k+1} x^{-(k+2)}e^{\frac{1}{x}}$$

$n=k+2$ のときは, $y=x^{k+1}e^{\frac{1}{x}}$ で

㋒ $(x^{k+1}e^{\frac{1}{x}})^{(k+2)}=\{(x^{k+1}e^{\frac{1}{x}})'\}^{(k+1)}$

$$=\{(k+1)x^k e^{\frac{1}{x}}+x^{k+1}(-x^{-2}e^{\frac{1}{x}})\}^{(k+1)}$$

$$=(k+1)\underbrace{(x^k e^{\frac{1}{x}})^{(k+1)}}_{㋓}-(x^{k-1}e^{\frac{1}{x}})^{(k+1)}$$

$$=(k+1)\{(-1)^{k+1}x^{-(k+2)}e^{\frac{1}{x}}\}-\underbrace{\{(x^{k-1}e^{\frac{1}{x}})^{(k)}\}'}_{㋔}$$

$$=(-1)^{k+1}(k+1)x^{-(k+2)}e^{\frac{1}{x}}$$

$$\quad -\{(-1)^k x^{-(k+1)}e^{\frac{1}{x}}\}'$$

$$=(-1)^{k+1}(k+1)x^{-(k+2)}e^{\frac{1}{x}}$$

$$\quad -(-1)^k\{-(k+1)x^{-(k+2)}e^{\frac{1}{x}}$$

$$\quad +x^{-(k+1)}(-x^{-2}e^{\frac{1}{x}})\}$$

$$=(-1)^{k+2}x^{-(k+3)}e^{\frac{1}{x}}$$

したがって, $n=k+2$ のときも成り立つ.

以上から, すべての自然数 n で成り立つ.

㋐ 数学的帰納法の証明は
（ I ） $n=1$ のときの成立を示す.
（II） $n=k$ のとき成立すると仮定して, $n=k+1$ のときの成立を示す.
（III）（ I ），（II）からすべての n で成立する.

とするのが原則であるが, 本問では,（II）において, $n=k$ と $n=k+1$ のときの両方の成立が仮定として必要になる. いわゆる二重仮定の問題だから, 最初の段階でも $n=1,\ 2$ を示すことになる.

㋑ 二重仮定. ㋔と㋕から.

㋒ $n=k+2$ のときは
$$y^{(k+2)}=(x^{k+1}e^{\frac{1}{x}})^{(k+2)}$$

㋓ $n=k+1$ のときの仮定が使える.

㋔ $n=k$ のときの仮定が使える.

理解度 Check!

帰納法の（ I ）が示せて **A** .（答）までで **B** .

練習問題 19

$y=e^x \sin x$ であるとき

$$y^{(n)}=(\sqrt{2})^n e^x \sin\left(x+\frac{n\pi}{4}\right)$$ が成り立つことを示せ.

解答は p.237

問題 20　ライプニッツの公式

$f(x) = \sin^{-1} x$ とする．
(1) $(1-x^2) f''(x) - x f'(x) = 0$ を示せ．
(2) $(1-x^2) f^{(n+2)}(x) - (2n+1) x f^{(n+1)}(x) - n^2 f^{(n)}(x) = 0$ を示せ．
(3) $f^{(9)}(0)$ および $f^{(10)}(0)$ の値を求めよ．

解 説　積の第 n 次導関数 $\{f(x) g(x)\}^{(n)}$ を求めるときは，**ライプニッツの公式**と呼ばれる次の公式を用いると便利である．

> x の関数 $f(x)$, $g(x)$ がいずれも n 回微分可能ならば
> $$\{f(x)g(x)\}^{(n)} = (f \cdot g)^{(n)}$$
> $$= f^{(n)}g + {}_nC_1 f^{(n-1)} g' + {}_nC_2 f^{(n-2)} g'' + \cdots + {}_nC_r f^{(n-r)} g^{(r)} + \cdots + f g^{(n)}$$
> $$= \sum_{r=0}^{n} {}_nC_r f^{(n-r)} g^{(r)} \quad (\text{ただし},\ f^{(0)} = f,\ g^{(0)} = g)$$

が成り立つ．証明は，数学的帰納法により示される．

この公式は，**2項定理** $(a+b)^n = \sum_{r=0}^{n} {}_nC_r a^{n-r} b^r$ にきわめて似ているので，覚えやすい．

たとえば，$y = x^3 e^x$ ならば，$f(x) = e^x$, $g(x) = x^3$ とおいて，$f^{(n)} = e^x$, $g' = 3x^2$, $g'' = 6x$, $g^{(3)} = 6$, $g^{(4)} = g^{(5)} = \cdots = g^{(n)} = 0$ だから，
$$y^{(n)} = e^x \cdot x^3 + {}_nC_1 e^x \cdot 3x^2 + {}_nC_2 e^x \cdot 6x + {}_nC_3 e^x \cdot 6$$
$$= e^x \{x^3 + 3nx^2 + 3n(n-1)x + n(n-1)(n-2)\} \quad (n=1, 2\ \text{も成立})$$

となる．また，$y = f(x) = \tan^{-1} x$ のとき，$f^{(n)}(0)$ を求めてみよう．
$$y' = \frac{1}{1+x^2} \text{ から，} y'(1+x^2) - 1 = 0$$
この両辺を n 回微分すると
$$(y')^{(n)}(1+x^2) + {}_nC_1 (y')^{(n-1)} \cdot 2x + {}_nC_2 (y')^{(n-2)} \cdot 2 = 0$$
$$\therefore\ (1+x^2) y^{(n+1)} + 2nx y^{(n)} + n(n-1) y^{(n-1)} = 0$$
すなわち，$(1+x^2) f^{(n+1)}(x) + 2nx f^{(n)}(x) + n(n-1) f^{(n-1)}(x) = 0$
$x=0$ とおいて，　$f^{(n+1)}(0) = -n(n-1) f^{(n-1)}(0)$
ここで，$f(0) = \tan^{-1} 0 = 0$, $f'(0) = 1$ だから，
$$f^{(2)}(0) = 0,\ f^{(3)}(0) = -2 \cdot 1 f^{(1)}(0) = -2!,$$
$$f^{(4)}(0) = -3 \cdot 2 f^{(2)}(0) = 0,\ f^{(5)}(0) = -4 \cdot 3 f^{(3)}(0) = (-1)^2 4!,\ \cdots$$
よって，$f^{(2n)}(0) = 0$, $f^{(2n+1)}(0) = (-1)^n (2n)!$ が得られる．

解 答

(1) $f(x) = \sin^{-1} x$ のとき

$$f'(x) = \frac{1}{\sqrt{1-x^2}} \quad \text{より} \quad \sqrt{1-x^2} f'(x) = 1$$
㋐

さらに，この両辺を x で微分すると

$$\frac{-x}{\sqrt{1-x^2}} f'(x) + \sqrt{1-x^2} f''(x) = 0$$

$$\therefore \quad (1-x^2) f''(x) - x f'(x) = 0 \quad \cdots\cdots ①$$

(2) $y = f(x) = \sin^{-1} x$ とおくと，①から

$$(1-x^2) y'' = x y'$$

ライプニッツの公式を用いて，両辺を n 回微分すると，$n \geqq 2$ のとき

$$(y'')^{(n)}(1-x^2) + {}_n C_1 (y'')^{(n-1)} \cdot (-2x)$$
$$+ {}_n C_2 (y'')^{(n-2)} \cdot (-2)$$
$$= (y')^{(n)} x + {}_n C_1 (y')^{(n-1)} \cdot 1$$

すなわち，

$$(1-x^2) y^{(n+2)} - 2nx y^{(n+1)} - n(n-1) y^{(n)}$$
$$- x y^{(n+1)} - n y^{(n)} = 0$$

$$\therefore \quad (1-x^2) y^{(n+2)} - (2n+1) x y^{(n+1)} - n^2 y^{(n)} = 0$$
㋑ ($n=1$ のときも満たす)

よって，与えられた等式は成り立つ．

(3) (2) の等式で $x = 0$ とおくと

$$f^{(n+2)}(0) = n^2 f^{(n)}(0)$$
㋒

ここに $f(0) = \sin^{-1} 0 = 0, \ f'(0) = 1$ だから

$$f^{(2n)}(0) = 0$$
$$f^{(2n+1)}(0) = (2n-1)^2 (2n-3)^2 \cdots 3^2 \cdot 1^2$$

よって，$f^{(9)}(0) = 7^2 \cdot 5^2 \cdot 3^2 \cdot 1^2 = 11025 \quad \cdots\cdots$ (答)

$$f^{(10)}(0) = 0$$

㋐ $f'(x) = (1-x^2)^{-\frac{1}{2}}$ より，$f''(x) = x(1-x^2)^{-\frac{3}{2}}$ として，①を導いてもよい．

(2)は，問題19と同様，$n, n+1$ で成立 $\Rightarrow n+2$ で成立という形の帰納法も考えられる．

㋑ $n=1$ の場合の確認は
$(1-x^2) y'' - x y' = 0$
の両辺を x で微分すると
$-2x y'' + (1-x^2) y^{(3)}$
$- y' - x y'' = 0$
$\therefore (1-x^2) y^{(3)} - 3x y''$
$- y' = 0$

理解度Check!

(1)(2) は $f'(x)$ までで **A**．①で **B**．ライプニッツが使えて **A**．㋑までで **B**．完答で **C**．

㋒ 漸化式である．
$f^{(2)}(0) = 0^2 f^{(0)}(0) = 0$
$f^{(3)}(0) = 1^2 f^{(1)}(0) = 1^2$
$f^{(4)}(0) = 2^2 f^{(2)}(0) = 0$
$f^{(5)}(0) = 3^2 f^{(3)}(0) = 3^2 \cdot 1^2$
……

理解度Check!

㋒までで **A**．$f^{(2n)}(0)$，$f^{(2n+1)}(0)$ を書いて **B**．完答で **C**．

練習問題 20

次の関数について，$f^{(n)}(0)$ を求めよ．

(1) $f(x) = \cos^{-1} x$ 　　(2) $f(x) = \dfrac{1}{x^3+1}$

解答は p.237

問題 21 ロルの定理と平均値の定理

関数 $f(x) = \dfrac{1}{x^2}$ について,平均値の定理 $f(a+h) = f(a) + hf'(c)$ を満たす c $(a < c < a+h)$ を求めよ.また,$c = a + \theta h$ $(0 < \theta < 1)$ とおくとき,$\displaystyle\lim_{h \to 0} \theta$ を求めよ.

解説

ここでは,微積分学の基礎において重要なロルの定理と平均値の定理(ラグランジュの平均値の定理)を学ぶ.

〈ロルの定理〉
 関数 $f(x)$ は閉区間 $[a, b]$ で連続,開区間 (a, b) で微分可能とし,かつ $f(a) = f(b)$ ならば,
$$f'(c) = 0, \quad a < c < b$$
を満たす c が少なくとも 1 つ存在する.

ここで,端点 $x = a, b$ では微分不能でもよい.

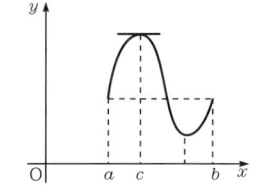

〈平均値の定理〉
 関数 $f(x)$ は $[a, b]$ で連続,(a, b) で微分可能とすれば
$$\dfrac{f(b) - f(a)}{b - a} = f'(c), \quad a < c < b$$
を満たす c が少なくとも 1 つ存在する.

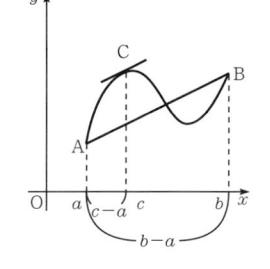

これは右図において,点 C における接線が線分 AB と平行になることを示している.また平均値の定理は,
$$\dfrac{c - a}{b - a} = \theta \text{ とおくと,} \ 0 < \theta < 1 \text{ で } c = a + \theta(b - a)$$
すなわち,$f(b) = f(a) + (b - a)f'(a + \theta(b - a))$ $(0 < \theta < 1)$
と表せる.さらに,$b - a = h$ とおくと $b = a + h$ より
$$f(a + h) = f(a) + hf'(a + \theta h) \quad (0 < \theta < 1)$$
とも表すことができる.この形は近似式 $f(a + h) \fallingdotseq f(a) + hf'(a)$ が成り立つことを意味する.

たとえば,$f(x) = \log x$ のとき $f(a+h) = f(a) + hf'(a + \theta h)$ を満たす θ は
$$\log(a + h) = \log a + h \cdot \dfrac{1}{a + \theta h} \text{ から } \theta = \dfrac{1}{\log\left(1 + \dfrac{h}{a}\right)} - \dfrac{a}{h}$$
となる.

問題 21 ロルの定理と平均値の定理

解 答

$f(x) = \dfrac{1}{x^2}$ のとき $f'(x) = -\dfrac{2}{x^3}$

$f(a+h) = f(a) + hf'(c)$ に代入して

$$\dfrac{1}{(a+h)^2} = \dfrac{1}{a^2} + h \cdot \left(-\dfrac{2}{c^3}\right)$$

$$\underline{\dfrac{2h}{c^3}}_{\text{(ア)}} = \dfrac{1}{a^2} - \dfrac{1}{(a+h)^2} = \dfrac{h(2a+h)}{a^2(a+h)^2}$$

$h > 0$ より $c = \sqrt[3]{\dfrac{2a^2(a+h)^2}{2a+h}}$ ……(答)

$\underline{\dfrac{2a^2(a+h)^2}{2a+h} = b}_{\text{(イ)}}$ とおくと $c = \sqrt[3]{b}$

$c = a + \theta h$ とおくとき, $\theta = \dfrac{c-a}{h} = \dfrac{\sqrt[3]{b} - a}{h}$

$\therefore \displaystyle\lim_{h\to 0} \theta = \lim_{h\to 0} \underline{\dfrac{\sqrt[3]{b} - a}{h}}_{\text{(ウ)}}$

$= \displaystyle\lim_{h\to 0} \dfrac{b - a^3}{h(\sqrt[3]{b^2} + \sqrt[3]{b}\,a + a^2)}$

$= \displaystyle\lim_{h\to 0} \dfrac{\dfrac{2a^2(a+h)^2}{2a+h} - a^3}{h(\sqrt[3]{b^2} + a\sqrt[3]{b} + a^2)}$

$= \displaystyle\lim_{h\to 0} \dfrac{a^2(3a+2h)}{(2a+h)(\sqrt[3]{b^2} + a\sqrt[3]{b} + a^2)}$

ここで

$\displaystyle\lim_{h\to 0} b = \dfrac{2a^2 \cdot a^2}{2a} = a^3$ より $\displaystyle\lim_{h\to 0}\sqrt[3]{b} = a$

よって $\displaystyle\lim_{h\to 0}\theta \underline{}_{\text{(エ)}} = \dfrac{a^2 \cdot 3a}{2a(a^2 + a\cdot a + a^2)}$

$= \dfrac{3a^3}{6a^3} = \dfrac{1}{2}$ ……(答)

(ア) $c^3 = 2h \cdot \dfrac{a^2(a+h)^2}{h(2a+h)}$
$= \dfrac{2a^2(a+h)^2}{2a+h}$

理解度 Check!
$f'(x)$ まで出せて **A**.
c の値まで完答で **B**.

(イ) c のまま計算すると式が繁雑なので,おきかえた.

(ウ) $\dfrac{0}{0}$ の不定形. 分母・分子に, $(\sqrt[3]{b})^2 + \sqrt[3]{b}\,a + a^2$ …① を掛けた.

(エ) 一般には, $f''(x)$ が連続である区間内で, $f''(a) \neq 0$ ならば,
$f(a+h)$
$= f(a) + hf'(a + \theta h)$
$(0 < \theta < 1)$
を満たす θ は
$\displaystyle\lim_{h\to 0}\theta = \dfrac{1}{2}$ となる.

理解度 Check! (ウ)まで
A. 分母・分子に上の①をかけることに気づいて **B**. 完答で **C**.

練習問題 21

関数 $f(x) = x^3 - 3x$ について, $f(a+h) = f(a) + hf'(c)$ を満たす c $(a < c < a+h)$ を求めよ. また, $c = a + \theta h$ $(0 < \theta < 1)$ とおくとき, $\displaystyle\lim_{h\to 0}\theta$ を求めよ.

解答は p.238

問題 22　コーシーの平均値の定理

関数 $f(x)$, $g(x)$ が閉区間 $[a, b]$ で連続, 開区間 (a, b) で微分可能とし, $g'(x) \neq 0$ とするとき,
$$\frac{f(b)-f(a)}{g(b)-g(a)} = \frac{f'(c)}{g'(c)}, \quad a < c < b$$
を満たす c が少なくとも 1 つ存在することを示せ.

解説　本問は, **コーシーの平均値の定理**と呼ばれるものである. 分子・分母に単純に平均値の定理を用いると
$$f(b) - f(a) = (b-a) f'(c_1), \quad g(b) - g(a) = (b-a) g'(c_2)$$
より, $\dfrac{f(b)-f(a)}{g(b)-g(a)} = \dfrac{f'(c_1)}{g'(c_2)}$ となるので, 問題 21 で学んだ平均値の定理と変わりないものと考えてはいけない. コーシーの定理では, c_1 と c_2 が同じ c で表せるところに意味がある.

さて, 平均値の定理についての基本的な証明問題を扱ってみよう.

① 関数 $f(x)$ が $[a, b]$ で連続, (a, b) で微分可能とする. (a, b) 内の各点において $f'(x) = 0$ ならば, $[a, b]$ で $f(x)$ は定数である.

(証明)　$[a, b]$ の a と異なる点を x とすると, $f(x)$ は $[a, x]$ で連続, (a, b) で微分可能だから, $a < c < x$ なる c が存在して
$$\frac{f(x) - f(a)}{x - a} = f'(c)$$
ところが (a, b) でつねに $f'(x) = 0$ より, $f'(c) = 0$ だから
$$f(x) - f(a) = 0 \qquad \therefore \quad f(x) = f(a) = 定数$$
よって, $[a, b]$ のすべての x に対して $f(x) = $ 定数となる.

② $f(x)$ が $[a, b]$ で連続, (a, b) で微分可能でかつ $f'(x) > 0$ であるとき, $f(x)$ は $[a, b]$ で狭義の単調増加である.

(証明)　(a, b) 内の任意の x_1, x_2 $(x_1 < x_2)$ に対して, $[x_1, x_2]$ で平均値の定理を用いると　$\dfrac{f(x_2) - f(x_1)}{x_2 - x_1} = f'(c)$, $x_1 < c < x_2$
となる c が存在する. ところが $f'(c) > 0$ だから　$f(x_1) < f(x_2)$
よって, $x_1 < x_2$ ならば $f(x_1) < f(x_2)$ となり, 示された.

③ $\lim\limits_{x \to \infty} f'(x) = l$ (定数) ならば, $\lim\limits_{x \to \infty} \{f(x+1) - f(x)\} = l$ である.
(各自, チャレンジしてみよ)

解 答

$g(a)=g(b)$ とするとロルの定理から
$$g'(c)=0, \quad a<c<b$$
となる c が存在する．これは条件 $g'(x) \neq 0$ に反するので，$g(a) \neq g(b)$ すなわち
$$\underset{\text{⑦}}{g(b)-g(a) \neq 0}$$
としてよい．そこで，関数 $F(x)$ を
$$\underset{\text{④}}{F(x)=f(x)-f(a)-\frac{f(b)-f(a)}{g(b)-g(a)}\{g(x)-g(a)\}}$$
とおくと，$F(x)$ は $[a,b]$ で連続，(a,b) で微分可能である．

さらに，$F(a)=F(b)=0$ だから，ロルの定理により
$$F'(c)=0, \quad a<c<b$$
を満たす c が少なくとも1つ存在する．
$$F'(x)=f'(x)-\frac{f(b)-f(a)}{g(b)-g(a)}g'(x)$$
だから，$F'(c)=0$ から
$$f'(c)-\frac{f(b)-f(a)}{g(b)-g(a)}g'(c)=0$$
よって $\dfrac{f(b)-f(a)}{g(b)-g(a)}=\dfrac{f'(c)}{g'(c)}, \quad a<c<b$
となり，題意は示された．

〈注意〉 問題21のラグランジュの平均値の定理は，コーシーの平均値の定理で，$g(x)=x$ の特別な場合と考えられる．

⑦ これより
$\dfrac{f(b)-f(a)}{g(b)-g(a)}$ の分母 $\neq 0$ より，$\dfrac{f(b)-f(a)}{g(b)-g(a)}$ は式として意味をもつ．

④ この $F(x)$ のおき方がポイントであるが，示すべき式の左辺において，b を x として
$\dfrac{f(x)-f(a)}{g(x)-g(a)}$ を考え
$$\dfrac{f(x)-f(a)}{g(x)-g(a)}=\dfrac{f(b)-f(a)}{g(b)-g(a)}$$
とおく．そして，この左辺の分母を払って
$$f(x)-f(a)$$
$$=\dfrac{f(b)-f(a)}{g(b)-g(a)}\{g(x)-g(a)\}$$
として，
$$F(x)=\text{左辺}-\text{右辺}$$
とおく，と覚えておくとよい．

理解度 Check! ⑦を言及して A．④の $F(x)$ のおき方に気づいて B．完答で C．

練習問題 22

解答は p.238

a は実数，h は正の実数，$f(x)$ は微分可能な実数値関数とする．このとき $f''(x)$ が連続である区間内の1点 a において
$$\lim_{h \to 0} \frac{f(a+h)-2f(a)+f(a-h)}{h^2}=f''(a)$$
が成り立つことを示せ．

問題 23 ロピタルの定理

次の極限値が有限確定であるように定数 A, B を定め，そのときの極限値を求めよ．
$$\lim_{x \to 0} \frac{e^x - \sin x - \cos x + Ax^2 + Bx^3}{x^6}$$

解説 問題 22 で学んだコーシーの平均値の定理の応用として，不定形の極限を求める重要な定理がある．

> $\lim_{x \to a} \dfrac{f(x)}{g(x)}$ において，$\lim_{x \to a} f(x) = 0$ かつ $\lim_{x \to a} g(x) = 0$, すなわち $\dfrac{0}{0}$ の不定形であっても，$\lim_{x \to a} \dfrac{f'(x)}{g'(x)}$ が存在する（有限確定，∞，$-\infty$）ときは
> $$\lim_{x \to a} \frac{f(x)}{g(x)} = \lim_{x \to a} \frac{f'(x)}{g'(x)}$$ が成り立つ． （ロピタルの定理）

（証明） $a < x_1 < x$ または $x < x_1 < a$ として，$[x_1, x]$ または $[x, x_1]$ においてコーシーの平均値の定理を用いると
$$\frac{f(x) - f(x_1)}{g(x) - g(x_1)} = \frac{f'(c)}{g'(c)} \quad (x_1 < c < x \text{ または } x < c < x_1)$$
を満たす c が存在する．ここで，$\lim_{x_1 \to a} f(x_1) = \lim_{x_1 \to a} g(x_1) = 0$ であり，$x_1 \to a$ かつ $x \to a$ のとき $c \to a$ となるので
$$\lim_{x \to a} \frac{f(x)}{g(x)} = \lim_{x \to a} \left(\lim_{x_1 \to a} \frac{f(x) - f(x_1)}{g(x) - g(x_1)} \right) = \lim_{c \to a} \frac{f'(c)}{g'(c)} = \lim_{x \to a} \frac{f'(x)}{g'(x)}$$

さて，上の定理は，$\lim_{x \to a} f'(a) = \lim_{x \to a} g'(a) = 0$ で，$\lim_{x \to a} \dfrac{f''(x)}{g''(x)}$ が存在するときは，$\lim_{x \to a} \dfrac{f(x)}{g(x)} = \lim_{x \to a} \dfrac{f''(x)}{g''(x)}$ として用いることができる．

また，ロピタルの定理は，$\lim_{x \to a}$ が $\lim_{x \to a+0}$, $\lim_{x \to a-0}$, $\lim_{x \to \infty}$, $\lim_{x \to -\infty}$ のときも成り立つ．さらに，$\dfrac{\infty}{\infty}$ の不定形の場合でも成り立つ．具体例を挙げると

① $\lim_{x \to 0} \dfrac{x - \sin x}{x^3} = \lim_{x \to 0} \dfrac{1 - \cos x}{3x^2} = \lim_{x \to 0} \dfrac{\sin x}{6x} = \lim_{x \to 0} \dfrac{\cos x}{6} = \dfrac{1}{6}$ $\quad \left(\dfrac{0}{0} \right)$

② $\lim_{x \to \infty} x^3 e^{-x} = \lim_{x \to \infty} \dfrac{x^3}{e^x} = \lim_{x \to \infty} \dfrac{3x^2}{e^x} = \lim_{x \to \infty} \dfrac{6x}{e^x} = \lim_{x \to \infty} \dfrac{6}{e^x} = 0$ $\quad (\infty \times 0)$

③ $\lim_{x \to +0} x \log x = \lim_{x \to +0} \dfrac{\log x}{\dfrac{1}{x}} = \lim_{x \to +0} \dfrac{\dfrac{1}{x}}{-\dfrac{1}{x^2}} = \lim_{x \to +0} (-x) = 0$ $\quad ((+0) \times (-\infty))$

解答

$P = \lim_{x \to 0} \dfrac{e^x - \sin x - \cos x + Ax^2 + Bx^3}{x^6}$ とおく.

P は $\dfrac{0}{0}$ の不定形だから, ロピタルの定理から

㋐ $P = \lim_{x \to 0} \dfrac{e^x - \cos x + \sin x + 2Ax + 3Bx^2}{6x^5}$

さらに

$P = \lim_{x \to 0} \dfrac{e^x + \sin x + \cos x + 2A + 6Bx}{30x^4}$

$x \to 0$ のとき, 分子 $\to 2 + 2A$, 分母 $\to 0$ であるから, P が有限確定となるには

㋑ $2 + 2A = 0$ $\therefore\ A = -1$

が必要で, このとき

$P = \lim_{x \to 0} \dfrac{e^x + \sin x + \cos x - 2 + 6Bx}{30x^4}$

$= \lim_{x \to 0} \dfrac{e^x + \cos x - \sin x + 6B}{120x^3}$

$x \to 0$ のとき, 分子 $\to 2 + 6B$, 分母 $\to 0$ であるから, P が有限確定となるには

$2 + 6B = 0$ $\therefore\ B = -\dfrac{1}{3}$

が必要で, このとき

㋒ $P = \lim_{x \to 0} \dfrac{e^x + \cos x - \sin x - 2}{120x^3}$

$= \lim_{x \to 0} \dfrac{e^x - \sin x - \cos x}{360x^2}$

$= \lim_{x \to 0} \dfrac{e^x - \cos x + \sin x}{720x}$

$= \lim_{x \to 0} \dfrac{e^x + \sin x + \cos x}{720} = \dfrac{1}{360}$ ……(答)

㋐ 厳密には, $\lim_{x \to 0} \dfrac{(\text{分子})'}{(\text{分母})'}$ の存在あるいは, 再び不定形になることを確認してから解答のように書くべきであるが, その部分は省略してかまわない. ここでは, P が $\dfrac{0}{0}$ の不定形となるので, さらにロピタルの定理を用いる.

㋑ 分母 $\to 0$ であるから, 分子 $\not\to 0$ とすると, $|P| = \infty$ となり不合理. $\dfrac{0}{0}$ の不定形だからこそ, 有限確定(定数)に収束する可能性がある.

㋒ これ以降は, すべて $\dfrac{0}{0}$ の不定形だから, 分母が定数になるまでくり返す.

理解度 Check! ロピタルが使えて **A**. $A = -1$ まででで **B**. $B = -\dfrac{1}{3}$ まででで **C**. 完答で **D**.

練習問題 23

解答は p.239

次の極限を求めよ.

(1) $\displaystyle\lim_{x \to 1} \dfrac{\dfrac{\pi}{2} - 3\sin^{-1}\dfrac{x}{2}}{\sqrt{4 - x^2} - \sqrt{3}}$

(2) $\displaystyle\lim_{x \to 0}\left(\dfrac{1}{x^2} - \dfrac{\cot x}{x}\right)$

(3) $\displaystyle\lim_{x \to +0}\left(\dfrac{2^x + 4^x + 8^x}{3}\right)^{\frac{1}{x}}$

問題 24 テイラー展開

(1) 関数 $f(x)=a^x$ を $x=1$ のまわりでテイラー展開し，3 次の項まで示せ．ただし，a は $a>0$，$a\neq 1$ を満たす定数とし，剰余項は示さなくてよい．

(2) 関数 $f(x)=\log(1+x)$ の $x=0$ における n 次のテイラー展開を，誤差項も含めて与えよ．

解説 ここでは，平均値の定理を拡張・一般化した**テイラーの定理**を学ぶ．テイラーの定理は，「関数を多項式で表現する」という意味できわめて重要である．

$f(x), f'(x), f''(x), \cdots, f^{(n-1)}(x)$ は $[a,b]$ で連続，かつ $f^{(n)}(x)$ が (a,b) で存在するならば

$$f(b)=f(a)+\frac{f'(a)}{1!}(b-a)+\cdots+\frac{f^{(n-1)}(a)}{(n-1)!}(b-a)^{n-1}+R_n \quad \cdots\cdots ①$$

ただし，$R_n=\dfrac{1}{n!}f^{(n)}(c)(b-a)^n \quad (a<c<b)$

が成り立つ．R_n は (ラグランジュ型の)**剰余項**(誤差項)という．（**テイラーの定理**）

（証明） $F(x)=f(b)-\left\{f(x)+\dfrac{f'(x)}{1!}(b-x)+\cdots+\dfrac{f^{(n-1)}(x)}{(n-1)!}(b-x)^{n-1}+K(b-x)^n\right\}$

とおく，ここで，K は $F(a)=0$ となるように定めておく．明らかに $F(b)=0$ で，また，$F(x)$ は (a,b) で微分可能だから，ロルの定理が適用できて，$F'(c)=0$ となる c が $a<c<b$ に少なくとも 1 つ存在する．ところで

$$F'(x)=-\frac{f^{(n)}(x)}{(n-1)!}(b-x)^{n-1}+nK(b-x)^{n-1} \text{ より，} F'(c)=0 \text{ から}$$

$$-\frac{f^{(n)}(c)}{(n-1)!}(b-c)^{n-1}+nK(b-c)^{n-1}=0 \qquad \therefore \quad K=\frac{1}{n!}f^{(n)}(c)$$

よって，これを $F(a)=0$ の式に代入すると，等式①が得られる．

さて，①において，$b=x$ とおくと

$$f(x)=f(a)+\frac{f'(a)}{1!}(x-a)+\cdots+\frac{f^{(n-1)}(a)}{(n-1)!}(x-a)^{n-1}+R_n \quad \cdots\cdots ②$$

$$R_n=\frac{1}{n!}f^{(n)}(c)(x-a)^n \quad (a<c<x)$$

となるが，これを $\boldsymbol{f(x)}$ の剰余を伴ったテイラー級数という．また，無限級数

$$f(x)=f(a)+\frac{f'(a)}{1!}(x-a)+\cdots+\frac{f^{(n)}(a)}{n!}(x-a)^n+\cdots \quad \cdots\cdots ③$$

を単に，$\boldsymbol{f(x)}$ のテイラー級数という．

②，③を $\boldsymbol{f(x)}$ を $\boldsymbol{x=a}$ のまわりでテイラー展開するという．

解 答

(1) ㋐ $f(x)=a^x$ のとき
$$f'(x)=a^x\log a,\ f''(x)=a^x(\log a)^2,$$
$$f^{(3)}(x)=a^x(\log a)^3$$

したがって，$f(1)=a,\ f'(1)=a\log a,$
$$f''(1)=a(\log a)^2,\ f^{(3)}(1)=a(\log a)^3$$

よって，㋑ 求めるテイラー展開は
$$f(x)=f(1)+\frac{f'(1)}{1!}(x-1)+\frac{f''(1)}{2!}(x-1)^2$$
$$+\frac{f^{(3)}(1)}{3!}(x-1)^3+\cdots$$
$$=a+a\log a\cdot(x-1)+\frac{a(\log a)^2}{2!}(x-1)^2$$
$$+\frac{a(\log a)^3}{3!}(x-1)^3+\cdots \quad\cdots\cdots\text{(答)}$$

(2) $f(x)=\log(1+x)$ のとき
$$f'(x)=\frac{1}{1+x}=(1+x)^{-1},\ f''(x)=-(1+x)^{-2},$$
$$f^{(3)}(x)=2(1+x)^{-3},\ f^{(4)}(x)=-6(1+x)^{-4},\ \cdots$$
$$\therefore\ f^{(n)}(x)=(-1)^{n-1}(n-1)!(1+x)^{-n}$$

したがって $f(0)=0$
$$f^{(k)}(0)=(-1)^{k-1}(k-1)!\quad(k=1,2,\cdots)$$

よって，㋒ 求めるテイラー展開は
$$f(x)=f(0)+\frac{f'(0)}{1!}x+\frac{f''(0)}{2!}x^2+\frac{f^{(3)}(0)}{3!}x^3$$
$$+\cdots+\frac{f^{(n-1)}(0)}{(n-1)!}x^{n-1}+R_n$$
$$=x-\frac{x^2}{2}+\frac{x^3}{3}-\cdots+(-1)^{n-2}\frac{x^{n-1}}{n-1}+R_n$$

ただし，㋓ $R_n=\frac{f^{(n)}(\theta x)}{n!}x^n=\frac{(-1)^{n-1}}{n}\left(\frac{x}{1+\theta x}\right)^n$
$$(0<\theta<1) \quad\cdots\cdots\text{(答)}$$

㋐ $f^{(n)}(x)=a^x(\log a)^n$
問題は，剰余項は不要で3次の項（x^3 の項）まで求めればよいので，第3次導関数まで計算する.

㋑ 剰余項は不要．必要なら
$$R_4=\frac{1}{4!}f^{(4)}(c)(x-1)^4$$
$$=\frac{1}{4!}a^c(\log a)^4(x-1)^4,$$
c は $1<c<x$ から
$\frac{c-1}{x-1}=\theta$ だから
$c=1+\theta(x-1)\ (0<\theta<1)$

㋒ 誤差項すなわち剰余項まで求める.
$1\leqq k\leqq n-1$ のとき
$$\frac{f^{(k)}(0)}{k!}$$
$$=\frac{(-1)^{k-1}(k-1)!}{k!}$$
$$=\frac{(-1)^{k-1}}{k}$$

㋓ $R_n=\frac{f^{(n)}(c)}{n!}x^n,$
$0<c<x$ より $c=\theta x$
$(0<\theta<1)$

> 理解度 Check! (1) は $f^{(3)}(1)$, (2) は $f^{(k)}(0)$ の値までで **A**. テイラー展開を示して **B**.

練習問題 24

解答は p.239

(1) $f(x)=\dfrac{\log x}{x-1}$ を $x=1$ においてテイラー展開せよ．

(2) (1) の $f(x)$ は $\displaystyle\int_0^1 f(x)\,dx=\frac{1}{1^2}+\frac{1}{2^2}+\cdots+\frac{1}{n^2}+\cdots$ となることを示せ．

問題 25　マクローリン展開

(1) 関数 $x\cos x$, $\log(1+3x)$ をそれぞれ 3 次の項までマクローリン展開せよ．

(2) 極限 $\displaystyle\lim_{x\to 0}\left\{\dfrac{1}{\log(1+3x)}-\dfrac{1}{3x\cos x}\right\}$ を求めよ．

解説　問題 24 の解説の①，②，③において $a=0$ の場合は，それぞれ

　　マクローリンの定理，剰余を伴ったマクローリン級数，マクローリン級数

と呼ぶ．一般に，「マクローリン展開せよ」あるいは，単に「展開せよ」というのは，3 番目に該当する．すなわち

$$f(x)=f(0)+\frac{f'(0)}{1!}x+\frac{f''(0)}{2!}x^2+\cdots+\frac{f^{(n)}(0)}{n!}x^n+\cdots$$

を意味する．これは関数 $f(x)$ の $x=0$ のまわりのテイラー展開と同値であり，いわゆる**関数 $f(x)$ の整級数展開**である．代表例をいくつか示す．

$(e^x)^{(n)}=e^x$, $(\sin x)^{(n)}=\sin\left(x+\dfrac{n\pi}{2}\right)$, $(\cos x)^{(n)}=\cos\left(x+\dfrac{n\pi}{2}\right)$ などにより

$$e^x=1+x+\frac{x^2}{2!}+\frac{x^3}{3!}+\cdots+\frac{x^{n-1}}{(n-1)!}+\frac{e^{\theta x}}{n!}x^n$$

$$\sin x=x-\frac{x^3}{3!}+\frac{x^5}{5!}-\cdots+(-1)^{k-1}\frac{x^{2k-1}}{(2k-1)!}+\frac{\sin\left(\dfrac{n\pi}{2}+\theta x\right)}{n!}x^n$$

$$\cos x=1-\frac{x^2}{2!}+\frac{x^4}{4!}-\cdots+(-1)^{k-1}\frac{x^{2k-2}}{(2k-2)!}+\frac{\cos\left(\dfrac{n\pi}{2}+\theta x\right)}{n!}x^n$$

　　　　　　　　　　　　　　　　　　　　（ただし，$n=2k-1$ または $n=2k$）

となり，整級数展開すると

$$e^x=1+x+\frac{x^2}{2!}+\frac{x^3}{3!}+\cdots+\frac{x^n}{n!}+\cdots$$

$$\sin x=x-\frac{x^3}{3!}+\frac{x^5}{5!}-\cdots+(-1)^{n-1}\frac{x^{2n-1}}{(2n-1)!}+\cdots$$

$$\cos x=1-\frac{x^2}{2!}+\frac{x^4}{4!}-\cdots+(-1)^n\frac{x^{2n}}{(2n)!}+\cdots$$

となる．これらは，問題 24(2) でとりあげた $f(x)=\log(1+x)$ と合わせて，いつでも導き出せるようにしておかなければいけない．なお，$\cos x$ の整級数展開を利用して　$\displaystyle\lim_{x\to 0}\frac{1-\cos x}{x^2}=\lim_{x\to 0}\left(\frac{1}{2!}-\frac{x^2}{4!}+\cdots\right)=\frac{1}{2}$ とすることができる．

解 答

(1) $\cos x = 1 - \dfrac{x^2}{2!} + \dfrac{x^4}{4!} - \cdots$ だから，㋐ $x\cos x$ を3次の項まで求めると

$$x\cos x = x\left(1 - \dfrac{x^2}{2!} + \dfrac{x^4}{4!} - \cdots\right) = x - \dfrac{x^3}{2} + \cdots$$

……（答）

また，$\log(1+x) = x - \dfrac{x^2}{2} + \dfrac{x^3}{3} - \cdots$ だから，㋒

$\log(1+3x)$ を3次の項まで求めると

$$\log(1+3x) = 3x - \dfrac{(3x)^2}{2} + \dfrac{(3x)^3}{3} - \cdots$$

$$= 3x - \dfrac{9}{2}x^2 + 9x^3 - \cdots$$

……（答）

(2) ㋓ $\displaystyle\lim_{x \to 0}\left\{\dfrac{1}{\log(1+3x)} - \dfrac{1}{3x\cos x}\right\}$

$$= \lim_{x \to 0} \dfrac{3x\cos x - \log(1+3x)}{3\log(1+3x) \cdot x\cos x}$$

これに（1）の結果を代入すると

$$与式 = \lim_{x \to 0} \dfrac{3\left(x - \dfrac{x^3}{2} + \cdots\right) - \left(3x - \dfrac{9}{2}x^2 + 9x^3 - \cdots\right)}{3\left(3x - \dfrac{9}{2}x^2 + 9x^3 - \cdots\right)\left(x - \dfrac{x^3}{2} + \cdots\right)}$$

$$= \lim_{x \to 0} \dfrac{\dfrac{9}{2}x^2 - \dfrac{21}{2}x^3 + \cdots}{3\left(3x - \dfrac{9}{2}x^2 + 9x^3 - \cdots\right)\left(x - \dfrac{x^3}{2} + \cdots\right)}$$

$$= \lim_{x \to 0} \dfrac{\dfrac{9}{2} - \dfrac{21}{2}x + \cdots}{3\left(3 - \dfrac{9}{2}x + 9x^2 - \cdots\right)\left(1 - \dfrac{x^2}{2} + \cdots\right)}$$

$$= \dfrac{\dfrac{9}{2}}{3 \cdot 3 \cdot 1} = \dfrac{1}{2}$$

……（答）

㋐ このマクローリン展開は暗記しておくこと．

㋑ $f(x) = x\cos x$ とおいて
 $f' = \cos x - x\sin x$
 $f'' = -2\sin x - x\cos x$
 $f^{(3)} = -3\cos x + x\sin x$
より，$f(0) = 0$, $f'(0) = 1$, $f''(0) = 0$, $f^{(3)}(0) = -3$ となるので，これより求めてもよい．

㋒ 問題24(2) を参照．
$\log(1+3x)$ は x のかわりに $3x$ とおけばよい．

㋓ 通分してから，(1) の結果を代入する．
　関数の極限を求める問題では，このように整級数展開が有効なこともある．

理解度 Check!　(1) はそれぞれ答えが出せて A , B ．(2) は (1) を代入して C ．完答で D ．

練習問題 25

解答は p. 240

(1) 関数 $\sin x$，$\sin^2 x$ および $x^2 - \sin^2 x$ の原点におけるマクローリン展開を4次の項まで示せ．

(2) 不定形の極限値 $\displaystyle\lim_{x \to 0}\left(\dfrac{1}{\sin^2 x} - \dfrac{1}{x^2}\right)$ を求めよ．

問題 26　関数の近似式

x が無限小であるとき，$\dfrac{x}{e^x-1}=1-\dfrac{x}{2}+\dfrac{x^2}{12}+O(x^3)$ を示し，

$\displaystyle\lim_{x\to 0}\dfrac{1}{x^2}\left(\dfrac{x}{e^x-1}-1+\dfrac{x}{2}\right)$ を求めよ．

解説

マクローリン展開（整級数展開）は，$|x|$ が十分小さい（$x\fallingdotseq 0$）ときの関数 $f(x)$ の近似式であるが，ここではより明確に学ぼう．

関数 $f(x)$ において，$\displaystyle\lim_{x\to a}f(x)=0$ のとき，$f(x)$ は $x\to a$ のとき**無限小**であるという．さらに，$\displaystyle\lim_{x\to a}f(x)=0$，$\displaystyle\lim_{x\to a}g(x)=0$，$\displaystyle\lim_{x\to a}\dfrac{f(x)}{g(x)}=0$ のときは，$f(x)$ は $g(x)$ より**高位の無限小**，$g(x)$ は $f(x)$ より**低位の無限小**であるという．また，$\displaystyle\lim_{x\to a}\dfrac{f(x)}{g(x)}=A$（0 でない定数）のとき，$f(x)$ と $g(x)$ は**同位の無限小**であるという．

とくに，$a>0$ のとき，$\displaystyle\lim_{x\to 0}\dfrac{f(x)}{x^\alpha}=A$（0 でない定数）ならば，$x\to 0$ のとき $f(x)$ は x に関して**第 α 位の無限小**であるという．

たとえば，$\displaystyle\lim_{x\to 0}\dfrac{4x^3-x^4}{x^3}=4$，$\displaystyle\lim_{x\to 0}\dfrac{\sqrt[3]{\sin^2 x}}{x^{\frac{2}{3}}}=\lim_{x\to 0}\sqrt[3]{\left(\dfrac{\sin x}{x}\right)^2}=1$ より，x が（1 位）の無限小のとき，$4x^3-x^4$ は第 3 位の無限小，$\sqrt[3]{\sin^2 x}$ は第 $\dfrac{2}{3}$ 位の無限小である（「$\sin x$ は $\displaystyle\lim_{x\to 0}\dfrac{\sin x}{x}=1$ だから 1 位の無限小」として考えてもよい）．

ここで，$\alpha>0$ のとき，$x\to 0$ に対して，$\left|\dfrac{f(x)}{x^\alpha}\right|<A$（定数）ならば $f(x)=O(x^\alpha)$ と表す．O はラージオーと読む．$O(x^\alpha)$ に関しては

$\alpha\geqq\beta$ のとき，$O(x^\alpha)+O(x^\beta)=O(x^\beta)$，$O(x^\alpha+x^\beta)=O(x^\beta)$，
$O(x^\alpha)O(x^\beta)=O(x^{\alpha+\beta})$，

の関係が成り立つ（コラム 1（p.54）参照）．

本問の前半は，マクローリン展開を用いて

$$e^x-1=a_0+a_1x+a_2x^2+a_3x^3+g(x),\ \ g(x)=a_4x^4+a_5x^5+\cdots$$

と表すとき，$x\to 0$ に対して $\left|\dfrac{g(x)}{x^4}\right|=|a_4+a_5x+\cdots|<A$ となるので，$g(x)=O(x^4)$ と表せることを利用する．なお，本問は

$$x\fallingdotseq 0\text{ のとき，}\dfrac{1}{1+x}=1-x+x^2+O(x^3)$$

を利用することを付しておこう．

解答

(1) マクローリン展開により
$$e^x = 1 + x + \frac{x^2}{2!} + \frac{x^3}{3!} + \frac{x^4}{4!} + \cdots$$
が成り立つので
$$e^x - 1 = x + \frac{x^2}{2!} + \frac{x^3}{3!} + O(x^4) \quad ㋐$$
$$\therefore \frac{x}{e^x - 1} = \frac{x}{x + \frac{x^2}{2!} + \frac{x^3}{3!} + O(x^4)} \quad ㋑$$
$$= \frac{1}{1 + \frac{x}{2} + \frac{x^2}{6} + O(x^3)}$$

ここで,$z \fallingdotseq 0$ のとき
$$\frac{1}{1+z} = 1 - z + z^2 + O(z^3) \quad ㋒$$
により
$$\frac{x}{e^x - 1} = 1 - \left(\frac{x}{2} + \frac{x^2}{6} + O(x^3)\right)$$
$$\quad + \left(\frac{x}{2} + \frac{x^2}{6} + O(x^3)\right)^2 + O(x^3) \quad ㋓$$
$$= 1 - \frac{x}{2} - \frac{x^2}{6} + \frac{x^2}{4} + O(x^3)$$
$$= 1 - \frac{x}{2} + \frac{x^2}{12} + O(x^3)$$

(2) (1) の結果から
$$\lim_{x \to 0} \frac{1}{x^2}\left(\frac{x}{e^x - 1} - 1 + \frac{x}{2}\right) = \lim_{x \to 0} \frac{1}{x^2}\left(\frac{x^2}{12} + O(x^3)\right)$$
$$= \lim_{x \to 0}\left(\frac{1}{12} + O(x)\right) = \frac{1}{12} \quad \cdots\cdots(答)$$

㋐ ①およびその次式を見て,$e^x - 1$ を3次まで求めておく.

㋑ $\dfrac{O(x^4)}{x} = O(x^3)$
一般には,$\alpha \geq \beta$ のとき
$$\frac{O(x^\alpha)}{x^\beta} = O(x^{\alpha - \beta})$$

㋒ $|z| < 1$ のとき,無限等比級数の考えから
$$1 - z + z^2 - \cdots = \frac{1}{1-(-z)}$$
$$= \frac{1}{1+z}$$
ここでは,
$$z = \frac{x}{2} + \frac{x^2}{6} + O(x^3),$$
$$O(z) = O(x)$$
と見なす(したがって,$O(z^3) = O(x^3)$).

㋓ x の2次の項までを考えればよいので
$\left(\dfrac{x}{2}\right)^2 = \dfrac{x^2}{4}$ のみが関係する.

理解度 Check!
A. ㋒の置き換えができて B. (1) まで完答で C. (2) まで完答で D.

㋐までで

練習問題 26

解答は p.240

x が無限小である($|x|$ が十分小さい)とき,次の各近似式を示せ.

(1) $\log(1 + \sin x) \fallingdotseq x - \dfrac{x^2}{2} + \dfrac{x^3}{6}$

(2) $\sqrt{1-x} + \sin\dfrac{x}{2} - \cos\dfrac{x}{2} \fallingdotseq -\dfrac{x^3}{12} - \dfrac{x^4}{24}$

◆◇◆　　$\varepsilon\text{-}\delta$ 論法とランダウの記号　　◇◆◇────────コラム1

　このテキストでは，微積分の具体的な計算ができ，その意味をとらえることに重点を置き，おもに数学科の学生しか必要としない厳密な理論展開は外した．その一つとして，極限や関数の連続性を論じるうえでの「$\varepsilon\text{-}\delta$ 論法」（数列では「$\varepsilon\text{-}n_0$ 論法」）が挙げられる．たとえば，数列 x_n が a に収束することの定義は

　　　任意の正の数 ε において，ある（十分大きな）n_0 がとれて，この n_0 以上の
　　　すべての番号 n での x_n について，$|x_n - a| < \varepsilon$ とできる

こととなり，この事実が $\lim\limits_{n \to \infty} x_n = a$ と表現される．

　これを見て「なるほど」と感じられる読者はまずいないのではないだろうか．理解できるという人はすでに学習済みの人だろう．
　ちょっと解説を試みると，「収束する」というのは，がんばればがんばっただけ（つまり「十分に」n_0 を大きくとることで），望むだけの成果が得られる（ε としてどれだけでも小さく，目標の a に近づけられる）世界であり，番号 n を大きくすることで結果をコントロール可能ということだ．裏を返せば，どんなにがんばって n を大きくしても，目標 a に近づけない，努力の実らないケースが，「収束しない」ということになる．それが上記の数学的な表現の意味である．
　関数の連続性についても $\varepsilon\text{-}\delta$ 論法での表現による定義ができるが，$\varepsilon\text{-}\delta$ 論法を使わないまでも，はさみうちの原理に見られるような不等式での式変形は，大学数学では高校数学より一段と用いられる．いままでの等式主体での変形と勝手が違うこともあるだろうから，使われ方を慣れておくようにしたい．

　あと，問題 26 の解説（p.52）で近似の程度を測る $O(x^\alpha)$ という記号が出てきたが，本によっては小文字（スモールオー）の $o(x^\alpha)$ を使うものもある．これは $\alpha > 0$ で $\lim\limits_{x \to 0} \dfrac{f(x)}{x^\alpha} = 0$ となるとき，$f(x) = o(x^\alpha)$ と表す．このときも $\alpha \geq \beta$ のとき，$o(x^\alpha) + o(x^\beta) = o(x^\beta)$，$o(x^\alpha + x^\alpha) = o(x^\beta)$，$o(x^\alpha) o(x^\beta) = o(x^{\alpha+\beta})$ が成り立つ．それで，たとえば，e^x のマクローリン展開は

$$e^x = 1 + x + \frac{x^2}{2!} + \frac{x^3}{3!} + o(x^3)$$

と表現されるので $O(x^\alpha)$ との違い（p.53 の解答参照）に注意してほしい．これらの記号のことを，ランダウの記号という．

Chapter 2

1変数関数の積分法

問題 27　1 次式型の不定積分

次の不定積分を求めよ．

(1) $\displaystyle\int \frac{dx}{(x+1)^2}$ (2) $\displaystyle\int \sqrt[3]{1-2x}\, dx$ (3) $\displaystyle\int \frac{dx}{5-3x}$

(4) $\displaystyle\int \sin\left(\frac{x}{2}+1\right) dx$ (5) $\displaystyle\int e^{5x-1} dx$ (6) $\displaystyle\int 2^{1-3x} dx$

解説

$F'(x) = f(x)$ が成り立つとき，$F(x)$ を $f(x)$ の **原始関数** という．任意の定数 C に対して $\{F(x)+C\}' = F'(x) = f(x)$ となるので，原始関数はもし存在すれば無数にある．つまり，$F(x)+C$ はすべて原始関数であり，これを

$$\int f(x)\, dx = F(x) + C \quad (C \text{ は任意定数})$$

と表し，$f(x)$ の **不定積分** という．また，$f(x)$ を **被積分関数** という．

(例) $\dfrac{d}{dx} x^3 = 3x^2$ より $\displaystyle\int 3x^2\, dx = x^3 + C$ （積分／微分）

$\dfrac{d}{dx} \log(x^2+1) = \dfrac{2x}{x^2+1}$ より $\displaystyle\int \frac{2x}{x^2+1}\, dx = \log(x^2+1) + C$

となる．まず，基本関数の不定積分の公式を挙げると

$$\int x^a\, dx = \frac{x^{a+1}}{a+1} + C \quad (a \neq -1) \qquad \int \frac{1}{x}\, dx = \log|x| + C$$

$$\int \sin x\, dx = -\cos x + C \qquad \int \cos x\, dx = \sin x + C$$

$$\int \frac{1}{\cos^2 x}\, dx = \tan x + C \qquad \int \frac{1}{\sin^2 x}\, dx = -\cot x + C$$

$$\int e^x\, dx = e^x + C \qquad \int a^x\, dx = \frac{a^x}{\log a} + C \quad (a > 0,\ a \neq 1)$$

さて，$\{\sin(3x+1)\}' = 3\cos(3x+1)$ より

$$\int \cos\underbrace{(3x+1)}_{\text{1 次式}} dx = \underbrace{\frac{1}{3}}_{x \text{ の係数}} \boxed{\sin(3x+1)} + C$$

（基本関数と同じ）

となるが，一般には $\displaystyle\int f(x)\, dx = F(x) + C$ のとき

$$\int f(ax+b)\, dx = \frac{1}{a} F(ax+b) + C \quad (a,\ b \text{ は定数},\ a \neq 0)$$

が成り立つ．これは **1 次式型の不定積分** として理解しておくとよい．

解答

以下，C は積分定数とする．

(1) $\displaystyle\int\frac{dx}{(x+1)^2} = \int(x+1)^{-2}dx$
　　　⑦
$\displaystyle = \frac{1}{-1}(x+1)^{-1}+C$
$\displaystyle = -\frac{1}{x+1}+C$ ……(答)

⑦ $\displaystyle\int\frac{1}{x^2}dx = -\frac{1}{x}+C$

(2) $\displaystyle\int\sqrt[3]{1-2x}\,dx = \int(1-2x)^{\frac{1}{3}}dx$
　　　④
$\displaystyle = \frac{1}{-2}\cdot\frac{3}{4}(1-2x)^{\frac{4}{3}}+C$
$\displaystyle = -\frac{3}{8}(1-2x)^{\frac{4}{3}}+C$ ……(答)

④ $\displaystyle\int\sqrt[3]{x}\,dx = \int x^{\frac{1}{3}}dx$
$\displaystyle = \frac{3}{4}x^{\frac{4}{3}}+C$

(3) $\displaystyle\int\frac{dx}{5-3x} = -\frac{1}{3}\log|5-3x|+C$ ……(答)
　　　⑨

⑨ $\displaystyle\int\frac{dx}{x} = \log|x|+C$

㋓ $\displaystyle\int\sin x\,dx = -\cos x+C$

(4) $\displaystyle\int\sin\left(\frac{x}{2}+1\right)dx = -2\cos\left(\frac{x}{2}+1\right)+C$ ……(答)
　　　㋓

㋔ $\displaystyle\int e^x dx = e^x+C$

(5) $\displaystyle\int e^{5x-1}dx = \frac{1}{5}e^{5x-1}+C$ ……(答)
　　　㋔

㋕ $\displaystyle\int 2^x = \frac{2^x}{\log 2}$

(6) $\displaystyle\int 2^{1-3x}dx = \frac{1}{-3}\cdot\frac{2^{1-3x}}{\log 2}+C$
　　　㋕
$\displaystyle = -\frac{2^{1-3x}}{3\log 2}+C$ ……(答)

理解度 Check！ 単純な計算問題なので，完答で **A**．⑦〜㋕ の積分公式が OK かを確認してほしい．

練習問題 27

解答は p.241

次の不定積分を求めよ．

(1) $\displaystyle\int(3x-1)^5 dx$　(2) $\displaystyle\int\frac{dx}{\sqrt[3]{2x+1}}$　(3) $\displaystyle\int\sin(2-3x)\,dx$

(4) $\displaystyle\int\sec^2\left(\frac{x}{3}+1\right)dx$　(5) $\displaystyle\int\frac{dx}{e^{3x-1}}$

問題 28　分数関数の不定積分

次の不定積分を求めよ．

(1) $\displaystyle\int \frac{1}{1-4x^2}dx$ 　　(2) $\displaystyle\int \frac{x^3-3}{x+2}dx$ 　　(3) $\displaystyle\int \frac{1}{x(x-1)^3}dx$

解説　分数関数の積分は，被積分関数を**部分分数に分解する**のが原則である．たとえば，$\displaystyle\int \frac{dx}{x(x+2)}$ は $\displaystyle\frac{1}{x(x+2)} = \frac{(x+2)-x}{x(x+2)}\cdot\frac{1}{2} = \frac{1}{2}\left(\frac{1}{x}-\frac{1}{x+2}\right)$ より

$$\int \frac{dx}{x(x+2)} = \int \frac{1}{2}\left(\frac{1}{x}-\frac{1}{x+2}\right)dx = \frac{1}{2}\{\log|x|-\log|x+2|\}+C$$

$$= \frac{1}{2}\log\left|\frac{x}{x+2}\right|+C \quad \text{となる．}$$

$a \neq b$ のとき
$$\int \frac{dx}{(x+a)(x+b)} = \int \frac{1}{b-a}\left(\frac{1}{x+a}-\frac{1}{x+b}\right)dx = \frac{1}{b-a}\log\left|\frac{x+a}{x+b}\right|+C$$

は重要公式として覚えておくとよい．

ここで，積分において**被積分関数として現れる代表的なものをまとめておく．**

$$\frac{1\text{次以下の整式}}{(ax+b)(cx+d)} = \frac{p}{ax+b}+\frac{q}{cx+d}$$

$$\frac{2\text{次以下の整式}}{(ax+b)(cx^2+dx+e)} = \frac{p}{ax+b}+\frac{qx+r}{cx^2+dx+e}$$

の2式が基本原則であるが，分子の次数は分母の次数より1次だけ低いとして上のように式をおいて，p, q あるいは p, q, r の値を決定するのがコツである．また，$\displaystyle\frac{2\text{次以下の整式}}{(x+a)(x+b)^2}$ ならば，上の考え方を用いて

$$\frac{2\text{次以下の整式}}{(x+a)(x+b)^2} = \frac{p}{x+a}+\frac{qx+r'}{(x+b)^2} = \frac{p}{x+a}+\frac{q(x+b)+r'-qb}{(x+b)^2}$$

$$= \frac{p}{x+a}+\frac{q}{x+b}+\frac{r'-qb}{(x+b)^2} = \frac{p}{x+a}+\frac{q}{x+b}+\frac{r}{(x+b)^2}$$

とおけばよい．たとえば

$$\int \frac{4x+7}{x^2+3x+2}dx \quad \text{は} \quad \frac{4x+7}{x^2+3x+2} = \frac{4x+7}{(x+1)(x+2)} = \frac{p}{x+1}+\frac{q}{x+2}$$

とおいて，分母を払うと，$4x+7 = p(x+2)+q(x+1) = (p+q)x+2p+q$ 係数比較をして，$p+q=4$, $2p+q=7$ から $p=3$, $q=1$ となるので

$$\int \frac{4x+7}{x^2+3x+2}dx = \int \left(\frac{3}{x+1}+\frac{1}{x+2}\right)dx = 3\log|x+1|+\log|x+2|+C$$

問題 28　分数関数の不定積分

解答　以下，C は積分定数とする．

(1) $\displaystyle\int\underbrace{\frac{dx}{1-4x^2}}_{\text{⑦}}=\int\frac{dx}{(1-2x)(1+2x)}$

$\displaystyle =\int\frac{1}{2}\left(\frac{1}{1+2x}+\frac{1}{1-2x}\right)dx$

$\displaystyle =\frac{1}{2}\cdot\frac{1}{2}(\log|1+2x|-\log|1-2x|)+C$

$\displaystyle =\frac{1}{4}\log\left|\frac{1+2x}{1-2x}\right|+C$ ……（答）

(2) $\displaystyle\underbrace{\frac{x^3-3}{x+2}}_{\text{①}}=\frac{(x^3+8)-11}{x+2}=x^2-2x+4-\frac{11}{x+2}$

よって $\displaystyle\int\frac{x^3-3}{x+2}dx=\frac{x^3}{3}-x^2+4x-11\log|x+2|+C$ ……（答）

(3) $\displaystyle\frac{1}{x(x-1)^3}=\frac{a}{x}+\frac{b}{x-1}+\frac{c}{(x-1)^2}+\frac{d}{(x-1)^3}$

とおくと，分母を払って
$1=a(x-1)^3+bx(x-1)^2+cx(x-1)+dx$

$\underbrace{x\text{ の恒等式だから}}_{\text{⑨}}$

$x=0$ とおくと　$1=-a$

$x=1$ とおくと　$1=d$

x^3 の係数から　$0=a+b$

x^2 の係数から　$0=-3a-2b+c$

これらより　$a=-1,\ b=1,\ c=-1,\ d=1$

よって $\displaystyle\int\frac{1}{x(x-1)^3}dx$

$\displaystyle =\int\left\{-\frac{1}{x}+\frac{1}{x-1}-\frac{1}{(x-1)^2}+\underbrace{\frac{1}{(x-1)^3}}_{\text{②}}\right\}dx$

$\displaystyle =\log\left|\frac{x-1}{x}\right|+\frac{1}{x-1}-\frac{1}{2(x-1)^2}+C$ ……（答）

⑦　$\displaystyle\frac{1}{1-4x^2}$

$\displaystyle =\frac{1}{(1-2x)(1+2x)}$

$\displaystyle =\frac{a}{1-2x}+\frac{b}{1+2x}$

から，a, b を決定してもよい．

①　$x-a$ で割るときは組立除法で

```
 1    0    0   -3 |-2
     -2   +4   -8 |
 1   -2   +4  |-11 …余り
```

とするとよい（p.110, コラム 2 参照）．

⑨　展開して係数比較すると面倒なので，数値代入法による．

② $\displaystyle\int\frac{dx}{(x-1)^3}$

$\displaystyle =\int(x-1)^{-3}dx$

$\displaystyle =\frac{1}{-2}(x-1)^{-2}+C$

$\displaystyle =-\frac{1}{2(x-1)^2}+C$

理解度 Check! いずれも部分分数への分解までで **A**．完答で **B**．

練習問題 28

次の不定積分を求めよ． 　　　　　　　　　　　　　　解答は p.241

(1) $\displaystyle\int\frac{2x+3}{x^2-1}dx$ 　(2) $\displaystyle\int\frac{1}{x^3-x}dx$ 　(3) $\displaystyle\int\frac{x^4+1}{x(x-1)^3}dx$

問題 29　逆三角関数になる不定積分

次の不定積分を求めよ．
(1) $\displaystyle\int\frac{1}{\sqrt{9-16x^2}}dx$　　(2) $\displaystyle\int\frac{1}{\sqrt{1+x-x^2}}dx$　　(3) $\displaystyle\int\frac{x}{x^4+x^2+1}dx$

解説

逆三角関数の微分法は

$$(\sin^{-1}x)'=\frac{1}{\sqrt{1-x^2}}\ (|x|<1),\quad (\cos^{-1}x)'=-\frac{1}{\sqrt{1-x^2}}\ (|x|<1),$$

$$(\tan^{-1}x)'=\frac{1}{1+x^2}\ (x\text{ は全実数})$$

となるので，積分の結果が逆三角関数となる不定積分の公式として

$$\int\frac{dx}{\sqrt{1-x^2}}=\sin^{-1}x+C\ (=-\cos^{-1}x+C),\quad \int\frac{dx}{x^2+1}=\tan^{-1}x+C$$

を得る．さらに，1次式型の積分法の考え方を利用して，$a>0$ のとき

$$\left.\begin{aligned}\int\frac{dx}{\sqrt{a^2-x^2}}&=\int\frac{dx}{\sqrt{a^2\left(1-\frac{x^2}{a^2}\right)}}=\frac{1}{a}\int\frac{dx}{\sqrt{1-\left(\frac{x}{a}\right)^2}}=\sin^{-1}\frac{x}{a}+C\\ \int\frac{dx}{x^2+a^2}&=\frac{1}{a^2}\int\frac{dx}{\left(\frac{x}{a}\right)^2+1}=\frac{1}{a^2}\cdot a\tan^{-1}\frac{x}{a}+C=\frac{1}{a}\tan^{-1}\frac{x}{a}+C\end{aligned}\right\}(\bigstar)$$

となる．これは公式として覚えておくとよい．

さらに，$a>0$，$p\neq0$ のとき

$$\int\frac{dx}{\sqrt{a^2-(px+q)^2}}=\frac{1}{p}\sin^{-1}\frac{px+q}{a}+C$$

$$\int\frac{dx}{(px+q)^2+a^2}=\frac{1}{ap}\tan^{-1}\frac{px+q}{a}+C$$

などが成り立つ．たとえば

$$\int\frac{dx}{\sqrt{16-x^2}}=\int\frac{dx}{\sqrt{4^2-x^2}}=\sin^{-1}\frac{x}{4}+C,$$

$$\int\frac{dx}{\sqrt{16-(2x-1)^2}}=\int\frac{dx}{\sqrt{4^2-(2x-1)^2}}=\frac{1}{2}\sin^{-1}\frac{2x-1}{4}+C \quad\cdots\cdots\text{①}$$

$$\int\frac{dx}{4x^2+4x+10}=\int\frac{dx}{(2x+1)^2+3^2}=\frac{1}{6}\tan^{-1}\frac{2x+1}{3}+C$$

となるが，実際には①は $\displaystyle\int\frac{dx}{\sqrt{15+4x-4x^2}}$ の分母の根号内を平方完成の形に直して上のようにできるかどうかがポイントとなる．

解 答 以下，C は積分定数とする．

(1) $\displaystyle\int\frac{1}{\sqrt{9-16x^2}}\,dx = \int\frac{1}{\sqrt{3^2-(4x)^2}}\,dx$
　　　　㋐
$\displaystyle\qquad\qquad\qquad = \frac{1}{4}\sin^{-1}\frac{4}{3}x + C$ ……(答)

(2) $\displaystyle\int\frac{1}{\sqrt{1+x-x^2}}\,dx = \int\frac{1}{\sqrt{1-(x^2-x)}}\,dx$
　　　㋑
$\displaystyle\qquad\qquad\qquad = \int\frac{1}{\sqrt{\frac{5}{4}-\left(x-\frac{1}{2}\right)^2}}\,dx$

$\displaystyle\qquad\qquad\qquad = \int\frac{1}{\sqrt{\left(\frac{\sqrt{5}}{2}\right)^2-\left(x-\frac{1}{2}\right)^2}}\,dx$
　　　　　　㋒
$\displaystyle\qquad\qquad\qquad = \sin^{-1}\frac{2x-1}{\sqrt{5}} + C$ ……(答)

(3) $\displaystyle\frac{x}{x^4+x^2+1} = \frac{x}{(x^4+2x^2+1)-x^2}$

$\displaystyle\qquad\qquad = \frac{x}{(x^2+1)^2-x^2}$

$\displaystyle\qquad\qquad = \frac{x}{(x^2-x+1)(x^2+x+1)}$
　　　　　㋓
$\displaystyle\qquad\qquad = \frac{1}{2}\left(\frac{1}{x^2-x+1}-\frac{1}{x^2+x+1}\right)$

よって

$\displaystyle\int\frac{x}{x^4+x^2+1}\,dx$
$\displaystyle = \frac{1}{2}\left\{\int\frac{dx}{\left(x-\frac{1}{2}\right)^2+\left(\frac{\sqrt{3}}{2}\right)^2} - \int\frac{dx}{\left(x+\frac{1}{2}\right)^2+\left(\frac{\sqrt{3}}{2}\right)^2}\right\}$
　　㋔
$\displaystyle = \frac{1}{\sqrt{3}}\left(\tan^{-1}\frac{2x-1}{\sqrt{3}} - \tan^{-1}\frac{2x+1}{\sqrt{3}}\right) + C$ ……(答)

㋐ 1次式型の積分
$\displaystyle\int\frac{dx}{\sqrt{a^2-(px+q)^2}}$
$\displaystyle = \frac{1}{p}\sin^{-1}\frac{px+q}{a}$

㋑ $1+x-x^2$
$= -(x^2-x)+1$
　　完全平方式
$\displaystyle = -\left(x^2-x+\frac{1}{4}\right)+\frac{5}{4}$
$\displaystyle = -\left(x-\frac{1}{2}\right)^2+\frac{5}{4}$

㋒ $\displaystyle\sin^{-1}\frac{x-\frac{1}{2}}{\frac{\sqrt{5}}{2}}$

㋓ 部分分数に分解．

㋔ $\displaystyle\tan^{-1}\frac{x-\frac{1}{2}}{\frac{\sqrt{3}}{2}}$

理解度 Check! それぞれ解説の（★）の式を使う手前の変形で $\boxed{\text{A}}$．（★）が使えて $\boxed{\text{B}}$．完答で $\boxed{\text{C}}$．

練習問題 29

解答は p.242

次の不定積分を求めよ．

(1) $\displaystyle\int\frac{1}{x^4-16}\,dx$ 　　(2) $\displaystyle\int\frac{1}{\sqrt{-4x^2+12x-3}}\,dx$

問題 30　定積分の基本

次の定積分の値を求めよ．

(1) $\displaystyle\int_0^2 \sqrt{3x+2}\,dx$

(2) $\displaystyle\int_{-1}^1 \frac{1}{x^2-x+1}\,dx$

(3) $\displaystyle\int_0^{\frac{\pi}{4}} \sin 5x \cos 3x\,dx$

(4) $\displaystyle\int_0^{\sqrt{3}} \frac{3-x}{(x+1)(x^2+1)}\,dx$

解説　閉区間 $[a,b]$ で関数 $f(x)$ を考える．この区間を n 個の小区間に分割し，各区間内の任意の1点 c_i における関数値 $f(c_i)$ とこの区間の幅（長さ） Δx_i の積の和 $\sum_{i=1}^{n} f(c_i)\Delta x_i$ を作る．このとき，すべての Δx_i を 0 に収束すべく $n\to\infty$ とするとき，上の積和の極限値 $\displaystyle\lim_{\Delta x_i \to 0}\sum_{i=1}^{n} f(c_i)\Delta x_i$ が有限な値で存在すれば，$f(x)$ は**区間 $[a,b]$ で積分可能**であるという．この極限値を $f(x)$ の a から b までの**定積分**といい，$\displaystyle\int_a^b f(x)\,dx$ で表す．

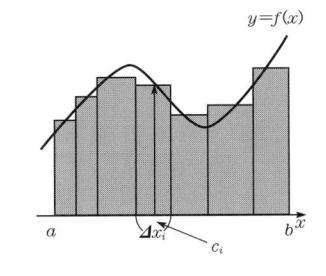

すなわち　　$\displaystyle\lim_{\Delta x_i \to 0}\sum_{i=1}^{n} f(c_i)\Delta x_i = \int_a^b f(x)\,dx$　　　　……①

また，$a\geqq b$ のときは $\displaystyle\int_a^b f(x)\,dx = -\int_b^a f(x)\,dx$ と定義する．

これらは直観的には，$\sum f(c_i)\Delta x_i$ は上図の影部分であり，$\displaystyle\int_a^b f(x)\,dx$ は曲線 $y=f(x)$ と 3 直線 $x=a$, $x=b$, $y=0$ で囲まれた部分の面積（ただし，$f(x)<0$ の部分は面積に－をつけたもの）である．定積分の性質としては次式が成立する．

$$\int_a^a f(x)\,dx = 0, \quad \int_a^b \{f(x)\pm g(x)\}\,dx = \int_a^b f(x)\,dx \pm \int_a^b g(x)\,dx$$

$$\int_a^b kf(x)\,dx = k\int_a^b f(x)\,dx \quad (k\text{ は定数})$$

$$\int_a^b f(x)\,dx = \int_a^c f(x)\,dx + \int_c^b f(x)\,dx \quad (a,\ b,\ c\text{ の大小は不問})$$

なお，$f(x)$ が $[a,b]$ で連続であるときは，その原始関数の1つを $F(x)$ おくと

$$\int_a^b f(x)\,dx = \Big[F(x)\Big]_a^b = F(b)-F(a)$$

となる．$[a,b]$ を**積分区間**といい，b を**上端**，a を**下端**という．

解答

(1) $\displaystyle\int_0^2 \sqrt{3x+2}\,dx = \int_0^2 (3x+2)^{\frac{1}{2}}\,dx$ ㋐

$\displaystyle = \left[\frac{2}{9}(3x+2)^{\frac{3}{2}}\right]_0^2 = \frac{2}{9}(8^{\frac{3}{2}} - 2^{\frac{3}{2}}) = \frac{28\sqrt{2}}{9}$ ……(答)

(2) $\displaystyle\int_{-1}^1 \frac{1}{x^2-x+1}\,dx = \int_{-1}^1 \frac{dx}{\left(x-\frac{1}{2}\right)^2 + \left(\frac{\sqrt{3}}{2}\right)^2}$

$\displaystyle = \left[\frac{2}{\sqrt{3}}\tan^{-1}\frac{2x-1}{\sqrt{3}}\right]_{-1}^1 = \frac{2}{\sqrt{3}}\left\{\tan^{-1}\frac{1}{\sqrt{3}} - \tan^{-1}(-\sqrt{3})\right\}$ ㋑

$\displaystyle = \frac{2}{\sqrt{3}}\left(\frac{\pi}{6} + \frac{\pi}{3}\right) = \frac{\pi}{\sqrt{3}} = \frac{\sqrt{3}\pi}{3}$ ……(答)

(3) $\sin 5x \cos 3x = \dfrac{1}{2}(\sin 8x + \sin 2x)$ ㋒ だから

$\displaystyle\int_0^{\frac{\pi}{4}} \sin 5x \cos 3x\,dx = \left[-\frac{1}{16}\cos 8x - \frac{1}{4}\cos 2x\right]_0^{\frac{\pi}{4}}$

$\displaystyle = -\frac{1}{16}(\cos 2\pi - \cos 0) - \frac{1}{4}\left(\cos \frac{\pi}{2} - \cos 0\right) = \frac{1}{4}$ ……(答)

(4) $\dfrac{3-x}{(x+1)(x^2+1)} = \dfrac{a}{x+1} + \dfrac{bx+c}{x^2+1}$ とおくと

$3-x = a(x^2+1) + (bx+c)(x+1)$

$-x+3 = (a+b)x^2 + (b+c)x + a+c$

$\therefore\ a+b=0,\ b+c=-1,\ a+c=3$

これを解いて $a=2,\ b=-2,\ c=1$ から,

$\displaystyle\int_0^{\sqrt{3}} \frac{3-x}{(x+1)(x^2+1)}\,dx$

$\displaystyle = \int_0^{\sqrt{3}} \left(\frac{2}{x+1} - \frac{2x}{x^2+1} + \frac{1}{x^2+1}\right) dx$ ㋓

$\displaystyle = \left[2\log|x+1| - \log(x^2+1) + \tan^{-1} x\right]_0^{\sqrt{3}}$

$= 2\log(\sqrt{3}+1) - \log 4 + \tan^{-1}\sqrt{3}$

$= 2\log\dfrac{\sqrt{3}+1}{2} + \dfrac{\pi}{3}$ ……(答)

㋐ $a \neq -1,\ a \neq 0$ のとき

$\displaystyle\int (ax+b)^a\,dx = \frac{(ax+b)^{a+1}}{a(a+1)} + C$

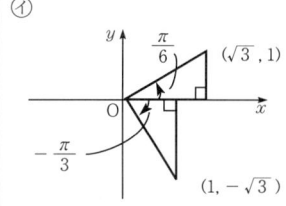

㋑

㋒ 積から和への公式

$\sin\alpha\cos\beta = \dfrac{1}{2}\{\sin(\alpha+\beta) + \sin(\alpha-\beta)\}$

㋓ $\displaystyle\int \frac{f'(x)}{f(x)}\,dx = \log|f(x)| + C$ は公式.

ここでは

$\displaystyle\int \frac{2x}{x^2+1}\,dx = \int \frac{(x^2+1)'}{x^2+1}\,dx = \log(x^2+1) + C$

理解度 Check! いずれも不定積分の計算まで **A**. 各(答)まで **B**.

練習問題 30

次の定積分の値を求めよ.

(1) $\displaystyle\int_{-1}^1 \frac{e^x}{e^x+1}\,dx$ 　(2) $\displaystyle\int_0^{\frac{\pi}{3}} \tan^2 x\,dx$ 　(3) $\displaystyle\int_{-\sqrt{3}}^{\sqrt{3}} \frac{9x+9}{(x+3)(x^2+9)}\,dx$

解答は p.242

問題 31　置換積分法（1）——丸見え型

次の不定積分および定積分を求めよ．

(1) $\displaystyle\int x\sin x^2\,dx$

(2) $\displaystyle\int \frac{\sqrt{\log x}}{x}\,dx$

(3) $\displaystyle\int_0^1 \frac{x-1}{(x^2-2x+3)^2}\,dx$

(4) $\displaystyle\int_{\frac{\pi}{6}}^{\frac{\pi}{2}} \frac{\cos^3 x}{\sin x}\,dx$

解説

$\displaystyle\int (x^2+x+1)^2(2x+1)\,dx$，$\displaystyle\int \sin^3 x\cos x\,dx$ について考えてみよう．これらは，$(x^2+x+1)'=2x+1$，$(\sin x)'=\cos x$ に着目すると，被積分関数の一部分を微分したときにそれが被積分関数の他の部分になることを示している．このようなときは，＿＿に相当する式を t と置き換えて計算するのが定石である．前者は，$x^2+x+1=t$ とおくと $\dfrac{dt}{dx}=2x+1$ となるが，これを $(2x+1)\,dx=dt$ と表して

$$\int (x^2+x+1)^2(2x+1)\,dx = \int t^2\,dt = \frac{1}{3}t^3+C = \frac{1}{3}(x^2+x+1)^3+C$$

後者は，$\sin x=t$ とおくと $\cos x\,dx=dt$ となるので

$$\int \sin^3 x\cos x\,dx = \int t^3\,dt = \frac{1}{4}t^4+C = \frac{1}{4}\sin^4 x+C$$

となる．一般には，$\displaystyle\int f(g(x))\,g'(x)\,dx$ において $g(x)=t$ とおくと $g'(x)\,dx=dt$ となるので

$$\int f(g(x))\,g'(x)\,dx = \int f(t)\,dt$$

として計算する．また，**定積分における置換積分**の場合は，次のようになる．

> $t=g(x)$ が $[a,b]$ で微分可能で $g'(x)$ が連続，$f(t)$ が $[\alpha,\beta]$ で連続，$g(a)=\alpha$ かつ $g(b)=\beta$ ならば
> $$\int_a^b f(g(x))\,g'(x)\,dx = \int_\alpha^\beta f(t)\,dt$$

ここでは，積分区間の変更に注意する．

$\displaystyle\int_0^{\frac{\pi}{2}} \sin^3 x\cos x\,dx$ なら，$\sin x=t$ とおいて $\cos x\,dx=dt$

よって $\displaystyle\int_0^{\frac{\pi}{2}} \sin^3 x\cos x\,dx = \int_0^1 t^3\,dt = \frac{1}{4}$ となる．

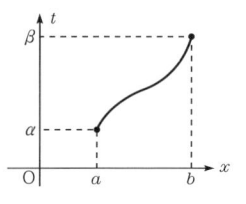

x	$0 \to \dfrac{\pi}{2}$
t	$0 \to 1$

解 答

(1) ㋐ $x^2=t$ とおくと，$2x\,dx=dt$ から，$x\,dx=\dfrac{1}{2}dt$

$\therefore \displaystyle\int x\sin x^2\,dx = \int \sin t \cdot \dfrac{1}{2}dt$

$\quad = -\dfrac{1}{2}\cos t + C = -\dfrac{1}{2}\cos x^2 + C$ ……(答)

㋐ $(x^2)'=2x$ に着目．

(2) ㋑ $\log x = t$ とおくと，$\dfrac{1}{x}dx = dt$

$\therefore \displaystyle\int \dfrac{\sqrt{\log x}}{x}dx = \int \sqrt{t}\,dt = \int t^{\frac{1}{2}}dt$

$\quad = \dfrac{2}{3}\cdot t^{\frac{3}{2}} + C = \dfrac{2}{3}(\log x)^{\frac{3}{2}} + C$ ……(答)

㋑ $(\log x)'=\dfrac{1}{x}$ に着目．

(3) ㋒ $x^2-2x+3=t$ とおくと $(2x-2)dx=dt$ から

$(x-1)dx = \dfrac{1}{2}dt$

x	$0 \to 1$
t	$3 \to 2$

$\therefore \displaystyle\int_0^1 \dfrac{x-1}{(x^2-2x+3)^2}dx \underset{㋓}{=} \int_3^2 \dfrac{1}{t^2}\cdot\dfrac{1}{2}dt$

$= \left[-\dfrac{1}{2t}\right]_3^2 = -\dfrac{1}{2}\left(\dfrac{1}{2}-\dfrac{1}{3}\right) = -\dfrac{1}{12}$ ……(答)

㋒ $(x^2-2x+3)'$
$=2x-2=2(x-1)$
に着目．

㋓ 積分区間の変更．

(4) $\displaystyle\int_{\frac{\pi}{6}}^{\frac{\pi}{2}} \dfrac{\cos^3 x}{\sin x}dx = \int_{\frac{\pi}{6}}^{\frac{\pi}{2}} \dfrac{(1-\sin^2 x)\cos x}{\sin x}dx$

㋔ $\sin x = t$ とおくと
$\cos x\,dx = dt$

x	$\dfrac{\pi}{6} \to \dfrac{\pi}{2}$
t	$\dfrac{1}{2} \to 1$

$\therefore$ 与式 $= \displaystyle\int_{\frac{1}{2}}^{1} \dfrac{1-t^2}{t}dt$

$= \displaystyle\int_{\frac{1}{2}}^{1}\left(\dfrac{1}{t}-t\right)dt = \left[\log t - \dfrac{t^2}{2}\right]_{\frac{1}{2}}^{1}$

$= -\dfrac{1}{2} - \left(\log\dfrac{1}{2} - \dfrac{1}{8}\right) = \log 2 - \dfrac{3}{8}$ ……(答)

㋔ $(\sin x)' = \cos x$ に着目．

理解度 Check! (1)(2) は変数変換ができて **A**．完答で **B**．(3)(4) は区間の変更までで **A**．完答で **B**．

練習問題 31

次の不定積分および定積分を求めよ．

解答は p. 242

(1) $\displaystyle\int \dfrac{x}{(x^2+1)^2+1}dx$ 　(2) $\displaystyle\int_0^{\frac{1}{2}} \dfrac{(\sin^{-1}x)^2}{\sqrt{1-x^2}}dx$ 　(3) $\displaystyle\int_1^e \dfrac{dx}{x(\log x+1)^3}$

問題 32　置換積分法（2）——無理関数

次の不定積分および定積分を求めよ．

(1) $\displaystyle\int \frac{1}{x\sqrt{x^2+1}}\,dx$　　　(2) $\displaystyle\int_{-1}^{2} x^2\sqrt{2-x}\,dx$

解説　問題 31 では，被積分関数が $f(g(x))\,g'(x)$ の形をしていることから，置換積分の方法がわかったが，一般の場合の公式をまとめておこう．

〈不定積分〉　$\displaystyle\int f(x)\,dx$ において，$x=\varphi(t)$ が微分可能ならば

$$\int f(x)\,dx = \int f(\varphi(t))\,\varphi'(t)\,dt$$

〈定積分〉　$\displaystyle\int_a^b f(x)\,dx$ において，$f(x)$ が $[a,b]$ で連続で，$x=\varphi(t)$ が $[\alpha,\beta]$ で微分可能，$\varphi'(t)$ が連続であり，$a=\varphi(\alpha)$，$b=\varphi(\beta)$ ならば

$$\int_a^b f(x)\,dx = \int_\alpha^\beta f(\varphi(t))\,\varphi'(t)\,dt$$

さて，無理関数の積分が既知の関数，すなわち，我々の知っている形の関数で表される場合は少なく，積分できるのは被積分関数がうまい形をしているときのみである．積分計算ができる代表タイプは，$\sqrt[n]{ax+b}$，$\sqrt[n]{\dfrac{ax+b}{cx+d}}$ あるいは $\sqrt{ax^2+bx+c}$ を含むものである．

$\sqrt[n]{ax+b}$，$\sqrt[n]{\dfrac{ax+b}{cx+d}}$ はこれらを t とおくと有理関数の積分に帰着できる．

たとえば，$\displaystyle\int_{-1}^{3} x\sqrt{x+1}\,dx$ は $\sqrt{x+1}=t$ とおくと

$x=t^2-1$　　$dx=2t\,dt$

x	$-1 \to 3$
t	$0 \to 2$

よって $\displaystyle\int_{-1}^{3} x\sqrt{x+1}\,dx = \int_0^2 (t^2-1)\cdot t\cdot 2t\,dt = 2\int_0^2 (t^4-t^2)\,dt$

$\displaystyle = 2\left[\frac{t^5}{5}-\frac{t^3}{3}\right]_0^2 = 2\left(\frac{2^5}{5}-\frac{2^3}{3}\right)=\frac{112}{15}$ となる．

また，$\sqrt{ax^2+bx+c}$ は

　$a>0$ のときは，$\sqrt{ax^2+bx+c}=t-\sqrt{a}\,x$ （または $t+\sqrt{a}\,x$）

　$a<0$ のときは，$y=ax^2+bx+c$ は上に凸の 2 次関数だから

　　$ax^2+bx+c=-a(x-\alpha)(\beta-x)$　$(\alpha<\beta)$ の形に書けるので

　　$\sqrt{ax^2+bx+c}=\sqrt{-a}\,(x-\alpha)\sqrt{\dfrac{\beta-x}{x-\alpha}}$ と変形すればよい．

解答

(1) ㋐ $\sqrt{x^2+1}=t-x$ とおくと
$$x^2+1=(t-x)^2=t^2-2tx+x^2$$
$$x=\frac{t^2-1}{2t}=\frac{1}{2}\left(t-\frac{1}{t}\right)$$
$$dx=\frac{1}{2}\left(1+\frac{1}{t^2}\right)dt=\frac{t^2+1}{2t^2}dt$$
$$\sqrt{x^2+1}=t-\frac{t^2-1}{2t}=\frac{t^2+1}{2t}$$
$$\therefore \int\frac{dx}{x\sqrt{x^2+1}}=\int\frac{2t}{t^2-1}\cdot\frac{2t}{t^2+1}\cdot\frac{t^2+1}{2t^2}dt$$
㋑
$$=\int\frac{2}{t^2-1}dt=\int\left(\frac{1}{t-1}-\frac{1}{t+1}\right)dt$$
$$=\log\left|\frac{t-1}{t+1}\right|+C$$
㋒
$$=\log\left|\frac{x-1+\sqrt{x^2+1}}{x+1+\sqrt{x^2+1}}\right|+C \quad \cdots\cdots(答)$$

(2) ㋓ $\sqrt{2-x}=t$ とおくと
$$x=2-t^2$$
$$dx=-2tdt$$

x	$-1 \to 2$
t	$\sqrt{3} \to 0$

$$\therefore \int_{-1}^{2}x^2\sqrt{2-x}\,dx=\int_{\sqrt{3}}^{0}(2-t^2)^2t\cdot(-2t)\,dt$$
$$=2\int_{0}^{\sqrt{3}}(2-t^2)^2t^2dt$$
$$=2\int_{0}^{\sqrt{3}}(4t^2-4t^4+t^6)\,dt$$
㋔
$$=2\left[\frac{4}{3}t^3-\frac{4}{5}t^5+\frac{t^7}{7}\right]_0^{\sqrt{3}}$$
$$=2\left(4\sqrt{3}-\frac{36\sqrt{3}}{5}+\frac{27\sqrt{3}}{7}\right)=\frac{46\sqrt{3}}{35}$$
$$\cdots\cdots(答)$$

㋐ $\sqrt{ax^2+bx+c}$ で $a>0$ のときは
$$\sqrt{ax^2+bx+c}=t-\sqrt{a}\,x$$
とおく．

㋑ 部分分数に分解．

㋒ $\sqrt{x^2+1}=t-x$ より
$t=x+\sqrt{x^2+1}$

㋓ 根号内が1次式より，
$\sqrt{2-x}=t$ とおく．

㋔
$$\left[\frac{t^3}{105}(140-84t^2+15t^4)\right]_0^{\sqrt{3}}$$
$$=\frac{\sqrt{3}}{35}(140-252+135)$$
$$=\frac{23\sqrt{3}}{35}$$
としてもよい．

理解度 Check! (1) は変数変換ができて A. 完答で B. (2) は区間の変更までで A. 完答で B.

練習問題 32

次の不定積分および定積分を求めよ．

(1) $\displaystyle\int\frac{1}{x}\sqrt{\frac{x+1}{x-1}}\,dx \quad (x>1)$

(2) $\displaystyle\int_0^1\frac{x}{\sqrt{3x+1}}\,dx$

解答は p.242

問題 33　置換積分（3）——超越関数

次の不定積分および定積分を求めよ．

(1) $\displaystyle\int \frac{dx}{3\sin x + 4\cos x}$

(2) $\displaystyle\int_0^{\frac{1}{2}\log 3} \frac{e^x - 1}{e^{2x} + 1}\, dx$

解 説

有理関数・無理関数あるいは $x^2 + xy + y^2 = 1$ などの陰関数を総称して**代数関数**というが，三角関数・逆三角関数・指数関数・対数関数などの代数関数以外の関数を**超越関数**という．ここでは，三角関数・指数関数の丸見え型（問題31）ではないが，重要な置換積分についてとりあげる．

〈三角関数〉　$\displaystyle\int R(\sin x,\ \cos x)\, dx$　（$R(X,\ Y)$ は $X,\ Y$ の有理関数）

$\sin x,\ \cos x$ の有理関数についての積分では，$\tan\dfrac{x}{2} = t$ とおく

と t の有理関数の積分に帰着する．それは

$$\sin x = \sin\left(2\cdot\frac{x}{2}\right) = 2\sin\frac{x}{2}\cos\frac{x}{2} = \frac{2\sin\frac{x}{2}\cos\frac{x}{2}}{\cos^2\frac{x}{2} + \sin^2\frac{x}{2}} = \frac{2t}{1+t^2}$$

$$\cos x = \cos^2\frac{x}{2} - \sin^2\frac{x}{2} = \frac{\cos^2\frac{x}{2} - \sin^2\frac{x}{2}}{\cos^2\frac{x}{2} + \sin^2\frac{x}{2}} = \frac{1-t^2}{1+t^2}$$

$$\frac{dt}{dx} = \frac{1}{\cos^2\frac{x}{2}}\cdot\frac{1}{2} = \frac{1+t^2}{2} \text{ から }\quad dx = \frac{2}{1+t^2}\, dt$$

となるからである．たとえば，$\displaystyle\int\frac{dx}{\sin x}$ ならば次のようになる．

$$\int\frac{dx}{\sin x} = \int\frac{1+t^2}{2t}\cdot\frac{2}{1+t^2}\, dt = \int\frac{dt}{t} = \log|t| + C = \log\left|\tan\frac{x}{2}\right| + C$$

〈指数関数〉　$\displaystyle\int R(e^x)\, dx$　（$R(X)$ は X の有理関数）

e^x の有理関数についての積分では，$e^x = t$ とおく

と t の有理関数の積分に帰着する．たとえば，$\displaystyle\int\frac{dx}{e^x + 1}$ ならば

$e^x = t$ とおくと，$e^x dx = dt$ から $dx = \dfrac{dt}{t}$ であるから

$$\int\frac{dx}{e^x + 1} = \int\frac{1}{t+1}\cdot\frac{dt}{t} = \int\left(\frac{1}{t} - \frac{1}{t+1}\right)dt = \log\left|\frac{t}{t+1}\right| + C$$

$$= \log\frac{e^x}{e^x + 1} + C = x - \log(e^x + 1) + C$$

解答

(1) $\tan\dfrac{x}{2}=t$ とおくと ㋐

$$\sin x = 2\sin\dfrac{x}{2}\cos\dfrac{x}{2} = 2\tan\dfrac{x}{2}\cos^2\dfrac{x}{2} = \dfrac{2t}{1+t^2}$$ ㋑

$$\cos x = 2\cos^2\dfrac{x}{2} - 1 = \dfrac{2}{1+t^2} - 1 = \dfrac{1-t^2}{1+t^2}$$

$$\dfrac{dt}{dx} = \dfrac{1}{\cos^2\dfrac{x}{2}}\cdot\dfrac{1}{2} = \dfrac{1+t^2}{2} \quad\text{から}\quad dx = \dfrac{2}{1+t^2}\,dt$$

$$\therefore \int\dfrac{dx}{3\sin x + 4\cos x}$$

$$= \int\dfrac{1}{3\cdot\dfrac{2t}{1+t^2} + 4\cdot\dfrac{1-t^2}{1+t^2}}\cdot\dfrac{2}{1+t^2}\,dt$$

$$= \int\dfrac{dt}{-2t^2+3t+2} = \int\dfrac{1}{5}\left(\dfrac{2}{2t+1} - \dfrac{1}{t-2}\right)dt$$ ㋒

$$= \dfrac{1}{5}\log\left|\dfrac{2t+1}{t-2}\right| + C = \dfrac{1}{5}\log\left|\dfrac{2\tan\dfrac{x}{2}+1}{\tan\dfrac{x}{2}-2}\right| + C$$

……(答)

(2) $e^x = t$ とおくと
$e^x\,dx = dt$ から
$$dx = \dfrac{1}{t}\,dt$$

x	$0 \to \frac{1}{2}\log 3$
t	$1 \to \sqrt{3}$

$$\therefore \int_0^{\frac{1}{2}\log 3}\dfrac{e^x-1}{e^{2x}+1}\,dx = \int_1^{\sqrt{3}}\dfrac{t-1}{t^2+1}\cdot\dfrac{1}{t}\,dt$$ ㋓

$$= \int_1^{\sqrt{3}}\left(\dfrac{t+1}{t^2+1} - \dfrac{1}{t}\right)dt$$

$$= \left[\dfrac{1}{2}\log(t^2+1) + \tan^{-1}t - \log t\right]_1^{\sqrt{3}}$$

$$= \dfrac{\pi}{12} - \dfrac{1}{2}\log\dfrac{3}{2}$$ ㋔ ……(答)

㋐ $\sin x$, $\cos x$ を含む積分だから，このようにおく．

㋑ $\cos^2\theta = \dfrac{1}{1+\tan^2\theta}$ を用いて
$$\cos^2\dfrac{x}{2} = \dfrac{1}{1+t^2}$$

㋒ $-2t^2+3t+2$
$= -(2t+1)(t-2)$ から，
被積分関数を $\dfrac{a}{2t+1} + \dfrac{b}{t-2}$
とおいて，a, b を決定．

㋓ $\dfrac{t-1}{(t^2+1)t}$
$= \dfrac{at+b}{t^2+1} + \dfrac{c}{t}$
とおいて，a, b, c を決定．

㋔ 定積分の計算は
$\dfrac{1}{2}\log 4 + \tan^{-1}\sqrt{3} - \log\sqrt{3}$
$\quad -\left(\dfrac{1}{2}\log 2 + \tan^{-1}1\right)$
$= \dfrac{1}{2}\log 2 - \dfrac{1}{2}\log 3 + \dfrac{\pi}{3} - \dfrac{\pi}{4}$

理解度 Check! (1) は変数変換ができて **A**．完答で **B**．(2) は区間の変更までで **A**．完答で **B**．

練習問題 33

解答は p.243

次の定積分の値を求めよ．

(1) $\displaystyle\int_0^{\frac{\pi}{2}}\dfrac{1+\sin x+\cos x}{2+2\sin x-\cos x}\,dx$

(2) $\displaystyle\int_{\log 2}^{\log 6}\dfrac{e^x\sqrt{e^x-2}}{e^x+2}\,dx$

問題 34　置換積分（4）——三角関数による置換

次の定積分の値を求めよ．ただし，$a>0$ とする．

(1) $\displaystyle\int_0^a \frac{1}{a+\sqrt{a^2-x^2}}\,dx$

(2) $\displaystyle\int_{-\frac{1}{\sqrt{3}}}^{\frac{1}{\sqrt{3}}} \frac{1}{(1-x^2)\sqrt{1+x^2}}\,dx$

解説

ここでは，三角関数による置換の典型タイプをとりあげる．
次の3つのパターンがその典型的なものである．

(1) $\sqrt{a^2-x^2}$ $(a>0)$ を含む積分；
　　$x=a\sin t \left(-\dfrac{\pi}{2}\leqq t\leqq \dfrac{\pi}{2}\right)$ または $x=a\cos t\ (0\leqq t\leqq\pi)$ とおく．

(例) $\displaystyle\int_0^{\frac{a}{2}}\sqrt{a^2-x^2}\,dx\ (a>0)$ ならば，$x=a\sin t\left(|t|\leqq\dfrac{\pi}{2}\right)$

とおくと　$dx=a\cos t\,dt$
$\sqrt{a^2-x^2}=\sqrt{a^2-a^2\sin^2 t}=\sqrt{a^2\cos^2 t}$
$\qquad\qquad=a\cos t\ \left(\because\ |t|\leqq\dfrac{\pi}{2}\ \text{で}\cos t\geqq 0\right)$

x	$0 \to \dfrac{a}{2}$
t	$0 \to \dfrac{\pi}{6}$

よって　$\displaystyle\int_0^{\frac{a}{2}}\sqrt{a^2-x^2}\,dx=\int_0^{\frac{\pi}{6}}a\cos t\cdot a\cos t\,dt$
$\qquad\qquad=a^2\displaystyle\int_0^{\frac{\pi}{6}}\frac{1+\cos 2t}{2}\,dt=\frac{a^2}{2}\left[t+\frac{\sin 2t}{2}\right]_0^{\frac{\pi}{6}}=\frac{2\pi+3\sqrt{3}}{24}a^2$

(2) $\sqrt{x^2+a^2}$ あるいは $\dfrac{1}{x^2+a^2}$ $(a>0)$ を含む積分；
　　$x=a\tan t\left(-\dfrac{\pi}{2}<t<\dfrac{\pi}{2}\right)$ とおく．

(例) $\displaystyle\int_0^a \frac{x^2}{(x^2+a^2)^2}\,dx\ (a>0)$ ならば $x=a\tan t\left(|t|<\dfrac{\pi}{2}\right)$ として

$dx=a\sec^2 t\,dt$
$x^2+a^2=a^2(\tan^2 t+1)=a^2\sec^2 t$

x	$0 \to a$
t	$0 \to \dfrac{\pi}{4}$

よって　$\displaystyle\int_0^a \frac{x^2}{(x^2+a^2)^2}\,dx=\int_0^{\frac{\pi}{4}}\frac{a^2\tan^2 t}{a^4\sec^4 t}\cdot a\sec^2 t\,dt$
$\qquad\qquad=\dfrac{1}{a}\displaystyle\int_0^{\frac{\pi}{4}}\sin^2 t\,dt=\dfrac{1}{a}\left[\dfrac{t}{2}-\dfrac{\sin 2t}{4}\right]_0^{\frac{\pi}{4}}=\dfrac{\pi-2}{8a}$

(3) $\sqrt{x^2-a^2}$ $(a>0)$ を含む積分；
　　$x=a\sec t\left(0\leqq t<\dfrac{\pi}{2},\ \dfrac{\pi}{2}<t\leqq\pi\right)$ とおく．

なお，t の区間は三角関数のグラフが単調になるように選ぶことが大切．

解答

(1) $x = a\sin t\ \left(|t| \leq \dfrac{\pi}{2}\right)$ とおくと

x	$0 \to a$
t	$0 \to \dfrac{\pi}{2}$

$dx = a\cos t\, dt$

$\sqrt{a^2 - x^2} = \sqrt{a^2 \cos^2 t} = a\cos t$

$\therefore \displaystyle\int_0^a \dfrac{dx}{a + \sqrt{a^2 - x^2}} = \int_0^{\frac{\pi}{2}} \dfrac{a\cos t}{a + a\cos t}\, dt$ ㋐

$= \displaystyle\int_0^{\frac{\pi}{2}} \left(1 - \dfrac{1}{1 + \cos t}\right) dt = \int_0^{\frac{\pi}{2}} \left(1 - \dfrac{1}{2}\sec^2 \dfrac{t}{2}\right) dt$
　　　　　　㋑

$= \left[t - \tan \dfrac{t}{2}\right]_0^{\frac{\pi}{2}} = \dfrac{\pi}{2} - 1$ ……(答)

(2) $\displaystyle\int_{-\frac{1}{\sqrt{3}}}^{\frac{1}{\sqrt{3}}} \dfrac{dx}{(1-x^2)\sqrt{1+x^2}} = 2\int_0^{\frac{1}{\sqrt{3}}} \dfrac{dx}{(1-x^2)\sqrt{1+x^2}}$
　　　㋒

$x = \tan t\ \left(|t| < \dfrac{\pi}{2}\right)$ とおくと

x	$0 \to \dfrac{1}{\sqrt{3}}$
t	$0 \to \dfrac{\pi}{6}$

$dx = \sec^2 t\, dt$, $\underset{㋓}{\sqrt{1+x^2} = \sec t}$

$\therefore$ 与式 $= 2\displaystyle\int_0^{\frac{\pi}{6}} \dfrac{\sec^2 t}{(1-\tan^2 t)\sec t}\, dt$

$= 2\displaystyle\int_0^{\frac{\pi}{6}} \dfrac{\cos t}{\cos^2 t - \sin^2 t}\, dt = 2\int_0^{\frac{\pi}{6}} \dfrac{\cos t}{1 - 2\sin^2 t}\, dt$
　　　　　　　　　　　㋔

さらに，$\sin t = u$ とおくと

$\cos t\, dt = du$

t	$0 \to \dfrac{\pi}{6}$
u	$0 \to \dfrac{1}{2}$

$\therefore$ 与式 $= 2\displaystyle\int_0^{\frac{1}{2}} \dfrac{du}{1 - 2u^2}$

$= -\displaystyle\int_0^{\frac{1}{2}} \dfrac{du}{\underset{㋕}{u^2 - \dfrac{1}{2}}} = \left[\dfrac{1}{\sqrt{2}} \log \left|\dfrac{u + \dfrac{1}{\sqrt{2}}}{u - \dfrac{1}{\sqrt{2}}}\right|\right]_0^{\frac{1}{2}}$

$= \dfrac{1}{\sqrt{2}} \log \dfrac{\sqrt{2} + 1}{\sqrt{2} - 1} = \sqrt{2} \log(\sqrt{2} + 1)$ ……(答)

㋐ $\dfrac{a\cos t}{a + a\cos t} = \dfrac{\cos t}{1 + \cos t}$

$= 1 - \dfrac{1}{1 + \cos t}$

㋑ $1 + \cos t$

$= 1 + \left(2\cos^2 \dfrac{t}{2} - 1\right)$

$= 2\cos^2 \dfrac{t}{2}$ (2倍角の公式)

㋒ $\dfrac{1}{(1-x^2)\sqrt{1+x^2}}$ は偶関数 (問題37，p.76参照) である.

㋓ $1 + x^2 = 1 + \tan^2 t$

$= \sec^2 t$

かつ $|t| < \dfrac{\pi}{2}$ のとき

$\sec t > 0$

㋔ $(\sin t)' = \cos t$ に着目．

㋕ $\displaystyle\int \dfrac{du}{u^2 - a^2}$

$= \displaystyle\int \dfrac{1}{2a}\left(\dfrac{1}{u-a} - \dfrac{1}{u+a}\right) du$

$= \dfrac{1}{2a} \log\left|\dfrac{u-a}{u+a}\right| + C$

理解度Check! (1) は区間変更までで **A**．完答で **B**．(2) は㋔までで **A**．次の変換ができて **B**．完答で **C**．

練習問題34

次の定積分の値を求めよ．

(1) $\displaystyle\int_0^1 x^2 \sqrt{1-x^2}\, dx$

(2) $\displaystyle\int_{-\frac{1}{2}}^{\frac{1}{4}} \dfrac{1}{\sqrt{(2-x-x^2)^3}}\, dx$

解答は p.243

問題 35　部分積分法（1）

次の積分をせよ．

(1) $\displaystyle\int x\sec^2 x\,dx$

(2) $\displaystyle\int x^n \log x\,dx \quad (n \neq -1)$

(3) $\displaystyle\int_0^{\frac{\pi}{2}} x\sin x\,dx$

(4) $\displaystyle\int_0^{\frac{\sqrt{3}}{2}} \frac{x\cos^{-1} x}{\sqrt{1-x^2}}\,dx$

解説

積の微分法　$\{f(x)\,g(x)\}' = f'(x)\,g(x) + f(x)\,g'(x)$ 　……①

をもとにして，積分法に関する重要な公式を導くことができる．
①は，$f(x)\,g(x)$ が $f'(x)\,g(x) + f(x)\,g'(x)$ の原始関数であることを示すので，

$$\int \{f'(x)\,g(x) + f(x)\,g'(x)\}\,dx = f(x)\,g(x) + C$$

すなわち　$\displaystyle\int f'(x)\,g(x)\,dx + \int f(x)\,g'(x)\,dx = f(x)\,g(x) + C$

したがって　$\displaystyle\int f(x)\,g'(x)\,dx = f(x)\,g(x) - \int f'(x)\,g(x)\,dx + C$

となる．ここで，上の式では両辺に不定積分を含むので，積分定数は省いてよく

$$\int f(x)\,g'(x)\,dx = f(x)\,g(x) - \int f'(x)\,g(x)\,dx$$

が導かれる．この公式を用いて積分する方法を**部分積分法**という．
たとえば

$$\int xe^{2x}\,dx = \int x\left(\frac{1}{2}e^{2x}\right)'dx = x\cdot\frac{1}{2}e^{2x} - \int (x)'\cdot\frac{1}{2}e^{2x}\,dx$$

$$= \frac{1}{2}xe^{2x} - \frac{1}{2}\int e^{2x}\,dx = \frac{1}{2}xe^{2x} - \frac{1}{4}e^{2x} + C$$

となる．一般に，べき関数 (x^a)，指数関数 (a^x)，対数関数 ($\log_a x$)，三角関数 ($\sin x$, $\cos x$) などの関数の積の積分は，部分積分法の公式を用いるとうまくいくことが多い．右図のように，$x > 0$ においては $e^x > x > \log_e x$ となるが，上方にある関数を「強い」関数として，「部分積分する」と覚えるとよい．なお，「三角関数は指数関数と対等，逆三角関数はべき関数より弱い」と理解しよう．

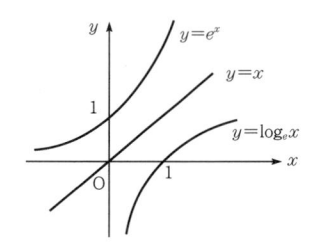

また，**定積分の部分積分法**の公式は次のようになる．

$$\int_a^b f(x)\,g'(x)\,dx = \Big[f(x)\,g(x)\Big]_a^b - \int_a^b f'(x)\,g(x)\,dx$$

解答

(1) $\displaystyle\int \underbrace{x\sec^2 x}_{\text{㋐}}\,dx = \int x(\tan x)'\,dx$
$= x\tan x - \int (x)'\tan x\,dx$
$= x\tan x - \int \underbrace{\dfrac{\sin x}{\cos x}}_{\text{㋑}}\,dx$
$= x\tan x + \log|\cos x| + C$ ……(答)

(2) $\displaystyle\int \underbrace{x^n \log x}_{\text{㋒}}\,dx = \int \left(\dfrac{x^{n+1}}{n+1}\right)' \log x\,dx$
$= \dfrac{x^{n+1}}{n+1}\log x - \int \dfrac{x^{n+1}}{n+1}\cdot(\log x)'\,dx$
$= \dfrac{x^{n+1}}{n+1}\log x - \int \dfrac{x^n}{n+1}\,dx$
$= \dfrac{x^{n+1}}{n+1}\log x - \dfrac{x^{n+1}}{(n+1)^2} + C$
$= \dfrac{x^{n+1}}{(n+1)^2}\{(n+1)\log x - 1\} + C$ ……(答)

(3) $\displaystyle\int_0^{\frac{\pi}{2}} \underbrace{x\sin x}_{\text{㋓}}\,dx = \int_0^{\frac{\pi}{2}} x(-\cos x)'\,dx$
$= \Big[-x\cos x\Big]_0^{\frac{\pi}{2}} - \int_0^{\frac{\pi}{2}} (x)'(-\cos x)\,dx$
$= \Big[\sin x\Big]_0^{\frac{\pi}{2}} = 1$ ……(答)

(4) $\displaystyle\int_0^{\frac{\sqrt{3}}{2}} \dfrac{x\cos^{-1} x}{\sqrt{1-x^2}}\,dx = \int_0^{\frac{\sqrt{3}}{2}} \underbrace{(-\sqrt{1-x^2})'}_{\text{㋔}} \cos^{-1} x\,dx$
$= \Big[-\sqrt{1-x^2}\cos^{-1} x\Big]_0^{\frac{\sqrt{3}}{2}} - \int_0^{\frac{\sqrt{3}}{2}} (-\sqrt{1-x^2})\cdot\dfrac{-dx}{\sqrt{1-x^2}}$
$= -\dfrac{1}{2}\cos^{-1}\dfrac{\sqrt{3}}{2} + \cos^{-1} 0 - \int_0^{\frac{\sqrt{3}}{2}} dx$
$= -\dfrac{\pi}{12} + \dfrac{\pi}{2} - \Big[x\Big]_0^{\frac{\sqrt{3}}{2}} = \dfrac{5}{12}\pi - \dfrac{\sqrt{3}}{2}$ ……(答)

㋐ 三角関数 $\sec^2 x = \dfrac{1}{\cos^2 x}$ は x より強いので，$\sec^2 x$ を部分積分する．

㋑ $\dfrac{\sin x}{\cos x} = -\dfrac{(\cos x)'}{\cos x}$

㋒ x^n は $\log x$ より強い．
なお，$n = -1$ のときは，
$\displaystyle\int x^{-1}\log x\,dx = \int \dfrac{\log x}{x}\,dx$
これは $\log x = t$ とおいて
$\dfrac{1}{x}dx = dt$ より
$\displaystyle\int x^{-1}\log x\,dx = \int t\,dt$
$= \dfrac{1}{2}t^2 + C = \dfrac{1}{2}(\log x)^2 + C$
となる．

㋓ $\sin x$ は x より強い．

㋔ $(\sqrt{1-x^2})' = \dfrac{-2x}{2\sqrt{1-x^2}}$
$= \dfrac{-x}{\sqrt{1-x^2}}$

理解度 Check! いずれも部分積分ができて **A**．完答で **B**．

練習問題 35

次の積分をせよ．

(1) $\displaystyle\int_1^e \log x\,dx$ (2) $\displaystyle\int_0^{\frac{\pi}{2}} x\sin^2 x\,dx$

解答は p.244

問題 36　部分積分法（2）

次の積分をせよ．

(1) $\displaystyle\int e^{kx}x^3 dx$ 　$(k \neq 0)$ 　　(2) $\displaystyle\int_0^1 e^{-x}\cos \pi x\, dx$

解説　部分積分法による計算では，何回かくり返し用いないと求めることができない場合がある．ここでは，そのような部分積分法を学ぼう．

たとえば，$I=\int x^2 e^x dx$ は，指数関数 e^x が整関数 x^2 より強いので，

$$I=\int x^2(e^x)' dx = x^2 e^x - \int (x^2)' e^x dx = x^2 e^x - \int 2xe^x dx$$

となるが，さらに部分積分法を実行して

$$I = x^2 e^x - 2\int x(e^x)' dx = x^2 e^x - 2\Big(xe^x - \int (x)' e^x dx\Big)$$

$$= x^2 e^x - 2xe^x + 2\int e^x ex = (x^2 - 2x + 2)\,e^x + C$$

となる．ここで，この結果は非常にきれいな形をしている．

$$\int x^2 e^x dx = \{x^2 - (x^2)' + (x^2)''\}e^x + C = (x^2 - 2x + 2)\,e^x + C$$

これは，一般に成り立つので覚えておくと便利である．

> y が x の整式のとき
> $$\int ye^x dx = (y - y' + y'' - \cdots)\,e^x + C$$
> $$\int ye^{-x} dx = -(y + y' + y'' + \cdots)\,e^{-x} + C$$

この公式を用いると，たとえば

$$\int_0^1 (x+1)^2 e^{-x} dx = \Big[-\{(x+1)^2 + 2(x+1) + 2\}e^{-x}\Big]_0^1 = 5 - 10e^{-1}$$

となる．また，$J=\int e^x \sin x\, dx$ は，e^x と $\sin x$ が対等なのでいずれを部分積分してもよい．e^x を部分積分すると，次のようになる．

$$J = \int (e^x)' \sin x\, dx = e^x \sin x - \int e^x \cos x\, dx$$

$$= e^x \sin x - \int (e^x)' \cos x\, dx = e^x \sin x - \Big\{e^x \cos x - \int e^x(-\sin x)\,dx\Big\}$$

$$\therefore\ \ J = e^x(\sin x - \cos x) - J \quad (J\text{ が再現})$$

よって　$J = \dfrac{1}{2}e^x(\sin x - \cos x) + C$ 　　（積分定数 C は最後につける）

解 答

(1) $\displaystyle\int e^{kx}x^3\,dx = \int\left(\frac{e^{kx}}{k}\right)'x^3\,dx$ ㋐

$\displaystyle = \frac{1}{k}e^{kx}x^3 - \int\frac{e^{kx}}{k}\cdot 3x^2\,dx$ ㋑

$\displaystyle = \frac{1}{k}e^{kx}x^3 - \frac{3}{k}\int\left(\frac{e^{kx}}{k}\right)'x^2\,dx$

$\displaystyle = \frac{1}{k}e^{kx}x^3 - \frac{3}{k}\left(\frac{e^{kx}}{k}x^2 - \int\frac{e^{kx}}{k}\cdot 2x\,dx\right)$

$\displaystyle = \frac{1}{k}e^{kx}x^3 - \frac{3}{k^2}e^{kx}x^2 + \frac{6}{k^2}\int e^{kx}x\,dx$ ㋒

$\displaystyle = \frac{1}{k}e^{kx}x^3 - \frac{3}{k^2}e^{kx}x^2 + \frac{6}{k^2}\int\left(\frac{e^{kx}}{k}\right)'x\,dx$

$\displaystyle = \frac{1}{k}e^{kx}x^3 - \frac{3}{k^2}e^{kx}x^2 + \frac{6}{k^2}\left(\frac{e^{kx}}{k}\cdot x - \int\frac{e^{kx}}{k}\,dx\right)$

$\displaystyle = \left(\frac{1}{k}x^3 - \frac{3}{k^2}x^2 + \frac{6}{k^3}x - \frac{6}{k^4}\right)e^{kx} + C$ ㋓ ……(答)

(2) $\displaystyle\int_0^1 e^{-x}\cos\pi x\,dx = \int_0^1(-e^{-x})'\cos\pi x\,dx$ ㋔

$\displaystyle = \Big[-e^{-x}\cos\pi x\Big]_0^1 - \int_0^1(-e^{-x})\cdot(-\pi\sin\pi x)\,dx$

$\displaystyle = e^{-1} + 1 + \pi\int_0^1(e^{-x})'\sin\pi x\,dx$

$\displaystyle = \frac{1}{e} + 1 + \pi\left\{\Big[e^{-x}\sin\pi x\Big]_0^1 - \int_0^1 e^{-x}\cdot\pi\cos\pi x\,dx\right\}$

$\displaystyle = \frac{1}{e} + 1 - \pi^2\int_0^1 e^{-x}\cos\pi x\,dx$ ㋕

よって $\displaystyle\int_0^1 e^{-x}\cos\pi x\,dx = \frac{1+e}{e(1+\pi^2)}$ ……(答)

㋐ e^{kx} は x^3 より強い.

㋑ $\displaystyle\int\frac{e^{kx}}{k}\cdot 3x^2\,dx$
$\displaystyle = \frac{3}{k}\int e^{kx}x^2\,dx$ として,
再び部分積分法を用いる.

㋒ さらに部分積分法.

㋓ 積分定数は最後につける.

㋔ e^{-x} と $\cos\pi x$ は対等だから,どちらを部分積分してもよい.

㋕ 与えられた定積分が再び現れた.
$\displaystyle (1+\pi^2)\cdot(与式) = \frac{1+e}{e}$

理解度 Check! それぞれ1度目の部分積分ができて **A**. 最後の部分積分までクリアして **B**. 完答して **C**.

練習問題 36

解答は p.244

次の積分をせよ.

(1) $\displaystyle\int x(\log x)^3\,dx$ (2) $\displaystyle\int_0^1 e^{-x}\sin\pi x\,dx$

問題 37　部分積分法 (3)

(1) 次の積分を計算せよ．ただし，n, m は自然数である．
$$I_n = \int_{-1}^{1} x \sin n\pi x \, dx, \quad J_{n,m} = \int_{-1}^{1} \sin n\pi x \sin m\pi x \, dx$$

(2) 次の等式を示せ．
$$\int_{-1}^{1} \left\{ x - \sum_{k=1}^{n} \frac{2(-1)^{k-1}}{k\pi} \sin k\pi x \right\}^2 dx = \frac{2}{3} - \frac{4}{\pi^2} \sum_{k=1}^{n} \frac{1}{k^2}$$

解 説　ここでは，部分積分法の計算練習として，三角関数と整関数で表された関数の定積分についてとりあげる．

まず，偶関数と奇関数の定積分については次のようである．
関数 $f(x)$ が $f(-x) = f(x)$ を満たすとき，$f(x)$ を**偶関数**といい，$f(-x) = -f(x)$ を満たすとき，$f(x)$ を**奇関数**という．このとき

$$\int_{-a}^{a} f(x) \, dx = \begin{cases} 2\int_{0}^{a} f(x) \, dx & (f(x) \text{ が偶関数}) \\ 0 & (f(x) \text{ が奇関数}) \end{cases}$$

が成り立つ（グラフを描いて確かめよ）．偶関数と奇関数の積については，

(偶)×(偶)=(偶)，(偶)×(奇)=(奇)，(奇)×(奇)=(偶)

となり，たとえば
$$\int_{-\pi}^{\pi} \underbrace{x^2}_{(偶)} \underbrace{\cos x}_{(偶)} dx = 2\int_{0}^{\pi} x^2 \cos x \, dx, \quad \int_{-\pi}^{\pi} \underbrace{x}_{(奇)} \underbrace{\cos x}_{(偶)} dx = 0$$

$$\int_{-\frac{\pi}{2}}^{\frac{\pi}{2}} \underbrace{\sin x}_{(奇)} \underbrace{\sin 2x}_{(奇)} dx = 2\int_{0}^{\frac{\pi}{2}} \sin x \sin 2x \, dx$$

などとなる．また，$I = \int_{-\pi}^{\pi} (x + a\sin x + b\cos x)^2 dx$ を計算すると

$$I = \int_{-\pi}^{\pi} (x^2 + a^2 \sin^2 x + b^2 \cos^2 x + 2ax\sin x + 2ab \sin x \cos x$$
$$+ 2bx \cos x) \, dx$$
$$= 2\int_{0}^{\pi} (x^2 + a^2 \sin^2 x + b^2 \cos^2 x + 2ax \sin x) \, dx$$
$$= \pi a^2 + 4\pi a + \pi b^2 + \frac{2}{3}\pi^3 = \pi(a+2)^2 + \pi b^2 + \frac{2}{3}\pi^3 - 4\pi$$

となり，I は $a = -2$，$b = 0$ のとき最小になる．

解 答

(1) $I_n = 2\int_0^1 x\sin n\pi x\,dx = 2\int_0^1 x\left(\dfrac{\cos n\pi x}{-n\pi}\right)' dx$ 　㋐ I_n は偶関数である.

$= 2\left\{\left[-\dfrac{x}{n\pi}\cos n\pi x\right]_0^1 - \int_0^1 \dfrac{\cos n\pi x}{-n\pi}dx\right\}$

$= 2\left\{-\dfrac{\cos n\pi}{n\pi} + \dfrac{1}{n^2\pi^2}\Big[\sin n\pi x\Big]_0^1\right\} = \dfrac{2(-1)^{n-1}}{n\pi}$ ……(答)

　㋑ $\cos n\pi = (-1)^n$
　㋒ $J_{n,m}$ は偶関数である.
　$\sin\alpha\sin\beta$ は cos の差に直す.

$J_{n,m} = 2\int_0^1 \sin n\pi x \sin m\pi x\,dx$

$= \int_0^1 \{\cos(n-m)\pi x - \cos(n+m)\pi x\}dx$

　㋓ $n \neq m$ と $n=m$ で, $\cos(n-m)\pi x$ の積分は異なる.

(i) $n \neq m$ のとき

$J_{n,m} = \left[\dfrac{\sin(n-m)\pi x}{(n-m)\pi} - \dfrac{\sin(n+m)\pi x}{(n+m)\pi}\right]_0^1$

$= 0$ ……(答)

　㋔ $\int$ と $\sum$ は交換可能より,

$\int_{-1}^1 \sum_{k=1}^n \dfrac{(-1)^{k-1}}{k} x\sin k\pi x\,dx$

$= \sum_{k=1}^n \left\{\dfrac{(-1)^{k-1}}{k}\cdot I_k\right\}$

(ii) $n = m$ のとき

$J_{n,m} = J_{n,n} = \int_0^1 (1-\cos 2n\pi x)\,dx$

$= \left[x - \dfrac{\sin 2n\pi x}{2n\pi}\right]_0^1 = 1$ ……(答)

　㋕ $\dfrac{2(-1)^{k-1}}{k\pi} = a_k$ とおくと

$\int_{-1}^1 \left(\sum_{k=1}^n a_k \sin k\pi x\right)^2 dx$

$= \int_{-1}^1 \sum_{k=1}^n a_k^2 \sin^2 k\pi x\,dx$

$= \sum_{k=1}^n a_k^2 \int_{-1}^1 \sin^2 k\pi x\,dx$

$= \sum_{k=1}^n (a_k^2 J_{k,k})$

(2) 左辺 $= \int_{-1}^1 \left\{x^2 - \dfrac{4}{\pi}\sum_{k=1}^n \dfrac{(-1)^{k-1}}{k} x\sin k\pi x\right.$

$\left. + \left(\sum_{k=1}^n \dfrac{2(-1)^{k-1}}{k\pi}\sin k\pi x\right)^2\right\}dx$

$= \left[\dfrac{x^3}{3}\right]_{-1}^1 - \dfrac{4}{\pi}\sum_{k=1}^n \left\{\dfrac{(-1)^{k-1}}{k}\cdot I_k\right\} + \sum_{k=1}^n \left(\dfrac{4}{k^2\pi^2}J_{k,k}\right)$

$= \dfrac{2}{3} - \dfrac{4}{\pi}\sum_{k=1}^n \left\{\dfrac{(-1)^{k-1}}{k}\cdot\dfrac{2(-1)^{k-1}}{k\pi}\right\} + \sum_{k=1}^n \dfrac{4}{k^2\pi^2}$

$= \dfrac{2}{3} - \dfrac{4}{\pi^2}\sum_{k=1}^n \dfrac{1}{k^2}$

理解度 Check! (1) は I_n ができて A. $J_{n,m}$ の場合わけで B. (i) で C. (ii) で D. (2) は㋕まで A. 完答で B.

練習問題 37

定積分 $\displaystyle\int_{-\pi}^{\pi}(x - a\sin x - b\sin 2x)^2 dx$ の値を最小にする定数 a, b の値を求めよ.

解答は p. 244

問題 38 不定積分と漸化式

n を 0 以上の整数とするとき，$I_n = \int (\sin^{-1} x)^n dx$ とおく．
$n \geq 2$ のとき，I_n を I_{n-2} で表す式（漸化式）を求めよ．

解説 積分法において，「漸化式を導け」とあったら，100% 部分積分法の問題と考えてよい．一般に，置換積分法はおき換えにより初めの関数と全然異なる形の積分に変わるが，部分積分法は形が保存される場合が多いからである．

　　　積分法と漸化式 → 部分積分法を用いよ！

代表的なタイプをとりあげよう．

① $I_n = \int x^n e^{ax} dx$ （$a \neq 0$；n は自然数）ならば

$$I_n = \int x^n \left(\frac{e^{ax}}{a}\right)' dx = x^n \cdot \frac{e^{ax}}{a} - \int nx^{n-1} \cdot \frac{e^{ax}}{a} dx$$

$$= \frac{1}{a} x^n e^{ax} - \frac{n}{a} \int x^{n-1} e^{ax} dx = \frac{1}{a} x^n e^{ax} - \frac{n}{a} I_{n-1}$$

$$\therefore \quad I_n = \frac{1}{a}(x^n e^{ax} - nI_{n-1})$$

② $I_n = \int \tan^n x \, dx$ （n は 2 以上の整数）ならば

$$I_n = \int \tan^{n-2} x \cdot \tan^2 x \, dx = \int \tan^{n-2} x (\sec^2 x - 1) \, dx$$

$$= \int \tan^{n-2} x \sec^2 x \, dx - \int \tan^{n-2} x \, dx$$

$$= \int \tan^{n-2} x (\tan x)' dx - I_{n-2}$$

$$\therefore \quad I_n = \frac{1}{n-1} \tan^{n-1} x - I_{n-2}$$

これを用いて，$\int \tan^4 x \, dx$，$\int \tan^3 x \, dx$ を求めると次のようになる．

$$\int \tan^4 x \, dx = I_4 = \frac{1}{3} \tan^3 x - I_2 = \frac{1}{3} \tan^3 x - (\tan x - I_0)$$

$$= \frac{1}{3} \tan^3 x - \tan x + I_0 = \frac{1}{3} \tan^3 x - \tan x + x + C$$

$$\int \tan^3 x \, dx = I_3 = \frac{1}{2} \tan^2 x - I_1 = \frac{1}{2} \tan^2 x - \int \tan x \, dx$$

$$= \frac{1}{2} \tan^2 x - \int \frac{\sin x}{\cos x} dx = \frac{1}{2} \tan^2 x + \log|\cos x| + C$$

解 答

部分積分法を用いて

$$I_n = \int (\sin^{-1} x)^n dx \quad \text{⑦}$$

$$= \int (x)' (\sin^{-1} x)^n dx \quad \text{④}$$

$$= x(\sin^{-1} x)^n - \int x \cdot n (\sin^{-1} x)^{n-1} \cdot \frac{1}{\sqrt{1-x^2}} dx$$

$$= x(\sin^{-1} x)^n - n \int \frac{x}{\sqrt{1-x^2}} (\sin^{-1} x)^{n-1} dx \quad \text{⑨}$$

$$= x(\sin^{-1} x)^n - n \int (-\sqrt{1-x^2})' (\sin^{-1} x)^{n-1} dx \quad \text{④}$$

$$= x(\sin^{-1} x)^n - n \{ -\sqrt{1-x^2} (\sin^{-1} x)^{n-1} - \int (-\sqrt{1-x^2}) ((\sin^{-1} x)^{n-1})' dx \}$$

$$= x(\sin^{-1} x)^n + n\sqrt{1-x^2} (\sin^{-1} x)^{n-1} - n \int \sqrt{1-x^2} (n-1)(\sin^{-1} x)^{n-2} \frac{1}{\sqrt{1-x^2}} dx$$

$$= x(\sin^{-1} x)^n + n\sqrt{1-x^2} (\sin^{-1} x)^{n-1} - n(n-1) \int (\sin^{-1} x)^{n-2} dx \quad \text{⑦}$$

よって，求める漸化式は

$$I_n = x(\sin^{-1} x)^n + n\sqrt{1-x^2} (\sin^{-1} x)^{n-1} - n(n-1) I_{n-2} \quad \cdots\cdots\text{(答)}$$

⑦ $\int (\sin^{-1} x)^n dx$
$= \int 1 \cdot (\sin^{-1} x)^n dx$
1 は $(\sin^{-1} x)^n$ より強い．

④ $\{(\sin^{-1} x)^n\}'$
$= n(\sin^{-1} x)^{n-1} \cdot (\sin^{-1} x)'$

⑨ $(\sqrt{1-x^2})' = \frac{-2x}{2\sqrt{1-x^2}}$
$= -\frac{x}{\sqrt{1-x^2}}$

④ 再び部分積分法．

⑦ これは I_{n-2} に等しい．

理解度 Check！ 最初の部分積分ができて A ．次の部分積分で B ．完答で C ．

練習問題 38

解答は p.245

(1) $I_n = \int (\log x)^n dx$（n は自然数）とおくとき，I_n を I_{n-1} で表せ．

(2) $I_n = \int x^n \sin x \, dx$（$n$ は 2 以上の整数）とおくとき，I_n を I_{n-2} で表せ．

問題 39 $\int_0^{\frac{\pi}{2}} \sin^n x\, dx$, $\int_0^{\frac{\pi}{2}} \cos^n x\, dx$ の積分計算

非負の整数 n に対して，$I_n = \int_0^{\frac{\pi}{2}} \cos^n x\, dx$ とおくとき，次の問いに答えよ．

(1) $I_n = \dfrac{n-1}{n} I_{n-2}$ $(n \geq 2)$ を示せ． (2) I_n を求めよ．

(3) $\int_0^a (a^2 - x^2)^{\frac{3}{2}} dx$ の値を求めよ．ただし，a は正の定数である．

解説 前問に続いて，積分法と漸化式の問題である．本問の類題として，まず $I_n = \int \sin^n x\, dx$ （n は自然数）の満たす漸化式を導いてみよう．

$\sin^n x = \sin x \cdot \sin^{n-1} x = (-\cos x)' \sin^{n-1} x$ に着目して

$$I_n = \int (-\cos x)' \sin^{n-1} x\, dx$$

$$= -\cos x \sin^{n-1} x - \int (-\cos x) \cdot (n-1) \sin^{n-2} x \cos x\, dx$$

$$= -\sin^{n-1} x \cos x + (n-1) \int \sin^{n-2} x \cos^2 x\, dx$$

$$= -\sin^{n-1} x \cos x + (n-1) \int \sin^{n-2} x (1 - \sin^2 x)\, dx$$

$$= -\sin^{n-1} x \cos x + (n-1) \left(\int \sin^{n-2} x\, dx - \int \sin^n x\, dx \right)$$

したがって $I_n = -\sin^{n-1} x \cos x + (n-1) I_{n-2} - (n-1) I_n$

$I_n + (n-1) I_n = -\sin^{n-1} x \cos x + (n-1) I_{n-2}$

$n I_n = -\sin^{n-1} x \cos x + (n-1) I_{n-2}$

$\therefore\ I_n = -\dfrac{\sin^{n-1} x \cos x}{n} + \dfrac{n-1}{n} I_{n-2}$

また，$\int_0^{\frac{\pi}{2}} \cos^n x\, dx$ において，$x = \dfrac{\pi}{2} - t$ とおくと

$$\int_0^{\frac{\pi}{2}} \cos^n x\, dx = \int_{\frac{\pi}{2}}^0 \cos^n\left(\frac{\pi}{2} - t\right) \cdot (-dt) = \int_0^{\frac{\pi}{2}} \sin^n t\, dt = \int_0^{\frac{\pi}{2}} \sin^n x\, dx$$

となることは覚えておくこと．また，余力のある人は次を示してみよ．

「$I(m, n) = \int \sin^m x \cos^n x\, dx$ とおくとき，$n \neq -1$ ならば

$I(m, n) = -\dfrac{\sin^{m+1} x \cos^{n+1} x}{n+1} + \dfrac{m+n+2}{n+1} I(m, n+2)$ が成り立つ」

問題39 $\int_0^{\frac{\pi}{2}} \sin^n x\,dx$, $\int_0^{\frac{\pi}{2}} \cos^n x\,dx$ の積分計算

解答

(1) $I_n = \int_0^{\frac{\pi}{2}} \cos^n x\,dx = \int_0^{\frac{\pi}{2}} (\sin x)' \cos^{n-1} x\,dx$　㋐

$= \Big[\sin x \cos^{n-1} x\Big]_0^{\frac{\pi}{2}}$

$\quad - \int_0^{\frac{\pi}{2}} \sin x \cdot (n-1) \cos^{n-2} x\,(-\sin x)\,dx$

$= (n-1)\int_0^{\frac{\pi}{2}} \sin^2 x \cos^{n-2} x\,dx$

$= (n-1)\int_0^{\frac{\pi}{2}} (1-\cos^2 x) \cos^{n-2} x\,dx$

$= (n-1)(I_{n-2} - I_n)$　㋑

$nI_n = (n-1)I_{n-2}$　∴　$I_n = \dfrac{n-1}{n} I_{n-2}$　$(n \geq 2)$　㋒

(2) $I_0 = \int_0^{\frac{\pi}{2}} dx = \dfrac{\pi}{2}$, $I_1 = \int_0^{\frac{\pi}{2}} \cos x\,dx = 1$ であるから，(1) の漸化式を用いて I_n は

㋓ n が偶数のとき　$I_n = \dfrac{n-1}{n} \cdot \dfrac{n-3}{n-2} \cdot\cdots\cdot \dfrac{1}{2} \cdot \dfrac{\pi}{2}$

㋔ n が奇数のとき　$I_n = \dfrac{n-1}{n} \cdot \dfrac{n-3}{n-2} \cdot\cdots\cdot \dfrac{2}{3}$

……(答)

(3) $x = a\sin t$ とおくと

$dx = a\cos t\,dt$

x	$0 \to a$
t	$0 \to \dfrac{\pi}{2}$

∴　$\int_0^a (a^2 - x^2)^{\frac{3}{2}} dx$

$= \int_0^{\frac{\pi}{2}} (a^2 \cos^2 t)^{\frac{3}{2}} \cdot a\cos t\,dt$　㋕

$= \int_0^{\frac{\pi}{2}} a^4 \cos^4 t\,dt = a^4 I_4 = \dfrac{3\pi a^4}{16}$　……(答)

㋐ $\cos^n x = \cos x \cdot \cos^{n-1} x$
$= (\sin x)' \cos^{n-1} x$

㋑ $\sin^2 x = 1 - \cos^2 x$ で I_n の式に.

㋒ この漸化式をくり返して
$I_n = \dfrac{n-1}{n} \cdot \dfrac{n-3}{n-2} I_{n-4}$
$= \dfrac{n-1}{n} \cdot \dfrac{n-3}{n-2} \cdot \dfrac{n-5}{n-4} \cdot I_{n-6}$
$= \cdots$
となる.

㋓ n が偶数のときは
$I_n = \underbrace{\dfrac{n-1}{n} \cdot \dfrac{n-3}{n-2} \cdot\cdots\cdot \dfrac{1}{2}}_{\text{分母は偶数，分子は奇数.}} \cdot I_0$

㋔ n が奇数のときは
$I_n = \underbrace{\dfrac{n-1}{n} \cdot \dfrac{n-3}{n-2} \cdot\cdots\cdot \dfrac{2}{3}}_{\text{分母は奇数，分子は偶数.}} \cdot I_1$

㋕ $0 \leq t \leq \dfrac{\pi}{2} \Rightarrow \cos t \geq 0$ で
$(\cos^2 t)^{\frac{3}{2}} = \cos^3 t$

理解度 Check!
(1)：部分積分まで A．完答で B．(2)：n の偶奇で A，B．(3)：変換まで A．(答) で B．

練習問題39

非負の整数 n に対して，$I_n = \int_0^{\pi} \cos^n x\,dx$ とおくとき，次の問いに答えよ．

解答は p.245

(1) $n \geq 2$ のとき，$I_n = \dfrac{n-1}{n} I_{n-2}$ を示せ．

(2) I_n を求めよ．

問題 40　有限区間における異常積分

次の定積分を求めよ．ただし，$a>0$ とする．

(1) $\displaystyle\int_0^a \frac{dx}{\sqrt{a-x}}$ 　　(2) $\displaystyle\int_0^4 \frac{dx}{\sqrt{|x(x-2)|}}$

(3) $\displaystyle\int_0^\pi \frac{dx}{1+2\cos x}$

解説　$f(x)$ が点 $x=a$ で定義されていないか，あるいは定義されていてもそこで連続でないとき，点 $x=a$ を $f(x)$ の**特異点**という．

ここでは，区間 $[a,b]$ に有限個の特異点をもつときの $\displaystyle\int_a^b f(x)\,dx$ について考える．こうした特異点を含む区間での定積分を，**異常積分**という．

① 区間 $[a,b]$ で $x=b$ のみが特異点のとき；
$$\int_a^b f(x)\,dx = \lim_{\beta\to b-0}\int_a^\beta f(x)\,dx \text{ と定義する．}$$

② 区間 $[a,b]$ で $x=a$ のみが特異点のとき；
$$\int_a^b f(x)\,dx = \lim_{\alpha\to a+0}\int_\alpha^b f(x)\,dx \text{ と定義する．}$$

③ 区間 $[a,b]$ で特異点が $x=a,\ x=b$ のとき；
$$\int_a^b f(x)\,dx = \lim_{\substack{\beta\to b-0\\\alpha\to a+0}}\int_\alpha^\beta f(x)\,dx \text{ と定義する．}$$

④ 区間 $[a,b]$ で特異点が $x=c\ (a<c<b)$ であるとき；
$$\int_a^b f(x)\,dx = \int_a^c f(x)\,dx + \int_c^b f(x)\,dx$$
$$= \lim_{\beta\to c-0}\int_a^\beta f(x)\,dx + \lim_{\alpha\to c+0}\int_\alpha^b f(x)\,dx$$
と定義する．(このケースが見落としやすいので，注意！)

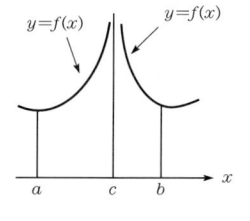

たとえば $\displaystyle\int_0^1 \underbrace{\frac{x}{\sqrt{1-x^2}}}_{(特異点\ x=1)} dx = \lim_{\beta\to 1-0}\int_0^\beta \frac{x}{\sqrt{1-x^2}}\,dx = \lim_{\beta\to 1-0}\left[-\sqrt{1-x^2}\right]_0^\beta$
$= \lim_{\beta\to 1-0}(-\sqrt{1-\beta^2}+1)=1$

となるが，簡略化して $\displaystyle\int_0^1 \frac{x}{\sqrt{1-x^2}}\,dx = \left[-\sqrt{1-x^2}\right]_0^1 = 1$ としてよい．

同様に $\displaystyle\int_0^{\frac{\pi}{2}} \underbrace{\sec^2 x}_{\left(特異点\ x=\frac{\pi}{2}\right)} dx = \left[\tan x\right]_0^{\frac{\pi}{2}} = \tan\frac{\pi}{2} - \tan 0 = \infty$ より積分は存在しない．

解答

(1) $\displaystyle\int_0^a \frac{dx}{\sqrt{a-x}} = \Big[-2\sqrt{a-x}\Big]_0^a = 2\sqrt{a}$ ……(答)

(2) $\displaystyle\int_0^4 \frac{dx}{\sqrt{|x(x-2)|}}$

$= \displaystyle\int_0^2 \frac{dx}{\sqrt{x(2-x)}} + \int_2^4 \frac{dx}{\sqrt{x(x-2)}}$

$= \displaystyle\int_0^2 \frac{dx}{\sqrt{1-(x-1)^2}} + \int_2^4 \frac{dx}{\sqrt{(x-1)^2-1}}$

$\displaystyle\int \frac{dx}{\sqrt{1-(x-1)^2}} = \sin^{-1}(x-1)$ および

$\displaystyle\int \frac{dx}{\sqrt{(x-1)^2-1}} = \log|x-1+\sqrt{x(x-2)}|$ だから

与式 $= \Big[\sin^{-1}(x-1)\Big]_0^2$

$\qquad\qquad + \Big[\log|x-1+\sqrt{x(x-2)}|\Big]_2^4$

$= \sin^{-1}1 - \sin^{-1}(-1) + \log(3+2\sqrt{2})$

$= \pi + \log(3+2\sqrt{2})$ ……(答)

(3) $1+2\cos x = 0$ となる x は,$x = \dfrac{2}{3}\pi$ だから

$\displaystyle\int_0^\pi \frac{dx}{1+2\cos x} = \int_0^{\frac{2}{3}\pi} \frac{dx}{1+2\cos x} + \int_{\frac{2}{3}\pi}^\pi \frac{dx}{1+2\cos x}$

第1の積分を J とし,

$\tan\dfrac{x}{2} = t$ とおくと

x	$0 \to \dfrac{2}{3}\pi$
t	$0 \to \sqrt{3}$

$J = \displaystyle\int_0^{\sqrt{3}} \frac{\dfrac{2}{1+t^2}}{1+2\cdot\dfrac{1-t^2}{1+t^2}} dt = -\int_0^{\sqrt{3}} \frac{2}{t^2-3} dt$

$= -\Big[\dfrac{1}{\sqrt{3}}\log\Big|\dfrac{t-\sqrt{3}}{t+\sqrt{3}}\Big|\Big]_0^{\sqrt{3}} = \infty$

よって,積分は存在しない. ……(答)

㋐ 厳密には解説①のように
与式 $= \displaystyle\lim_{\alpha\to a-0} \int_0^\alpha \frac{dx}{\sqrt{a-x}}$

㋑ 特異点は $x = 0,\ 2$.
$y = |x(x-2)|$ のグラフは

㋒ $\displaystyle\lim_{\substack{\beta\to 2-0 \\ \alpha\to +0}} \int_\alpha^\beta \frac{dx}{\sqrt{x(2-x)}}$

㋓ $\displaystyle\lim_{\gamma\to 2+0} \int_\gamma^4 \frac{dx}{\sqrt{x(x-2)}}$

㋔ $\displaystyle\int \frac{dx}{\sqrt{x^2+A}}$
$= \log|x+\sqrt{x^2+A}|$

㋕ $0 \leq x \leq \pi$ での特異点.

㋖ この変数変換は問題33 (p.68)

㋗ $\Big[\log\Big|\dfrac{t-\sqrt{3}}{t+\sqrt{3}}\Big|\Big]_0^{\sqrt{3}}$
$= \log 0 - \log 1$
$= -\infty$

理解度 Check !
(1):完答で A . (2):区間分けで A . 不定積分で B . (答)で C .
(3):変換まで A ,(答)で B .

練習問題 40

解答は p.246

次の定積分を求めよ.

(1) $\displaystyle\int_0^1 \frac{dx}{\sqrt{x(1-x)}}$ (2) $\displaystyle\int_0^1 (\log x)^2 dx$

問題 41　無限区間における異常積分

次の定積分を求めよ．

(1) $\displaystyle\int_0^\infty x^3 e^{-x}\,dx$ (2) $\displaystyle\int_0^\infty e^{-x}\cos x\,dx$

(3) $\displaystyle\int_0^\infty \frac{x^2}{(1+x^2)^2}\,dx$

解説

問題 40 では有限区間における異常積分を学んだが，1 つだけ確認しておこう．

$$\int_{-1}^{1}\frac{dx}{x}=\Bigl[\log|x|\Bigr]_{-1}^{1}=\log 1-\log 1=0$$

などと，決してしないように注意しよう．$x=0$ は特異点だから

$$\int_{-1}^{1}\frac{dx}{x}=\int_{-1}^{0}\frac{dx}{x}+\int_{0}^{1}\frac{dx}{x}=\Bigl[\log|x|\Bigr]_{-1}^{0}+\Bigl[\log|x|\Bigr]_{0}^{1}$$
$$=(\log 0-\log 1)+(\log 1-\log 0)=(-\infty)+(+\infty)$$

より，積分は存在しない，とする．

さて，**無限区間における異常積分**は次のように定義される．

$$\int_a^\infty f(x)\,dx=\lim_{\beta\to\infty}\int_a^\beta f(x)\,dx$$

$$\int_{-\infty}^b f(x)\,dx=\lim_{\alpha\to-\infty}\int_\alpha^b f(x)\,dx$$

$$\int_{-\infty}^\infty f(x)\,dx=\lim_{\substack{\beta\to\infty\\ \alpha\to-\infty}}\int_\alpha^\beta f(x)\,dx$$

有限区間における異常積分の定義から，これは容易に理解できよう．

たとえば

$$\int_0^\infty \frac{dx}{x+1}=\lim_{\beta\to\infty}\int_0^\beta \frac{dx}{x+1}=\lim_{\beta\to\infty}\Bigl[\log|x+1|\Bigr]_0^\beta=\lim_{\beta\to\infty}\log(\beta+1)=\infty$$

となるが，簡略化して $\displaystyle\int_0^\infty \frac{dx}{x+1}=\Bigl[\log|x+1|\Bigr]_0^\infty=\log\infty-\log 1=\infty$

としてよい．もちろん，積分は存在しない．

同様に $\displaystyle\int_1^\infty \frac{dx}{1+x^2}=\Bigl[\tan^{-1}x\Bigr]_1^\infty=\tan^{-1}\infty-\tan^{-1}1=\frac{\pi}{2}-\frac{\pi}{4}=\frac{\pi}{4}$

となる．

解 答

(1) $\displaystyle\int_0^\infty x^3 e^{-x}dx$
　　㋐
$= \left[-(x^3+3x^2+6x+6)e^{-x}\right]_0^\infty$
$\underset{㋑}{=} 0-(-6)=6$ ……(答)

(2) $\displaystyle\int e^{-x}\cos x\,dx = -e^{-x}\cos x - \int e^{-x}\sin x\,dx$
　　　㋒
$= -e^{-x}\cos x - \left(-e^{-x}\sin x + \int e^{-x}\cos x\,dx\right)$

から $\displaystyle\int e^{-x}\cos x\,dx = \dfrac{1}{2}e^{-x}(\sin x - \cos x)$

∴ $\displaystyle\int_0^\infty e^{-x}\cos x\,dx = \left[\dfrac{1}{2}e^{-x}(\sin x - \cos x)\right]_0^\infty$

ここに，$|\sin x|\leqq 1$, $|\cos x|\leqq 1$, $\displaystyle\lim_{x\to\infty}e^{-x}=0$

だから　与式 $\underset{㋓}{=} 0-\dfrac{1}{2}\cdot(-1)=\dfrac{1}{2}$ ……(答)

(3) $\displaystyle\int_0^\infty \dfrac{x^2}{(1+x^2)^2}dx = \int_0^\infty \dfrac{x}{(1+x^2)^2}\cdot x\,dx$
　　　　　　　　　　　　　　　　　㋔
$= \displaystyle\int_0^\infty \left\{-\dfrac{1}{2(1+x^2)}\right\}' x\,dx$
$= \left[-\dfrac{x}{2(1+x^2)}\right]_0^\infty - \int_0^\infty \left\{-\dfrac{1}{2(1+x^2)}\right\}dx$
　　㋕
$= 0 + \dfrac{1}{2}\displaystyle\int_0^\infty \dfrac{dx}{1+x^2}$
$= \dfrac{1}{2}\left[\tan^{-1}x\right]_0^\infty = \dfrac{1}{2}\cdot\dfrac{\pi}{2} = \dfrac{\pi}{4}$ ……(答)
　　　　㋖

㋐ y が整式のとき
$\displaystyle\int y e^{-x}dx$
$= -(y+y'+y''+\cdots)e^{-x}$

㋑ $\displaystyle\lim_{x\to\infty}\dfrac{x^p}{e^x}=0$　$(p\geqq 0)$

㋒ $\displaystyle\int(-e^{-x})'\cos x\,dx$ として
部分積分へ．

㋓ はさみうちの原理から
$\displaystyle\lim_{x\to\infty}e^{-x}\sin x$
$= \displaystyle\lim_{x\to\infty}e^{-x}\cos x = 0$

㋔ $\left(\dfrac{1}{1+x^2}\right)' = -\dfrac{2x}{(1+x^2)^2}$

㋕ $\displaystyle\lim_{x\to\infty}\dfrac{x}{1+x^2} = \lim_{x\to\infty}\dfrac{\dfrac{1}{x}}{\dfrac{x^2+1}{x^2}}$
$\phantom{\displaystyle\lim_{x\to\infty}\dfrac{x}{1+x^2}} = 0$

㋖ $\displaystyle\lim_{x\to\infty}\tan^{-1}x = \tan^{-1}\infty$
$\phantom{\displaystyle\lim_{x\to\infty}\tan^{-1}x} = \dfrac{\pi}{2}$

理解度 Check! (1)：不定積分まで A ．(答)で B ．(2)(3)：部分積分で A ．∞の確認で B ．(答)で C ．

練習問題 41

解答は p.246

次の定積分を求めよ．

(1) $\displaystyle\int_0^\infty x^4 e^{-x}dx$　　(2) $\displaystyle\int_0^\infty \dfrac{\tan^{-1}x}{1+x^2}dx$

(3) $\displaystyle\int_2^\infty \dfrac{dx}{x(\log x)^2}$

問題 42　ベータ関数

p を正の数，n を 0 以上の整数とするとき，$I(p, n)$ を次のように定める．
$$I(p, n) = \int_0^1 x^p (1-x)^n dx$$

(1) $I(p, n) = \dfrac{n!}{(p+1)(p+2)\cdots(p+n+1)}$ となることを示せ．

(2) $\displaystyle\int_0^{\frac{\pi}{2}} (\cos x)^{\frac{5}{3}} \sin^7 x \, dx$ の値を求めよ．

解説

p, q が正の定数のとき，定積分 $\displaystyle\int_0^1 x^{p-1}(1-x)^{q-1} dx$ を p, q の関数と考え，**ベータ関数**といい，$B(p, q)$ と表す．すなわち

$$B(p, q) = \int_0^1 x^{p-1}(1-x)^{q-1} dx \quad (p>0, \ q>0) \quad \cdots\cdots ①$$

たとえば，$p = q = \dfrac{1}{2}$ のときは

$$B\left(\frac{1}{2}, \frac{1}{2}\right) = \int_0^1 x^{-\frac{1}{2}}(1-x)^{-\frac{1}{2}} dx = \int_0^1 \frac{dx}{\sqrt{x}\sqrt{1-x}} = \int_0^1 \frac{dx}{\sqrt{x(1-x)}}$$
$$= \Big[\sin^{-1}(2x-1)\Big]_0^1 = \sin^{-1} 1 - \sin^{-1}(-1) = \frac{\pi}{2} - \left(-\frac{\pi}{2}\right) = \pi$$

となり，異常積分であるが積分は存在する．

一般に，ベータ関数①は積分可能，すなわち有限な値に収束することはわかっている．ここでは，次のことを証明してみよう．

$$B(p, q) = \int_0^\infty \frac{t^{p-1}}{(1+t)^{p+q}} dt$$

（証明）①において，$x = \dfrac{t}{1+t}$ とおくと

x	$0 \to 1$
t	$0 \to \infty$

$$1 - x = \frac{1}{1+t} \qquad dx = \frac{dt}{(1+t)^2}$$

$$\therefore \ B(p, q) = \int_0^\infty \left(\frac{t}{1+t}\right)^{p-1} \left(\frac{1}{1+t}\right)^{q-1} \frac{dt}{(1+t)^2} = \int_0^\infty \frac{t^{p-1}}{(1+t)^{p+q}} dt$$

さて，問題 42 は，$\boxed{I(p, n) = B(p+1, n+1)}$ と表せるが，$p > 0$ かつ $n \geqq 0$ より $I(p, n)$ は異常積分ではない．したがって，部分積分法を用いて $I(p, n)$ の満たす漸化式を導いて，それをくり返し用いることにより解決できそうだ．

解 答

(1) ㋐ $I(p,n) = \int_0^1 \left(\dfrac{x^{p+1}}{p+1}\right)'(1-x)^n dx$

$= \left[\dfrac{x^{p+1}}{p+1}(1-x)^n\right]_0^1 + \int_0^1 \dfrac{x^{p+1}}{p+1}\cdot n(1-x)^{n-1}dx$

$= \dfrac{n}{p+1}\int_0^1 x^{p+1}(1-x)^{n-1}dx$

$\therefore\ \ I(p,n) = \dfrac{n}{p+1}I(p+1, n-1)$ ㋑

これをくり返し用いると

$I(p,n) = \dfrac{n}{p+1}\cdot\dfrac{n-1}{p+2}I(p+2, n-2)$

$= \cdots$

$= \dfrac{n}{p+1}\cdot\dfrac{n-1}{p+2}\cdots\dfrac{1}{p+n}I(p+n, 0)$

$I(p+n, 0) = \int_0^1 x^{p+n}dx = \dfrac{1}{p+n+1}$ だから

$I(p,n) = \dfrac{n!}{(p+1)(p+2)\cdots(p+n+1)}$

(2) $\cos x = t$ とおくと

$\sin x\, dx = -dt$

したがって

x	$0 \to \dfrac{\pi}{2}$
t	$1 \to 0$

与式 $= \int_0^{\frac{\pi}{2}}(\cos x)^{\frac{5}{3}}(1-\cos^2 x)^3 \sin x\, dx$ ㋒

$= \int_1^0 t^{\frac{5}{3}}(1-t^2)^3(-dt) = \int_0^1 t^{\frac{5}{3}}(1-t^2)^3 dt$

さらに, $t^2 = z$ ㋓ とおいて

与式 $= \int_0^1 t^{\frac{2}{3}}(1-t^2)^3\, t\, dt = \int_0^1 z^{\frac{1}{3}}(1-z)^3\cdot\dfrac{dz}{2}$

$= \dfrac{1}{2}I\left(\dfrac{1}{3}, 3\right) = \dfrac{243}{3640}$ ㋔ ……(答)

㋐ 示すべき式の右辺を見て
$x^p = \left(\dfrac{x^{p+1}}{p+1}\right)'$ に着目する.

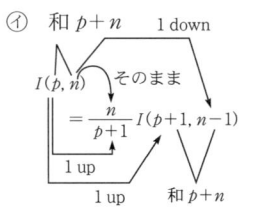

㋑ 和 $p+n$ 1 down
$I(p,n)$ そのまま
$= \dfrac{n}{p+1}I(p+1, n-1)$
1 up
1 up 和 $p+n$

㋒ $\sin^7 x = \sin^6 x \sin x$
$= (\sin^2 x)^3 \sin x$
$= (1-\cos^2 x)^3 \sin x$

㋓ $2t\, dt = dz$ から
$t\, dt = \dfrac{1}{2}dz$

t	$0 \to 1$
z	$0 \to 1$

㋔ $I\left(\dfrac{1}{3}, 3\right)$

$= \dfrac{3!}{\dfrac{4}{3}\cdot\dfrac{7}{3}\cdot\dfrac{10}{3}\cdot\dfrac{13}{3}} = \dfrac{2\cdot 243}{3640}$

理解度 Check!
(1): ㋑ までで A. $I(p+n, 0)$ の式で B. (答)で C.
(2): 変換までで A. ㋔ まで B. (答)で C.

練習問題 42

m と n が 0 以上の整数とするとき, $\int_0^1 x^m(1-x)^n dx$ を求めよ.

解答は p.246

問題 43　ガンマ関数

$\Gamma(s) = \int_0^\infty e^{-x} x^{s-1} dx$　$(s>0)$　に対して以下の等式を証明せよ．

(1)　$\Gamma(s+1) = s\Gamma(s)$

(2)　$\Gamma(n) = (n-1)!$　（n は正の整数）

(3)　$\Gamma\left(\dfrac{1}{2}\right) = \sqrt{\pi}$　（必要ならば $\int_{-\infty}^\infty e^{-t^2} dt = \sqrt{\pi}$ を使ってもよい）

解説　異常積分 $\int_0^\infty e^{-x} x^{s-1} dx$　$(s>0)$ は，s の値によってその積分値が異なる．たとえば

$$s=1 \text{ ならば } \int_0^\infty e^{-x} x^0 dx = \int_0^\infty e^{-x} dx = \left[-e^{-x}\right]_0^\infty = 1$$

$$s=4 \text{ ならば } \int_0^\infty e^{-x} x^3 dx = \left[-(x^3+3x^2+6x+6)e^{-x}\right]_0^\infty = 6$$

となる．したがって，$\int_0^\infty e^{-x} x^{s-1} dx$　$(s>0)$ は s の関数と見なすことができる．

> これを $\Gamma(s) = \int_0^\infty e^{-x} x^{s-1} dx$　$(s>0)$ と表し，**ガンマ関数**と呼ぶ．

ガンマ関数 $\Gamma(s)$ が収束する，すなわち有限な値をもつことは，前問と同じような考え方をして次のように示される．

$\Gamma(s) = \int_0^\infty e^{-x} x^{s-1} dx = \int_0^1 e^{-x} x^{s-1} dx + \int_1^\infty e^{-x} x^{s-1} dx = I_1 + I_2$ として考える．

I_1 において，$x>0$ のとき $0 < e^{-x} < 1$，$x^{s-1} > 0$ だから，$0 < e^{-x} x^{s-1} < x^{s-1}$

$$\therefore\ 0 < \int_0^1 e^{-x} x^{s-1} dx < \int_0^1 x^{s-1} dx \qquad 0 < I_1 < \int_0^1 x^{s-1} dx$$

$s>0$ のとき　$\int_0^1 x^{s-1} dx = \left[\dfrac{x^s}{s}\right]_0^1 = \dfrac{1}{s}$（定数）となるので，$I_1$ は積分可能である．

また，I_2 については，$\lim_{x \to \infty} e^{-x} x^{s+1} = 0$　$(s+1>1$ より$)$ に着目すると，十分大きな x に対しては

$$0 < e^{-x} x^{s-1} = \dfrac{e^{-x} x^{s+1}}{x^2} < \dfrac{1}{x^2} \qquad \therefore\ 0 < \int_1^\infty e^{-x} x^{s-1} dx \leq \int_1^\infty \dfrac{dx}{x^2}$$

$\int_1^\infty \dfrac{dx}{x^2} = \left[-\dfrac{1}{x}\right]_1^\infty = 1$（定数）だから，$I_2$ も積分可能である．

よって，$\Gamma(s) = I_1 + I_2$ は有限な値をもつ．

解 答

(1) $\Gamma(s+1) = \int_0^\infty e^{-x} x^s dx = \int_0^\infty (-e^{-x})' x^s dx$

$ = \underline{\left[-e^{-x} x^s\right]_0^\infty}_{\text{㋐}} - \int_0^\infty (-e^{-x}) \cdot s x^{s-1} dx$

$ = 0 + s \int_0^\infty e^{-x} x^{s-1} dx$

$ = s\Gamma(s)$

(2) (1) の結果から，n が自然数のとき
$$\Gamma(n+1) = n\Gamma(n)$$
これをくり返し用いて
$$\Gamma(n) = (n-1)\Gamma(n-1)$$
$$ = (n-1)(n-2)\Gamma(n-2)$$
$$ = \cdots$$
$$ = (n-1)(n-2)\cdots\cdots 2\cdot 1 \Gamma(1)$$
$$ = (n-1)!\,\Gamma(1)$$

ここで $\Gamma(1) = \int_0^\infty e^{-x} dx = \left[-e^{-x}\right]_0^\infty = 1$ より
$$\underline{\Gamma(n) = (n-1)!}_{\text{㋑}}$$

(3) $\Gamma\left(\dfrac{1}{2}\right) = \int_0^\infty e^{-x} x^{-\frac{1}{2}} dx$
㋒

$\underline{\sqrt{x} = t}_{\text{㋓}}$ とおくと $\quad x = t^2$

$dx = 2t\,dt$

x	$0 \to \infty$
t	$0 \to \infty$

$\therefore \Gamma\left(\dfrac{1}{2}\right) = \int_0^\infty e^{-t^2} \cdot \dfrac{1}{t} \cdot 2t\,dt = 2\int_0^\infty e^{-t^2} dt$

ここで，e^{-t^2} は偶関数だから
$$\underline{\int_{-\infty}^\infty e^{-t^2} dt}_{\text{㋔}} = 2\int_0^\infty e^{-t^2} dt = \sqrt{\pi}$$

よって $\quad \Gamma\left(\dfrac{1}{2}\right) = \sqrt{\pi}$

㋐ $\left[-e^{-x} x^s\right]_0^\infty$
$= \lim_{\beta \to \infty}\left[-e^{-x} x^s\right]_0^\beta$
$= \lim_{\beta \to \infty}(-e^{-\beta}\beta^s)$
$= \lim_{\beta \to \infty}\left(-\dfrac{\beta^s}{e^\beta}\right)$
$= 0$
（ロピタルをくり返す）

㋑ $\Gamma(s)$ で $s=1$ のとき．

㋒ $\Gamma(s)$ で $s=\dfrac{1}{2}$ のとき．

㋓ $\int_0^\infty e^{-t^2} dt$ が現れるように，$x = t^2\ (0 \leq x < \infty)$ すなわち $\sqrt{x} = t$ とおく．

㋔ $f(t)$ が $f(-t) = f(t)$ を満たすとき
$$\int_{-\infty}^\infty f(t)\,dt = 2\int_0^\infty f(t)\,dt$$

理解度 Check! (1)：㋐まで A．(答) で B．
(2)：㋑まで A．(答) で B．(3)：変数変換まで A．(答) で B．

練習問題 43

次の定積分を求めよ．

解答は p.246

(1) $\displaystyle\int_0^\infty x^6 e^{-2x} dx$ (2) $\displaystyle\int_0^1 \left(\log\dfrac{1}{x}\right)^n dx$ （n は自然数）

問題 44 級数の和の極限値

次の極限値を求めよ．

(1) $\displaystyle\lim_{n\to\infty}\left\{\dfrac{n}{n^2}+\dfrac{n}{n^2+1^2}+\dfrac{n}{n^2+2^2}+\cdots+\dfrac{n}{n^2+(n-1)^2}\right\}$

(2) $\displaystyle\lim_{n\to\infty}\left(\dfrac{n!}{n^n}\right)^{\frac{1}{n}}$

解説 区間 $[a,b]$ で連続な関数 $f(x)$ を考える．$[a,b]$ を n 等分して，分点を

$$x_k=a+\dfrac{b-a}{n}k \quad (k=0,1,2,\cdots,n)$$

とし，分割の幅を $\Delta x=\dfrac{b-a}{n}$ とおく．

このとき

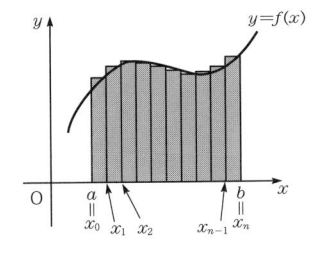

$$\lim_{n\to\infty}\sum_{k=1}^{n}\underbrace{f(x_k)}_{1\text{つの長方形の たて}}\underbrace{\Delta x}_{\text{横}}=\int_a^b f(x)\,dx \qquad \cdots\cdots ①$$

あるいは $\displaystyle\lim_{n\to\infty}\sum_{k=0}^{n-1}f(x_k)\,\Delta x=\int_a^b f(x)\,dx \cdots\cdots ②$ が成り立つ．

①は，$\displaystyle\lim_{n\to\infty}\dfrac{b-a}{n}\sum_{k=1}^{n}f\left(a+\dfrac{b-a}{n}k\right)=\int_a^b f(x)\,dx$ と表せるが，とくに $a=0$, $b=1$ とすると，次の重要公式が得られる．

$$\lim_{n\to\infty}\dfrac{1}{n}\sum_{k=1}^{n}f\left(\dfrac{k}{n}\right)=\int_0^1 f(x)\,dx$$

同様に，②から $\displaystyle\lim_{n\to\infty}\dfrac{1}{n}\sum_{k=0}^{n-1}f\left(\dfrac{k}{n}\right)=\int_0^1 f(x)\,dx$

なお，①において，右辺の記号 $\int$ および dx は，それぞれ左辺の和の記号 $\sum$ および分割の幅 Δx に対応している．

いくつかの例を示そう．

$$\lim_{n\to\infty}\sum_{k=1}^{n}\dfrac{k}{n^2}e^{\frac{k}{n}}=\lim_{n\to\infty}\dfrac{1}{n}\sum_{k=1}^{n}\dfrac{k}{n}e^{\frac{k}{n}}=\int_0^1 xe^x\,dx=\Big[(x-1)e^x\Big]_0^1=1$$

$$\lim_{n\to\infty}\left(\dfrac{1}{n+1}+\dfrac{1}{n+2}+\dfrac{1}{n+3}+\cdots+\dfrac{1}{2n}\right)=\lim_{n\to\infty}\sum_{k=1}^{n}\dfrac{1}{n+k}$$

$$=\lim_{n\to\infty}\dfrac{1}{n}\sum_{k=1}^{n}\dfrac{1}{1+\dfrac{k}{n}}=\int_0^1\dfrac{1}{1+x}\,dx=\Big[\log(1+x)\Big]_0^1=\log 2$$

解答

(1) $\lim_{n\to\infty}\left\{\dfrac{n}{n^2}+\dfrac{n}{n^2+1^2}+\cdots+\dfrac{n}{n^2+(n-1)^2}\right\}$ ㋐

$=\lim_{n\to\infty}\sum_{k=0}^{n-1}\dfrac{n}{n^2+k^2}=\lim_{n\to\infty}\dfrac{1}{n}\sum_{k=0}^{n-1}\dfrac{n^2}{n^2+k^2}$

$=\lim_{n\to\infty}\dfrac{1}{n}\sum_{k=0}^{n-1}\dfrac{1}{1+\left(\dfrac{k}{n}\right)^2}$ ㋑

$=\displaystyle\int_0^1\dfrac{dx}{1+x^2}=\Big[\tan^{-1}x\Big]_0^1=\tan^{-1}1=\dfrac{\pi}{4}$ ……(答)

(2) $p_n=\left(\dfrac{n!}{n^n}\right)^{\frac{1}{n}}$ とおくと ㋒

$\log p_n=\log\left(\dfrac{n!}{n^n}\right)^{\frac{1}{n}}=\dfrac{1}{n}\log\dfrac{n!}{n^n}$

$=\dfrac{1}{n}\log\left(\dfrac{1}{n}\cdot\dfrac{2}{n}\cdots\dfrac{n}{n}\right)$

$=\dfrac{1}{n}\left(\log\dfrac{1}{n}+\log\dfrac{2}{n}+\cdots+\log\dfrac{n}{n}\right)$

$=\dfrac{1}{n}\sum_{k=1}^{n}\log\dfrac{k}{n}$

$\therefore\ \lim_{n\to\infty}\log p_n=\lim_{n\to\infty}\dfrac{1}{n}\sum_{k=1}^{n}\log\dfrac{k}{n}$

$=\displaystyle\int_0^1\log x\,dx$ ㋓

$=\Big[x\log x-x\Big]_0^1$ ㋔

$=-1=\log\dfrac{1}{e}$

よって $\lim_{n\to\infty}p_n=\lim_{n\to\infty}\left(\dfrac{n!}{n^n}\right)^{\frac{1}{n}}=\dfrac{1}{e}$ ……(答)

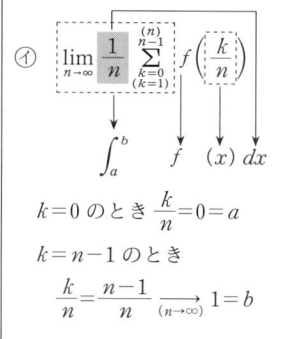

㋐ { }内を Σ で表す.

㋑ $\lim_{n\to\infty}\dfrac{1}{n}\sum_{\substack{k=0\\(k=1)}}^{\substack{n-1\\(n)}}f\left(\dfrac{k}{n}\right) \to \displaystyle\int_a^b f(x)\,dx$

$k=0$ のとき $\dfrac{k}{n}=0=a$

$k=n-1$ のとき

$\dfrac{k}{n}=\dfrac{n-1}{n}\xrightarrow[(n\to\infty)]{}1=b$

㋒ 自然対数をとる.

㋓ 異常積分.

㋔ $\lim_{x\to 0}x\log x$

$=\lim_{t\to\infty}\dfrac{-t}{e^t}=\lim_{t\to\infty}\dfrac{-1}{e^t}=0$

($\log x=-t$ とおいた)

理解度 Check! (1):㋑ まで できて **A**. 完答で **B**. (2):$\log P_n$ を Σ で書けて **A**. ㋔ までで **B**. 完答で **C**.

練習問題 44

解答は p.247

次の極限値を求めよ.

(1) $\displaystyle\lim_{n\to\infty}\left(\dfrac{1}{\sqrt{n^2+1^2}}+\dfrac{1}{\sqrt{n^2+2^2}}+\cdots+\dfrac{1}{\sqrt{n^2+n^2}}\right)$

(2) $\displaystyle\lim_{n\to\infty}\left(\dfrac{1}{\sqrt{2n-1^2}}+\dfrac{1}{\sqrt{4n-2^2}}+\dfrac{1}{\sqrt{6n-3^2}}+\cdots+\dfrac{1}{\sqrt{2n^2-n^2}}\right)$

問題 45　定積分と不等式

次の各式を証明せよ．

(1) $I_k = \int_0^{\frac{\pi}{2}} \sin^k x \, dx$　（k は自然数）とおくとき
$$0 < I_{2n+1} < I_{2n} < I_{2n-1}$$

(2) $\displaystyle \lim_{n \to \infty} \frac{1}{n} \left\{ \frac{2 \cdot 4 \cdot \cdots \cdot (2n)}{1 \cdot 3 \cdot \cdots \cdot (2n-1)} \right\}^2 = \pi$

解説

$\int_0^1 e^{-x^2} dx < 1$ を示すことを考えてみよう．定積分 $\int_0^1 e^{-x^2} dx$ を計算するのは困難であるので，$y = e^{-x^2}$ のグラフを考えると，右図のように $0 \leq x \leq 1$ では減少するので，1辺が1の正方形の面積と比べることにより $\int_0^1 e^{-x^2} dx < 1$ が成り立つことがわかる．

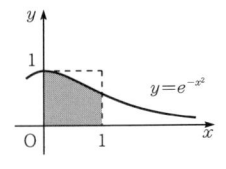

さて，原始関数を具体的に求めることが不可能，あるいは困難であるときに，**定積分の値を不等式で表す**ことを考えてみよう．

> 区間 $[a, b]$ で連続な関数 $f(x)$ が，つねに $f(x) \geq 0$ を満たすとする．このとき，定積分 $\int_a^b f(x) \, dx$ は，右図のような面積 S を表すので
> $$S = \int_a^b f(x) \, dx \geq 0$$
> （等号成立は，つねに $f(x) = 0$ の場合に限る）

> 同様にして，区間 $[a, b]$ で $f(x) \geq g(x)$ ならば $\int_a^b f(x) \, dx \geq \int_a^b g(x) \, dx$ が成り立つ．等号成立は，つねに $f(x) = g(x)$ の場合に限る．

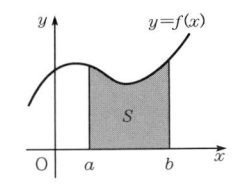

たとえば，$\dfrac{\pi}{4} < \int_0^1 \dfrac{dx}{1+x^n} < 1$　（$n \geq 3$）を示すには

$0 < x < 1$ のとき，$x^2 > x^n > 0$ より，$\dfrac{1}{1+x^2} < \dfrac{1}{1+x^n} < 1$ として，各辺を $x = 0$ から $x = 1$ まで定積分し　$\int_0^1 \dfrac{dx}{1+x^2} < \int_0^1 \dfrac{dx}{1+x^n} < \int_0^1 dx$

$\int_0^1 \dfrac{dx}{1+x^2} = \left[\tan^{-1} x \right]_0^1 = \dfrac{\pi}{4}$,　$\int_0^1 dx = 1$ だから　$\dfrac{\pi}{4} < \int_0^1 \dfrac{dx}{1+x^n} < 1$

とすればよい．

解 答

(1) $0<x<\dfrac{\pi}{2}$ のとき $0<\sin x<1$ が成り立つので

㋐ $0<\sin^{2n+1}x<\sin^{2n}x<\sin^{2n-1}x$

これを閉区間 $\left[0,\dfrac{\pi}{2}\right]$ で積分して

㋑ $0<I_{2n+1}<I_{2n}<I_{2n-1}$ ……①

(2) ㋒ $I_k=\begin{cases}\dfrac{k-1}{k}\cdot\dfrac{k-3}{k-2}\cdot\cdots\cdot\dfrac{4}{5}\cdot\dfrac{2}{3} & (k\text{ は奇数})\\ \dfrac{k-1}{k}\cdot\dfrac{k-3}{k-2}\cdot\cdots\cdot\dfrac{3}{4}\cdot\dfrac{1}{2}\cdot\dfrac{\pi}{2} & (k\text{ は偶数})\end{cases}$

が成り立つので, ①…は

$\dfrac{2n}{2n+1}\cdot\dfrac{2n-2}{2n-1}\cdot\cdots\cdot\dfrac{4}{5}\cdot\dfrac{2}{3}$

$<\dfrac{2n-1}{2n}\cdot\dfrac{2n-3}{2n-2}\cdot\cdots\cdot\dfrac{3}{4}\cdot\dfrac{1}{2}\cdot\dfrac{\pi}{2}$

$<\dfrac{2n-2}{2n-1}\cdot\dfrac{2n-4}{2n-3}\cdot\cdots\cdot\dfrac{4}{5}\cdot\dfrac{2}{3}$

この不等式の各辺に ㋓ $\dfrac{(2n)(2n-2)\cdots\cdot 4\cdot 2}{(2n-1)(2n-3)\cdots\cdot 3\cdot 1}\cdot 2$

をかけて

$\dfrac{2}{2n+1}\left\{\dfrac{(2n)(2n-2)\cdots\cdot 4\cdot 2}{(2n-1)(2n-3)\cdots\cdot 3\cdot 1}\right\}^2<\pi$

$<\dfrac{1}{n}\left\{\dfrac{(2n)(2n-2)\cdots\cdot 4\cdot 2}{(2n-1)(2n-3)\cdots\cdot 3\cdot 1}\right\}^2$

∴ $\pi<\dfrac{1}{n}\left\{\dfrac{2\cdot 4\cdots\cdot (2n)}{1\cdot 3\cdots\cdot (2n-1)}\right\}^2<\dfrac{2n+1}{2n}\pi$

$\lim\limits_{n\to\infty}\dfrac{2n+1}{2n}\pi=\pi$ だから, はさみうちの原理から

㋔ $\lim\limits_{n\to\infty}\dfrac{1}{n}\left\{\dfrac{2\cdot 4\cdots\cdot (2n)}{1\cdot 3\cdots\cdot (2n-1)}\right\}^2=\pi$

㋐ $0<\sin x<1$ の各辺に $\sin^{2n}x$ (>0) をかけて
$0<\sin^{2n+1}x<\sin^{2n}x$
また, $\sin x<1$ の各辺に $\sin^{2n-1}x$ (>0) を掛けて
$\sin^{2n}x<\sin^{2n-1}x$

㋑ 一般に, $a<x<b$ で $f(x)<g(x)$ が成立 →
$\int_a^b f(x)\,dx<\int_a^b g(x)\,dx$

㋒ 問題 39 (p.80) を参照.

㋓ この式をかけて,
$\left\{\dfrac{(2n)(2n-2)\cdots\cdot 2}{(2n-1)(2n-3)\cdots\cdot 1}\right\}^2$
を作り出す.

㋔ この等式をワリス (Wallis) の式という.

理解度 Check!
(1):㋐までで A . 完答で B .
(2):㋒の右辺を書けて A . はさみうちの前で B . 完答で C .

練習問題 45

次の不等式を証明せよ.   解答は p.247

(1) $\dfrac{1}{2(n+1)}<\displaystyle\int_0^1\dfrac{x^n}{1+x}\,dx<\dfrac{1}{n+1}$ (n は自然数)

(2) $\dfrac{\sqrt{2}}{m-2}<\displaystyle\int_1^\infty\dfrac{dx}{\sqrt{1+x^m}}<\dfrac{2}{m-2}$ ($m>2$)

問題 46 面積の基本

平面の部分集合 $D=\{(x,y)\in \boldsymbol{R}^2 ; x^2-y^2 \geqq x^4\}$ を考える．
(1) 集合 D の概形を xy 平面に描け．
(2) 集合 D の面積 S を求めよ．

解説 区間 $[a,b]$ において，つねに $f(x)\geqq 0$ のとき，曲線 $y=f(x)$ と x 軸および 2 直線 $x=a$, $x=b$ で囲まれた図形の面積 S は，前問でも触れたが，

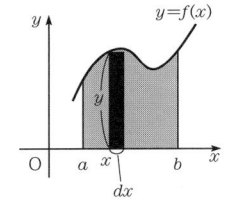

$$S=\int_a^b f(x)\,dx \qquad \cdots\cdots ①$$

で与えられる．また，区間 $[a,b]$ で $f(x)$ が正・負両方の値をとるときは，面積 S は次式で与えられる．

$$S=\int_a^b |f(x)|\,dx$$

右の（図 46-1）なら

$$S=\int_1^e \log x\,dx$$
$$=\Big[x\log x-x\Big]_1^e=1$$

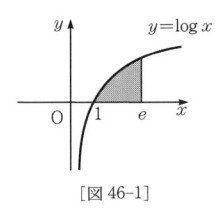

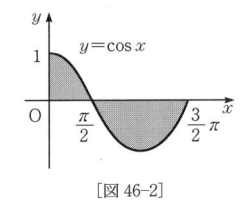

（図 46-2）なら

$$S=\int_0^{\frac{\pi}{2}} \cos x\,dx - \int_{\frac{\pi}{2}}^{\frac{3}{2}\pi} \cos x\,dx = \Big[\sin x\Big]_0^{\frac{\pi}{2}} - \Big[\sin x\Big]_{\frac{\pi}{2}}^{\frac{3}{2}\pi} = 3$$

あるいは，**対称性**を考えて，$S=3\int_0^{\frac{\pi}{2}} \cos x\,dx = 3$ として求めればよい．

また，曲線 $x=g(y)$ と y 軸および 2 直線 $y=c$, $y=d$ で囲まれた図形の面積 S は

$$S=\int_c^d |g(y)|\,dy$$

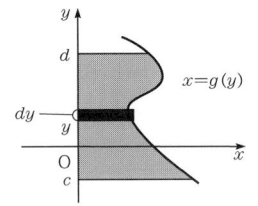

で与えられる．さらに

区間 $[a,b]$ において，つねに $f(x)\geqq g(x)$ のとき，2 曲線 $y=f(x)$, $y=g(x)$ および 2 直線 $x=a$, $x=b$ で囲まれた図形の面積 S は

$$S=\int_a^b \{f(x)-g(x)\}\,dx$$

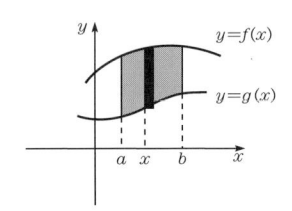

で与えられる．一般には

$$S=\int_a^b |f(x)-g(x)|\,dx \text{ となる．}$$

解 答

(1) $x^2 - y^2 \geqq x^4$ のとき $\underline{y^2 \leqq x^2(1-x^2)}_{(ア)}$

$\therefore \ -|x|\sqrt{1-x^2} \leqq y \leqq |x|\sqrt{1-x^2}$ ……①

x のとりうる値の範囲は，$\underline{1-x^2 \geqq 0}_{(イ)}$ から

$-1 \leqq x \leqq 1$

$y = |x|\sqrt{1-x^2}$ は $\underline{y \text{ 軸に関して対称}}_{(ウ)}$ だから

$0 \leqq x \leqq 1$ において，$y = f(x) = x\sqrt{1-x^2}$ のグラフを考える．

$$f'(x) = \sqrt{1-x^2} + x \cdot \frac{-2x}{2\sqrt{1-x^2}} = \frac{1-2x^2}{\sqrt{1-x^2}}$$

$f'(x) = 0$ とおくと $x = \dfrac{1}{\sqrt{2}}$

これより $0 \leqq x \leqq 1$ における $f(x)$ の増減表は

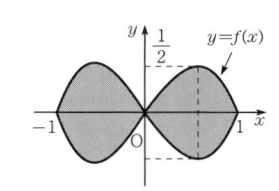

x	0	$\cdots$	$\dfrac{1}{\sqrt{2}}$	$\cdots$	1
$f'(x)$		$+$	0	$-$	
$f(x)$	0	↗	$\dfrac{1}{2}$	↘	0

よって，$y = f(x)$ のグラフがわかり，対称性を考えることにより，$\underline{①すなわち集合 D の概形は上図}_{(エ)}$の影部分となる．境界はすべて含む．

(2) $S = 4 \displaystyle\int_0^1 f(x)\,dx = 4\underline{\displaystyle\int_0^1 x\sqrt{1-x^2}\,dx}_{(オ)}$

$= 4\left[-\dfrac{1}{3}(1-x^2)^{\frac{3}{2}}\right]_0^1$

$= \dfrac{4}{3}$ ……(答)

(ア) $-\sqrt{x^2(1-x^2)} \leqq y \leqq \sqrt{x^2(1-x^2)}$
となるが，これより
$-x\sqrt{1-x^2} \leqq y \leqq x\sqrt{1-x^2}$
としてはいけない．
$\sqrt{x^2} = |x|$ に注意．

(イ) 根号内 $\geqq 0$ より．

(ウ) $|-x|\sqrt{1-(-x)^2}$
$= |x|\sqrt{1-x^2}$ が成り立つので，y 軸対称．右半分の $0 \leqq x \leqq 1$ を考えれば OK．

(エ) ①は，x 軸対称な 2 曲線 $x = |x|\sqrt{1-x^2}$ と $y = -|x|\sqrt{1-x^2}$ で囲まれた閉領域．

(オ) $1-x^2 = t$ と置換してもよい．

理解度 Check！ (1) は x の範囲までが **A**．$f'(x)$ までで **B**．グラフまでで **C**．(2) は (オ) までで **A**．(答) で **B**．

練習問題 46   解答は p.247

次の各部分の面積を求めよ．
(1) 曲線 $y = x\log x$ と x 軸の囲む部分
(2) 曲線 $3x^2 - 2xy + 3y^2 = 2$ の囲む部分

問題 47　媒介変数表示の曲線の面積

曲線 $\begin{cases} x=\sin 2t \\ y=\sin 3t \end{cases}$ $(0\leqq t\leqq \pi)$ の囲む部分の面積を求めよ．

解説　曲線の方程式が**媒介変数** t を用いて，$\begin{cases} x=f(t) \\ y=g(t) \end{cases}$ $(\alpha\leqq t\leqq \beta)$ のように表されるとき，この曲線と x 軸，y 軸などで囲まれた図形の面積を求めることを考えよう．もし，t が消去できて x, y の方程式に直すことができれば，そのようにして前問の公式①を用いてもよいが，それが無理であるときは，置換積分法の要領で計算を実行することになる．

$$S=\int_a^b y\,dx \Rightarrow \begin{cases} x=f(t) \\ y=g(t) \end{cases}$$

として

x	$a \to b$
t	$\alpha \to \beta$

$$S=\int_a^b y\,dx = \int_\alpha^\beta y\frac{dx}{dt}\,dt = \int_\alpha^\beta g(t)f'(t)\,dt$$

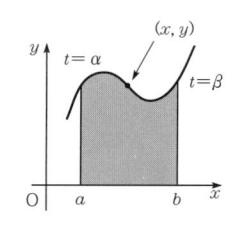

となる．ここでは，**積分区間の対応に注意が必要である**．

たとえば，サイクロイド曲線 $\begin{cases} x=a(t-\sin t) \\ y=a(1-\cos t) \end{cases}$ $(0\leqq t\leqq 2\pi,\ a>0)$

で表される曲線と x 軸で囲まれた図形の面積 S を求めてみよう．

y を x の関数とみなすと，$S=\int_0^{2\pi a} y\,dx$ となるが，

置換積分法を用いて

x	$0 \to 2\pi a$
t	$0 \to 2\pi$

$$\begin{aligned}
S &= \int_0^{2\pi} y\frac{dx}{dt}\,dt \\
&= \int_0^{2\pi} a(1-\cos t)\cdot a(1-\cos t)\,dt \\
&= a^2\int_0^{2\pi}(1-\cos t)^2\,dt = a^2\int_0^{2\pi}(1-2\cos t+\cos^2 t)\,dt \\
&= a^2\int_0^{2\pi}\left(1-2\cos t+\frac{1+\cos 2t}{2}\right)dt \\
&= a^2\left[\frac{3}{2}t-2\sin t+\frac{1}{4}\sin 2t\right]_0^{2\pi} = 3\pi a^2
\end{aligned}$$

となる．

解 答

$x(t)=\sin 2t$, $y(t)=\sin 3t$ とおくと

$x\left(\dfrac{\pi}{2}+\theta\right)=\sin 2\left(\dfrac{\pi}{2}+\theta\right)=\underline{-\sin 2\theta}_{(ア)}$

$x\left(\dfrac{\pi}{2}-\theta\right)=\sin 2\left(\dfrac{\pi}{2}-\theta\right)=\sin 2\theta$

$y\left(\dfrac{\pi}{2}+\theta\right)=\sin 3\left(\dfrac{\pi}{2}+\theta\right)=\underline{-\cos 3\theta}_{(イ)}$

$y\left(\dfrac{\pi}{2}-\theta\right)=\sin 3\left(\dfrac{\pi}{2}-\theta\right)=-\cos 3\theta$

したがって，$t=\dfrac{\pi}{2}\pm\theta$ に対して，x 座標は符号だけが変わり，y 座標は不変だから，曲線は y 軸に関して対称である．

ここに，$x'(t)=2\cos 2t$, $y'(t)=3\cos 3t$ であるから，$0\leqq t\leqq\dfrac{\pi}{2}$ における増減表は

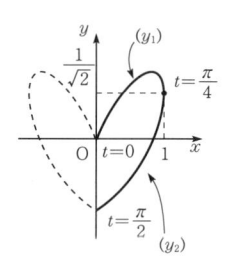

t	0	$\cdots$	$\dfrac{\pi}{6}$	$\cdots$	$\dfrac{\pi}{4}$	$\cdots$	$\dfrac{\pi}{2}$
x'	$+$	$+$	$+$	$+$	0	$-$	$-$
y'	$+$	$+$	0	$-$	$-$	$-$	0
x	0	$\nearrow$	$\dfrac{\sqrt{3}}{2}$	$\nearrow$	1	$\searrow$	0
y	0	$\nearrow$	1	$\searrow$	$\dfrac{1}{\sqrt{2}}$	$\searrow$	-1

よって，グラフは右図の実線のようになるから

$\underline{S=2\displaystyle\int_0^{\frac{\pi}{2}} y\dfrac{dx}{dt}dt}_{(オ)}$

$=2\displaystyle\int_0^{\frac{\pi}{2}} \sin 3t\cdot 2\cos 2t\, dt$

$=2\displaystyle\int_0^{\frac{\pi}{2}} (\sin 5t+\sin t)\, dt$

$=2\left[-\dfrac{1}{5}\cos 5t-\cos t\right]_0^{\frac{\pi}{2}}=\dfrac{12}{5}$ ……(答)

(ア) $\sin(\pi\pm\alpha)=\mp\sin\alpha$
（複号同順）

(イ) $\sin\left(\dfrac{3}{2}\pi\pm\alpha\right)$
$=\sin\left(-\dfrac{\pi}{2}\pm\alpha\right)$
$=-\sin\left(\dfrac{\pi}{2}\mp\alpha\right)=-\cos\alpha$

(ウ)

ただし，$p=\sin 2\theta$
$q=-\cos 3\theta$

(エ) 点線は $\dfrac{\pi}{2}\leqq t\leqq\pi$ の部分

(オ) $\dfrac{S}{2}=\displaystyle\int_0^1 y_1 dx-\int_0^1 y_2 dx$
$=\displaystyle\int_0^{\frac{\pi}{4}} y\dfrac{dx}{dt}dt$
$-\displaystyle\int_{\frac{\pi}{2}}^{\frac{\pi}{4}} y\dfrac{dx}{dt}dt$
$=\displaystyle\int_0^{\frac{\pi}{2}} y\dfrac{dx}{dt}dt$

理解度 Check！ (ウ)がわかって **A**．(エ)までで **B**．完答で **C**．

練習問題 47

曲線 $\begin{cases} x=a\cos^3 t \\ y=a\sin^3 t \end{cases}$ $(a>0)$ の囲む部分の面積を求めよ．

解答は p.248

問題 48　極座標表示の曲線の面積

レムニスケート（連珠形）$r^2=2a^2\cos2\theta$ の内部で円 $r=a$ の外部にある部分の面積を求めよ．ただし，a は正の定数とする．

解説

平面上の任意の点 $P(x, y)$ に対し，$OP=r$ とおくと，右上図のように
$$x=r\cos\theta,\quad y=r\sin\theta$$
と表すことができる．このとき，
2 数の組 (r, θ) を点 P の**極座標**といい，定点 O を**極**，半直線 Ox を**始線**（原線），角 θ を**偏角**という．

　　すなわち　　　極座標(r, θ) $\rightleftarrows$ 直交座標$(r\cos\theta,\ r\sin\theta)$

である．また，曲線 C が極座標 (r, θ) に関する方程式 $r=f(\theta)$ や $f(r, \theta)=0$ で表されるとき，この方程式を曲線 C の**極方程式**という．たとえば

① 極 O と異なる点 $A(a, \alpha)$ を通り，OA に垂直な**直線 l の極方程式**は
$$r\cos(\theta-\alpha)=a\quad(a>0)$$
② 中心が $A(a, \alpha)$ で，半径が a の**円 C の極方程式**は
$$r=2a\cos(\theta-\alpha)$$
③ **正葉線**　$r=a\cos2\theta$　　④ **カージオイド**（心臓形）　$r=a(1+\cos\theta)$

などは覚えておきたい．

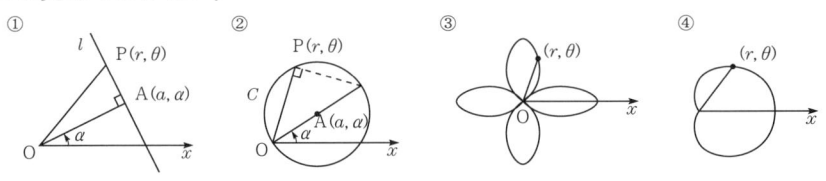

さて，極方程式 $r=f(\theta)$ で表される曲線上の点を P とする．角 θ が $\theta=\alpha$ から $\theta=\beta$ まで増加するとき，線分 OP が通過する領域（右図影部）の面積を S とする．ここで，角 θ が微小量 $\Delta\theta$ だけ増加するときに，OP の通過する領域の面積を ΔS とすると，ΔS は右下図の扇形で近似できるので
$$\Delta S \fallingdotseq \frac{1}{2}r^2\Delta\theta$$

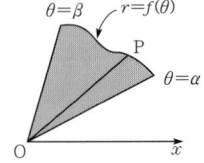

S は ΔS を $\theta=\alpha$ から $\theta=\beta$ まで加えたものだから
$$S=\int_\alpha^\beta \frac{1}{2}r^2 d\theta = \int_\alpha^\beta \frac{1}{2}\{f(\theta)\}^2 d\theta$$

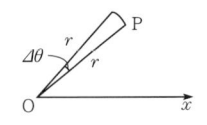

解 答

$r^2 = 2a^2 \cos 2\theta \leq 2a^2$ から ㋐　$0 \leq r \leq \sqrt{2}\,a$ ㋑

$r^2 \geq 0$ から，曲線が存在するのは $\cos 2\theta \geq 0$ のときで，$0 < \theta \leq 2\pi$ においては

$$0 \leq \theta \leq \frac{\pi}{4},\ \frac{3}{4}\pi \leq \theta \leq \frac{5}{4}\pi,\ \frac{7}{4}\pi \leq \theta \leq 2\pi$$

の部分である．また，

$$\cos 2(-\theta) = \cos 2\theta,\ \cos 2(\pi - \theta) = \cos 2\theta$$

から㋒，曲線 $r^2 = 2a^2 \cos 2\theta$ は原線および極 O に関して対称である．

したがって，$x \geq 0$，$y \geq 0$，すなわち $0 \leq \theta \leq \frac{\pi}{4}$ の場合を調べればよい．

この範囲で $\cos 2\theta$ は θ の減少関数だから㋓，r も θ の減少関数であり，右上の表のようになる．

θ	0	$\cdots$	$\frac{\pi}{4}$
r	$\sqrt{2}\,a$	↘	0

次に，円 $r = a$ も原線および極に関して対称である．

$0 \leq \theta \leq \frac{\pi}{4}$ での2曲線の交点を求めるのに r を消去して

$$\cos 2\theta = \frac{1}{2}\ \text{から}\ \theta = \frac{\pi}{6}$$

よって，面積 S は ㋕

$$S = 4 \cdot \frac{1}{2} \int_0^{\frac{\pi}{6}} (2a^2 \cos 2\theta - a^2)\,d\theta$$

$$= 2a^2 \Big[\sin 2\theta - \theta\Big]_0^{\frac{\pi}{6}}$$

$$= 2a^2 \left(\frac{\sqrt{3}}{2} - \frac{\pi}{6}\right) = \left(\sqrt{3} - \frac{\pi}{3}\right)a^2 \quad \cdots\cdots \text{(答)}$$

㋐　$\cos 2\theta \leq 1$ より．

㋑　曲線は原点を中心とする半径 $\sqrt{2}\,a$ の円内にある．

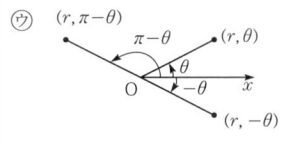

㋒　$(r, \pi-\theta)$　(r, θ)

㋓　$(\cos 2\theta)' = -2\sin 2\theta \leq 0$

㋔　$a^2 = 2a^2 \cos 2\theta$ から．

$0 \leq \theta \leq \frac{\pi}{4}$ においては

$2\theta = \frac{\pi}{3}$ から $\theta = \frac{\pi}{6}$．

㋕　$0 \leq \theta \leq \frac{\pi}{6}$ における斜線部分の面積の4倍．

理解度 Check!　対称性から $0 \leq \theta \leq \pi/4$ の範囲確定で A．図形の形状で B．積分式で C．（答）で D．

練習問題 48

曲線 $r\cos\theta = a\cos 2\theta$（$a > 0$）の自閉線の内部の面積を求めよ．

解答は p.248

問題 49 　断面積を利用する体積

楕円面 $\dfrac{x^2}{a^2}+\dfrac{y^2}{b^2}+\dfrac{z^2}{c^2}=1$ の囲む体積を求めよ．

解説　ある立体を，x 軸に垂直な平面で切ったとき，その切り口の面積が x の関数 $S(x)$ で表されるとする．この**断面積**をもとにして，**立体の体積**を計算する方法を考える．

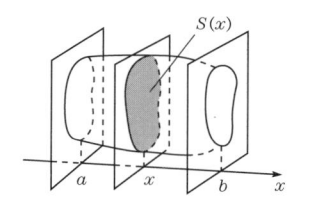

2平面 $x=a$，$x=x$ ではさまれた部分の体積を $V(x)$ とする．x の増分 $\varDelta x$ に対する $V(x)$ の増分 $\varDelta V=V(x+\varDelta x)-V(x)$ は，$\varDelta x \fallingdotseq 0$ のとき，底面積 $S(x)$，高さ $\varDelta x$ の柱として近似できるので，

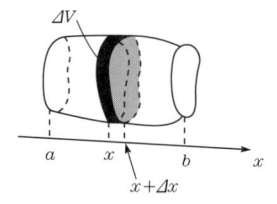

$$\varDelta V \fallingdotseq S(x)\,\varDelta x$$

これより　$\displaystyle\lim_{\varDelta x\to 0}\dfrac{\varDelta V}{\varDelta x}=\dfrac{dV}{dx}=S(x)$

$V(a)=0$ だから　$V(x)=\displaystyle\int_a^x S(x)\,dx$

よって，　$\boxed{\;2\text{平面 } x=a,\ x=b\ (a<b)\ \text{ではさまれた部分の体積 } V\ \text{は}\\ \quad V=\displaystyle\int_a^b S(x)\,dx\;}$

となる．たとえば

① 「半径 r，高さ h の円錐の体積 V」

円錐の頂点を原点とし，頂点から底面に下ろした垂線を x 軸とする．座標 x の点で x 軸に垂直に立てた平面によるこの立体の断面は，半径 $\dfrac{x}{h}r$ の円だから，断面積 $S(x)$ は

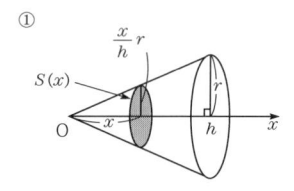

$$S(x)=\pi\left(\dfrac{x}{h}r\right)^2=\dfrac{\pi r^2}{h^2}x^2$$

$\therefore\ V=\displaystyle\int_0^h S(x)\,dx=\dfrac{\pi r^2}{h^2}\left[\dfrac{x^3}{3}\right]_0^h=\dfrac{1}{3}\pi r^2 h$

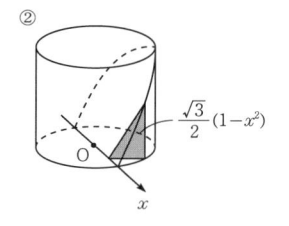

② 「底面の半径が 1，高さが $\sqrt{3}$ の直円柱がある．底面の直径を含み，底面と $60°=\dfrac{\pi}{3}$ rad の角をなす平面でこの直円柱を2つの部分に分けるとき，小さい方の部分の体積 V」　$V=\displaystyle\int_{-1}^{1}\dfrac{\sqrt{3}}{2}(1-x^2)\,dx=\dfrac{2\sqrt{3}}{3}$

解答

x 軸に垂直な平面 $x=t$ で立体を切ると，その切り口は t を一定とみなしてできる曲線

$$\frac{y^2}{b^2}+\frac{z^2}{c^2}=1-\frac{t^2}{a^2}$$

の囲む図形である．

ここに，$-a \leqq t \leqq a$ であり，$-a<t<a$ のときは

$$\frac{y^2}{\left(b\sqrt{1-\frac{t^2}{a^2}}\right)^2}+\frac{z^2}{\left(c\sqrt{1-\frac{t^2}{a^2}}\right)^2}=1$$

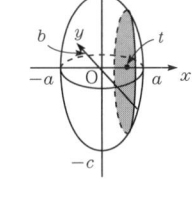

したがって，楕円でありその断面積は

$$S(t)=\pi b\sqrt{1-\frac{t^2}{a^2}}\cdot c\sqrt{1-\frac{t^2}{a^2}}$$
$$=\pi bc\left(1-\frac{t^2}{a^2}\right)$$

よって，求める体積 V は

$$V=\int_{-a}^{a}S(t)\,dt=\int_{-a}^{a}\pi bc\left(1-\frac{t^2}{a^2}\right)dt$$
$$=2\pi bc\int_{0}^{a}\left(1-\frac{t^2}{a^2}\right)dt$$
$$=2\pi bc\left[t-\frac{t^3}{3a^2}\right]_0^a=\frac{4}{3}\pi abc$$

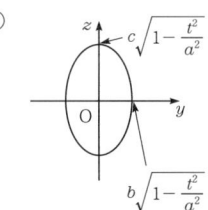

……（答）

⑦ $1-\dfrac{t^2}{a^2}=\dfrac{y^2}{b^2}+\dfrac{z^2}{c^2}\geqq 0$

より $\dfrac{t^2}{a^2}\leqq 1$

∴ $-a\leqq t\leqq a$

④ （$c>b>0$ のときの図）

⑦ 一般に，

楕円 $\dfrac{y^2}{p^2}+\dfrac{z^2}{q^2}=1$

（$p>0$，$q>0$）

の面積 S は，$S=\pi pq$ である．

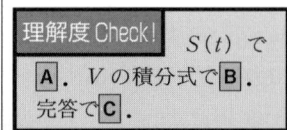

㊁ $V=2\displaystyle\int_0^a S(t)\,dt$ としてよい．

㊄ $a=b=c$ なら，球の体積 $\dfrac{4}{3}\pi a^3$ に一致する．

理解度 Check！ $S(t)$ で A．V の積分式で B．完答で C．

練習問題 49

次の立体の体積を求めよ．

(1) 切り口の半径が a の 2 つの直円柱の軸が角 θ をなしているとき，その共通部分．

(2) 曲面 $4x^2+y^2-z^2=a^2$ と 2 平面 $z=d$，$z=-d$（$a>0$，$d>0$）とで囲まれる部分．

解答は p.248

問題 50　回転体の体積

次の問いに答えよ．
(1) 曲線 $y=a^2-x^2$ と x 軸によって囲まれる部分において，これを x 軸のまわりに回転してできた立体と y 軸のまわりに回転したできた立体の体積が等しいという．a の値を求めよ．ただし，$a>0$ とする．
(2) アステロイド $x=a\cos^3 t$，$y=a\sin^3 t$ $(a>0)$ を x 軸のまわりに回転してできる回転体の体積を求めよ．

解説　曲線 $y=f(x)$ と，x 軸および 2 直線 $x=a$，$x=b$ で囲まれた部分を **x 軸のまわりに 1 回転してできる立体の体積 V** は，断面積 $S(x)$ が

$$S(x)=\pi\{f(x)\}^2$$

となることから

$$V=\int_a^b \pi y^2\,dx=\int_a^b \pi\{f(x)\}^2\,dx \cdots\cdots Ⓐ$$

となる．たとえば，半径 r の球の体積 V は，右図の円 $x^2+y^2=r^2$ を考えて

$$V=\int_{-r}^r \pi y^2\,dx=2\pi\int_0^r (r^2-x^2)\,dx$$
$$=2\pi\left[r^2 x-\frac{x^3}{3}\right]_0^r=\frac{4}{3}\pi r^3$$

となる．また，曲線 $x=g(y)$ と y 軸および 2 直線 $y=c$，$y=d$ で囲まれた部分を **y 軸のまわりに 1 回転してできる立体の体積 V** は

$$V=\int_c^d \pi x^2\,dy=\int_c^d \pi\{g(y)\}^2\,dy \cdots\cdots Ⓑ$$

となる．さらに，**媒介変数表示された曲線の回転体の体積**は次のようになる．

曲線 C が，$\begin{cases} x=f(t) \\ y=g(t) \end{cases}$ で右図のようになるとき，影部分を x 軸のまわりに回転してできる立体の体積 V は，$f'(t)$ が一定の符号のとき

$$V=\int_a^b \pi y^2\,dx=\int_\alpha^\beta \pi y^2\cdot\frac{dx}{dt}\,dt=\int_\alpha^\beta \pi\{g(t)\}^2 f'(t)\,dt$$

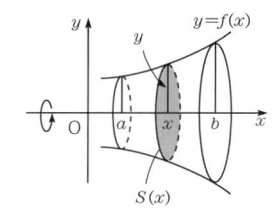

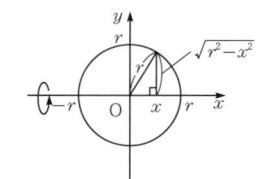

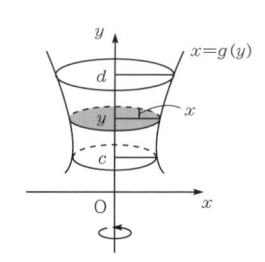

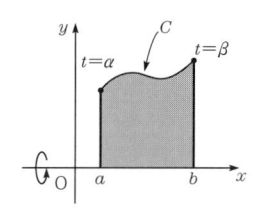

解答

(1) $y=a^2-x^2$ は y 軸に関して対称である．これと x 軸によって囲まれる部分を x 軸，y 軸のまわりに回転してできる立体の体積をそれぞれ V_x，V_y とおくと

$$V_x = \pi \int_{-a}^{a} y^2 dx = \pi \int_{-a}^{a} (a^2-x^2)^2 dx$$
㋐
$$= \pi \int_{-a}^{a} (x+a)^2 (x-a)^2 dx$$
㋑
$$= \pi \cdot \frac{2!\,2!}{5!} \{a-(-a)\}^5 = \frac{16}{15}\pi a^5$$

$$V_y = \pi \int_{0}^{a^2} x^2 dy = \pi \int_{0}^{a^2} (a^2-y) dy$$
㋒
$$= \pi \left[a^2 y - \frac{y^2}{2} \right]_0^{a^2} = \frac{\pi}{2} a^4$$

よって，$V_x = V_y$ のとき

$$\frac{16}{15}\pi a^5 = \frac{\pi}{2} a^4 \quad \therefore \quad a = \frac{15}{32} \quad \cdots\cdots (\text{答})$$

(2) 図形は x，y 両軸に関して対称である．
よって，求める体積 V は

$$V = 2\pi \int_0^a y^2 dx = 2\pi \int_{\frac{\pi}{2}}^{0} y^2 \frac{dx}{dt} dt$$
㋣
$$= 2\pi \int_{\frac{\pi}{2}}^{0} a^2 \sin^6 t \cdot (-3a \cos^2 t \sin t) dt$$
$$= 6\pi a^3 \int_0^{\frac{\pi}{2}} \sin^7 t \cos^2 t\, dt$$
$$= 6\pi a^3 \left(\int_0^{\frac{\pi}{2}} \sin^7 t\, dt - \int_0^{\frac{\pi}{2}} \sin^9 t\, dt \right)$$
㋔
$$= 6\pi a^3 \cdot \frac{1}{9} \int_0^{\frac{\pi}{2}} \sin^7 t\, dt = \frac{32}{105} \pi a^3 \quad \cdots\cdots (\text{答})$$
㋕

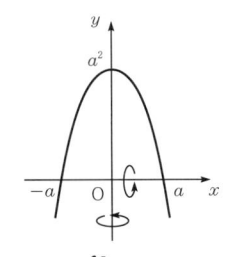

㋐ $= 2\pi \int_0^a (a^2-x^2)^2 dx$ としてもよい（偶関数）．

㋑ $\int_\alpha^\beta (x-\alpha)^m (x-\beta)^n dx = \frac{(-1)^n m!\,n!}{(m+n+1)!}(\beta-\alpha)^{m+n+1}$
を用いる．

㋒ y 軸のまわりの回転体 $\Rightarrow$ 解説の⑧式

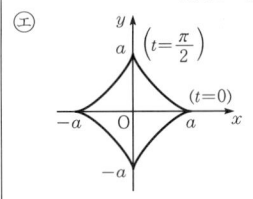

㋣

㋔ $\int_0^{\frac{\pi}{2}} \sin^9 t\, dt = \frac{8}{9} \int_0^{\frac{\pi}{2}} \sin^7 t\, dt$

㋕ $\int_0^{\frac{\pi}{2}} \sin^7 t\, dt = \frac{6}{7} \cdot \frac{4}{5} \cdot \frac{2}{3}$

> **理解度 Check！** (1) は V_x が $\boxed{A}$．V_y が $\boxed{B}$．(答) で $\boxed{C}$．(2) は㋣で $\boxed{A}$．完答で $\boxed{B}$．

練習問題 50

(1) 曲線 $y = \dfrac{1}{x^2+1}$ と x 軸の間の部分を x 軸のまわりに回転してできる立体の体積を求めよ．

(2) サイクロイド $x = a(t-\sin t)$，$y = a(1-\cos t)$ $(a>0, 0 \le t \le 2\pi)$ と x 軸とで囲まれる部分を x 軸のまわりに回転してできる立体の体積を求めよ．

解答は p.249

問題 51 回転体の体積（バーム・クーヘン型, 斜回転体）

(1) 円 $(x-a)^2+y^2=2a^2$ $(a>0, x\geq 0)$ と y 軸とで囲まれる部分を y 軸のまわりに1回転してできる立体の体積 V_1 を求めよ．

(2) 放物線 $y=x^2$ と直線 $y=x$ によって囲まれる部分を $y=x$ のまわりに回転してできる立体の体積 V_2 を求めよ．

解説

一般に，曲線 $y=f(x)$ の $a\leq x\leq b$ の部分と x 軸で囲まれた部分を y 軸のまわりに1回転して得られる立体の体積を V とおくと，V の微小変化 ΔV は

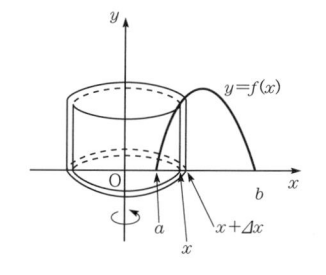

$$\Delta V \fallingdotseq \pi(x+\Delta x)^2 f(x+\Delta x) - \pi x^2 f(x)$$
$$\fallingdotseq \pi\{(x+\Delta x)^2 - x^2\} f(x)$$
$$= \pi\{2x\Delta x + (\Delta x)^2\} f(x)$$

したがって
$$\lim_{\Delta x \to 0}\frac{\Delta V}{\Delta x} = \lim_{\Delta x \to 0}\pi(2x+\Delta x)f(x)$$
$$= 2\pi x f(x)$$

$$\therefore \quad \frac{dV}{dx} = 2\pi x f(x)$$

$V(a)=0$ であることに注意すると

$$V = \int_a^b \underbrace{2\pi x f(x)}_{\text{側面積}} dx$$

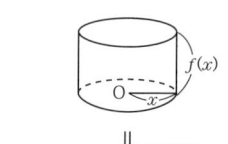

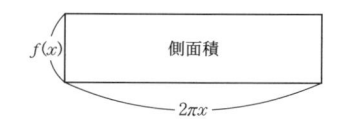

となり，右図のような側面積を $x=a$ から $x=b$ まで定積分することになる．このような y 軸のまわりの回転体の体積の求め方を**バーム・クーヘン型求積法**という．

また，一般に，曲線 $C: y=f(x)$ と直線 $l: y=mx$ が $x=a, x=b$ の2点で交わるとき，これらで囲まれる部分を直線 l のまわりに1回転してできる回転体の体積 V は

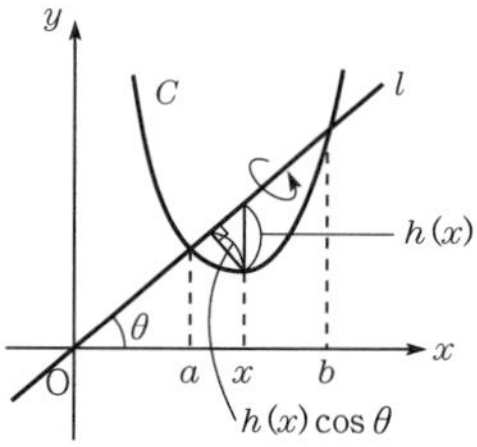

$$V = \pi \int_a^b \{h(x)\cos\theta\}^2 \frac{dx}{\cos\theta}$$
$$= \cos\theta \cdot \pi \int_a^b \{mx - f(x)\}^2 dx \quad (\text{ただし}, m=\tan\theta)$$

となる（最初の式で変数変換していることに注意！）．

解 答

(1) ㋐ 円 $(x-a)^2+y^2=2a^2$ を y について解くと
$$y=\pm\sqrt{2a^2-(x-a)^2}$$
$y=0$ のとき $x\ (\geqq 0)$ は $x=(\sqrt{2}+1)a$

$\therefore\ V_1=2\int_0^{(\sqrt{2}+1)a}2\pi xy\,dx$ ㋑

$\quad =4\pi\int_0^{(\sqrt{2}+1)a}x\sqrt{2a^2-(x-a)^2}\,dx$

$x-a=t$ とおくと

$V_1=4\pi\int_{-a}^{\sqrt{2}a}(t+a)\sqrt{2a^2-t^2}\,dt$

$\quad =4\pi\int_{-a}^{\sqrt{2}a}\{t\sqrt{2a^2-t^2}+a\sqrt{2a^2-t^2}\}\,dt$ ㋒

$\quad =4\pi\Big[-\dfrac{1}{3}(2a^2-t^2)^{\frac{3}{2}}$

$\qquad +\dfrac{a}{2}\Big(t\sqrt{2a^2-t^2}+2a^2\sin^{-1}\dfrac{t}{\sqrt{2}a}\Big)\Big]_{-a}^{\sqrt{2}a}$

$\quad =4\pi\Big[\dfrac{a^3}{3}+\dfrac{a}{2}\Big\{a^2+2a^2\Big(\sin^{-1}1-\sin^{-1}\dfrac{-1}{\sqrt{2}}\Big)\Big\}\Big]$

$\quad =4\pi\Big(\dfrac{5}{6}+\dfrac{3}{4}\pi\Big)a^3=\pi\Big(\dfrac{10}{3}+3\pi\Big)a^3$ ……(答)

(2) ㋓ 右図のように点 P, Q, R をとり,
OQ$=X$, PQ$=Y$, PR$=x-x^2=h(x)$ とおくと

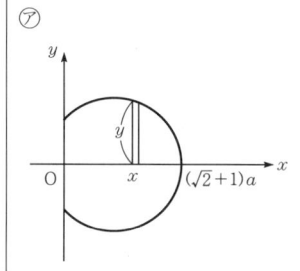

$V_2=\pi\int_0^{\sqrt{2}}Y^2\,dX$

$\quad =\pi\int_0^1\Big\{h(x)\cos\dfrac{\pi}{4}\Big\}^2\cdot d(\sqrt{2}\,x)$

$\quad =\dfrac{\sqrt{2}}{2}\pi\int_0^1(x-x^2)^2\,dx$

$\quad =\dfrac{\sqrt{2}}{2}\pi\Big[\dfrac{x^3}{3}-\dfrac{x^4}{2}+\dfrac{x^5}{5}\Big]_0^1=\dfrac{\sqrt{2}}{60}\pi$ ……(答)

㋐

㋑ 図形は x 軸に関して対称であるから, $y\geqq 0$ の部分を回転して 2 倍する.
バーム・クーヘン型求積法.

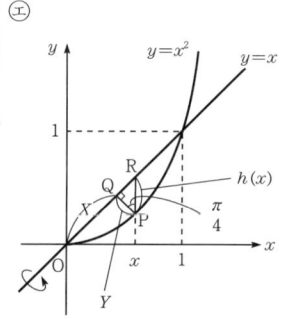

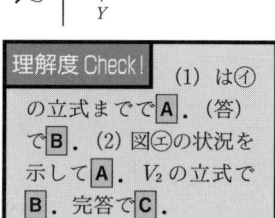

㋒ $\int\sqrt{b^2-t^2}\,dt$
$=\dfrac{1}{2}\Big(t\sqrt{b^2-t^2}+b^2\sin^{-1}\dfrac{t}{b}\Big)$

㋓

理解度 Check!　(1) は㋑の立式までで A.(答)で B.(2) 図㋓の状況を示して A. V_2 の立式で B. 完答で C.

練習問題 51

解答は p.250

$y=\pi x^2\sin\pi x^2$ のグラフの $0\leqq x\leqq 1$ の部分と x 軸とで囲まれた図形を y 軸のまわりに回転させてできる立体の体積 V を求めよ.

問題 52　曲線の弧長

次の曲線の長さを求めよ．ただし，$a>0$ とする．
(1) $y=x^2$　$(0\leqq x\leqq 1)$
(2) サイクロイド $x=a(t-\sin t)$，$y=a(1-\cos t)$　$(0\leqq t\leqq 2\pi)$

解説　曲線の長さの公式について学ぶ．

(1) **媒介変数表示型の弧長**

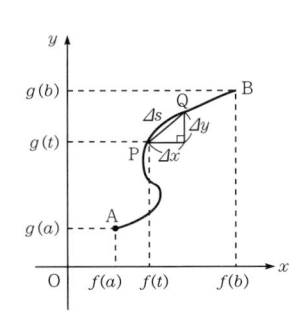

平面上の曲線の方程式が，媒介変数 t を用いて
$$x=f(t),\ y=g(t)\quad (a\leqq t\leqq b)$$
と表されているものとする．始点 A から点 P までの曲線の長さを $s(t)$ とし，t の増分 $\varDelta t$ に対する x，y の増分をそれぞれ $\varDelta x$，$\varDelta y$ で表すと，$\varDelta t\fallingdotseq 0$ のとき，$s(t)$ の増分 $\varDelta s$ は線分 PQ の長さにほぼ等しい．すなわち，$\varDelta s\fallingdotseq \sqrt{(\varDelta x)^2+(\varDelta y)^2}$

$$\therefore\ \frac{\varDelta s}{\varDelta t}\fallingdotseq\sqrt{\left(\frac{\varDelta x}{\varDelta t}\right)^2+\left(\frac{\varDelta y}{\varDelta t}\right)^2}\quad \varDelta t\to 0\ \text{として}\quad \frac{ds}{dt}=\sqrt{\left(\frac{dx}{dt}\right)^2+\left(\frac{dy}{dt}\right)^2}$$

したがって，点 A から点 B までの曲線の長さ s は

$$s=\int_a^b\sqrt{\left(\frac{dx}{dt}\right)^2+\left(\frac{dy}{dt}\right)^2}\,dt=\int_a^b\sqrt{\{f'(t)\}^2+\{g'(t)\}^2}\,dt$$

(2) **$y=f(x)$ 型の弧長**

曲線の方程式が $y=f(x)$　$(a\leqq x\leqq b)$ の形である場合には，
$$x=t,\ y=f(t)\quad (a\leqq t\leqq b)$$
とおくと，$\dfrac{dx}{dt}=1$，$\dfrac{dy}{dt}=\dfrac{dy}{dx}\cdot\dfrac{dx}{dt}=\dfrac{dy}{dx}\cdot 1=f'(x)$ となるので

$$s=\int_a^b\sqrt{1+\left(\frac{dy}{dx}\right)^2}\,dx=\int_a^b\sqrt{1+\{f'(x)\}^2}\,dx$$

となる．たとえば，半径 a の円の周の長さ s は，円の方程式を $x^2+y^2=a^2$ と考えて，(1)を用いると，$x=a\cos t$，$y=a\sin t$ から

$$s=4\int_0^{\frac{\pi}{2}}\sqrt{(-a\sin t)^2+(a\cos t)^2}\,dt=4\int_0^{\frac{\pi}{2}}a\,dt=4a\Big[t\Big]_0^{\frac{\pi}{2}}=2\pi a$$

(2)を用いると，$y\geqq 0$ のとき $y=\sqrt{a^2-x^2}$ から

$$s=4\int_0^a\sqrt{1+\left(\frac{-x}{\sqrt{a^2-x^2}}\right)^2}\,dx=4\int_0^a\frac{a}{\sqrt{a^2-x^2}}\,dx=4a\Big[\sin^{-1}\frac{x}{a}\Big]_0^a=2\pi a$$

解 答

(1) $y'=(x^2)'=2x$ から求める曲線の長さは

$$L=\int_0^1 \sqrt{1+y'^2}\,dx = \int_0^1 \sqrt{1+4x^2}\,dx$$
 ⑦
$$= \left[x\sqrt{1+4x^2}\right]_0^1 - \int_0^1 x\cdot\frac{4x}{\sqrt{1+4x^2}}\,dx$$

$$=\sqrt{5}-\int_0^1 \sqrt{1+4x^2}\,dx + \int_0^1 \frac{dx}{\sqrt{1+4x^2}}$$
 ⑦
$$\therefore\ 2L=\sqrt{5}+\frac{1}{2}\int_0^1 \frac{dx}{\sqrt{x^2+\frac{1}{4}}}$$
 ⑦

$$=\sqrt{5}+\frac{1}{2}\left[\log\left|x+\sqrt{x^2+\frac{1}{4}}\right|\right]_0^1$$

$$=\sqrt{5}+\frac{1}{2}\left\{\log\left(1+\frac{\sqrt{5}}{2}\right)-\log\frac{1}{2}\right\}$$

$$=\sqrt{5}+\frac{1}{2}\log(2+\sqrt{5})$$

よって $L=\dfrac{\sqrt{5}}{2}+\dfrac{1}{4}\log(2+\sqrt{5})$ ……(答)

⑦ $y=f(x)$ 型の弧長公式.

④ L に等しい.

⑦ $\displaystyle\int\frac{dx}{\sqrt{x^2+c}}$
$=\log|x+\sqrt{x^2+c}|$

(2) $x=a(t-\sin t),\ y=a(1-\cos t)$ のとき

$\dfrac{dx}{dt}=a(1-\cos t),\ \dfrac{dy}{dt}=a\sin t$

$\therefore\ \left(\dfrac{dx}{dt}\right)^2+\left(\dfrac{dy}{dt}\right)^2=\{a(1-\cos t)\}^2+(a\sin t)^2$

$=a^2(2-2\cos t)=4a^2\sin^2\dfrac{t}{2}$
 ㊁

よって,求める曲線の長さは

$$L=\int_0^{2\pi}\sqrt{4a^2\sin^2\frac{t}{2}}\,dt=\int_0^{2\pi}2a\sin\frac{t}{2}\,dt$$
 ㊀
$$=\left[-4a\cos\frac{t}{2}\right]_0^{2\pi}=8a \quad ……(答)$$

㊁ $2-2\cos t$
$=2(1-\cos t)$
$=2\cdot 2\sin^2\dfrac{t}{2}=4\sin^2\dfrac{t}{2}$

㊀ 媒介変数表示の弧長公式
$L=\displaystyle\int_\alpha^\beta \sqrt{\left(\dfrac{dx}{dt}\right)^2+\left(\dfrac{dy}{dt}\right)^2}\,dt$

理解度 Check! (1): ⑦まで **A**. ④まで **B**. (答) で **C**. (2) ㊀まで **A**. 完答で **B**.

練習問題 52

次の曲線の長さを求めよ.

(1) $y=\log\cos x\ \left(0\leqq x\leqq\dfrac{\pi}{4}\right)$

(2) $x=a\sin t,\ y=a\left(\log\tan\dfrac{t}{2}+\cos t\right)\ \left(\dfrac{\pi}{4}\leqq t\leqq\dfrac{\pi}{2}\right)$

解答は p.250

問題 53 極座標表示の曲線の弧長

次の曲線の長さを求めよ．ただし，a, k は正の定数とする．
(1)　$r = ka^\theta$　$(a \neq 1,\ \alpha \leq \theta \leq \beta)$
(2)　放物線 $r = \dfrac{2a}{1+\cos\theta}$　$\left(0 \leq \theta \leq \dfrac{\pi}{2}\right)$

解説　一般に，極座標 $r = f(\theta)$ の $\alpha \leq \theta \leq \beta$ における曲線の長さ s を求めるには，**直交座標を極座標に変換して** 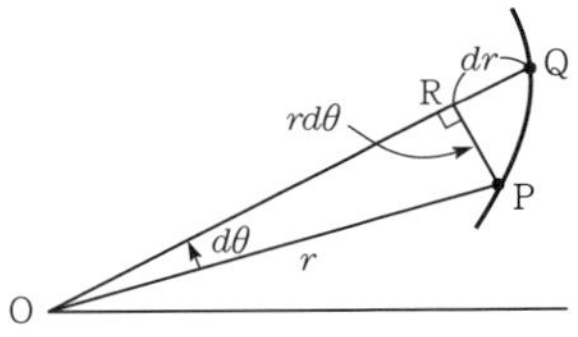
$x = r\cos\theta$, $y = r\sin\theta$ より，全微分 (p.134) して
$$dx = dr\cos\theta - r\sin\theta\, d\theta$$
$$dy = dr\sin\theta + r\cos\theta\, d\theta$$
$\therefore$ $(dx)^2 + (dy)^2$
$\quad = (dr\cos\theta - r\sin\theta\, d\theta)^2 + (dr\sin\theta + r\cos\theta\, d\theta)^2$
$\quad = r^2(d\theta)^2 + (dr)^2$

したがって，$\left(\dfrac{dx}{d\theta}\right)^2 + \left(\dfrac{dy}{d\theta}\right)^2 = r^2 + \left(\dfrac{dr}{d\theta}\right)^2$ となるので，次の公式を得る．

　　曲線 $r = f(\theta)$ $(\alpha \leq \theta \leq \beta)$ の弧長 s は
$$s = \int_\alpha^\beta \sqrt{r^2 + \left(\dfrac{dr}{d\theta}\right)^2}\, d\theta$$

たとえば，半径 a の円は原点を**極**とするとき，その**極方程式**は $r = a$ だから，
$$s = \int_0^{2\pi} \sqrt{r^2 + \left(\dfrac{dr}{d\theta}\right)^2}\, d\theta = \int_0^{2\pi} \sqrt{a^2 + 0^2}\, d\theta = a\int_0^{2\pi} d\theta = 2\pi a$$

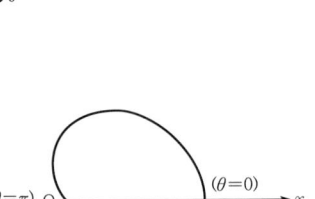

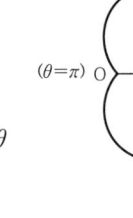

また，**カージオイド**（心臓形）$r = a(1+\cos\theta)$ は，原線に関して対称であるから
$$s = 2\int_0^\pi \sqrt{r^2 + \left(\dfrac{dr}{d\theta}\right)^2}\, d\theta$$
$$= 2\int_0^\pi \sqrt{a^2(1+\cos\theta)^2 + (-a\sin\theta)^2}\, d\theta$$
$$= 2a\int_0^\pi \sqrt{2+2\cos\theta}\, d\theta = 2a\int_0^\pi \sqrt{4\cos^2\dfrac{\theta}{2}}\, d\theta$$
$$= 4a\int_0^\pi \cos\dfrac{\theta}{2}\, d\theta = 8a\left[\sin\dfrac{\theta}{2}\right]_0^\pi = 8a$$

となる．

解 答

(1) $r = ka^\theta$ のとき $\dfrac{dr}{d\theta} = ka^\theta \log a$

したがって，求める長さを s とおくと

$$s = \int_\alpha^\beta \sqrt{r^2 + \left(\dfrac{dr}{d\theta}\right)^2}\, d\theta$$

$$= \int_\alpha^\beta \sqrt{(ka^\theta)^2 + (ka^\theta \log a)^2}\, d\theta$$

$$= k\sqrt{1 + (\log a)^2} \int_\alpha^\beta a^\theta\, d\theta$$

$$= k\sqrt{1 + (\log a)^2} \left[\dfrac{a^\theta}{\log a}\right]_\alpha^\beta$$

$$= \dfrac{k\sqrt{1 + (\log a)^2}}{\log a}(a^\beta - a^\alpha) \quad \cdots\cdots (\text{答})$$

(2) $r = \dfrac{2a}{1 + \cos\theta}$ のとき，$\dfrac{dr}{d\theta} = \dfrac{2a\sin\theta}{(1+\cos\theta)^2}$

$\therefore\ r^2 + \left(\dfrac{dr}{d\theta}\right)^2 = \left(\dfrac{2a}{1+\cos\theta}\right)^2 + \left\{\dfrac{2a\sin\theta}{(1+\cos\theta)^2}\right\}^2$

$$= \dfrac{8a^2}{(1+\cos\theta)^3} = \dfrac{8a^2}{\left(2\cos^2\dfrac{\theta}{2}\right)^3} = a^2 \sec^6\dfrac{\theta}{2}$$

したがって，求める長さを s とおくと

$$s = \int_0^{\frac{\pi}{2}} \sqrt{r^2 + \left(\dfrac{dr}{d\theta}\right)^2}\, d\theta = \int_0^{\frac{\pi}{2}} a\sec^3\dfrac{\theta}{2}\, d\theta$$

$\tan\dfrac{\theta}{2} = t$ とおくと $\dfrac{1}{2}\sec^2\dfrac{\theta}{2}\, d\theta = dt$

また $\sec\dfrac{\theta}{2} = \sqrt{1 + \tan^2\dfrac{\theta}{2}} = \sqrt{1 + t^2}$

$\therefore\ s = 2a\int_0^1 \sqrt{1 + t^2}\, dt$

$= a\left[t\sqrt{1 + t^2} + \log|t + \sqrt{1 + t^2}|\right]_0^1$

$= \{\sqrt{2} + \log(1 + \sqrt{2})\}a \quad \cdots\cdots (\text{答})$

㋐ この曲線は等角渦線（対数螺線）と呼ばれる．

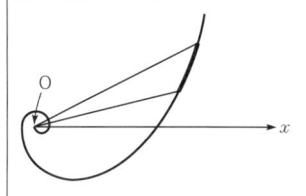

㋑ $(a^\theta)' = a^\theta \log a$

㋒ $r + r\cos\theta = 2a$ から
$r = 2a - x$
両辺を平方して
$r^2 = x^2 + y^2 = (2a - x)^2$
$\therefore\ y^2 = -4ax + 4a^2$

㋓ $\sin^2\theta = 1 - \cos^2\theta$ を用いる．

㋔ $0 \leqq \theta \leqq \dfrac{\pi}{2}$ では $\sec\dfrac{\theta}{2} > 0$

㋕ $\sec^2\dfrac{\theta}{2} = 1 + \tan^2\dfrac{\theta}{2}$ かつ $\sec\dfrac{\theta}{2} > 0$ から．

㋖
t	$0 \to 1$
θ	$0 \to \dfrac{\pi}{2}$

理解度 Check!
(1): ㋑までで **A**. 弧長の公式まで **B**. (答) で **C**. (2): ㋓までで **A**. ㋔まで **B**. (答) で **C**.

練習問題 53

次の曲線の長さを求めよ．ただし，a は正の定数とする．

(1) $r = a\cos\theta$ $\left(-\dfrac{\pi}{2} \leqq \theta \leqq \dfrac{\pi}{2}\right)$
(2) $r = a\cos^3\dfrac{\theta}{3}$ $\left(0 \leqq \theta \leqq \dfrac{3}{2}\pi\right)$

解答は p. 250

◆◇◆　定積分の練習のススメと組立除法　◇◆◇──────────コラム2

　高校の数学では，まず微分の逆演算としての不定積分をやって，それから定積分に移る，という流れになっている．それで，そのクセが染みついてしまって，楽にすませられるところが，なまじ不定積分での練習をしすぎたために，しなくてすむ労力をかけてしまうということがありうる．
　というのは，
★　まず，偶関数や奇関数の対称性を利用することで，計算が楽になるケース．
★　部分積分で，どちらかの項が0になってくれる（たいてい前項）ケース．
★　置換積分の変数変換でも定積分では積分区間（領域）の対応の確認が必要で，その区間（領域）によってなるべく計算が楽になる変数変換を選ぶ．さらに不定積分と違って，定積分では変数を元の変数に戻す必要はない．
★　初等関数として求められない不定積分でも，定積分を求めることは可能なケースがある．
★　具体的な面積・体積や曲線の長さなどの計算は，とうぜん定積分をやることになり，Chapter 4の多変数関数の積分にいたっては，不定積分だけですむ問題はありえない！

といったことがあり，定積分計算をやることは当然，不定積分計算も行うわけだから，なるべく定積分主体の演習を行うほうが解ける問題を増やすことになる．

　ところで，多項式 $f(x)$ に $x=a$ を代入するとか，分数関数を部分分数に分解するという計算では，$f(x)$ を $x-a$ で割る計算をすることになるが，これには組立除法というやり方をするのが便利である．
　たとえば，$f(x)=2x^3+3x^2-7x+2$ を $x-2$ で割り算する場合は，$f(x)$ の係数を横に並べて，下図のように計算する．

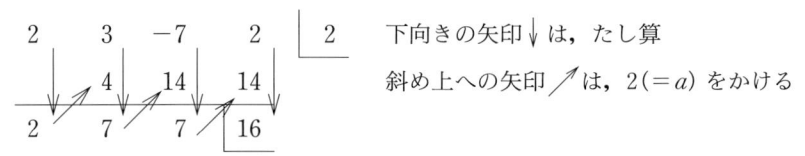

```
  2    3   -7    2  | 2      下向きの矢印↓は，たし算
       4   14   14          斜め上への矢印↗は，2(=a)をかける
  ─────────────────
  2    7    7   16
```

　この結果から，$f(x)=2x^3+3x^2-7x+2=(x-2)(2x^2+7x+7)+16$ となり，これに $x=2$ を代入すると，最左辺の最初の項は0なので $f(2)=16$ と代入した答が得られる．

Chapter 3

多変数関数の微分法

問題 54　2変数関数の極限

次の各関数において，それぞれ $x \to 0$ $(y \to 0)$，$y \to 0$ $(x \to 0)$，$(x, y) \to (0, 0)$ のときの極限を求めよ．

(1)　$f(x, y) = \dfrac{x^2 y}{\sqrt{x^2 + y^2}}$　　　(2)　$f(x, y) = \dfrac{2xy}{x^2 + y^2}$

解説　2変数 x, y の値がそれぞれ定まれば対応して変数 z の値が定まるとき，z を独立変数 x, y の（2変数）関数といい，$z = f(x, y)$ によって表す．

平面上に xy 座標軸をとり，変数の組 (x, y) をこの平面上の点 $\mathrm{P}(x, y)$ と考えて，$z = f(\mathrm{P})$ と表すこともできる．関数 $z = f(x, y)$ が xy 平面上のある範囲 D で定義されているとき，D をこの関数の**定義域**という．

たとえば，$f(x, y) = 2x - 3y \longrightarrow$ 定義域は xy 平面全体．

$f(x, y) = \sqrt{1 - x^2 - y^2} \longrightarrow$ 定義域は $x^2 + y^2 \leqq 1$

$f(x, y) = \dfrac{xy}{x^2 + y^2} \longrightarrow$ 定義域は $(x, y) \neq (0, 0)$

となる．2変数の場合，そのグラフは xyz 空間内の曲面である．

さて，点 $\mathrm{P}(x, y)$ が点 $\mathrm{A}(a, b)$ に限りなく近づくとき，関数 $f(\mathrm{P})$ の値が一定値 α に限りなく近づくならば，**$f(\mathrm{P})$ は α に収束する**といい，α をその**極限値**という．これは，$\lim\limits_{\mathrm{P} \to \mathrm{A}} f(\mathrm{P}) = \alpha$，$\lim\limits_{(x,y) \to (a,b)} f(x, y) = \alpha$，$f(\mathrm{P}) \to \alpha$　（$\mathrm{P} \to \mathrm{A}$ のとき）のように表す．$f(\mathrm{P})$ が α に収束するというのは，**どのような近づき方をしても距離 $\mathrm{PA} \to 0$ のとき $f(\mathrm{P}) \to \alpha$** ということである．したがって，P の A への近づき方の異なるものについて $f(\mathrm{P})$ の近づく値が異なることがあれば，$f(\mathrm{P})$ は収束する（極限値が存在する）とはいわない．また，

$\lim\limits_{x \to a}(\lim\limits_{y \to b} f(x, y)) \cdots$ ① と，$\lim\limits_{y \to b}(\lim\limits_{x \to a} f(x, y)) \cdots$ ②　は一致するとは限らない．

①の意味は，まず y 軸に平行に (x, b) に近づき（x は固定），次に x 軸に平行に (a, b) に近づくときの $f(x, y)$ の近づく値を示し，$x \to a$ $(y \to b)$ のときの $f(x, y)$ の極限である．

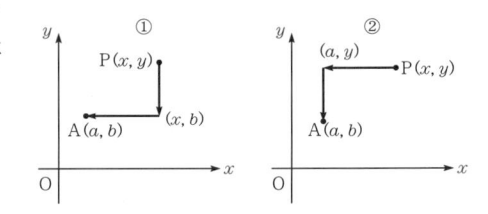

②の意味も同様であるが，もし①，②が一致しなければ，$\lim\limits_{(x,y) \to (a,b)} f(x, y)$ は存在しない．また，一致する場合でも，それが $\lim\limits_{(x,y) \to (a,b)} f(x, y)$ であるとは限らない．

解答

(1) $x \neq 0$ のとき，$\lim_{y \to 0} \dfrac{x^2 y}{\sqrt{x^2+y^2}} = 0$
　　　　　　　　　　　㋐

∴ $\lim_{x \to 0}\left(\lim_{y \to 0} \dfrac{x^2 y}{\sqrt{x^2+y^2}}\right) = 0$ ……（答）①

$y \neq 0$ のとき，$\lim_{x \to 0} \dfrac{x^2 y}{\sqrt{x^2+y^2}} = 0$
　　　　　　　　　　　㋑

∴ $\lim_{y \to 0}\left(\lim_{x \to 0} \dfrac{x^2 y}{\sqrt{x^2+y^2}}\right) = 0$ ……（答）②

また，$\begin{cases} x = r\cos\theta \\ y = r\sin\theta \end{cases}$ とおくと
　　　　　㋒

$\dfrac{x^2 y}{\sqrt{x^2+y^2}} = \dfrac{r^2\cos^2\theta \cdot r\sin\theta}{\sqrt{r^2\cos^2\theta + r^2\sin^2\theta}}$

$= \dfrac{r^3\cos^2\theta\sin\theta}{r} = r^2\cos^2\theta\sin\theta$

∴ $\lim_{(x,y) \to (0,0)} \dfrac{x^2 y}{\sqrt{x^2+y^2}} = \lim_{r \to 0} r^2\cos^2\theta\sin\theta$
　　　　　　　　　　　　　　　　　　㋓

$= 0$ ……（答）③

(2) (1) と同様にして

$\lim_{x \to 0}\left(\lim_{y \to 0} \dfrac{2xy}{x^2+y^2}\right) = 0$ ……（答）①

$\lim_{y \to 0}\left(\lim_{x \to 0} \dfrac{2xy}{x^2+y^2}\right) = 0$ ……（答）②

また，$\begin{cases} x = r\cos\theta \\ y = r\sin\theta \end{cases}$ とおくと

$\dfrac{2xy}{x^2+y^2} = \dfrac{2r\cos\theta \cdot r\sin\theta}{r^2}$

$= \dfrac{2r^2\cos\theta\sin\theta}{r^2} = \sin 2\theta$

これは θ の値によりいろいろな値をとるので，
　　　㋔
$\lim_{(x,y) \to (0,0)} \dfrac{2xy}{x^2+y^2}$ は存在しない． ……（答）③

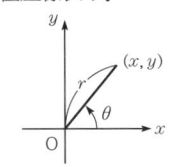

㋐ $\lim_{y \to 0} \dfrac{x^2 y}{\sqrt{x^2+y^2}} = \dfrac{0}{\sqrt{x^2}} = 0$

㋑ $\lim_{x \to 0} \dfrac{x^2 y}{\sqrt{x^2+y^2}} = \dfrac{0}{\sqrt{y^2}} = 0$

㋒ 極座標表示．

㋓ $|\cos^2\theta\sin\theta| \leq 1$ から
$0 \leq |r^2\cos^2\theta\sin\theta| \leq r^2$
だから，$r \to 0$ のとき
$r^2\cos^2\theta\sin\theta \to 0$

㋔ $\theta = 0$ のとき，0
$\theta = \dfrac{\pi}{4}$ のとき，1
$\theta = \dfrac{\pi}{3}$ のとき，$\dfrac{\sqrt{3}}{2}$

理解度 Check！　(1) (2) とも答の①まで A．②まで B．③まで C．

練習問題 54
解答は p.250

次の極限を求めよ．

(1) $\lim_{(x,y) \to (1,1)} \dfrac{(x-1)^3 + (y-1)^3}{(x-1)^2 + (y-1)^2}$

(2) $\lim_{(x,y) \to (0,0)} \tan^{-1} \dfrac{y}{x}$

問題 55　2変数関数の連続

次の関数は原点 $(0,0)$ で連続であるかどうかを調べよ．

(1) $f(x,y) = \begin{cases} \dfrac{(x-y)^2}{x^2+y^2} & ((x,y) \neq (0,0) \text{ のとき}) \\ 1 & ((x,y) = (0,0) \text{ のとき}) \end{cases}$

(2) $f(x,y) = \begin{cases} \dfrac{x^3+y^3}{x^2+xy+y^2} & ((x,y) \neq (0,0) \text{ のとき}) \\ 0 & ((x,y) = (0,0) \text{ のとき}) \end{cases}$

解説　2変数関数 $z = f(x,y)$ が与えられ，その定義域を D とする．いま D 内の点 A に対して
$$\lim_{P \to A} f(P) = f(A) \quad \cdots\cdots ①$$
が成り立つとき，関数 $f(P)$ は A で**連続**であるという．①は

(i)　$f(A)$ が存在する　　(ii)　$\lim_{P \to A} f(P)$ が有限値として存在する

(iii)　(i), (ii) の両者の値が等しい

の3つが同時に成り立つことを意味する．したがって，この3つのうち1つでも成り立たないときは，$f(P)$ は A で連続であるとはいえない．

一般に，$A(a,b)$ すなわち $(x,y) \to (a,b)$ のときは
$\begin{cases} x = a + r\cos\theta \\ y = b + r\sin\theta \end{cases}$ とおいて，$r \to 0$ のときの極限
$\lim_{r \to 0} f(x,y)$ を考えればよい．　あるいは，
直線 $y = m(x-a) + b$，および直線 $x = a$ 上の点として
$(x,y) \to (a,b)$ のときの極限を考えてもよい．

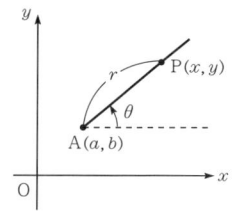

たとえば，$f(x,y) = \begin{cases} \dfrac{x^2-y^2}{x^2+y^2} & ((x,y) \neq (0,0) \text{ のとき}) \\ 0 & ((x,y) = (0,0) \text{ のとき}) \end{cases}$

が $(0,0)$ で不連続であることは，次のように示される．

$(0,0)$ 以外の点 (x,y) に対して $x = r\cos\theta$，$y = r\sin\theta$ とおくと
$$f(x,y) = \frac{r^2\cos^2\theta - r^2\sin^2\theta}{(r\cos\theta)^2 + (r\sin\theta)^2} = \frac{r^2(\cos^2\theta - \sin^2\theta)}{r^2} = \cos 2\theta \text{ より}$$
$$\lim_{(x,y) \to (0,0)} f(x,y) = \cos 2\theta$$

これは，θ の値によりいろいろな値をとるので，$\lim_{(x,y) \to (0,0)} f(x,y)$ は存在しない．よって，$f(x,y)$ は $(0,0)$ で不連続である．

また，$y = mx$ 上の点として考えても導けるので，検証されたし．

解 答

原点以外の点 (x, y) に対して，$x = r\cos\theta$，$y = r\sin\theta$ とおく．

(1) ㋐ $r \neq 0$ のとき
$$㋑\,f(x, y) = \frac{(r\cos\theta - r\sin\theta)^2}{(r\cos\theta)^2 + (r\sin\theta)^2}$$
$$= \frac{r^2(\cos\theta - \sin\theta)^2}{r^2}$$
$$= (\cos\theta - \sin\theta)^2 = 1 - \sin 2\theta$$
$$\therefore \lim_{(x,y)\to(0,0)} f(x, y) = 1 - \sin 2\theta$$

これは θ の値によりいろいろな値をとるので，$\lim_{(x,y)\to(0,0)} f(x, y)$ は存在しない．

よって，$f(x, y)$ は $(0, 0)$ で不連続である．
……(答)

(2) $r \neq 0$ のとき
$$㋒\,f(x, y) = \frac{(r\cos\theta)^3 + (r\sin\theta)^3}{(r\cos\theta)^2 + r\cos\theta \cdot r\sin\theta + (r\sin\theta)^2}$$
$$= \frac{r^3(\cos^3\theta + \sin^3\theta)}{r^2(\cos^2\theta + \cos\theta\sin\theta + \sin^2\theta)}$$
$$= \frac{r(\cos^3\theta + \sin^3\theta)}{1 + \sin\theta\cos\theta}$$
$$\therefore \lim_{(x,y)\to(0,0)} f(x, y) = \lim_{r\to 0} \frac{r(\cos^3\theta + \sin^3\theta)}{1 + \sin\theta\cos\theta}$$
$$= 0$$

したがって，$\lim_{(x,y)\to(0,0)} f(x, y) = ㋓ = f(0, 0)$

よって，$f(x, y)$ は $(0, 0)$ で連続である．
……(答)

㋐ $(x, y) \neq (0, 0)$ のときの $f(x, y)$ を考える．

㋑ 直線 $y = mx$ を考えると，原点以外の点 (x, y) に対し
$$f(x, y) = \frac{(x - mx)^2}{x^2 + (mx)^2}$$
$$= \frac{(1 - m)^2}{1 + m^2}$$
となり，$\lim_{(x,y)\to(0,0)} f(x, y)$ は m の値により変化するので，この極限は存在しない．

㋒ $y = mx$ を考えると
$$f(x, y) = \frac{(1 + m^3)\,x}{1 + m + m^2},$$
また $f(0, y) = y$ より
$$\lim_{(x,y)\to(0,0)} f(x, y) = 0$$

㋓ $\left|\dfrac{\cos^3\theta + \sin^3\theta}{1 + \sin\theta\cos\theta}\right|$
$$= \frac{2|\cos^3\theta + \sin^3\theta|}{2 + \sin 2\theta}$$
$$< \frac{2(1+1)}{2-1} = 4$$
より，はさみうちの原理．

理解度 Check! (1) (2) とも極座標形式で表して **A**．結論が示せて **B**

練習問題 55

次の関数は $(x, y) = (0, 0)$ で連続であるかどうかを調べよ．

$$f(x, y) = \begin{cases} \dfrac{x^3 y}{x^6 + y^2} & ((x, y) \neq (0, 0) \text{ のとき}) \\ 0 & ((x, y) = (0, 0) \text{ のとき}) \end{cases}$$

解答は p. 251

問題 56 偏導関数

次の関数を偏微分せよ．
(1) $\sqrt{3x^2-2y^2}$
(2) $\log\sqrt{(x-a)^2+(y-b)^2}$
(3) $y^2\tan^{-1}\left(\dfrac{x}{y}\right)$
(4) $e^{\frac{y}{x}}$

解 説

2変数関数 $z=f(x,y)$ において

① y を固定して，すなわち $f(x,y)$ を x だけの1変数関数とみなして，x で微分したものを $f(x,y)$ の **x についての偏導関数**といい，

$$f_x(x,y),\ z_x,\ \frac{\partial f}{\partial x},\ \frac{\partial z}{\partial x}$$

などと表す．記号 ∂ はラウンドと読む．

② x を固定して，すなわち $f(x,y)$ を y だけの1変数関数とみなして，y で微分したものを $f(x,y)$ の **y についての偏導関数**といい，

$$f_y(x,y),\ z_y,\ \frac{\partial f}{\partial y},\ \frac{\partial z}{\partial y}$$

などと表す．

本来なら，偏微分係数，偏導関数の定義から学ぶべきであるが，これは問題59でとりあげることにして，ここでは偏導関数の計算技法をマスターしよう．

さて，2変数関数 $z=f(x,y)$ の偏導関数は f_x と f_y の2つが存在するが，たとえば

$f(x,y)=x^2+y^2+3x-6y-1$ ならば，$f_x=2x+3$，$f_y=2y-6$

$f(x,y)=x^2y^3+2$ ならば，$f_x=2xy^3$，$f_y=3x^2y^2$

$f(x,y)=\dfrac{x^2}{x+2y}$ ならば，商の偏導関数だから，

$$f_x=\frac{\frac{\partial}{\partial x}(x^2)\cdot(x+2y)-x^2\cdot\frac{\partial}{\partial x}(x+2y)}{(x+2y)^2}=\frac{2x(x+2y)-x^2\cdot1}{(x+2y)^2}=\frac{x(x+4y)}{(x+2y)^2}$$

$$f_y=-\frac{x^2}{(x+2y)^2}\cdot\frac{\partial}{\partial y}(x+2y)=-\frac{2x^2}{(x+2y)^2}$$

$f(x,y)=e^x\sin xy$ ならば

$f_x=e^x\sin xy+e^x\cdot y\cos xy=e^x(\sin xy+y\cos xy)$

$f_y=e^x\cdot x\cos xy=xe^x\cos xy$

$f(x,y,z)=e^{xy}\sin z$ ならば

$f_x=ye^{xy}\sin z$，$f_y=xe^{xy}\sin z$，$f_z=e^{xy}\cos z$　となる．

解 答

与えられた関数を $f(x, y)$ とおく．

(1) ㋐ $f_x = \dfrac{6x}{2\sqrt{3x^2-2y^2}} = \dfrac{3x}{\sqrt{3x^2-2y^2}}$ ……（答）

$f_y = \dfrac{-4y}{2\sqrt{3x^2-2y^2}} = -\dfrac{2y}{\sqrt{3x^2-2y^2}}$ ……（答）

㋐ $f(x, y) = \sqrt{g(x, y)}$ のとき
$f_x = \dfrac{g_x}{2\sqrt{g}}$

(2) $f(x, y) = \dfrac{1}{2}\log\{(x-a)^2+(y-b)^2\}$ より

㋑ $f_x = \dfrac{1}{2} \cdot \dfrac{2(x-a)}{(x-a)^2+(y-b)^2} = \dfrac{x-a}{(x-a)^2+(y-b)^2}$ ……（答）

$f_y = \dfrac{1}{2} \cdot \dfrac{2(y-b)}{(x-a)^2+(y-b)^2} = \dfrac{y-b}{(x-a)^2+(y-b)^2}$ ……（答）

㋑ $f(x, y) = \log g(x, y)$ のとき
$f_x = \dfrac{g_x}{g}$

(3) ㋒ $f_x = y^2 \cdot \dfrac{\dfrac{1}{y}}{1+\left(\dfrac{x}{y}\right)^2} = \dfrac{y^3}{x^2+y^2}$ ……（答）

$f_y = 2y \tan^{-1} \dfrac{x}{y} + y^2 \cdot \dfrac{-\dfrac{x}{y^2}}{1+\left(\dfrac{x}{y}\right)^2}$

$= 2y \tan^{-1} \dfrac{x}{y} - \dfrac{xy^2}{x^2+y^2}$ ……（答）

㋒ $f(x, y) = \tan^{-1} g(x, y)$ のとき
$f_x = \dfrac{g_x}{1+g^2}$

㋓ $f(x, y) = e^{g(x,y)}$ のとき
$f_x = e^g \cdot g_x$

(4) ㋓ $f_x = e^{\frac{y}{x}} \cdot \left(-\dfrac{y}{x^2}\right) = -\dfrac{y}{x^2} e^{\frac{y}{x}}$ ……（答）

$f_y = e^{\frac{y}{x}} \cdot \dfrac{1}{x} = \dfrac{1}{x} e^{\frac{y}{x}}$ ……（答）

理解度 Check!
(1)～(4) とも，f_x まで **A**．f_y まで **B**．

練習問題 56

解答は p.251

次の関数を偏微分せよ．

(1) $\dfrac{x-y}{x+y}$ 　(2) $\dfrac{e^{xy}}{e^x+e^y}$ 　(3) $\log|x^3-y^2+3xy|$

(4) $\sin^{-1} \dfrac{x}{y}$ 　(5) x^y $(x>0,\ x \neq 1)$

問題 57　高次偏導関数

次の各問いに答えよ．
(1) $f(x,y)=\log(1+x^2+y^2)$ に対して，第2次偏導関数を求めよ．
(2) $f(x,y)=e^{ax}\cos(a\log y)$ （a は定数）のとき，
$\dfrac{\partial^2 f}{\partial x^2}+y^2\dfrac{\partial^2 f}{\partial y^2}+y\dfrac{\partial f}{\partial y}$ を求めよ．

解説　一般に，$z=f(x,y)$ において，$f_x(x,y)$，$f_y(x,y)$ は2変数の関数である．これらが x または y について偏微分可能であるとき，偏微分したものを**第2次偏導関数（2階偏微分）**という．$z=f(x,y)$ については，4種類あり

$$f_{xx}=\frac{\partial}{\partial x}f_x=\frac{\partial}{\partial x}\left(\frac{\partial z}{\partial x}\right)=\frac{\partial^2 z}{\partial x^2}, \quad f_{xy}=\frac{\partial}{\partial y}f_x=\frac{\partial}{\partial y}\left(\frac{\partial z}{\partial x}\right)=\frac{\partial^2 z}{\partial y\partial x},$$

$$f_{yx}=\frac{\partial}{\partial x}f_y=\frac{\partial}{\partial x}\left(\frac{\partial z}{\partial y}\right)=\frac{\partial^2 z}{\partial x\partial y}, \quad f_{yy}=\frac{\partial}{\partial y}f_y=\frac{\partial}{\partial y}\left(\frac{\partial z}{\partial y}\right)=\frac{\partial^2 z}{\partial y^2}$$

となる．ここで，$f_{xy}=\dfrac{\partial^2 z}{\partial y\partial x}$ と $f_{yx}=\dfrac{\partial^2 z}{\partial x\partial y}$ は x，y の順序に注意しよう．

f_{xy}，f_{yx} がともに存在して連続ならば $f_{xy}=f_{yx}$ であるが，一般には $f_{xy}=f_{yx}$ とは限らない（問題59参照）．

また，f_{xx}，f_{xy} などが偏微分可能ならば，さらに偏微分して

$$f_{xxx}\left(=\frac{\partial^3 z}{\partial x^3}\right),\ f_{xxy}\left(=\frac{\partial^3 z}{\partial y\partial x^2}\right),\ f_{xyy}\left(=\frac{\partial^3 z}{\partial y^2\partial x}\right),\ \cdots$$

などの高次の偏導関数が定義される．たとえば

$f(x,y)=2xy^3+y^2$ ならば，$f_x=2y^3$，$f_y=6xy^2+2y$ より
　$f_{xx}=0$，$f_{xy}=f_{yx}=6y^2$，$f_{yy}=12xy+2$

$f(x,y)=e^{x+y}$ ならば，$f_x=e^{x+y}$，$f_y=e^{x+y}$ より
　$f_{xx}=f_{xy}=f_{yx}=f_{yy}=e^{x+y}$

$f(x,y)=\cos xy$ ならば，$f_x=-y\sin xy$，$f_y=-x\sin xy$ より
　$f_{xx}=-y^2\cos xy$，$f_{yy}=-x^2\cos xy$，
　$f_{xy}=f_{yx}=-\sin xy-xy\cos xy$

$f(x,y)=x^y$ $(x>0,\ x\ne 1)$ ならば，$f_x=yx^{y-1}$，$f_y=x^y\log x$ より
　$f_{xx}=y(y-1)x^{y-2}$，$f_{yy}=x^y(\log x)^2$，
　$f_{xy}=f_{yx}=x^{y-1}+yx^{y-1}\log x=(1+y\log x)x^{y-1}$

となる．

解 答

(1) $f(x, y) = \log(1 + x^2 + y^2)$ のとき

$$f_x = \frac{2x}{1 + x^2 + y^2}, \quad f_y = \frac{2y}{1 + x^2 + y^2}$$

したがって

$$f_{xx} = \frac{\partial}{\partial x} f_x = \frac{\partial}{\partial x}\left(\frac{2x}{1 + x^2 + y^2}\right)$$

$$= \frac{2(1 + x^2 + y^2) - 2x \cdot 2x}{(1 + x^2 + y^2)^2}$$

$$= \frac{2(1 - x^2 + y^2)}{(1 + x^2 + y^2)^2} \quad \cdots\cdots(\text{答})$$

同様に $\underset{\text{㋐}}{f_{yy}} = \frac{2(1 + x^2 - y^2)}{(1 + x^2 + y^2)^2} \quad \cdots\cdots(\text{答})$

$$f_{xy} = f_{yx} = \underset{\text{㋑}}{\frac{\partial}{\partial y}\left(\frac{2x}{1 + x^2 + y^2}\right)}$$

$$= -\frac{4xy}{(1 + x^2 + y^2)^2} \quad \cdots\cdots(\text{答})$$

(2) $f(x, y) = e^{ax} \cos(a \log y)$ のとき

$f_x = a e^{ax} \cos(a \log y)$

$f_{xx} = a^2 e^{ax} \cos(a \log y)$

$\underset{\text{㋒}}{f_y} = -\frac{a e^{ax}}{y} \sin(a \log y)$

$\underset{\text{㋓}}{f_{yy}} = \frac{a e^{ax}}{y^2} \sin(a \log y) - \frac{a^2 e^{ax}}{y^2} \cos(a \log y)$

$\therefore \quad f_{xx} + y^2 f_{yy} + y f_y$

$= a^2 e^{ax} \cos(a \log y)$

$\quad + a e^{ax} \sin(a \log y) - a^2 e^{ax} \cos(a \log y)$

$\quad - a e^{ax} \sin(a \log y)$

$= 0 \quad \cdots\cdots(\text{答})$

㋐ $f(x, y) = \log(1 + x^2 + y^2)$ は x, y の対称式であるから, f_y, f_{yy} はそれぞれ f_x, f_{xx} で x と y を入れ換えた式である.

㋑ $\dfrac{\partial}{\partial y}\left(\dfrac{2x}{1 + x^2 + y^2}\right)$

$= -\dfrac{2x}{(1 + x^2 + y^2)^2}$

$\quad \times \dfrac{\partial}{\partial y}(1 + x^2 + y^2)$

㋒ $f_y = e^{ax} \cdot \dfrac{\partial}{\partial y} \cos(a \log y)$

$= e^{ax}\{-\sin(a \log y)\}$

$\quad \times \dfrac{a}{y}$

$= -\dfrac{a e^{ax}}{y} \sin(a \log y)$

㋓ $f_y = -a e^{ax} \cdot \dfrac{\sin(a \log y)}{y}$

として, 商の微分から求めてもよい.

理解度 Check! (1): f_x, f_y までが **A**. 完答で **B**. (2): f_x, f_y まで **A**. f_{xx}, f_{yy} まで **B**. (答)まで **C**.

練習問題 57

次の関数の第2次偏導関数を求めよ.

(1) $x^3 - 3xy^2 + y^3$ (2) $x \tan^{-1}\dfrac{x}{y}$ (3) $\sin(xy + yz + zx)$

解答は p.251

問題 58　調和関数

$u = f(r)$, $r = \sqrt{x^2 + y^2 + z^2}$ かつ $\dfrac{\partial^2 u}{\partial x^2} + \dfrac{\partial^2 u}{\partial y^2} + \dfrac{\partial^2 u}{\partial z^2} = 0$ となる関数 $f(r)$ を求めよ.

解説

2変数関数 $u = f(x, y)$ あるいは3変数関数 $u = f(x, y, z)$ が

$\dfrac{\partial^2 u}{\partial x^2} + \dfrac{\partial^2 u}{\partial y^2} = 0$, $\dfrac{\partial^2 u}{\partial x^2} + \dfrac{\partial^2 u}{\partial y^2} + \dfrac{\partial^2 u}{\partial z^2} = 0$ を満たすとき，関数 u を **調和関数** という．

たとえば，$u = x^2 + y^2 - 2z^2$ は $u_x = 2x$, $u_y = 2y$, $u_z = -4z$ より $u_{xx} = 2$, $u_{yy} = 2$, $u_{zz} = -4$ となるので，$u_{xx} + u_{yy} + u_{zz} = 0$
したがって，$u = x^2 + y^2 - 2z^2$ は調和関数である．

次に，$z = f(r)$, $r = \sqrt{x^2 + y^2}$ かつ $\dfrac{\partial^2 z}{\partial x^2} + \dfrac{\partial^2 z}{\partial y^2} = 0$ となるような調和関数 $z = f(r)$ を求めてみよう．

$r^2 = x^2 + y^2$ から，両辺を x で偏微分して

$2r \dfrac{\partial r}{\partial x} = 2x$ より $\dfrac{\partial r}{\partial x} = \dfrac{x}{r}$ $\quad \therefore \quad \dfrac{\partial z}{\partial x} = \dfrac{dz}{dr} \dfrac{\partial r}{\partial x} = f'(r) \cdot \dfrac{x}{r} = \dfrac{f'(r)}{r} x$

したがって

$$\dfrac{\partial^2 z}{\partial x^2} = \dfrac{\partial}{\partial x}\left(\dfrac{\partial z}{\partial x}\right) = \dfrac{\partial}{\partial x}\left(\dfrac{f'(r)}{r} x\right) = \dfrac{\partial}{\partial x}\left(\dfrac{f'(r)}{r}\right) \cdot x + \dfrac{f'(r)}{r} \cdot \dfrac{\partial}{\partial x}(x)$$

$$= \dfrac{f''(r) \, r - f'(r)}{r^2} \dfrac{\partial r}{\partial x} \cdot x + \dfrac{f'(r)}{r} \cdot 1$$

$$= \dfrac{f''(r) \, r - f'(r)}{r^3} x^2 + \dfrac{f'(r)}{r}$$

同様にして，$\dfrac{\partial^2 z}{\partial y^2} = \dfrac{f''(r) \, r - f'(r)}{r^3} y^2 + \dfrac{f'(r)}{r}$

これらを $\dfrac{\partial^2 z}{\partial x^2} + \dfrac{\partial^2 z}{\partial y^2} = 0$ に代入して，$x^2 + y^2 = r^2$ を用いると

$\dfrac{f''(r) \, r - f'(r)}{r} + \dfrac{2 f'(r)}{r} = 0 \qquad \therefore \quad f''(r) \, r + f'(r) = 0$

これより，$\{r f'(r)\}' = 0$ から，$r f'(r) = a$

よって $\quad f(r) = \displaystyle\int \dfrac{a}{r} dr = a \log r + b$ （a, b は定数）

が得られる．

解 答

$r=\sqrt{x^2+y^2+z^2}$ のとき，$r^2=x^2+y^2+z^2$
両辺を x で偏微分して

$$2r\frac{\partial r}{\partial x}=2x \text{ から } \frac{\partial r}{\partial x}=\frac{x}{r}$$

$$\therefore \quad \frac{\partial u}{\partial x}=\frac{\partial u}{\partial r}\frac{\partial r}{\partial x}=f'(r)\cdot\frac{x}{r}=\frac{f'(r)}{r}x$$

したがって

$$\frac{\partial^2 u}{\partial x^2}=\frac{\partial}{\partial x}\left(\frac{\partial u}{\partial x}\right)=\underbrace{\frac{\partial}{\partial x}\left(\frac{f'(r)}{r}x\right)}_{⑦}$$

$$=\frac{f''(r)\,r-f'(r)}{r^2}\cdot\frac{\partial r}{\partial x}\cdot x+\frac{f'(r)}{r}\cdot 1$$

$$=\frac{f''(r)\,r-f'(r)}{r^3}x^2+\frac{f'(r)}{r}$$

同様に $\underbrace{\frac{\partial^2 u}{\partial y^2}}_{①}=\frac{f''(r)\,r-f'(r)}{r^3}y^2+\frac{f'(r)}{r}$

$$\frac{\partial^2 u}{\partial z^2}=\frac{f''(r)\,r-f'(r)}{r^3}z^2+\frac{f'(r)}{r}$$

これらを与えられた等式に代入して，$x^2+y^2+z^2=r^2$ を用いると

$$\frac{f''(r)\,r-f'(r)}{r^3}\cdot r^2+3\frac{f'(r)}{r}=0$$

$$\therefore \quad f''(r)\,r+2f'(r)=0$$

$\dfrac{f''(r)}{f'(r)}=-\dfrac{2}{r}$ から $\displaystyle\int\frac{f''(r)}{f'(r)}dr=\int\left(-\frac{2}{r}\right)dr$

$$\log|f'(r)|=-2\log r+c_1=\log\frac{e^{c_1}}{r^2}$$

$$\therefore \quad f'(r)=\pm\frac{e^{c_1}}{r^2}=\frac{a}{r^2}$$

よって $f(r)=\displaystyle\int\frac{a}{r^2}dr=-\frac{a}{r}+b$ ……(答)

（a, b は定数）

⑦ $\dfrac{\partial}{\partial x}\left(\dfrac{f'(r)}{r}x\right)$

$=\dfrac{\partial}{\partial x}\left(\dfrac{f'(r)}{r}\right)\cdot x$

$\quad +\dfrac{f'(r)}{r}\cdot\dfrac{\partial}{\partial x}(x)$

$=\dfrac{d}{dr}\left(\dfrac{f'(r)}{r}\right)\dfrac{\partial r}{\partial x}\cdot x$

$\quad +\dfrac{f'(r)}{r}\cdot 1$

① u は x, y の対称式だから，$\dfrac{\partial^2 u}{\partial y^2}$ は $\dfrac{\partial^2 u}{\partial x^2}$ の結果において x と y を入れ換えればよい．$\dfrac{\partial^2 u}{\partial z^2}$ についても同様である．

理解度 Check! 1階微分までで A．それぞれの2階微分までで B．(答) で C．

練習問題 58

解答は p.252

$u=\dfrac{1}{r}$, $r=\sqrt{x^2+y^2+z^2}$ のとき，$\dfrac{\partial^2 u}{\partial x^2}+\dfrac{\partial^2 u}{\partial y^2}+\dfrac{\partial^2 u}{\partial z^2}$ を求めよ．

問題 59　偏微分係数

次の関数 $f(x,y)$ について $f_{xy}(0,0)$ と $f_{yx}(0,0)$ を求め，これが等しくないことを示せ．

$$f(x,y) = \begin{cases} \dfrac{xy(x^2-2y^2)}{x^2+y^2} & ((x,y) \neq (0,0)\ \text{のとき}) \\ 0 & ((x,y)=(0,0)\ \text{のとき}) \end{cases}$$

解説

偏導関数の基本的な計算はすでに学んだが，ここでは偏微分係数および偏導関数の定義についてまとめておこう．

1変数関数 $y=f(x)$ に関しては，導関数および微分係数の定義は

$$\text{導関数} \quad f'(x) = \lim_{h \to 0} \frac{f(x+h)-f(x)}{h}$$

$$\text{微分係数} \quad f'(a) = \lim_{h \to 0} \frac{f(a+h)-f(a)}{h}$$

であったが，その拡張として偏微分法における定義は

$$\text{偏導関数} \quad \begin{cases} f_x(x,y) = \lim_{h \to 0} \dfrac{f(x+h, y) - f(x, y)}{h} & \cdots\cdots ① \\ f_y(x,y) = \lim_{k \to 0} \dfrac{f(x, y+k) - f(x, y)}{k} & \cdots\cdots ② \end{cases}$$

$$\text{偏微分係数} \quad \begin{cases} f_x(a,b) = \lim_{h \to 0} \dfrac{f(a+h, b) - f(a, b)}{h} & \cdots\cdots ③ \\ f_y(a,b) = \lim_{k \to 0} \dfrac{f(a, b+k) - f(a, b)}{k} & \cdots\cdots ④ \end{cases}$$

となる．①を $f(x,y)$ の **x についての偏導関数** といい，③を $f(x,y)$ の点 (a,b) における **x についての偏微分係数** という．②，④は y についてのものである．さらに，①の f を f_y とおくと

$$(f_y)_x(x,y) = f_{yx}(x,y) = \lim_{h \to 0} \frac{f_y(x+h, y) - f_y(x, y)}{h}$$

が得られる．同様にして，②，③，④から

$$f_{xy}(x,y) = \lim_{k \to 0} \frac{f_x(x, y+k) - f_x(x, y)}{k}$$

$$f_{yx}(a,b) = \lim_{h \to 0} \frac{f_y(a+h, b) - f_y(a, b)}{h}, \quad f_{xy}(a,b) = \lim_{k \to 0} \frac{f_x(a, b+k) - f_x(a, b)}{k}$$

となる．問題 59 は，$(x,y) \neq (0,0)$ のときと $(x,y)=(0,0)$ のときで $f(x,y)$ が異なるので，上の定義にしたがって求めなければいけない．

解 答

$y \neq 0$ のとき

$$\underset{\text{(ア)}}{f_x(0,y)} = \lim_{h \to 0}\frac{f(h,y)-f(0,y)}{h}$$

$$= \lim_{h \to 0}\frac{1}{h}\frac{hy(h^2-2y^2)}{h^2+y^2}$$

$$= \lim_{h \to 0}\frac{y(h^2-2y^2)}{h^2+y^2} = -2y$$

$$f_x(0,0) = \lim_{h \to 0}\frac{f(h,0)-f(0,0)}{h} = \lim_{h \to 0}\frac{0-0}{h} = 0$$

したがって

$$\underset{\text{(イ)}}{f_{xy}(0,0)} = \lim_{k \to 0}\frac{f_x(0,k)-f_x(0,0)}{k}$$

$$= \lim_{k \to 0}\frac{-2k}{k} = -2 \qquad \cdots\cdots ①$$

また，$x \neq 0$ のとき

$$\underset{\text{(ウ)}}{f_y(x,0)} = \lim_{k \to 0}\frac{f(x,k)-f(x,0)}{k}$$

$$= \lim_{k \to 0}\frac{1}{k}\frac{xk(x^2-2k^2)}{x^2+k^2}$$

$$= \lim_{k \to 0}\frac{x(x^2-2k^2)}{x^2+k^2} = x$$

$$f_y(0,0) = \lim_{k \to 0}\frac{f(0,k)-f(0,0)}{k} = \lim_{k \to 0}\frac{0-0}{k} = 0$$

したがって

$$\underset{\text{(エ)}}{f_{yx}(0,0)} = \lim_{h \to 0}\frac{f_y(h,0)-f_y(0,0)}{h}$$

$$= \lim_{h \to 0}\frac{h}{h} = 1 \qquad \cdots\cdots ②$$

よって，①，② から $f_{xy}(0,0) \neq f_{yx}(0,0)$

(ア) $f_x(0,y)$ は $y(\neq 0)$ を固定したときの，$(0,y)$ における x の偏微分係数である．
一般には
$$f_x(a,y)$$
$$= \lim_{h \to 0}\frac{f(a+h,y)-f(a,y)}{h}$$

(イ) $f_{xy}(a,b)$
$$= \lim_{k \to 0}\frac{f_x(a,b+k)-f_x(a,b)}{k}$$

(ウ) $f_y(x,b)$
$$= \lim_{k \to 0}\frac{f(x,b+k)-f(x,b)}{k}$$

(エ) $f_{yx}(a,b)$
$$= \lim_{h \to 0}\frac{f_y(a+h,b)-f_y(a,b)}{h}$$

理解度 Check! ｜ (ア)=0 で A．①まで で B．(ウ)=0 で C．(答) まで で D．

練習問題 59

次の関数の $(0,0)$ における偏微分係数を求めよ．

$$f(x,y) = \begin{cases} \dfrac{2x^3+y^3}{\sqrt{x^4+y^4}} & ((x,y) \neq (0,0) \text{のとき}) \\ 0 & ((x,y) = (0,0) \text{のとき}) \end{cases}$$

解答は p.252

問題 60　合成関数の偏導関数(1)

次の関数について，$\dfrac{du}{dt}$ を求めよ．

(1) $u = \dfrac{2x^2 + 3y}{x^2 + 2y}$, $x = e^t$, $y = e^{-t}$

(2) $u = e^{x^2} \sin \dfrac{y}{z}$, $x = t$, $y = 2(t-1)$, $z = 2t$

解説　$z = f(x, y)$ において，x, y が t のみの関数ならば，z は t の１変数関数となる．このとき，

$$\begin{cases} z = f(x, y) \\ x = \varphi(t) \\ y = \psi(t) \end{cases}$$

において，z が x, y について偏微分可能，x, y が t について微分可能ならば，z は t について微分可能であり

$$\frac{dz}{dt} = \frac{\partial z}{\partial x} \frac{dx}{dt} + \frac{\partial z}{\partial y} \frac{dy}{dt}$$

さらに，$u = f(x, y, z)$ で，x, y, z が t のみの関数のとき，上の定理と同じ条件ならば

$$\frac{du}{dt} = \frac{\partial u}{\partial x} \frac{dx}{dt} + \frac{\partial u}{\partial y} \frac{dy}{dt} + \frac{\partial u}{\partial z} \frac{dz}{dt}$$

が成り立つ．たとえば

$z = x^2 - y^2$, $x = \cos t$, $y = \sin t$ ならば

$$\frac{dz}{dt} = \frac{\partial z}{\partial x} \frac{dx}{dt} + \frac{\partial z}{\partial y} \frac{dy}{dt} = 2x \cdot (-\sin t) + (-2y) \cdot \cos t$$

$$= -4 \sin t \cos t = -2 \sin 2t$$

$u = e^x(y - z)$, $x = t$, $y = \sin t$, $z = \cos t$ ならば

$$\frac{du}{dt} = \frac{\partial u}{\partial x} \frac{dx}{dt} + \frac{\partial u}{\partial y} \frac{dy}{dt} + \frac{\partial u}{\partial z} \frac{dz}{dt}$$

$$= e^x(y - z) \cdot 1 + e^x \cdot \cos t + (-e^x) \cdot (-\sin t)$$

$$= e^t(\sin t - \cos t) + e^t \cos t + e^t \sin t = 2e^t \sin t$$

となる．これらは，それぞれ $z = \cos^2 t - \sin^2 t$, $u = e^t(\sin t - \cos t)$ のように t で表してから計算してもよいが，上の定理に慣れて欲しい．

なお，$\begin{cases} z = f(x, y) \\ y = g(x) \end{cases}$ の場合は，$\dfrac{dz}{dx} = \dfrac{\partial z}{\partial x} + \dfrac{\partial z}{\partial y} \dfrac{dy}{dx}$　$\left(\because\ \dfrac{dx}{dx} = 1 \right)$

となる．

解 答

(1) $\dfrac{\partial u}{\partial x} = \dfrac{4x(x^2+2y)-(2x^2+3y)\cdot 2x}{(x^2+2y)^2}$ ㋐

$= \dfrac{2xy}{(x^2+2y)^2} = \dfrac{2}{(e^{2t}+2e^{-t})^2}$

$\dfrac{\partial u}{\partial y} = \dfrac{3(x^2+2y)-(2x^2+3y)\cdot 2}{(x^2+2y)^2}$

$= -\dfrac{x^2}{(x^2+2y)^2} = -\dfrac{e^{2t}}{(e^{2t}+2e^{-t})^2}$

$\dfrac{dx}{dt} = e^t, \quad \dfrac{dy}{dt} = -e^{-t}$

$\therefore \dfrac{du}{dt} = \dfrac{\partial u}{\partial x}\cdot\dfrac{dx}{dt} + \dfrac{\partial u}{\partial y}\cdot\dfrac{dy}{dt}$ ㋑

$= \dfrac{2}{(e^{2t}+2e^{-t})^2}\cdot e^t + \dfrac{-e^{2t}}{(e^{2t}+2e^{-t})^2}\cdot(-e^{-t})$

$= \dfrac{3e^t}{(e^{2t}+2e^{-t})^2}$ ……(答)

(2) $\dfrac{\partial u}{\partial x} = 2xe^{x^2}\sin\dfrac{y}{z} = 2te^{t^2}\sin\dfrac{t-1}{t}$ ㋒

$\dfrac{\partial u}{\partial y} = \dfrac{e^{x^2}}{z}\cos\dfrac{y}{z} = \dfrac{e^{t^2}}{2t}\cos\dfrac{t-1}{t}$ ㋓

$\dfrac{\partial u}{\partial z} = -\dfrac{y}{z^2}e^{x^2}\cos\dfrac{y}{z} = -\dfrac{t-1}{2t^2}e^{t^2}\cos\dfrac{t-1}{t}$ ㋔

$\dfrac{dx}{dt} = 1, \quad \dfrac{dy}{dl} = 2, \quad \dfrac{dz}{dt} = 2$

$\therefore \dfrac{du}{dt} = \dfrac{\partial u}{\partial x}\cdot\dfrac{dx}{dt} + \dfrac{\partial u}{\partial y}\cdot\dfrac{dy}{dt} + \dfrac{\partial u}{\partial z}\cdot\dfrac{dz}{dt}$

$= 2te^{t^2}\sin\dfrac{t-1}{t}\cdot 1 + \dfrac{e^{t^2}}{2t}\cos\dfrac{t-1}{t}\cdot 2$

$\qquad - \dfrac{t-1}{2t^2}e^{t^2}\cos\dfrac{t-1}{t}\cdot 2$

$= e^{t^2}\left(2t\sin\dfrac{t-1}{t} + \dfrac{1}{t^2}\cos\dfrac{t-1}{t}\right)$ ……(答)

㋐ $\dfrac{\partial u}{\partial x}$

$= \left\{\dfrac{\partial}{\partial x}(2x^2+3y)\cdot(x^2+2y)\right.$
$\quad - (2x^2+3y)\cdot\dfrac{\partial}{\partial x}(x^2+2y)\right\}$
$/(x^2+2y)^2$

㋑ $u = \dfrac{2e^{2t}+3e^{-t}}{e^{2t}+2e^{-t}}$ として,

$\dfrac{du}{dt}$ を商の微分法から求めることもできる.

㋒ $\dfrac{\partial}{\partial x}\left(e^{x^2}\sin\dfrac{y}{z}\right)$

$= \left(\dfrac{\partial}{\partial x}e^{x^2}\right)\cdot\sin\dfrac{y}{z}$

㋓ $\dfrac{\partial}{\partial y}\left(e^{x^2}\sin\dfrac{y}{z}\right)$

$= e^{x^2}\cdot\dfrac{\partial}{\partial y}\left(\sin\dfrac{y}{z}\right)$

$= e^{x^2}\cos\dfrac{y}{z}\cdot\dfrac{\partial}{\partial y}\left(\dfrac{y}{z}\right)$

㋔ $\dfrac{\partial}{\partial z}\left(e^{x^2}\sin\dfrac{y}{z}\right)$

$= e^{x^2}\cdot\dfrac{\partial}{\partial z}\left(\sin\dfrac{y}{z}\right)$

$= e^{x^2}\cos\dfrac{y}{z}\cdot\dfrac{\partial}{\partial z}\left(\dfrac{y}{z}\right)$

> 理解度 Check!　(1) (2)
> とも偏微分で **A** ．x, y, z の t での微分で **B** ．
> (答) までで **C** ．

練習問題 60

次の関数について, $\dfrac{dz}{dt}$ を求めよ.

(1) $z = x^2 + y^2, \quad x = t - \cos t, \quad y = 1 - \sin t$

(2) $z = \cos\sqrt{x^2+y^2}, \quad x = 1 + t^2, \quad y = 1 - t^2$

解答は p.252

問題 61　合成関数の偏導関数(2)

次の各問いに答えよ．

(1) $z=\dfrac{xy}{x+y}$, $x=r\cos\theta$, $y=r\sin\theta$ のとき，$\dfrac{\partial z}{\partial r}$, $\dfrac{\partial z}{\partial \theta}$ を求めよ．

(2) $z=xy$, $u=3x-y$, $v=-2x+y$ のとき，$\dfrac{\partial z}{\partial u}$, $\dfrac{\partial z}{\partial v}$ を求めよ．

解説　$z=f(x,y)$ において，x, y が u, v の関数ならば，z は u, v の 2 変数関数となる．このとき，

$$\begin{cases} z=f(x,y) \\ x=\varphi(u,v) \\ y=\psi(u,v) \end{cases}$$ において，z が x, y について偏微分可能，x, y が u, v について偏微分可能ならば，z は u, v について偏微分可能であり，

$$\dfrac{\partial z}{\partial u}=\dfrac{\partial z}{\partial x}\dfrac{\partial x}{\partial u}+\dfrac{\partial z}{\partial y}\dfrac{\partial y}{\partial u}, \quad \dfrac{\partial z}{\partial v}=\dfrac{\partial z}{\partial x}\dfrac{\partial x}{\partial v}+\dfrac{\partial z}{\partial y}\dfrac{\partial y}{\partial v}$$

たとえば，

$z=xy$, $x=au+bv$, $y=cu+dv$（a, b, c, d は定数）ならば

$$\dfrac{\partial z}{\partial u}=\dfrac{\partial z}{\partial x}\dfrac{\partial x}{\partial u}+\dfrac{\partial z}{\partial y}\dfrac{\partial y}{\partial u}=y\cdot a+x\cdot c=2acu+(ad+bc)v$$

$$\dfrac{\partial z}{\partial v}=\dfrac{\partial z}{\partial x}\dfrac{\partial x}{\partial v}+\dfrac{\partial z}{\partial y}\dfrac{\partial y}{\partial v}=y\cdot b+x\cdot d=(ad+bc)u+2bdv$$

$z=\sqrt{x^2+y^2}$, $x=u+v$, $y=uv$ ならば

$$\dfrac{\partial z}{\partial u}=\dfrac{\partial z}{\partial x}\dfrac{\partial x}{\partial u}+\dfrac{\partial z}{\partial y}\dfrac{\partial y}{\partial u}=\dfrac{x}{\sqrt{x^2+y^2}}\cdot 1+\dfrac{y}{\sqrt{x^2+y^2}}\cdot v$$

$$=\dfrac{x+yv}{\sqrt{x^2+y^2}}=\dfrac{u+v+uv^2}{\sqrt{(u+v)^2+(uv)^2}}$$

z は u と v の**対称式**だから u と v を交換し，$\dfrac{\partial z}{\partial v}=\dfrac{u+v+u^2v}{\sqrt{(u+v)^2+(uv)^2}}$ となる．

また，$z=f(x,y)$ において，直交座標を $x=r\cos\theta$, $y=r\sin\theta$ によって極座標に変換すると

$$\dfrac{\partial z}{\partial r}=\dfrac{\partial z}{\partial x}\dfrac{\partial x}{\partial r}+\dfrac{\partial z}{\partial y}\dfrac{\partial y}{\partial r}=\dfrac{\partial z}{\partial x}\cos\theta+\dfrac{\partial z}{\partial y}\sin\theta$$

$$\dfrac{\partial z}{\partial \theta}=\dfrac{\partial z}{\partial x}\dfrac{\partial x}{\partial \theta}+\dfrac{\partial z}{\partial y}\dfrac{\partial y}{\partial \theta}=-\dfrac{\partial z}{\partial x}r\sin\theta+\dfrac{\partial z}{\partial y}r\cos\theta$$

となる．

解 答

(1) $\dfrac{\partial z}{\partial x} = \dfrac{y(x+y) - xy \cdot 1}{(x+y)^2} = \dfrac{y^2}{(x+y)^2}$

$= \dfrac{r^2 \sin^2 \theta}{(r\cos\theta + r\sin\theta)^2} = \dfrac{\sin^2\theta}{(\cos\theta + \sin\theta)^2}$

同様に，$\dfrac{\partial z}{\partial y} = \dfrac{\cos^2\theta}{(\cos\theta + \sin\theta)^2}$　㋐

また，$\dfrac{\partial x}{\partial r} = \cos\theta$，$\dfrac{\partial y}{\partial r} = \sin\theta$，$\dfrac{\partial x}{\partial \theta} = -r\sin\theta$，

$\dfrac{\partial y}{\partial \theta} = r\cos\theta$

したがって

$\dfrac{\partial z}{\partial r} = \dfrac{\partial z}{\partial x}\dfrac{\partial x}{\partial r} + \dfrac{\partial z}{\partial y}\dfrac{\partial y}{\partial r}$　㋑

$= \dfrac{\sin^2\theta}{(\cos\theta + \sin\theta)^2} \cdot \cos\theta$

$\quad + \dfrac{\cos^2\theta}{(\cos\theta + \sin\theta)^2} \cdot \sin\theta$

$= \dfrac{\sin\theta \cos\theta}{\cos\theta + \sin\theta}$ ……(答)

$\dfrac{\partial z}{\partial \theta} = \dfrac{\partial z}{\partial x}\dfrac{\partial x}{\partial \theta} + \dfrac{\partial z}{\partial y}\dfrac{\partial y}{\partial \theta}$　㋒

$= \dfrac{r(\cos^3\theta - \sin^3\theta)}{(\cos\theta + \sin\theta)^2}$ ……(答)

(2) $u = 3x - y$，$v = -2x + y$ のとき
$x = u + v$，$y = 2u + 3v$ だから

$\dfrac{\partial z}{\partial u} = \dfrac{\partial z}{\partial x}\dfrac{\partial x}{\partial u} + \dfrac{\partial z}{\partial y}\dfrac{\partial y}{\partial u} = y \cdot 1 + x \cdot 2$

$= (2u + 3v) + 2(u + v) = 4u + 5v$ ……(答)

$\dfrac{\partial z}{\partial v} = \dfrac{\partial z}{\partial x}\dfrac{\partial x}{\partial v} + \dfrac{\partial z}{\partial y}\dfrac{\partial y}{\partial v} = y \cdot 1 + x \cdot 3$

$= (2u + 3v) + 3(u + v) = 5u + 6v$ ……(答)

㋐ $\dfrac{\partial z}{\partial y} = \dfrac{x(x+y) - xy \cdot 1}{(x+y)^2}$

$= \dfrac{x^2}{(x+y)^2}$

$= \dfrac{r^2\cos^2\theta}{(r\cos\theta + r\sin\theta)^2}$

$= \dfrac{\cos^2\theta}{(\cos\theta + \sin\theta)^2}$

㋑ z の式に，$x = r\cos\theta$，$y = r\sin\theta$ を代入して

$z = \dfrac{r\cos\theta \sin\theta}{\cos\theta + \sin\theta}$

これより $\dfrac{\partial z}{\partial r}$，$\dfrac{\partial z}{\partial \theta}$ を求めてもよい．

㋒ $\dfrac{\partial z}{\partial \theta}$

$= \dfrac{\sin^2\theta}{(\cos\theta + \sin\theta)^2} \cdot (-r\sin\theta)$

$\quad + \dfrac{\cos^2\theta}{(\cos\theta + \sin\theta)^2} \cdot r\cos\theta$

理解度 Check! (1)：㋑ の手前で A．㋐㋒を表現して B．(答) で C．
(2)：x, y について解いて A．(答) で B．

練習問題 61

次の関数について，z_u，z_v を求めよ．

(1) $z = x^2 + y^2$，$x = 2u + v$，$y = u - 2v$

(2) $z = \dfrac{\tan^{-1} x}{y}$，$x = \dfrac{u}{v}$，$y = u^2 + v^2$

解答は p.253

問題 62　合成関数の偏導関数(3)

$x = u\cos\alpha - v\sin\alpha$, $y = u\sin\alpha + v\cos\alpha$　（α は定数）のとき，x, y に関して連続な第 2 次偏導関数をもつ $z = f(x, y)$ について
(1)　${z_u}^2 + {z_v}^2$ を z の x, y に関する偏導関数を用いて表せ．
(2)　$z_{uu} + z_{vv}$ を z の x, y に関する第 2 次偏導関数を用いて表せ．

解説

ここでは，$z = f(x, y)$ で x, y が 2 変数関数のときの応用問題をとりあげる．

① $z = f(x, y)$ は連続な第 2 次偏導関数をもつとする．

$x = r\cos\theta$, $y = r\sin\theta$ のとき，$\left(\dfrac{\partial z}{\partial r}\right)^2 + \left(\dfrac{1}{r}\dfrac{\partial z}{\partial \theta}\right)^2$ を $\dfrac{\partial z}{\partial x}$, $\dfrac{\partial z}{\partial y}$ を用いて表せ．

（解答）　$\left(\dfrac{\partial z}{\partial r}\right)^2 + \left(\dfrac{1}{r}\dfrac{\partial z}{\partial \theta}\right)^2 = \left(\dfrac{\partial z}{\partial x}\cos\theta + \dfrac{\partial z}{\partial y}\sin\theta\right)^2$
$\qquad\qquad\qquad\qquad\qquad + \left(-\dfrac{\partial z}{\partial x}\sin\theta + \dfrac{\partial z}{\partial y}\cos\theta\right)^2 = \left(\dfrac{\partial z}{\partial x}\right)^2 + \left(\dfrac{\partial z}{\partial y}\right)^2$

② $z = f(x, y)$ は連続な第 2 次偏導関数をもつとする．
$x = u^2 + v^2$, $y = uv$ とするとき，
(i)　$vz_u + uz_v$ を x, y, z_x, z_y を用いて表せ．
(ii)　$z_{uu} + z_{vv}$ を x, y, z_x, z_y, z_{xx}, z_{xy}, z_{yy} のうち適当なものを用いて表せ．

（解答）（i）　$z_u = z_x x_u + z_y y_u = 2uz_x + vz_y$　　　　　　　　　　　　……①
z は u, v の対称式だから，$z_v = 2vz_x + uz_y$
　　∴　$vz_u + uz_v = v(2uz_x + vz_y) + u(2vz_x + uz_y)$
$\qquad\qquad\qquad = 4uvz_x + (u^2 + v^2)z_y = 4yz_x + xz_y$

(ii)　①の z を z_u とおくことにより
$\quad z_{uu} = (z_u)_u = (2uz_x + vz_y)_u$
$\qquad = 2z_x + 2u(z_x)_u + v(z_y)_u$
$\qquad = 2z_x + 2u(2uz_{xx} + vz_{xy}) + v(2uz_{yx} + vz_{yy})$
$\qquad = 4u^2 z_{xx} + 4uv z_{xy} + v^2 z_{yy} + 2z_x$　　（$\because$　$z_{xy} = z_{yx}$）

(i) と同様に対称性から
$\quad z_{vv} = 4v^2 z_{xx} + 4uv z_{xy} + u^2 z_{yy} + 2z_x$
　　∴　$z_{uu} + z_{vv} = 4(u^2 + v^2)z_{xx} + 8uv z_{xy} + (u^2 + v^2)z_{yy} + 4z_x$
$\qquad\qquad\qquad = 4xz_{xx} + 8yz_{xy} + xz_{yy} + 4z_x$

解 答

(1) $x = u\cos\alpha - v\sin\alpha,\ y = u\sin\alpha + v\cos\alpha$

㋐ $\underline{z_u = z_x x_u + z_y y_u}$
$ = z_x \cos\alpha + z_y \sin\alpha$ ……①

$z_v = z_x x_v + z_y y_v$
$ = -z_x \sin\alpha + z_y \cos\alpha$ ……②

①,②の両辺を平方して辺々加えると

$z_u^2 + z_v^2 = (z_x \cos\alpha + z_y \sin\alpha)^2$
$ + (-z_x \sin\alpha + z_y \cos\alpha)^2$
$ = (z_x^2 + z_y^2)\underline{(\cos^2\alpha + \sin^2\alpha)}$ ㋑

よって $z_u^2 + z_v^2 = z_x^2 + z_y^2$ ……(答)

(2) ①,②の両辺をそれぞれ u, v で偏微分する.

$z_{uu} = (z_x \cos\alpha + z_y \sin\alpha)_u$
$\phantom{z_{uu}} = (z_x)_u \cos\alpha + (z_y)_u \sin\alpha$ ……③

$z_{vv} = (-z_x \sin\alpha + z_y \cos\alpha)_v$
$\phantom{z_{vv}} = -(z_x)_v \sin\alpha + (z_y)_v \cos\alpha$ ……④

ここで,①の z を z_x とおき換えて

$(z_x)_u = (z_x)_x \cos\alpha + (z_x)_y \sin\alpha$
$ = z_{xx} \cos\alpha + z_{xy} \sin\alpha$

同様にして

㋒ $\underline{(z_y)_u = z_{yx} \cos\alpha + z_{yy} \sin\alpha}$
㋓ $\underline{(z_x)_v = -z_{xx} \sin\alpha + z_{xy} \cos\alpha}$
㋔ $\underline{(z_y)_v = -z_{yx} \sin\alpha + z_{yy} \cos\alpha}$

これらを③,④に代入して整理すると

㋕ $z_{uu} = z_{xx} \cos^2\alpha + 2z_{xy} \sin\alpha \cos\alpha + z_{yy} \sin^2\alpha$
$z_{vv} = z_{xx} \sin^2\alpha - 2z_{xy} \sin\alpha \cos\alpha + z_{yy} \cos^2\alpha$

よって $z_{uu} + z_{vv} = z_{xx} + z_{yy}$

㋐ $z_u = \dfrac{\partial z}{\partial u}$
$ = \dfrac{\partial z}{\partial x}\dfrac{\partial x}{\partial u} + \dfrac{\partial z}{\partial y}\dfrac{\partial y}{\partial u}$
$ = z_x x_u + z_y y_u$

㋑ $\cos^2\alpha + \sin^2\alpha = 1$

㋒ ①の z を z_y とおき換える.
㋓ ②の z を z_x とおき換える.
㋔ ②の z を z_y とおき換える.
㋕ z_{uu}
$= (z_{xx} \cos\alpha + z_{xy} \sin\alpha)\cos\alpha$
$+ (z_{yx} \cos\alpha + z_{yy} \sin\alpha)\sin\alpha$
$= z_{xx} \cos^2\alpha + z_{xy} \sin\alpha \cos\alpha$
$+ z_{yx} \sin\alpha \cos\alpha + z_{yy} \sin^2\alpha$
ここで $z_{xy} = z_{yx}$

理解度 Check! (1) は①②で A. (答) B. (2) は③④で A. ㋔までで B. 完答で C.

練習問題 62

2階の偏導関数がすべて連続である関数 $z = f(x, y)$ がある.

$x = u^2 - v^2,\ y = uv$ であるとき

(1) $z_u,\ z_v$ を $z_x,\ z_y,\ u,\ v$ を用いて表せ.
(2) z_{uv} を $z_{xx},\ z_{yx},\ z_{yy},\ z_y$ および $u,\ v$ を用いて表せ.

解答は p.253

問題 63 証明問題 (1)

$z = f(x, y)$ は2回連続偏微分可能であるとする．$x = r\cos\theta$, $y = r\sin\theta$ とおくとき，次の等式が成り立つことを示せ．

$$\frac{\partial^2 z}{\partial x^2} + \frac{\partial^2 z}{\partial y^2} = \frac{\partial^2 z}{\partial r^2} + \frac{1}{r}\frac{\partial z}{\partial r} + \frac{1}{r^2}\frac{\partial^2 z}{\partial \theta^2}$$

解説

$z = f(x, y)$ で x, y が $x = r\cos\theta$, $y = r\sin\theta$ のとき，z は2変数 r, θ の関数である．このとき，x, y は r, θ について偏微分可能であるから，z が x, y について偏微分可能ならば，z は r, θ について偏微分可能で

$$z_r = \frac{\partial z}{\partial r} = \frac{\partial z}{\partial x}\frac{\partial x}{\partial r} + \frac{\partial z}{\partial y}\frac{\partial y}{\partial r} = z_x x_r + z_y y_r = z_x \cos\theta + z_y \sin\theta$$

$$z_\theta = \frac{\partial z}{\partial \theta} = \frac{\partial z}{\partial x}\frac{\partial x}{\partial \theta} + \frac{\partial z}{\partial y}\frac{\partial y}{\partial \theta} = z_x x_\theta + z_y y_\theta = z_x(-r\sin\theta) + z_y \cdot r\cos\theta$$

となる．これより z_x と z_y を z_r, z_θ で表すと

$$\begin{cases} z_x \cos\theta + z_y \sin\theta = z_r & \cdots\cdots ① \\ -z_x r\sin\theta + z_y r\cos\theta = z_\theta & \cdots\cdots ② \end{cases}$$

①$\times r\cos\theta - $②$\times \sin\theta$ より $\quad z_x(r\cos^2\theta + r\sin^2\theta) = z_r r\cos\theta - z_\theta \sin\theta$

$$z_x r = z_r r\cos\theta - z_\theta \sin\theta \qquad \therefore\ z_x = z_r \cos\theta - z_\theta \cdot \frac{\sin\theta}{r}$$

①$\times r\sin\theta + $②$\times \cos\theta$ より $\quad z_y(r\sin^2\theta + r\cos^2\theta) = z_r r\sin\theta + z_\theta \cos\theta$

$$z_y r = z_r r\sin\theta + z_\theta \cos\theta \qquad \therefore\ z_y = z_r \sin\theta + z_\theta \cdot \frac{\cos\theta}{r}$$

これから，z_{xx} および z_{yy} を計算してもよいが，この計算は少し面倒である．本問の場合は，右辺から左辺を導く方がよいであろう．本問の類題として，

$$z = f(x, y),\ x = r\cos\theta,\ y = r\sin\theta \text{ のとき，}$$
$$\left(\frac{\partial z}{\partial x}\right)^2 + \left(\frac{\partial z}{\partial y}\right)^2 = \left(\frac{\partial z}{\partial r}\right)^2 + \left(\frac{1}{r}\frac{\partial z}{\partial \theta}\right)^2$$

が成り立つことを示してみよう．右辺を変形すると

$$\text{右辺} = (z_x \cos\theta + z_y \sin\theta)^2 + \frac{1}{r^2}(-z_x r\sin\theta + z_y r\cos\theta)^2$$

$$= (z_x \cos\theta + z_y \sin\theta)^2 + (-z_x \sin\theta + z_y \cos\theta)^2$$

$$= z_x^2(\cos^2\theta + \sin^2\theta) + z_y^2(\sin^2\theta + \cos^2\theta)$$

$$= z_x^2 + z_y^2 = \text{左辺}$$

となる．

解答

$z_r = z_x x_r + z_y y_r = z_x \cos\theta + z_y \sin\theta$ ……①

$z_\theta = z_x x_\theta + z_y y_\theta = z_x \cdot (-r\sin\theta) + z_y \cdot r\cos\theta$

$\quad = r(-z_x \sin\theta + z_y \cos\theta)$ ……②

①から

$z_{rr} = \dfrac{\partial}{\partial r} z_r = \dfrac{\partial}{\partial r}(z_x \cos\theta + z_y \sin\theta)$

$\quad = \dfrac{\partial}{\partial r} z_x \cdot \cos\theta + \dfrac{\partial}{\partial r} z_y \cdot \sin\theta$

$\quad = (z_{xx} x_r + z_{xy} y_r)\cos\theta + (z_{yx} x_r + z_{yy} y_r)\sin\theta$

$\quad = z_{xx} \cos^2\theta + 2z_{xy}\sin\theta\cos\theta + z_{yy}\sin^2\theta$ ……③

②から $\dfrac{\partial}{\partial \theta}\left(\dfrac{1}{r} z_\theta\right) = \dfrac{\partial}{\partial \theta}(-z_x \sin\theta + z_y \cos\theta)$

$\quad = -\dfrac{\partial}{\partial \theta} z_x \cdot \sin\theta - z_x \cos\theta$

$\quad\quad + \dfrac{\partial}{\partial \theta} z_y \cdot \cos\theta - z_y \sin\theta$

$\quad = -(z_{xx} x_\theta + z_{xy} y_\theta)\sin\theta + (z_{yx} x_\theta + z_{yy} y_\theta)\cos\theta$

$\quad\quad - z_x \cos\theta - z_y \sin\theta$

$\quad = r(z_{xx}\sin^2\theta - 2z_{xy}\sin\theta\cos\theta + z_{yy}\cos^2\theta)$

$\quad\quad - (z_x\cos\theta + z_y\sin\theta)$

したがって,両辺を r で割って

$\dfrac{1}{r^2} z_{\theta\theta} = z_{xx}\sin^2\theta - 2z_{xy}\sin\theta\cos\theta$

$\quad\quad + z_{yy}\cos^2\theta - \dfrac{1}{r} z_r$ ……④

③と④を辺々加えて

$z_{rr} + \dfrac{1}{r^2} z_{\theta\theta} = z_{xx} + z_{yy} - \dfrac{1}{r} z_r$

よって $z_{xx} + z_{yy} = z_{rr} + \dfrac{1}{r} z_r + \dfrac{1}{r^2} z_{\theta\theta}$

(ア) 合成関数の微分法から

$z_r = \dfrac{\partial z}{\partial r}$

$\quad = \dfrac{\partial z}{\partial x}\dfrac{\partial x}{\partial r} + \dfrac{\partial z}{\partial y}\dfrac{\partial y}{\partial r}$

$\quad = z_x x_r + z_y y_r$

$x_r = \cos\theta, \ y_r = \sin\theta$

(イ) $\dfrac{\partial}{\partial r} z_x = \dfrac{\partial}{\partial x} z_x \dfrac{\partial x}{\partial r}$

$\quad\quad + \dfrac{\partial}{\partial y} z_x \dfrac{\partial y}{\partial r}$

$\quad = z_{xx} x_r + z_{xy} y_r$

(ウ) $\dfrac{\partial}{\partial \theta}\left(\dfrac{1}{r} z_\theta\right) = \dfrac{1}{r}\dfrac{\partial}{\partial \theta} z_\theta$

$\quad = \dfrac{1}{r} z_{\theta\theta}$

(エ) ①から,z_r に等しい.

(オ) $\sin^2\theta + \cos^2\theta = 1$ を利用.

理解度 Check! ①② で A . ③で B . ④で C . 完答で D .

練習問題 63

$z = f(x, y)$ は連続な第2次偏導関数をもち,$x = u + v$, $y = uv$ のとき,

$\dfrac{\partial^2 z}{\partial u \partial v} = \dfrac{\partial^2 z}{\partial x^2} + x\dfrac{\partial^2 z}{\partial x \partial y} + y\dfrac{\partial^2 z}{\partial y^2} + \dfrac{\partial z}{\partial y}$ を示せ.

解答は p.253

問題 64　証明問題（2）

関数 $f(u,v)$ はすべての実数 u, v について等式
$$\left(u\frac{\partial}{\partial u}+v\frac{\partial}{\partial v}\right)f(u,v)=2f(u,v)$$
を満たしているとする．

(1) $g(t)=\dfrac{1}{t^2}f(u,v)$ とおくとき，$g'(t)$ を求めよ．ただし，$u=xt$，$v=yt$ とする．

(2) $f(x,y)$ は x, y の 2 次の同次式である．すなわち
$$f(xt,yt)=t^2f(x,y)$$
が成立することを示せ．

解説

まず，次の証明問題を考えてみよう．

> 2 変数の関数 $f(x,y)$ において，
> t の任意の値について $f(tx,ty)=t^n f(x,y)$ が成り立つならば
> $xf_x+yf_y=nf$ が成り立つことを示せ．

（証明）　$tx=u$，$ty=v$ とおくと，条件式は
$$f(u,v)=t^n f(x,y) \quad (x, y \text{ は定数と見なす})$$
この式の両辺を t で微分すると
$$\frac{d}{dt}f(u,v)=\frac{d}{dt}t^n f(x,y)=nt^{n-1}f(x,y)$$
$$\frac{d}{dt}f(u,v)=\frac{\partial}{\partial u}f(u,v)\frac{du}{dt}+\frac{\partial}{\partial v}f(u,v)\frac{dv}{dt}$$
$$=f_u\cdot x+f_v\cdot y=xf_u+yf_v$$
$$\therefore\ xf_u+yf_v=nt^{n-1}f(x,y)$$
ここで $t=1$ とおくと，$xf_u+yf_v=nf(x,y)$
$t=1$ のとき，$u=x$，$v=y$ だから，$xf_x+yf_y=nf$　　　　　（証明終）

さて，t の任意の値について $f(tx,ty)=t^n f(x,y)$ が成り立つとき，この関数 f を，x, y について **n 次の同次関数** という．たとえば，
$x+y$ は 1 次の同次関数，$x^2+2xy+3y^2$ は 2 次の同次関数，
$\dfrac{x+y}{\sqrt[3]{xy}}$ は $\dfrac{1}{3}$ 次の同次関数　である．

本問は，いま証明した命題の逆命題である．(2)は，(1)の結果をどのように利用するかがポイントである．

解答

(1)　$g(t) = \dfrac{f(u,v)}{t^2}$,　$u = xt$,　$v = yt$ のとき

$$g'(t) = \dfrac{\dfrac{d}{dt}f(u,v) \cdot t^2 - f(u,v) \cdot \dfrac{d}{dt}(t^2)}{t^4}$$

$$= \dfrac{\dfrac{d}{dt}f(u,v) \cdot t - 2f(u,v)}{t^3}$$

ここで

$$\dfrac{d}{dt}f(u,v) = \dfrac{\partial}{\partial u}f(u,v)\dfrac{du}{dt} + \dfrac{\partial}{\partial v}f(u,v)\dfrac{dv}{dt}$$

$$= \dfrac{\partial}{\partial u}f(u,v) \cdot x + \dfrac{\partial}{\partial v}f(u,v) \cdot y$$

∴　$g'(t)$ の分子

$$= \dfrac{\partial}{\partial u}f(u,v)\,u + \dfrac{\partial}{\partial v}f(u,v)\,v - 2f(u,v)$$

$$= 0 \quad (\because \text{条件より})$$

よって　　$g'(t) = 0$　　　　……(答)

(2)　(1) から，$g(t) = C$　（定数）

∴　$g(t) = g(1) = \dfrac{f(x,y)}{1^2} = f(x,y)$

したがって，$\dfrac{f(u,v)}{t^2} = f(x,y)$

∴　$f(u,v) = t^2 f(x,y)$

よって　$f(xt, yt) = t^2 f(x,y)$

㋐　$g(t) = \dfrac{f(xt, yt)}{t^2}$ は，t のみの関数である．したがって，$g'(t) = \dfrac{d}{dt}g(t)$ を考えることができる．

㋑　合成関数の微分法

㋒　$\dfrac{d}{dt}f(u,v) \cdot t$
$= \dfrac{\partial}{\partial u}f(u,v) \cdot xt$
$+ \dfrac{\partial}{\partial v}f(u,v) \cdot yt$

㋓　$g'(t) = 0$ より，t に関しては定数である．

㋔　$g(t)$ は定数だから，$g(t)$ は 0 以外の任意の実数 t に対してすべて同じ値をとる．

理解度 Check!　(1)：㋑ の手前で A ．㋑ を u, v の偏微分で表して B ．(答) で C ．(2)：㋔ で A ．完答で B ．

練習問題 64

2 変数の関数 $z = f(x, y)$ は連続な偏導関数をもつとする．

$x\dfrac{\partial z}{\partial x} + y\dfrac{\partial z}{\partial y} = 0$ のとき，$f(x, y)$ は $\dfrac{y}{x}$ だけの関数であることを示せ．

解答は p.254

問題 65　全微分

(1) $f(x,y) = \begin{cases} \dfrac{xy}{\sqrt{x^2+y^2}} & ((x,y) \neq (0,0) \text{ のとき}) \\ 0 & ((x,y)=(0,0) \text{ のとき}) \end{cases}$ とおくとき，$f(x,y)$ の $(0,0)$ における全微分可能性を調べよ．

(2) 次の関数の全微分を求めよ．
　（ⅰ）$u = \log \dfrac{x+y}{x-y}$　　　　（ⅱ）$u = \sin(\sqrt{x^2+y^2+z^2})$

解説　点 (x,y) において，$z=f(x,y)$ の任意の方向の微分係数が存在するとき，$f(x,y)$ は点 (x,y) で**全微分可能**であるという．具体的には

$z=f(x,y)$ に関して，x, y の値を固定して h, k の関数 $f(x+h,y+k)-f(x,y)$ を考えるとき，h, k に無関係な定数 A, B が存在し，

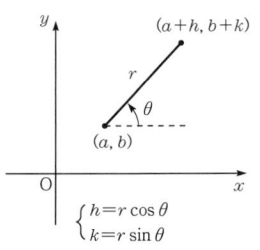

$$f(x+h,y+k)-f(x,y) = Ah + Bk + \varepsilon\sqrt{h^2+k^2}$$
$\quad h \to 0$ かつ $k \to 0$ のとき，$\varepsilon \to 0$

が成り立つならば，$f(x,y)$ は点 (x,y) で全微分可能であるという．このとき
$$df(x,y,h,k) = Ah + Bk$$
とおいて，$df(x,y,h,k)$ を $z=f(x,y)$ の点 (x,y) における**全微分**という．

いま，$f(x,y)$ が全微分可能なとき，$k=0$ とすると
$$f(x+h,y)-f(x,y) = Ah + B \cdot 0 + \varepsilon\sqrt{h^2+0^2}$$
すなわち，$A = \dfrac{f(x+h,y)-f(x,y)}{h} - \varepsilon \cdot \dfrac{|h|}{h}$

となるので，$h \to 0$ とすると　$A = f_x(x,y)$　（∵ $h \to 0$ のとき，$\varepsilon \to 0$）
が得られる．同様にして，$h=0, k \to 0$ とすると $B = f_y(x,y)$ が得られるので $f(x,y)$ の全微分は　$df = f_x(x,y) \cdot h + f_y(x,y) \cdot k$
と表される．ここで，とくに $f(x,y)=x$ を考えると
$$(x+h) - x = h = 1 \cdot h + 0 \cdot k + 0 \cdot \sqrt{h^2+k^2}$$
より $\varepsilon \to 0$ となるので全微分であり，その全微分は，$df = dx = h$
同様にして，$f(x,y)=y$ の全微分は，$df = dy = k$ となる．

よって，一般に，関数 $f(x,y)$ の全微分は
$$df = f_x(x,y)\,dx + f_y(x,y)\,dy$$
の形で表される．

解 答

(1) ㋐ $f(0+h, 0+k) - f(0,0) = Ah + Bk + \varepsilon\sqrt{h^2+k^2}$
とおくと

$$\frac{hk}{\sqrt{h^2+k^2}} = Ah + Bk + \varepsilon\sqrt{h^2+k^2}$$

㋑ $\sqrt{h^2+k^2} = r$ とおくと

$$\frac{hk}{r} = Ah + Bk + \varepsilon r$$

$$\therefore \quad \frac{hk}{r^2} = A \cdot \frac{h}{r} + B \cdot \frac{k}{r} + \varepsilon$$

したがって，右図のように θ をとったとき，
$$\cos\theta \sin\theta = A\cos\theta + B\sin\theta + \varepsilon$$

よって，$r \to 0$ のとき $\varepsilon \to 0$ とはならない．
ゆえに，$f(x,y)$ は $(0,0)$ では全微分可能ではない．　　……(答)

(2) (ⅰ) $u = \log\dfrac{x+y}{x-y} =$ ㋓ $\log|x+y| - \log|x-y|$

㋔ $\dfrac{\partial u}{\partial x} = \dfrac{-2y}{x^2-y^2}$, $\dfrac{\partial u}{\partial y} = \dfrac{2x}{x^2-y^2}$ だから

$$du = -\frac{2y}{x^2-y^2}dx + \frac{2x}{x^2-y^2}dy \quad ……(答)$$

(ⅱ) $\dfrac{\partial u}{\partial x} = \cos(\sqrt{x^2+y^2+z^2}) \cdot \dfrac{2x}{2\sqrt{x^2+y^2+z^2}}$

$= \dfrac{x}{\sqrt{x^2+y^2+z^2}} \cos(\sqrt{x^2+y^2+z^2})$

$\dfrac{\partial u}{\partial y}, \dfrac{\partial u}{\partial z}$ も同様に求めて

㋖ $du = \dfrac{\cos(\sqrt{x^2+y^2+z^2})}{\sqrt{x^2+y^2+z^2}}(xdx + ydy + zdz)$

　　……(答)

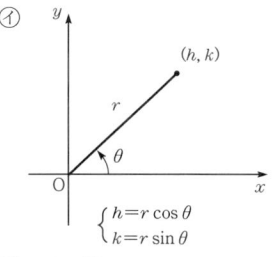

㋐ 全微分の定義式．

㋑ <図：点 (h,k) への動径 r と角 θ>
$\begin{cases} h = r\cos\theta \\ k = r\sin\theta \end{cases}$

㋒ θ の値によっていろいろな値をとるので，$\varepsilon \to 0$ とはならない．

㋓ $\dfrac{x+y}{x-y} > 0$ であるが，$x+y$, $x-y$ はともに負もあり得る．

㋔ $\dfrac{\partial u}{\partial x} = \dfrac{1}{x+y} - \dfrac{1}{x-y}$

㋕ $u = \sin(\sqrt{x^2+y^2+z^2})$ は x, y, z について対称式であるから，du も x, y, z について対称である．

理解度 Check!　(1)：㋐までA．㋑までB．(答)でC．(2)：(ⅰ)(ⅱ)とも偏微分ができてA．(答)でB．

練習問題 65

次の関数の全微分を求めよ． 解答は p.254

(1) $u = \dfrac{x-y}{x+y}$ 　　(2) $u = \log\sqrt{1+x^2+y^2}$

(3) $u = \tan^{-1}\dfrac{y}{x}$ 　　(4) $u = a^{xyz}$ ($a > 0$, $a \neq 1$)

問題 66　偏微分における近似式

(1)　△ABC で AC$=b$，AB$=c$，∠A がそれぞれ微小量 Δb，Δc，ΔA だけ変化するとき，△ABC の面積 S の変化量 ΔS は，次の近似式を満たすことを証明せよ．

$$\frac{\Delta S}{S} \fallingdotseq \frac{\Delta b}{b} + \frac{\Delta c}{c} + \cot A \cdot \Delta A$$

(2)　△ABC で 2 角 ∠B，∠C とその間の辺 BC$=a$ がそれぞれ微小量 ΔB，ΔC，Δa だけ変化するとき，辺 $AC=b$ の変化量 Δb は，次の近似式を満たすことを証明せよ．

$$\frac{\Delta b}{b} \fallingdotseq \frac{\Delta a}{a} + (\cot A + \cot B)\, \Delta B + \cot A \cdot \Delta C$$

解説　$z=f(x,y)$ が点 (x,y) を含むある領域で全微分可能とする．このとき，x，y の微小変化 Δx，Δy に対する $z=f(x,y)$ の微小変化 Δz について

$$\Delta z \fallingdotseq \frac{\partial z}{\partial x} \Delta x + \frac{\partial z}{\partial y} \Delta y = f_x(x,y)\, \Delta x + f_y(x,y)\, \Delta y$$

が成り立つ．これは，全微分 $dz = f_x(x,y)\, dx + f_y(x,y)\, dy$ と重ねて覚えておくとよい．一般には，n 変数の C^1 級の関数（偏導関数が連続な関数）

$u = f(x_1, x_2, \cdots, x_n)$ について，$\Delta x_i \fallingdotseq 0$ $(i=1, 2, \cdots, n)$ のとき

$$\Delta u \fallingdotseq \sum_{i=1}^{n} \frac{\partial u}{\partial x_i} \Delta x_i = \frac{\partial u}{\partial x_1} \Delta x_1 + \frac{\partial u}{\partial x_2} \Delta x_2 + \cdots + \frac{\partial u}{\partial x_n} \Delta x_n$$

が成り立つ．この微小変化の考え方により，2 変数以上の関数で表される 1 つの量（面積，体積，振り子の周期など）の微小変化が数式として扱えることになる．

代表的な例として，次の問題を考えてみよう．

　重力加速度を g とするとき，長さ l の振り子の周期 T は $T = 2\pi \sqrt{\dfrac{l}{g}}$ である．l が Δl，g が Δg だけ変わるとき，T の微小相対変化の割合 $\dfrac{\Delta T}{T}$ を Δl，Δg の 1 次式で近似せよ．

(解答)　$T = 2\pi \sqrt{\dfrac{l}{g}}$ の両辺の自然対数をとると

$$\log T = \log \left(2\pi \sqrt{\frac{l}{g}} \right) = \log 2\pi + \frac{1}{2}(\log l - \log g)$$

両辺の全微分を考えて　　$\dfrac{dT}{T} = \dfrac{1}{2}\left(\dfrac{dl}{l} - \dfrac{dg}{g} \right)$　　∴　$\dfrac{\Delta T}{T} \fallingdotseq \dfrac{1}{2}\left(\dfrac{\Delta l}{l} - \dfrac{\Delta g}{g} \right)$

解 答

(1) $S = \dfrac{1}{2} bc \sin A$ ⑦

両辺の自然対数をとって ④
$$\log S = \log\left(\dfrac{1}{2} bc \sin A\right)$$
$$= -\log 2 + \log b + \log c + \log \sin A$$
この両辺の全微分を考えて
$$\dfrac{dS}{S} = \dfrac{db}{b} + \dfrac{dc}{c} + \dfrac{\cos A}{\sin A} dA$$
よって, $\varDelta b$, $\varDelta c$, $\varDelta A$ が微小のとき
$$\dfrac{\varDelta S}{S} \fallingdotseq \dfrac{\varDelta b}{b} + \dfrac{\varDelta c}{c} + \cot A \cdot \varDelta A$$

(2) △ABC において, 正弦定理から
$$\dfrac{b}{\sin B} = \dfrac{a}{\sin A} \quad \therefore \quad b = \dfrac{a \sin B}{\sin A}$$
　　　　　⑨

両辺の自然対数をとって
$$\log b = \log a + \log \sin B - \log \sin A$$
両辺の全微分を考えて
$$\dfrac{db}{b} = \dfrac{da}{a} + \dfrac{\cos B}{\sin B} \cdot dB - \dfrac{\cos A}{\sin A} \cdot dA$$
$$= \dfrac{da}{a} + \cot B \cdot dB - \cot A \cdot dA$$
$A = \pi - (B+C)$ から, $dA = -(dB + dC)$ だから ㊀
$$\dfrac{db}{b} = \dfrac{da}{a} + \cot B \cdot dB + \cot A \cdot (dB + dC)$$
$$= \dfrac{da}{a} + (\cot A + \cot B) dB + \cot A \cdot dC$$
よって, $\varDelta B$, $\varDelta C$, $\varDelta a$ が微小のとき
$$\dfrac{\varDelta b}{b} \fallingdotseq \dfrac{\varDelta a}{a} + (\cot A + \cot B) \varDelta b + \cot A \cdot \varDelta C$$

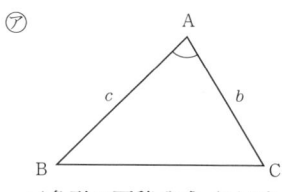

⑦ 三角形の面積公式（2 辺夾角）

④ 対数をとると, 全微分の計算が見やすい.

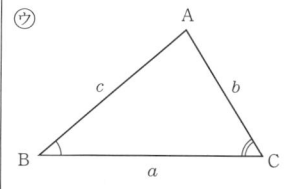

⑨ 示すべき式は $\varDelta b$ と $\varDelta a$ の関係式だから, このような正弦定理を考える.

㊀ $A + B + C = \pi$（内角の和）.

理解度 Check! 　(1) は対数がとれて A. (答) で B. (2) は全微分で A. (答) で B.

練習問題 66

2 辺の長さが x, y の長方形の対角線の長さを z とする. x, y がそれぞれ微小量 $\varDelta x$, $\varDelta y$ だけ変化するとき, z の変化量 $\varDelta z$ を $\varDelta x$, $\varDelta y$ の 1 次式で近似せよ. また, $x = 4$ cm, $y = 3$ cm のとき, $\varDelta x = 0.1$ cm, $\varDelta y = 0.05$ cm の場合について $\varDelta z$ を求めよ.

解答は p. 254

問題 67　全微分における関数決定

$\omega = \dfrac{ydx - xdy}{x^2 + y^2}$ は全微分であるかどうかを調べよ．全微分であれば，どのような関数の全微分であるか．

解説　$z = f(x, y)$ の全微分は $\omega = dz = f_x(x, y)\,dx + f_y(x, y)\,dy$ で与えられる．$P = P(x, y)$，$Q = Q(x, y)$ が連続な偏導関数をもつとき，1次微分式

$$\omega = Pdx + Qdy \quad \text{が全微分,}$$

すなわち，$dz = Pdx + Qdy$ となる $z = f(x, y)$ があるための必要十分条件は

$$\dfrac{\partial P}{\partial y} = \dfrac{\partial Q}{\partial x} \qquad \cdots\cdots ①$$

が成り立つことである．これを証明してみよう．

（ i ）　**必要条件の証明**；ω が全微分ならば，$z = f(x, y)$ が存在して

$$dz = Pdx + Qdy \qquad \text{一方，} dz = \dfrac{\partial z}{\partial x} dx + \dfrac{\partial z}{\partial y} dy \text{ だから}$$

$$Pdx + Qdy = \dfrac{\partial z}{\partial x} dx + \dfrac{\partial z}{\partial y} dy$$

dx と dy は独立だから，$P = \dfrac{\partial z}{\partial x}$ かつ $Q = \dfrac{\partial z}{\partial y}$

$$\therefore\ \dfrac{\partial P}{\partial y} = \dfrac{\partial}{\partial y}\left(\dfrac{\partial z}{\partial x}\right) = \dfrac{\partial^2 z}{\partial y \partial x},\ \dfrac{\partial Q}{\partial x} = \dfrac{\partial^2 z}{\partial x \partial y} \text{ となり，} \dfrac{\partial P}{\partial y} = \dfrac{\partial Q}{\partial x}$$

（ ii ）　**十分条件の証明**；$\dfrac{\partial P}{\partial y} = \dfrac{\partial Q}{\partial x}$ が成り立つとき，

$\displaystyle\int P(x, y)\,dx = g(x, y)$ とおくと，$\dfrac{\partial g}{\partial x} = P$ より

$$\dfrac{\partial^2 g}{\partial x \partial y} = \dfrac{\partial^2 g}{\partial y \partial x} = \dfrac{\partial}{\partial y}\left(\dfrac{\partial g}{\partial x}\right) = \dfrac{\partial P}{\partial y} = \dfrac{\partial Q}{\partial x} \qquad \therefore\ \dfrac{\partial}{\partial x}\left(Q - \dfrac{\partial g}{\partial y}\right) = 0$$

したがって，$Q - \dfrac{\partial g}{\partial y} = F(y)$（$x$ を含まない式）とおける．

ここで，$z = f(x, y) = g(x, y) + \displaystyle\int F(y)\,dy$ とおくと，

$$dz = \dfrac{\partial g}{\partial x} dx + \dfrac{\partial g}{\partial y} dy + F(y)\,dy = Pdx + \left(\dfrac{\partial g}{\partial y} + Q - \dfrac{\partial g}{\partial y}\right) dy$$

$$= Pdx + Qdy$$

よって，$\omega = Pdx + Qdy$ は全微分である．

以上から，示された． (証明終)

解答

$P = \dfrac{y}{x^2+y^2}$, $Q = \dfrac{-x}{x^2+y^2}$ とおくと

$$\dfrac{\partial Q}{\partial x} = \dfrac{-(x^2+y^2)+x\cdot 2x}{(x^2+y^2)^2} = \dfrac{x^2-y^2}{(x^2+y^2)^2}$$

$$\dfrac{\partial P}{\partial y} = \dfrac{(x^2+y^2)-y\cdot 2y}{(x^2+y^2)^2} = \dfrac{x^2-y^2}{(x^2+y^2)^2}$$

したがって，$\dfrac{\partial Q}{\partial x} = \dfrac{\partial P}{\partial y}$ だから ω は全微分である．

これより，$dz = Pdx + Qdy$ となる2変数関数 $z = f(x, y)$ が存在する．

$dz = \dfrac{\partial z}{\partial x} dx + \dfrac{\partial z}{\partial y} dy$ だから

$$\dfrac{\partial z}{\partial x} = P = \dfrac{y}{x^2+y^2}, \qquad \dfrac{\partial z}{\partial y} = Q = \dfrac{-x}{x^2+y^2}$$

$$\therefore\ z = \int \dfrac{y}{x^2+y^2}\, dx + g(y)$$

$$= \tan^{-1}\dfrac{x}{y} + g(y)$$

（$g(y)$ は y の任意関数）

このとき

$$\dfrac{\partial z}{\partial y} = \dfrac{-\dfrac{x}{y^2}}{1+\left(\dfrac{x}{y}\right)^2} + g'(y) = \dfrac{-x}{x^2+y^2} + g'(y)$$

これが $\dfrac{\partial z}{\partial y} = \dfrac{-x}{x^2+y^2}$ に等しいので

$$g'(y) = 0 \qquad \therefore\ g(y) = c \quad (\text{定数})$$

よって $z = f(x, y) = \tan^{-1}\dfrac{x}{y} + c$ ……（答）

★本問は，まず左頁解説の① が成り立つかどうかを確認 し，成り立つときは，$\omega = dz = Pdx + Qdy$ となる $z = f(x, y)$ を求めることになる．

⑦ $\omega = Pdx + Qdy$ が全微分 であるための必要十分条件で ある．ここに，
 $f_x = P$ かつ $f_y = Q$ である．

④ $z_x = f_x = P = \dfrac{y}{x^2+y^2}$
から，z を求める．
一般には，$\dfrac{\partial z}{\partial x} = P(x, y)$ の とき
$$z = \int P(x, y)\, dx + g(y)$$
（$g(y)$ は y の任意関数）

⑦ $\displaystyle\int \dfrac{y}{x^2+y^2}\, dx$
$= \dfrac{1}{y}\displaystyle\int \dfrac{dx}{\left(\dfrac{x}{y}\right)^2+1} = \tan^{-1}\dfrac{x}{y}$

㊁ $z_y = f_y = Q$ と比較する．

【理解度 Check!】 全微分の 条件から ω が全微分を 示して A ． ウまで B ． （答）で C ．

練習問題 67

次の1次微分式は全微分であるか．全微分のときはどのような関数の全微分であるか．

解答は p.255

(1) $\omega = (3x+y)\,dx + (x+2y)\,dy$

(2) $\omega = \dfrac{2y\,dx - 2x\,dy}{(x+y)^2}$

問題 68 偏微分におけるテイラーの定理

次の関数 $f(x, y)$ について，$f(x+h, y+k)$ を h，k の 2 次の項まで求め，R_3 で止めよ．ただし，R_3 は算出しなくてもよい．
(1) $x^2 + xy + 2y^2$ 　　　　(2) $x^2 e^y$

解説 　関数 $f(x, y)$ に対して，記号 $\left(h\dfrac{\partial}{\partial x} + k\dfrac{\partial}{\partial y} \right)^n$ を $f(x, y)$ に適用するとは，
$$\left(h\dfrac{\partial}{\partial x} + k\dfrac{\partial}{\partial y} \right)^n f(x, y) = \sum_{r=0}^{n} {}_n C_r h^r k^{n-r} \dfrac{\partial^n}{\partial x^r \partial y^{n-r}} f(x, y) \quad \cdots\cdots ①$$
であるとする．$f(x, y)$ を，適当な順序で x について r 回，y について $n-r$ 回，合計 n 回偏微分するとき，出てきた関数が連続であれば，出てきた結果はすべて等しいから，①の右辺における偏導関数は偏微分をどんな順序に行っていると考えてもよい．①は，具体的には，$D = h\dfrac{\partial}{\partial x} + k\dfrac{\partial}{\partial y}$ とおくと

$$Df = \left(h\dfrac{\partial}{\partial x} + k\dfrac{\partial}{\partial y} \right)f = h\dfrac{\partial f}{\partial x} + k\dfrac{\partial f}{\partial y}$$

$$D^2 f = \left(h\dfrac{\partial}{\partial x} + k\dfrac{\partial}{\partial y} \right)^2 f = h^2 \dfrac{\partial^2 f}{\partial x^2} + 2hk \dfrac{\partial^2 f}{\partial x \partial y} + k^2 \dfrac{\partial^2 f}{\partial y^2}$$

$$\cdots\cdots\cdots$$

$$D^n f = \left(h\dfrac{\partial}{\partial x} + k\dfrac{\partial}{\partial y} \right)^n f$$
$$= h^n \dfrac{\partial^n f}{\partial x^n} + {}_n C_1 h^{n-1} k \dfrac{\partial^n f}{\partial x^{n-1} \partial y} + \cdots + {}_n C_r h^{n-r} k^r \dfrac{\partial^n f}{\partial x^{n-r} \partial y^r} + \cdots + {}_n C_n k^n \dfrac{\partial^n f}{\partial y^n}$$

である．この記号を用いると，2 変数の関数 $f(x, y)$ について次の**テイラーの定理**が得られる．

$f(x, y)$ が連続な n 次偏導関数（C^n 級の関数）をもつとき，
$$f(x+h, y+k) = f(x, y) + Df(x, y) + \dfrac{1}{2!} D^2 f(x, y) + \cdots$$
$$+ \dfrac{1}{(n-1)!} D^{n-1} f(x, y) + R_n$$
ここに，剰余項 $R_n = \dfrac{1}{n!} \left(h\dfrac{\partial}{\partial x} + k\dfrac{\partial}{\partial y} \right)^n f(x + \theta h, y + \theta k)$ 　$(0 < \theta < 1)$

具体的に書けば，
$$f(x+h, y+k) = f(x, y) + \{ h f_x(x, y) + k f_y(x, y) \}$$
$$+ \dfrac{1}{2!} \{ h^2 f_{xx}(x, y) + 2hk f_{xy}(x, y) + k^2 f_{yy}(x, y) \} + \cdots$$

のように表すことができる．

解答

(1) $f(x, y) = x^2 + xy + 2y^2$
$f_x = 2x + y$, $f_y = x + 4y$, $f_{xx} = 2$, $f_{xy} = 1$, $f_{yy} = 4$
したがって，2次の項まで求めると
　㋐$\underline{f(x+h, y+k)}$
　$= f(x, y) + \left(h\dfrac{\partial}{\partial x} + k\dfrac{\partial}{\partial y}\right)f(x, y)$
　$\quad + \dfrac{1}{2!}\left(h\dfrac{\partial}{\partial x} + k\dfrac{\partial}{\partial y}\right)^2 f(x, y) \underline{+ R_3}$㋑
　$= f(x, y) + \{hf_x(x, y) + kf_y(x, y)\}$
　$\quad + \dfrac{1}{2}\{h^2 f_{xx}(x, y) + 2hk f_{xy}(x, y)$
　$\qquad\qquad + k^2 f_{yy}(x, y)\} + R_3 \quad\cdots\cdots①$
　$= (x^2 + xy + 2y^2) + \{h(2x+y) + k(x+4y)\}$
　$\quad + \dfrac{1}{2}(h^2 \cdot 2 + 2hk \cdot 1 + k^2 \cdot 4) + R_3$
　$= (x^2 + xy + 2y^2) + (2x+y)h + (x+4y)k$
　$\quad + (h^2 + hk + 2k^2) + R_3 \quad\cdots\cdots$（答）

(2) $f(x, y) = x^2 e^y$
$f_x = 2xe^y$, $f_y = x^2 e^y$, $f_{xx} = 2e^y$, $f_{xy} = 2xe^y$,
$f_{yy} = x^2 e^y$
したがって，㋒2次の項まで求めると
　$f(x+h, y+k)$
　$= x^2 e^y + (h \cdot 2xe^y + k \cdot x^2 e^y)$
　$\quad + \dfrac{1}{2}(h^2 \cdot 2e^y + 2hk \cdot 2xe^y + k^2 \cdot x^2 e^y) + R_3$
　$= \left\{x^2 + (2xh + x^2 k) + \left(h^2 + 2xhk + \dfrac{1}{2}x^2 k^2\right)\right\}e^y$
　$\quad + R_3 \quad\cdots\cdots$（答）

㋐ テーラーの定理を用いる．

㋑ 剰余項 R_3 は
$R_3 = \dfrac{1}{3!}\left(h\dfrac{\partial}{\partial x} + k\dfrac{\partial}{\partial y}\right)^3$
　　$\times f(x+\theta h, y+\theta k)$
　　　$(0 < \theta < 1)$
は，問題文から具体的には計算しなくてよい．

㋒ (1)と同様に，①に代入する．

理解度 Check!　(1) (2)
ともテーラーの定理を適用できて **A**．完答で **B**．

練習問題 68

次の関数 $f(x, y)$ について，$f(x+h, y+k)$ を h，k の2次の項まで求め，R_3 で止めよ．ただし，R_3 は算出しなくてもよい．

(1) $\dfrac{x-y}{x+y}$　　(2) $\log(x+y)$

解答は p.255

問題 69　偏微分におけるマクローリン展開

2 変数関数 $f(x,y)=(1+x)^y$ について

(1) $\dfrac{\partial}{\partial x}f(x,y),\ \dfrac{\partial}{\partial y}f(x,y)$ を求めよ．

(2) $f(x,y)$ を $x,\ y$ について 2 次の項まで展開せよ．
ただし，3 次以下は切り捨ててよい．

解説　1 変数関数 $y=f(x)$ において，テイラーの定理からマクローリンの定理を導いたように，2 変数関数 $z=f(x,y)$ においても，次のように**マクローリンの定理**を表現する．

テイラーの定理において，$x,\ y$ を 0 とし，$h,\ k$ をそれぞれ $x,\ y$ とおくと

$$\begin{aligned}f(x,y)=&f(0,0)+(f_x(0,0)\,x+f_y(0,0)\,y)\\&+\frac{1}{2!}\{f_{xx}(0,0)\,x^2+2f_{xy}(0,0)\,xy+f_{yy}(0,0)\,y^2\}\\&+\frac{1}{3!}\{f_{xxx}(0,0)\,x^3+3f_{xxy}(0,0)\,x^2y+3f_{xyy}(0,0)\,xy^2+f_{yyy}(0,0)\,y^3\}\\&+\cdots\end{aligned}$$

が成り立つ．

たとえば，$f(x,y)=e^{x+y}$ についてマクローリンの展開を用いてみよう．

$f_x=f_y=f_{xx}=f_{xy}=f_{yy}=e^{x+y}$ より，

$f(0,0)=f_x(0,0)=f_y(0,0)=f_{xx}(0,0)=f_{xy}(0,0)=f_{yy}(0,0)=e^0=1$

よって，2 次の項まで展開し，3 次以下を切り捨てると

$$e^{x+y}=1+(x+y)+\frac{1}{2!}(x^2+2xy+y^2)+\cdots$$

$$\fallingdotseq 1+(x+y)+\frac{1}{2}(x+y)^2$$

となる．また，剰余項 R_2 の項まで求めると

$$\begin{aligned}e^{x+y}=&f(0,0)+(f_x(0,0)\,x+f_y(0,0)\,y)\\&+\frac{1}{2!}\{f_{xx}(\theta x,\theta y)\,x^2+2f_{xy}(\theta x,\theta y)\,xy+f_{yy}(\theta x,\theta y)\,y^2\}\\=&1+(x+y)+\frac{1}{2}(e^{\theta x+\theta y}x^2+2e^{\theta x+\theta y}xy+e^{\theta x+\theta y}y^2)\\=&1+(x+y)+\frac{1}{2}(x+y)^2e^{\theta(x+y)}\end{aligned}$$

となる．

解 答

(1) $\dfrac{\partial}{\partial x}f(x,y) = y(1+x)^{y-1}$ ……(答)

$\underbrace{\dfrac{\partial}{\partial y}f(x,y) = (1+x)^y \log(1+x)}_{⑦}$ ……(答)

(2) (1)から, $f_x = y(1+x)^{y-1}$

$\qquad f_y = (1+x)^y \log(1+x)$

したがって

$f_{xx} = y(y-1)(1+x)^{y-2}$

$\underbrace{f_{xy} = (1+x)^{y-1} + y(1+x)^{y-1}\log(1+x)}_{④}$

$f_{yy} = (1+x)^y \log(1+x) \cdot \log(1+x)$

$\qquad = (1+x)^y \{\log(1+x)\}^2$

求めるものは，マクローリンの展開

$f(x,y)$
$= f(0,0) + \{f_x(0,0)\,x + f_y(0,0)\,y\}$
$\qquad + \dfrac{1}{2!}\{f_{xx}(0,0)\,x^2 + 2f_{xy}(0,0)\,xy$
$\qquad\qquad\qquad + f_{yy}(0,0)\,y^2\} + \cdots$

である．ここに

$f(0,0) = 1$

$f_x(0,0) = f_y(0,0) = f_{xx}(0,0) = f_{yy}(0,0) = 0,$

$f_{xy}(0,0) = 1$

よって

$f(x,y) = (1+x)^y = 1 + \dfrac{2}{2!}xy + \cdots$

$\qquad\qquad = 1 + xy + \cdots$ ……(答)

⑦ $\dfrac{d}{dy}a^y = a^y \log a$

④ f_{yx}
$= \dfrac{\partial}{\partial x}(1+x)^y \log(1+x)$
$= y(1+x)^{y-1}\log(1+x)$
$\quad + (1+x)^y \cdot \dfrac{1}{1+x}$
$= y(1+x)^{y-1}\log(1+x)$
$\quad + (1+x)^{y-1}$

として求めてもよい．

理解度 Check! (1)：それぞれ（答）までで **A**. **B**. (2)：マクローリンを示して **A**. 答で **B**.

練習問題 69

次の関数を x, y について 2 次の項まで展開し，以下は切り捨てよ．

(1) $\dfrac{1}{\sqrt{1+x^2+y^2}}$ (2) $e^{px}\cos qy$

解答は p.256

問題 70　2変数の関数の極値（1）

次の関数の極値を求めよ．
(1) 　$z = 3x^2 - 4xy + 4y^2 - 6x - 4y + 8$
(2) 　$z = x^3 + y^3 - 9xy + 1$

解説　関数 $z = f(x, y)$ が与えられたとき，定点 $P_0(x_0, y_0)$ とその近くの点 $P(x, y)$ に対して，つねに
$$f(x_0, y_0) > f(x, y) \quad (f(x_0, y_0) < f(x, y))$$
が成り立つとき，$f(x, y)$ は $\boldsymbol{P_0(x_0, y_0)}$ で**極大（極小）**になるという．極大値の場合は，右図のように，曲面 $z = f(x, y)$ において，z 座標 $f(x_0, y_0)$ が (x_0, y_0) の十分近くの任意の点 (x, y) に対する z 座標 $f(x, y)$ よりつねに大きいことを意味する．

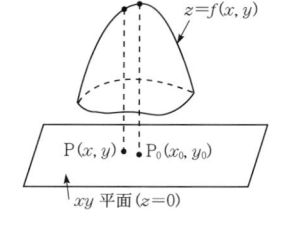

さて，$f(x, y)$ が偏微分可能であるとき，$f(x, y)$ が (x_0, y_0) において極大または極小となるならば
$$f_x(x_0, y_0) = 0 \quad \text{かつ} \quad f_y(x_0, y_0) = 0 \qquad \cdots\cdots ①$$
である（**極値をとるための必要条件**）．

（証明）　$f_x(x_0, y_0) < 0$ とすると，$f_x(x_0, y_0)$ は x に関して点 x_0 で単調減少であるから，$f(x_0, y_0)$ は極値ではない．$f_x(x_0, y_0) > 0$ としても同様である．したがって，$f_x(x_0, y_0) = 0$ となる．同様にして，$f_y(x_0, y_0) = 0$ となる．（証明終）

1変数関数 $y = f(x)$ において，$f'(x_0) = 0$ は $f(x)$ が x_0 で極値をとるための必要条件であって十分条件とはならなかったように，2変数関数の場合も①は必要条件にすぎない．$f(x_0, y_0)$ が極値かどうかを判定するには，次の方法で詳しく調べなければいけない．

$f(x, y)$ が (x_0, y_0) の近くで連続な2次偏導関数をもつものとする．さらに，$f_x(x_0, y_0) = 0$, $f_y(x_0, y_0) = 0$ であるとする．
このとき，$A = f_{xx}(x_0, y_0)$, $B = f_{xy}(x_0, y_0)$, $C = f_{yy}(x_0, y_0)$, $\Delta = B^2 - AC$ とおくと，
$$\begin{cases} \Delta < 0, \ A > 0 \longrightarrow f(x_0, y_0) \text{ は極小値} \\ \Delta < 0, \ A < 0 \longrightarrow f(x_0, y_0) \text{ は極大値} \\ \Delta > 0 \qquad\qquad \longrightarrow f(x_0, y_0) \text{ は極値ではない} \\ \Delta = 0 \qquad\qquad \longrightarrow \text{これだけでは判定不能} \end{cases}$$

なお，極値を与える (x, y) の候補 (x_0, y_0) を**停留点**ということがある．

解答

(1) $z_x = 6x - 4y - 6 = 2(3x - 2y - 3)$,
$z_y = -4x + 8y - 4 = -4(x - 2y + 1)$
$3x - 2y - 3 = 0$, $x - 2y + 1 = 0$ を解いて
$$x = 2, \quad y = \frac{3}{2}$$
また，$A = z_{xx} = 6$, $B = z_{xy} = -4$, $C = z_{yy} = 8$
∴ $\varDelta = B^2 - AC$
$= (-4)^2 - 6 \cdot 8 = -32 < 0$
よって，$\varDelta < 0$ かつ $A = 6 > 0$ だから，z は $x = 2$, $y = \frac{3}{2}$ で極小となり，極小値は
$$3 \cdot 2^2 - 4 \cdot 2 \cdot \frac{3}{2} + 4 \cdot \left(\frac{3}{2}\right)^2 - 6 \cdot 2 - 4 \cdot \frac{3}{2} + 8$$
$= 12 - 12 + 9 - 12 - 6 + 8 = -1$ ……(答)

(2) $z_x = 3x^2 - 9y = 3(x^2 - 3y)$
$z_y = 3y^2 - 9x = 3(y^2 - 3x)$
$x^2 - 3y = 0$, $y^2 - 3x = 0$ を解いて
$$(x, y) = (0, 0), \quad (3, 3)$$
また，$A = z_{xx} = 6x$, $B = z_{xy} = -9$,
$C = z_{yy} = 6y$
$(x, y) = (0, 0)$ のとき
$\varDelta = B^2 - AC = (-9)^2 - 0 \cdot 0 = 81 > 0$
したがって，このときは極値ではない．
$(x, y) = (3, 3)$ のとき
$\varDelta = B^2 - AC = (-9)^2 - 18 \cdot 18 = -243 < 0$
したがって，$\varDelta < 0$ かつ $A = 18 > 0$ だから，z は $x = 3$, $y = 3$ で極小となり，極小値は
$$3^3 + 3^3 - 9 \cdot 3 \cdot 3 + 1 = -26$$
よって，$x = y = 3$ のとき，極小値 -26 ……(答)

㋐ 極値を与える (x, y) の候補（停留点）．

㋑ $\varDelta = B^2 - AC$ の符号で極値かどうかを判定する．
　$\varDelta < 0$ のとき，極値であり，
$$\begin{cases} A > 0 \to 極小値 \\ A < 0 \to 極大値 \end{cases}$$
となる．また
　$\varDelta > 0$ のとき，極値でない．

㋒ $\begin{cases} x^2 - 3y = 0 & \cdots\cdots\text{①} \\ y^2 - 3x = 0 & \cdots\cdots\text{②} \end{cases}$
①から，$y = \dfrac{x^2}{3}$
②に代入して
$$\left(\frac{x^2}{3}\right)^2 - 3x = 0$$
$$x(x^3 - 27) = 0$$
$x = 0$ または $x^3 = 27$
∴ $x = 0$, 3
$x = 0$ のとき，$y = 0$
$x = 3$ のとき，$y = 3$

理解度Check! (1)(2)とも停留点まで A．極値の判定条件まで B．完答で C．

練習問題 70

次の関数の極値を求めよ．
(1) $z = x^3 - 3xy + y^3$
(2) $z = \sin x + \sin y + \sin(x + y)$ $(0 < x < \pi, \ 0 < y < \pi)$

解答は p.256

問題 71　2変数の関数の極値（2）

$z = f(x, y) = x^4 + y^4 - a(x+y)^2$ の極値を求めよ．
ただし，a は正の定数とする．

解説　$z = f(x, y)$ で，停留点 (x_0, y_0) に対して，$A = f_{xx}(x_0, y_0)$，$B = f_{xy}(x_0, y_0)$，$C = f_{yy}(x_0, y_0)$ が $\mathit{\Delta} = B^2 - AC = 0$ となるときは，この方法では $f(x_0, y_0)$ が極値かどうか判定できない．

$z = f(x, y)$ のグラフでいえば，
$\begin{cases} \text{極大のときは山の頂点，} \\ \text{極小のときは谷底，} \\ \text{馬の鞍形の所では極大でも極小} \\ \text{でもない．} \end{cases}$

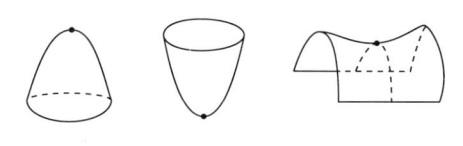

となり，極大でも極小でもないときは，上のいちばん右の図のように，見方によっては極大値と極小値の両方に見えることもある．

例として，$z = (y - x^2)(y - 2x^2)$ を考えてみよう．
$z_x = -2x(y - 2x^2) + (y - x^2)(-4x) = 8x^3 - 6xy$
$z_y = (y - 2x^2) + (y - x^2) = -3x^2 + 2y$
$z_{xx} = 24x^2 - 6y$，$z_{xy} = -6x$，$z_{yy} = 2$

$\begin{cases} z_x = 0 \\ z_y = 0 \end{cases}$ を解くと，$\begin{cases} x(4x^2 - 3y) = 0 & \cdots\cdots① \\ 3x^2 - 2y = 0 & \cdots\cdots② \end{cases}$

②から，$y = \dfrac{3}{2} x^2$　　①に代入して　　$x\left(4x^2 - 3 \cdot \dfrac{3}{2} x^2\right) = 0$　　$x^3 = 0$

$\therefore\ x = 0,\ y = 0$　（停留点）

このとき，$\mathit{\Delta} = B^2 - AC = z_{xy}^2 - z_{xx} z_{yy} = 0^2 - 0 \cdot 2 = 0$
したがって，このままでは判定不能であるが，$f(0, 0) = 0$ でかつ $y = x^2$ のとき，つねに $f(x, y) = 0$ となるので，$f(0, 0)$ は極値ではない．
別な考え方では，$y = mx^2$ に沿って限りなく (x, y) が $(0, 0)$ に近づくとして
$$z = (y - x^2)(y - 2x^2) = (mx^2 - x^2)(mx^2 - 2x^2) = (m-1)(m-2) x^4$$
これより，$m > 2$ となる m のときは，$\lim_{(x,y)\to(0,0)} z$ は正の値をとりながら 0 に近づき，また，$1 < m < 2$ となる m のときは，$\lim_{(x,y)\to(0,0)} z$ は負の値をとりながら 0 に近づくことになる．よって，$f(0, 0)$ は極値ではない，としてもよい．

解答

$z = x^4 + y^4 - a(x+y)^2$
$z_x = 4x^3 - 2a(x+y) = 2\{2x^3 - a(x+y)\}$
$z_y = 4y^3 - 2a(x+y) = 2\{2y^3 - a(x+y)\}$

$z_x = 0$, $z_y = 0$ を解くと

$$\begin{cases} 2x^3 - a(x+y) = 0 & \cdots\cdots ① \\ 2y^3 - a(x+y) = 0 & \cdots\cdots ② \end{cases}$$

①－②から $2(x^3 - y^3) = 0$ ∴ $y = x$

①に代入して $2x(x^2 - a) = 0$ ㋐

∴ $x = 0, \pm\sqrt{a}$ ($\because a > 0$)

したがって

$(x, y) = (0, 0), (\sqrt{a}, \sqrt{a}), (-\sqrt{a}, -\sqrt{a})$ ㋑

ここで, $A = z_{xx} = 12x^2 - 2a$, $B = z_{xy} = -2a$,
$C = z_{yy} = 12y^2 - 2a$

(i) $(x, y) = (0, 0)$ のとき, $\varDelta = B^2 - AC$ は
$\varDelta = (-2a)^2 - (-2a)\cdot(-2a) = 0$ となるが, ㋒
$y = -x$, $x \ne 0$ のとき, $z = 2x^4 > 0$ ㋓
$y = 0$, $x \fallingdotseq 0$ のとき, $z = x^2(x^2 - a) < 0$
となるので, 極値ではない.

(ii) $(x, y) = (\sqrt{a}, \sqrt{a})$ のとき,
$\varDelta = (-2a)^2 - 10a \cdot 10a = -96a^2 < 0$
かつ $A = 10a > 0$ より, 極小となり
極小値 $a^2 + a^2 - a\cdot(2\sqrt{a})^2 = -2a^2$

(iii) $(x, y) = (-\sqrt{a}, -\sqrt{a})$ のとき
(ii) と同様に極小となり, 極小値 $-2a^2$

以上から, $(x, y) = (\sqrt{a}, \sqrt{a}), (-\sqrt{a}, -\sqrt{a})$ のとき 極小値 $-2a^2$ ……(答)

㋐ $2x^3 - a\cdot 2x = 0$ より
$2x(x^2 - a) = 0$

㋑ 停留点.

㋒ $\varDelta = 0$ より, このままでは極値かどうか判定できない.

㋓㋔ $z = x^4 + y^4 - a(x+y)^2$
(x, y) のとり方を考える.

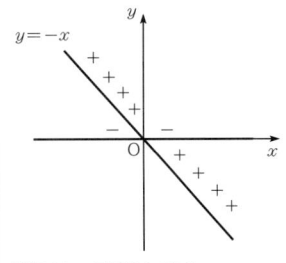

符号は z 座標を示す.
これより $(0,0)$ では, 馬の鞍形である.

理解度 Check! ①②まで **A**. 停留点まで **B**. 極値の判定条件から3つの停留点を確かめて **C**, **D**, **E**.

練習問題 71

次の関数の極値を求めよ.

(1) $z = x^4 + y^4 - 2(x-y)^2$

(2) $z = x^2 y(4 - x - y)$

解答は p.256

問題 72 陰関数における第2次導関数

次の各陰関数につき，$\dfrac{dy}{dx}$ および $\dfrac{d^2y}{dx^2}$ を求めよ．

(1) $x^2+3xy+4y^2=1$ (2) $y^x=2$ ($y>0, y\neq 1$)

解説

陰関数 $f(x,y)=0$ の微分法については，第1章ですでに学んだ．
$x^2+xy+y^2=1$ なら，$\dfrac{d}{dx}(x^2+xy+y^2)=\dfrac{d}{dx}(1)$ より，

$$\dfrac{d}{dx}(x^2)+\dfrac{d}{dx}(xy)+\dfrac{d}{dx}(y^2)=0 \qquad 2x+\left(y+x\dfrac{dy}{dx}\right)+2y\dfrac{dy}{dx}=0$$

$$(x+2y)\dfrac{dy}{dx}=-(2x+y) \qquad \therefore\ \dfrac{dy}{dx}=-\dfrac{2x+y}{x+2y}$$

として容易に求めることができた．ここでは，偏微分法の計算を利用して，陰関数の第1次および第2次導関数を求める方法を学ぶ．

ここに，$f(x,y)=0$ かつ $f_y(x,y)\neq 0$ で，$f(x,y)$ は連続な2次の偏導関数をもつものとする．$z=f(x,y)$ は，$z=f(x,y)$，$y=g(x)$ の場合と見なせるので，合成関数の微分法により

$$\dfrac{dz}{dx}=\dfrac{\partial z}{\partial x}+\dfrac{\partial z}{\partial y}\cdot\dfrac{dy}{dx}=f_x+f_y\dfrac{dy}{dx}$$

となる．したがって，$f(x,y)=0$ の両辺を x で微分して

$$f_x+f_y\dfrac{dy}{dx}=0 \qquad \therefore\ \dfrac{dy}{dx}=-\dfrac{f_x}{f_y}$$

これより，$\dfrac{d^2y}{dx^2}=\dfrac{d}{dx}\left(-\dfrac{f_x}{f_y}\right)=-\dfrac{\left(\dfrac{d}{dx}f_x\right)f_y-f_x\left(\dfrac{d}{dx}f_y\right)}{f_y^2}$ ……①

$$\dfrac{d}{dx}f_x=\dfrac{\partial}{\partial x}f_x+\dfrac{\partial}{\partial y}f_x\cdot\dfrac{dy}{dx}=f_{xx}+f_{xy}\cdot\left(-\dfrac{f_x}{f_y}\right)=\dfrac{f_{xx}f_y-f_{xy}f_x}{f_y}$$

$$\dfrac{d}{dx}f_y=\dfrac{\partial}{\partial x}f_y+\dfrac{\partial}{\partial y}f_y\cdot\dfrac{dy}{dx}=f_{yx}+f_{yy}\cdot\left(-\dfrac{f_x}{f_y}\right)=\dfrac{f_{xy}f_y-f_{yy}f_x}{f_y}$$

であるから，これらを①に代入して

$$\dfrac{d^2y}{dx^2}=-\dfrac{(f_{xx}f_y-f_{xy}f_x)-f_x\cdot\dfrac{f_{xy}f_y-f_{yy}f_x}{f_y}}{f_y^2}$$

$$=-\dfrac{f_{xx}f_y^2-2f_{xy}f_xf_y+f_{yy}f_x^2}{f_y^3}$$

となる．この結果は丸暗記する必要はない．必要に応じて上の計算ができるようにしておくことが大切である．

解答

(1) $f(x,y) = x^2 + 3xy + 4y^2 - 1 = 0$ とおくと

$f_x = 2x + 3y, \quad f_y = 3x + 8y$

$\therefore \underline{\dfrac{dy}{dx} = -\dfrac{f_x}{f_y} = -\dfrac{2x+3y}{3x+8y}}_{\text{㋐}}$ ……(答)

$\underline{\dfrac{d^2y}{dx^2}}_{\text{㋑}}$

$= -\dfrac{\left(2 + 3\dfrac{dy}{dx}\right)(3x+8y) - (2x+3y)\left(3 + 8\dfrac{dy}{dx}\right)}{(3x+8y)^2}$

分子 $= \left(2 - \dfrac{6x+9y}{3x+8y}\right)(3x+8y)$

$\qquad\qquad - (2x+3y)\left(3 - \dfrac{16x+24y}{3x+8y}\right)$

$= \dfrac{7y(3x+8y) - (2x+3y)(-7x)}{3x+8y}$

$= \dfrac{14(x^2+3xy+4y^2)}{3x+8y} = \underline{\dfrac{14}{3x+8y}}_{\text{㋒}}$

よって，$\dfrac{d^2y}{dx^2} = -\dfrac{14}{(3x+8y)^3}$ ……(答)

(2) $f(x,y) = y^x - 2$ とおくと

$f_x = y^x \log y, \quad f_y = xy^{x-1}$

$\therefore \dfrac{dy}{dx} = -\dfrac{f_x}{f_y} = -\dfrac{y^x \log y}{xy^{x-1}} = -\dfrac{y \log y}{x}$ ……(答)

$\dfrac{d^2y}{dx^2} = -\dfrac{(\log y + 1)\dfrac{dy}{dx} \cdot x - y \log y \cdot 1}{x^2}$

$= -\dfrac{(\log y + 1) \cdot \dfrac{-y \log y}{x} \cdot x - y \log y}{x^2}$

$= \dfrac{y\{(\log y)^2 + 2\log y\}}{x^2}$ ……(答)

㋐ $f(x,y) = 0$ から

$f_x + f_y \dfrac{dy}{dx} = 0$ となり

$\dfrac{dy}{dx} = -\dfrac{f_x}{f_y}$

㋑ $\dfrac{d^2y}{dx^2} =$

$-\left\{\dfrac{d}{dx}(2x+3y)\cdot(3x+8y)\right.$

$\left. - (2x+3y)\cdot\dfrac{dy}{dx}(3x+8y)\right\}$

$/(3x+8y)^2$

㋒ $x^2 + 3xy + 4y^2 = 1$ を用いた．

理解度 Check! (1)(2)
とも第1次導関数までで A，第2次導関数まで B．

練習問題 72

次の各陰関数につき $\dfrac{dy}{dx}$ および $\dfrac{d^2y}{dx^2}$ を求めよ．

(1) $x^2 + y^2 = a^2$ (2) $x^3 - 3xy + y^3 = 1$

解答は p.257

問題 73　陰関数の極値

$(x^2+y^2)^2 = a^2(x^2-y^2)$（$a$ は正の定数）のとき，y を x の関数とみて極値を求めよ．ただし，$x>0$ とする．

解説

陰関数 $f(x,y)=0$ で $f_y(x,y) \neq 0$ のとき，y を x の関数と見なしたときの y の極値を求める方法を考えてみよう．それは次の手順による．

(1) $f(x,y)=0$ かつ $f_x(x,y)=0$ を満たす x, y を求める．

(2) (1) の解 $(x,y)=(x_0,y_0)$ について

$$\frac{f_{xx}}{f_y}>0 \to y=y_0 \text{ は極大値},\quad \frac{f_{xx}}{f_y}<0 \to y=y_0 \text{ は極小値}$$

これは，前問題で示したように，$\dfrac{dy}{dx}=-\dfrac{f_x}{f_y}$ だから，y の極値候補として $\dfrac{dy}{dx}=0$ から $f_x=0$，すなわち $f=0$ かつ $f_x=0$ となる x, y を求める．そして，このとき，第 2 次導関数 $\dfrac{d^2y}{dx^2}=-\dfrac{f_{xx}f_y{}^2}{f_y{}^3}=-\dfrac{f_{xx}}{f_y}$ となるから

$$\frac{f_{xx}}{f_y}>0 \to \frac{d^2y}{dx^2}<0 \to y \text{ は極大},\quad \frac{f_{xx}}{f_y}<0 \to \frac{d^2y}{dx^2}>0 \to y \text{ は極小}$$

によって，極値の判定ができるからである．

例として，$x^3-3xy+y^3=3$ のときの y の極値を求めてみよう．

$f(x,y) = x^3-3xy+y^3-3$ とおくと

$f_x = 3x^2-3y$, $f_y = -3x+3y^2$, $f_{xx} = 6x$

$$\begin{cases} f=0 \\ f_x=0 \end{cases} \text{ を解くと } \begin{cases} x^3-3xy+y^3-3=0 & \cdots\cdots ① \\ x^2-y=0 & \cdots\cdots ② \end{cases}$$

② から $y=x^2$ を ① に代入して，$x^3-3x \cdot x^2+(x^2)^3-3=0$

$x^6-2x^3-3=0 \qquad (x^3+1)(x^3-3)=0 \qquad \therefore\ x^3=-1,\ 3$

$\therefore\ (x,y)=(-1,1),\ (\sqrt[3]{3}, \sqrt[3]{9})$

$(x,y)=(-1,1)$ のときは

$$\frac{f_{xx}}{f_y}=\frac{2x}{y^2-x}=\frac{2x}{(x^2)^2-x}=\frac{2x}{x^4-x}=\frac{2}{x^3-1}=\frac{2}{-1-1}=-1<0$$

$(x,y)=(\sqrt[3]{3}, \sqrt[3]{9})$ のときは

$$\frac{f_{xx}}{f_y}=\frac{2}{x^3-1}=\frac{2}{3-1}=1>0$$

よって，極大値 $\sqrt[3]{9}$ （$x=\sqrt[3]{3}$），極小値 1 （$x=-1$）

解 答

$f(x, y) = (x^2+y^2)^2 - a^2(x^2-y^2)$ とおくと
$$f_x = 4x(x^2+y^2) - 2a^2 x$$
$$f_y = 4y(x^2+y^2) + 2a^2 y$$
$$f_{xx} = 12x^2 + 4y^2 - 2a^2$$

$f=0$, $f_x=0$ とおくと
$$\begin{cases} (x^2+y^2)^2 - a^2(x^2-y^2) = 0 & \cdots\cdots① \\ 4x(x^2+y^2) - 2a^2 x = 0 & \cdots\cdots② \end{cases}$$

②から，$2x\{2(x^2+y^2) - a^2\} = 0$
$x > 0$ だから，$2(x^2+y^2) = a^2$
$$\therefore \quad x^2 + y^2 = \frac{a^2}{2} \quad \cdots\cdots③$$

③を①に代入して整理して
$$x^2 - y^2 = \frac{a^2}{4} \quad \cdots\cdots④$$

③，④を解いて $x^2 = \frac{3}{8}a^2$, $y^2 = \frac{1}{8}a^2$

$$\therefore \quad x = \sqrt{\frac{3}{8}a^2} = \frac{\sqrt{6}}{4}a, \quad y = \pm\sqrt{\frac{1}{8}a^2} = \pm\frac{\sqrt{2}}{4}a$$

ここで $\dfrac{f_{xx}}{f_y} = \dfrac{6x^2 + 2y^2 - a^2}{2y(x^2+y^2) + a^2 y}$

$$= \frac{6 \cdot \frac{3}{8}a^2 + 2 \cdot \frac{1}{8}a^2 - a^2}{2y \cdot \frac{a^2}{2} + a^2 y} = \frac{3}{4y}$$

$(x, y) = \left(\dfrac{\sqrt{6}}{4}a, \dfrac{\sqrt{2}}{4}a\right)$ のとき，$\dfrac{f_{xx}}{f_y} > 0$

$(x, y) = \left(\dfrac{\sqrt{6}}{4}a, -\dfrac{\sqrt{2}}{4}a\right)$ のとき，$\dfrac{f_{xx}}{f_y} < 0$

よって，極大値 $\dfrac{\sqrt{2}}{4}a$ $\left(x = \dfrac{\sqrt{6}}{4}a\right)$ ……(答)

極小値 $-\dfrac{\sqrt{2}}{4}a$ $\left(x = \dfrac{\sqrt{6}}{4}a\right)$

⑦ ③を①に代入して
$\left(\dfrac{a^2}{2}\right)^2 - a^2(x^2-y^2) = 0$ より
$$x^2 - y^2 = \frac{a^2}{4}$$

④ $\dfrac{d^2 y}{dx^2} = -\dfrac{f_{xx}}{f_y}$

$\dfrac{f_{xx}}{f_y} > 0 \to \dfrac{d^2 y}{dx^2} < 0$ となり
y は極大．

$\dfrac{f_{xx}}{f_y} < 0 \to \dfrac{d^2 y}{dx^2} > 0$ となり
y は極小．

理解度 Check! f_x, f_y, f_{xx} を正しく求めて **A**，停留点で **B**．極値の判定，完答で **C**．

練習問題 73

$x^2 + 2xy + 2y^2 = 1$ のとき，y を x の関数とみて極値を求めよ．

解答は p.257

問題 74　条件つき極値問題

条件 $x^2+y^2=1$ のもとで $f(x,y)=ax^2+2bxy+cy^2$ の最大値と最小値を求めよ．

解説　本問では，陰関数を利用して「**条件つきの極値問題**」を考える方法を学ぶ．条件つき極値問題とは，条件 $g(x,y)=0$（陰関数）のもとに，$f(x,y)$ の極値を求める問題であるが，次の**ラグランジュの未定乗数法**と呼ばれる定理は，このような極値問題で極値を与える点 (x,y) の必要条件（候補）を示してくれる．

[ラグランジュの未定乗数法]

$g(x,y)$ が連続な偏導関数をもち，かつ $f(x,y)$ が偏微分可能とする．$g_x(a,b)$，$g_y(a,b)$ が同時には 0 でない点 (a,b) が条件つき極値問題の極値を与えるならば，

$$f_x(a,b)-\lambda g_x(a,b)=0, \quad f_y(a,b)-\lambda g_y(a,b)=0 \quad \cdots\cdots ①$$

を同時に満たす定数 λ が存在する．この λ を**ラグランジュの乗数**という．

(証明)　$g_y(a,b) \neq 0$ のとき，条件 $g(x,y)=0$ によって定まる陰関数 $y=h(x)$ の導関数は $g_x+g_y \cdot \dfrac{dy}{dx}=0$ から $\dfrac{dy}{dx}=-\dfrac{g_x}{g_y}$ である．いま，$z=f(x,y)$ が点 (a,b) で極値をとるとすれば，$z=f(x,y)$ は点 (a,b) の十分近くで x のみの関数として極値をとるから，$\dfrac{dz}{dx}=f_x+f_y\dfrac{dy}{dx}=0$ でなければいけない．したがって，$\dfrac{dz}{dx}=f_x+f_y\cdot\left(-\dfrac{g_x}{g_y}\right)=f_x-\dfrac{f_y}{g_y}g_x=0 \quad ((x,y)=(a,b))$

となる．ここで，$\lambda=\dfrac{f_y}{g_y}=\dfrac{f_y(a,b)}{g_y(a,b)} \quad \cdots\cdots ②$　とおくと

$$f_x(a,b)-\lambda g_x(a,b)=0 \quad かつ \quad ②から \quad f_y(a,b)-\lambda g_y(a,b)=0$$

が得られる．$g_x(a,b) \neq 0$ のときも同様にして，①を導くことができる．

以上から，条件つきの極値を与える点 (x,y) の候補は，$F(x,y)=f(x,y)-\lambda g(x,y)$ を作り，

$$g(x,y)=0, \quad F_x=f_x(x,y)-\lambda g_x(x,y)=0, \quad F_y=f_y(x,y)-\lambda g_y(x,y)=0$$

の 3 式の連立方程式を解けばよいことがわかった．

なお，本問の条件 $g(x,y)=x^2+y^2-1=0$ のように有界閉集合 D において，関数 $f(\mathrm{P})=f(x,y)$ が連続であれば，D において $f(\mathrm{P})$ を最大・最小にする点が存在する．一般には，ラグランジュの乗数法から求めた極大（極小）値が，最大（最小）値となる．

解答

$x^2+y^2=1$ は原点を中心とする半径 1 の円を表すので,有界閉集合である.

したがって,連続関数 $f(x,y)$ はこの円周上で最大値および最小値をもつ.

㋐ $F(x,y)=ax^2+2bxy+cy^2-\lambda(x^2+y^2-1)$ とおくと
$F_x=2ax+2by-2\lambda x$
$F_y=2bx+2cy-2\lambda y$

$\begin{cases} x^2+y^2=1 \\ F_x=0 \\ F_y=0 \end{cases}$ から $\begin{cases} x^2+y^2=1 & \cdots\cdots① \\ ax+by=\lambda x & \cdots\cdots② \\ bx+cy=\lambda y & \cdots\cdots③ \end{cases}$

①〜③を満たす (x,y) の中に $f(x,y)$ を最大,最小にするものが含まれている.

ここで,㋑ ②×x + ③×y から
$(ax+by)x+(bx+cy)y=\lambda x^2+\lambda y^2$
∴ $ax^2+2bxy+cy^2=\lambda(x^2+y^2)=\lambda$

②,③から
$(a-\lambda)x+by=0,\ bx+(c-\lambda)y=0$

これより,$\{(a-\lambda)(c-\lambda)-b^2\}x=0$
$\{(a-\lambda)(c-\lambda)-b^2\}y=0$

㋒ $(x,y)\neq(0,0)$ から,㋓ $(a-\lambda)(c-\lambda)-b^2=0$
∴ $\lambda^2-(a+c)\lambda+ac-b^2=0$

これを解いて
$\lambda=\dfrac{a+c\pm\sqrt{(a+c)^2-4(ac-b^2)}}{2}$
$=\dfrac{a+c\pm\sqrt{(a-c)^2+4b^2}}{2}$

よって,最大値 $\dfrac{a+c+\sqrt{(a-c)^2+4b^2}}{2}$

最小値 $\dfrac{a+c-\sqrt{(a-c)^2+4b^2}}{2}$ ……(答)

★有界閉集合(コンパクト集合)上の連続関数は最大・最小値をとる(ワイエルシュトラス).

㋐ ラグランジュの乗数法
$f(x,y)=ax^2+2bxy+cy^2$
$g(x,y)=x^2+y^2-1=0$

㋑ $ax^2+2bxy+cy^2$
$=(ax+by)x$
$\ \ +(bx+cy)y$
に着目.

㋒ 条件 $x^2+y^2=1$ から $(x,y)\neq(0,0)$

㋓ この式は,行列を用いて
$\begin{pmatrix} a-\lambda & b \\ b & c-\lambda \end{pmatrix}\begin{pmatrix} x \\ y \end{pmatrix}=\begin{pmatrix} 0 \\ 0 \end{pmatrix}$
が $\begin{pmatrix} 0 \\ 0 \end{pmatrix}$ 以外の解 $\begin{pmatrix} x \\ y \end{pmatrix}$ をもつための条件から求めることもできる.

理解度 Check! ラグランジュが使えて **A**.λ の 2 次方程式まで **B**.(答) の最大最小を示せて **C**.

練習問題 74

$x^2+y^2=1$ の条件のもとで,x^3+y^3 の最大値と最小値を求めよ.

解答は p.258

問題 75　包絡線

次の問いに答えよ．

(1)　楕円群 $ax^2 + \dfrac{y^2}{a} = 1$　（a はパラメータ）の包絡線を求めよ．

(2)　直交座標平面で，両軸上に両端をおいて動く一定の長さ a の線分の包絡線を求めよ．

解説　曲線 $f(x, y) = 0$ 上の点でただ 1 本の接線が定まるとき，この点を**通常点**といい，通常点でない点を**特異点**という．

$f(x, y)$ が偏微分可能であるとき，$f_y(x, y) \neq 0$ ならば $\dfrac{dy}{dx} = -\dfrac{f_x(x, y)}{f_y(x, y)}$，$f_x(x, y) \neq 0$ ならば $\dfrac{dx}{dy} = -\dfrac{f_y(x, y)}{f_x(x, y)}$ となり，いずれも接線はただ 1 本だけ存在するので，点 (x, y) は通常点である．したがって，$f(x, y) = 0$ 上の点 (x, y) が特異点であるとは

$$f(x, y) = 0, \ f_x(x, y) = 0, \ f_y(x, y) = 0$$

が同時に成り立つことである．特異点では接線は存在しない．

いま，曲線群 $f(x, y, a) = 0$（a は媒介変数）のすべてに接する 1 つの定曲線 C があるとき，C を**曲線群** $f(x, y, a) = 0$ の**包絡線**という．

曲線群 $f(x, y, a) = 0$ の包絡線の求め方は

$$\begin{cases} f(x, y, a) = 0 \\ f_a(x, y, a) = 0 \end{cases} \quad (a \text{ は媒介変数}) \qquad \cdots\cdots ①$$

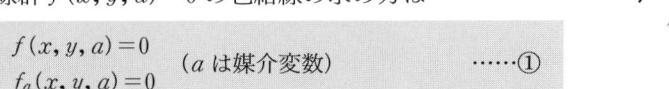

から，$f(x, y, a) = 0$ の特異点の軌跡を除いたものである．
①は，包絡線と特異点の軌跡の両方を表していることに注意したい．
一般に，$f = 0$，$f_a = 0$ から a を消去する．

たとえば，曲線群 $y = ax + a^2$ の包絡線は次のようにして求められる．
これは直線群だから特異点をもたない．
$f(x, y, a) = ax - y + a^2$ とおくと，$f_a(x, y, a) = x + 2a$

$\begin{cases} ax - y + a^2 = 0 \\ x + 2a = 0 \end{cases}$ から a を消去すればよいから，第 2 式から $a = -\dfrac{x}{2}$ として

第 1 式に代入して　$\left(-\dfrac{x}{2}\right)x - y + \left(-\dfrac{x}{2}\right)^2 = 0$　　∴　放物線　$y = -\dfrac{1}{4}x^2$

解 答

(1) 楕円は特異点をもたない．

$$f(x,y,a) = ax^2 + \frac{y^2}{a} - 1 = 0 \quad \cdots\cdots ①$$

$$f_a(x,y,a) = x^2 - \frac{y^2}{a^2} = 0 \quad \cdots\cdots ②$$

②から $a^2 = \dfrac{y^2}{x^2}$ ∴ $a = \pm\dfrac{y}{x}$

①に代入して $\left(\pm\dfrac{y}{x}\right) \cdot x^2 + \dfrac{y^2}{\pm\dfrac{y}{x}} - 1 = 0$

$\pm 2xy = 1$ ∴ $xy = \pm\dfrac{1}{2}$ （複号同順）

よって，包絡線は 双曲線 $xy = \pm\dfrac{1}{2}$ ……(答)

(2) 線分が x 軸となす鋭角を θ とおくと，線分の方程式は第1象限においては

$$\frac{x}{a\cos\theta} + \frac{y}{a\sin\theta} = 1 \quad (\theta \text{ はパラメータ})$$

∴ $f(x,y,a) = \dfrac{x}{\cos\theta} + \dfrac{y}{\sin\theta} - a = 0$ ……①

直線は特異点をもたない．

$$f_\theta(x,y,a) = \frac{x\sin\theta}{\cos^2\theta} - \frac{y\cos\theta}{\sin^2\theta} = 0 \quad \cdots\cdots ②$$

②から，$x\sin^3\theta - y\cos^3\theta = 0$

$\dfrac{x}{\cos^3\theta} = \dfrac{y}{\sin^3\theta} = k$ とおくと

$x = k\cos^3\theta,\ y = k\sin^3\theta$

①に代入して $k\cos^2\theta + k\sin^2\theta - a = 0$

∴ $k = a$

したがって $x = a\cos^3\theta,\ y = a\sin^3\theta$

θ を消去して $x^{\frac{2}{3}} + y^{\frac{2}{3}} = a^{\frac{2}{3}}$ ……(答)

対称性を考えて，これが求める包絡線である．

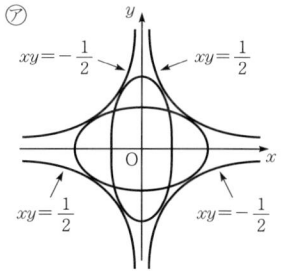

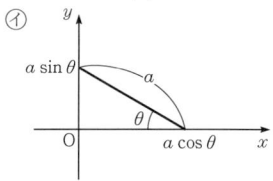

㋐ $xy = -\dfrac{1}{2}$, $xy = \dfrac{1}{2}$, $xy = \dfrac{1}{2}$, $xy = -\dfrac{1}{2}$

㋑ $a\sin\theta$, a, θ, $a\cos\theta$

㋒ 直線群 $\dfrac{x}{\cos\theta} + \dfrac{y}{\sin\theta} - 1 = 0$ の包絡線を求める．

㋓ アステロイド

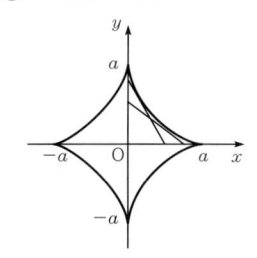

理解度 Check! (1)(2)とも①②の条件までで A，包絡線を求めて B．

練習問題 75

次の曲線群の包絡線を求めよ．a はパラメータである．

(1) $y = ax + \dfrac{1}{a}$ (2) $y^3 = a(x+a)^2$

解答は p.258

問題 76　接平面

(1) 楕円面 $\dfrac{x^2}{a^2}+\dfrac{y^2}{b^2}+\dfrac{z^2}{c^2}=1$ 上の点 (x_0, y_0, z_0) における接平面および法線の方程式を求めよ．

(2) 曲面 $f\left(\dfrac{x-a}{z-c}, \dfrac{y-b}{z-c}\right)=0$ の接平面は定点を通ることを証明せよ．

解説

一般に，点 $A(x_1, y_1, z_1)$ を通り，ベクトル $\vec{u}=(a, b, c)$ に垂直な平面 π の方程式は，平面上の点を $P(x, y, z)$ とおくと $\overrightarrow{AP} \perp \vec{u}$ から

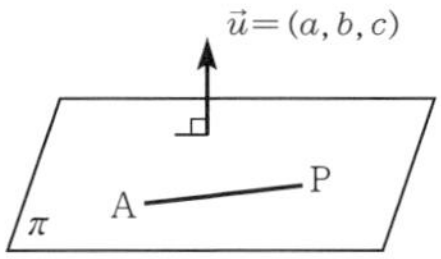

$$\overrightarrow{AP} \cdot \vec{u} = (x-x_1, y-y_1, z-z_1) \cdot (a, b, c) = 0$$
$$\text{すなわち，} \quad a(x-x_1)+b(y-y_1)+c(z-z_1)=0$$

で与えられる．この $\vec{u}$ を**平面 π の法線ベクトル**という．

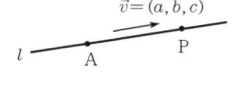

また，点 $A(x_1, y_1, z_1)$ を通り，ベクトル $\vec{v}=(a, b, c)$ に平行な直線 l の方程式は，l 上の点を $P(x, y, z)$ とおくと $\overrightarrow{AP} \mathbin{/\mkern-5mu/} \vec{v}$ から

$$\overrightarrow{AP}=t\vec{v} \qquad \overrightarrow{OP}=\overrightarrow{OA}+t\vec{v} \quad (t \text{ は媒介変数})$$

$$\begin{pmatrix} x \\ y \\ z \end{pmatrix} = \begin{pmatrix} x_1 \\ y_1 \\ z_1 \end{pmatrix} + t \begin{pmatrix} a \\ b \\ c \end{pmatrix} \qquad \therefore \quad \frac{x-x_1}{a}=\frac{y-y_1}{b}=\frac{z-z_1}{c}$$

で与えられる．この $\vec{v}$ を**直線 l の方向ベクトル**という．

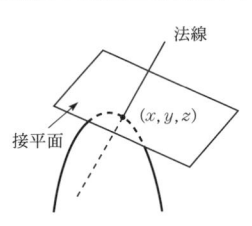

曲線 $f(x, y, z)=0$ 上の点 (x, y, z) における接平面の方程式は，法線ベクトルが (f_x, f_y, f_z) であるから，流通座標 (X, Y, Z) を用いて

$$f_x(X-x)+f_y(Y-y)+f_z(Z-z)=0$$

となる．また，法線の方程式は，方向ベクトルが (f_x, f_y, f_z) であるから，

$$\frac{X-x}{f_x}=\frac{Y-y}{f_y}=\frac{Z-z}{f_z}$$

となる．たとえば，$x^2+y^2-z^2=1$ の点 (x, y, z) における接平面 π および法線 l の方程式は，$f=x^2+y^2-z^2-1$ とおくと，$f_x=2x$, $f_y=2y$, $f_z=-2z$ だから，

$$\pi : 2x(X-x)+2y(Y-y)-2z(Z-z)=0$$
$$\therefore \quad xX+yY-zZ=x^2+y^2-z^2=1$$

また $\quad l : \dfrac{X-x}{x}=\dfrac{Y-y}{y}=\dfrac{Z-z}{z} \quad$ となる．

解答

(1) $f = \dfrac{x^2}{a^2} + \dfrac{y^2}{b^2} + \dfrac{z^2}{c^2} - 1 = 0$ とおくと

$f_x = \dfrac{2x}{a^2}$, $f_y = \dfrac{2y}{b^2}$, $f_z = \dfrac{2z}{c^2}$

したがって，接平面の方程式は

$\underline{\dfrac{2x_0}{a^2}(x - x_0) + \dfrac{2y_0}{b^2}(y - y_0) + \dfrac{2z_0}{c^2}(z - z_0) = 0}$ ㋐

$\therefore \quad \dfrac{x_0}{a^2}x + \dfrac{y_0}{b^2}y + \dfrac{z_0}{c^2}z = 1$ ……（答）

法線の方程式は ㋑

$\underline{\dfrac{a^2(x - x_0)}{x_0} = \dfrac{b^2(y - y_0)}{y_0} = \dfrac{c^2(z - z_0)}{z_0}}$ ……（答）

(2) $u = \dfrac{x - a}{z - c}$, $v = \dfrac{y - b}{z - c}$,

$F(x, y, z) = f\left(\dfrac{x - a}{z - c}, \dfrac{y - b}{z - c}\right) = f(u, v)$ とおく．

$\underline{F_x = F_u \dfrac{\partial u}{\partial x} = \dfrac{F_u}{z - c}}$ ㋒, $\underline{F_y = F_v \dfrac{\partial v}{\partial y} = \dfrac{F_v}{z - c}}$ ㋓

$F_z = F_u \dfrac{\partial u}{\partial z} + F_v \dfrac{\partial v}{\partial z}$

$\quad = -F_u \cdot \dfrac{x - a}{(z - c)^2} - F_v \cdot \dfrac{y - b}{(z - c)^2}$

したがって，接平面の方程式は ㋔

$\dfrac{F_u}{z - c}(X - x) + \dfrac{F_v}{z - c}(Y - y)$

$\quad - \left\{\dfrac{F_u(x - a)}{(z - c)^2} + \dfrac{F_v(y - b)}{(z - c)^2}\right\}(Z - z) = 0$

この式で $X = a$, $Y = b$, $Z = c$ とおくと

左辺 $= -F_u u - F_v v + F_u u + F_v v = 0 =$ 右辺

よって，接平面は定点 (a, b, c) を通る．

㋐ 変形して

$\dfrac{x_0}{a^2}x + \dfrac{y_0}{b^2}y + \dfrac{z_0}{c^2}z$

$= \dfrac{x_0^2}{a^2} + \dfrac{y_0^2}{b^2} + \dfrac{z_0^2}{c^2} = 1$

㋑ $\dfrac{x - x_0}{\frac{2x_0}{a^2}} = \dfrac{y - y_0}{\frac{2y_0}{b^2}} = \dfrac{z - z_0}{\frac{2z_0}{c^2}}$

㋒ $F_x = F_u \dfrac{\partial u}{\partial x} + F_v \dfrac{\partial v}{\partial x}$

v は x を含まないので

$\dfrac{\partial v}{\partial x} = 0$ だから

$F_x = F_u \dfrac{\partial u}{\partial x}$

㋓ u は y を含まないので，㋒と同様になる．

㋔ 流通座標．

理解度 Check！ (1)： f_x, f_y, f_z まで A ．（答）が接平面 B ．接線 C ．(2)： F_x, F_y, F_z で A ．接平面の式 B ．完答で C ．

練習問題 76

(1) 曲面 $z = k \tan^{-1} \dfrac{y}{x}$ （$k > 0$, $x \neq 0$）上の点 (x_0, y_0, z_0) における接平面と法線の方程式を求めよ．

(2) 曲面 $\sqrt{x} + \sqrt{y} + \sqrt{z} = 1$ の任意の接平面と 3 つの座標軸との交点を P，Q，R とするとき，OP + OQ + OR は一定であることを示せ．

解答は p.259

◆◇◆　多変数関数のグラフを見ておこう　◇◆◇────────コラム3

　高校のときや1変数関数での微分では，いわゆる「増減表」または凹凸や漸近線，x, y 軸との交点などまで確認してグラフの形状を描く問題を解いたり，問題で要求されずともイメージをつかむ上でグラフを書いて確かめることをしただろう．しかし，同様のことを多変数関数でやろうというのは，とくに時間の限られた試験の最中では難しい．したがって，式の形から手探り状態でわかることをイメージしていくほかないのだが，それでも，対称性を確認したり不等式でとりうる範囲を評価したり，いくつかの平面での断面図を考える，などといったことで大まかには捉えられるようにしておきたい．

　ことに，多変数関数が1変数のときと異なるのは，極限や連続性を考えるのに1方向からの近づき方でなく，あらゆる方向からの近づき方を吟味しなくてはならないことがある．そうした，いわゆる「特異点」での形状がどうなっているかは，やはり「百聞は一見にしかず」で，一度は見ておくほうがよい．

　さいわいに，一昔前とは違って，現在の読者なら，身近にパソコンで Excel を操作できる環境がある方が多いだろう．立体的なグラフも少し前までは Mathematica などの優秀な数学専用のソフトが必要だったが，現在の Excel でも，右や下のようなグラフを作成し，視点をいろいろな角度から変更することも可能になった．数値を表形式で入力しておいて，グラフの等高線⇒3D等高線グラフを選択すればよい．

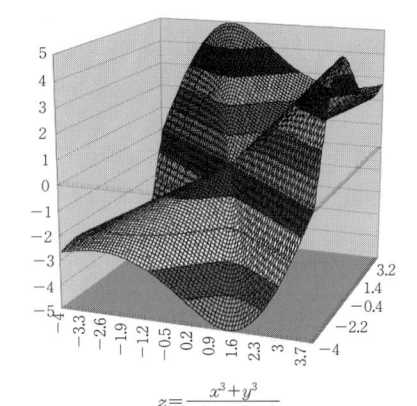

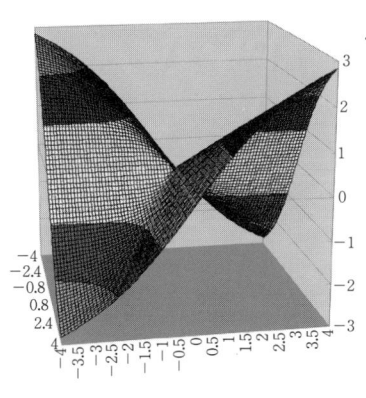

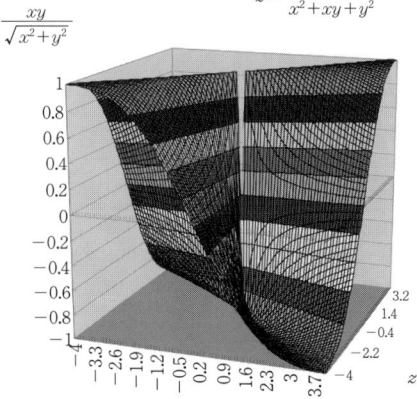

$$z = \frac{x^3 + y^3}{x^2 + xy + y^2}$$

$$z = \frac{xy}{\sqrt{x^2 + y^2}}$$

$$z = \frac{2xy}{x^2 + y^2}$$

Chapter 4

多変数関数の積分法

問題 77　くり返し積分（1）

次のくり返し積分の値を求めよ．

(1) $\displaystyle\int_0^3\int_0^2 x^2 y\,dy\,dx$ 　　(2) $\displaystyle\int_1^3\int_1^2 (x-y)\,dx\,dy$

(3) $\displaystyle\int_0^a dx\int_0^b xy(x+y)\,dy$ 　　(4) $\displaystyle\int_0^1 dx\int_0^1 x e^{x^2+y}\,dy$

解説　xy 平面上のある領域 D と，その上で定義された 2 変数関数 $f(x, y)$ を考える．

いま，D を任意に小領域 $D_1, D_2, \cdots, D_n$ に分割し，各領域 D_i 内の任意の点 $\mathrm{P}_i(x_i, y_i)$ における関数値 $f(x_i, y_i)\,(=f(\mathrm{P}_i))$ と，この領域の面積 ΔS_i との積の和

$$\sum_{i=1}^n f(x_i, y_i)\,\Delta S_i\left(=\sum_{i=1}^n f(\mathrm{P}_i)\,\Delta S_i\right)$$

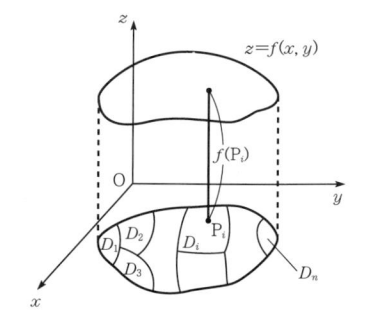

を考える．ここで，すべての小領域の面積が 0 に収束するように $n\to\infty$ とする．すなわち，$\displaystyle\lim_{n\to\infty}\sum_{i=1}^n f(x_i, y_i)\,\Delta S_i$ を考える．このとき，この極限が有限確定な極限値をもつならば，$f(x, y)$ は D で**積分可能**であるといい，この極限値を D における $f(x, y)$ の **2 重積分**という．これを

$$\iint_D f(x, y)\,dx\,dy \quad \text{または} \quad \int_D f(\mathrm{P})\,dS$$

のように表す．D が面積をもつ有界な閉領域で，$f(x, y)$ が D で連続ならば積分可能である．

とくに，D が $a\leqq x\leqq b,\ c\leqq y\leqq d$ で表される長方形の内部および周のときは，

$$\iint_D f(x, y)\,dx\,dy = \int_a^b\int_c^d f(x, y)\,dy\,dx = \int_a^b\left(\int_c^d f(x, y)\,dy\right)dx$$

または
$$\iint_D f(x, y)\,dx\,dy = \int_c^d\int_a^b f(x, y)\,dx\,dy = \int_c^d\left(\int_a^b f(x, y)\,dx\right)dy$$

として計算し，これらの右辺の計算を**くり返し積分（累次積分）**という．

なお，$\displaystyle\int_a^b\int_c^d f(x, y)\,dy\,dx = \int_a^b dx\int_c^d f(x, y)\,dy$ とも表す．

とくに，$f(x, y) = g(x)\,h(y)$ のときは，次式が成り立つ．

$$\int_a^b\int_c^d g(x)\,h(y)\,dy\,dx = \left(\int_a^b g(x)\,dx\right)\left(\int_c^d h(y)\,dy\right)$$

解答

(1) ㋐ 与式 $= \left(\int_0^3 x^2 dx\right) \cdot \left(\int_0^2 y dy\right)$

$= \left[\dfrac{x^3}{3}\right]_0^3 \left[\dfrac{y^2}{2}\right]_0^2 = 9 \cdot 2 = 18$ ……(答)

(2) 与式 $= \int_1^3 \left(\int_1^2 (x-y)\, dx\right) dy$ ㋑

$= \int_1^3 \left[\dfrac{x^2}{2} - yx\right]_{x=1}^{x=2} dy = \int_1^3 \left(\dfrac{3}{2} - y\right) dy$

$= \left[\dfrac{3}{2}y - \dfrac{y^2}{2}\right]_1^3$

$= \left(\dfrac{9}{2} - \dfrac{9}{2}\right) - \left(\dfrac{3}{2} - \dfrac{1}{2}\right) = -1$ ……(答)

(3) 与式 $= \int_0^a \left(\int_0^b (x^2 y + xy^2)\, dy\right) dx$ ㋒

$= \int_0^a \left[x^2 \cdot \dfrac{y^2}{2} + x \cdot \dfrac{y^3}{3}\right]_{y=0}^{y=b} dx$

$= \int_0^a \left(\dfrac{b^2}{2} x^2 + \dfrac{b^3}{3} x\right) dx$

$= \left[\dfrac{b^2}{6} x^3 + \dfrac{b^3}{6} x^2\right]_0^a$

$= \dfrac{b^2}{6} a^3 + \dfrac{b^3}{6} a^2 = \dfrac{1}{6} a^2 b^2 (a+b)$ ……(答)

(4) ㋓ 与式 $= \int_0^1 dx \int_0^1 xe^{x^2} \cdot e^y dy$

$= \int_0^1 xe^{x^2} dx \int_0^1 e^y dy$

$= \left[\dfrac{1}{2} e^{x^2}\right]_0^1 \left[e^y\right]_0^1$

$= \dfrac{1}{2}(e-1) \cdot (e-1) = \dfrac{1}{2}(e-1)^2$ ……(答)

㋐ くり返し積分の原則どおりに計算すると

与式 $= \int_0^3 \left(\int_0^2 x^2 y dy\right) dx$

$= \int_0^3 \left[x^2 \cdot \dfrac{y^2}{2}\right]_{y=0}^{y=2} dx$

$= \int_0^3 2x^2 dx$

$= \left[\dfrac{2}{3} x^3\right]_0^3 = 18$

のようになる.

㋑ $x - y = g(x) h(y)$ の形には表されないので, 原則どおりに計算する.

㋒ ㋑と同様である.

㋓ $xe^{x^2+y} = xe^{x^2} \cdot e^y$
$\qquad = g(x) h(y)$

と表される.

理解度 Check! (1)～(4) は単純な計算問題なのでそれぞれすべて完答で **A** .

練習問題 77

解答は p.259

次のくり返し積分の値を求めよ.

(1) $\displaystyle\int_0^1 \int_0^1 \dfrac{x}{1+y^2} dy dx$ 　　(2) $\displaystyle\int_0^b dy \int_0^a \dfrac{dx}{1+x+y}$ 　($a > 0$, $b > 0$)

問題 78 くり返し積分（2）

次のくり返し積分の値を求めよ．

(1) $\displaystyle\int_0^1\int_0^y \frac{x}{1+y^2}\,dxdy$

(2) $\displaystyle\int_0^a dx\int_0^{\sqrt{a^2-x^2}} xy^2\,dy\quad (a>0)$

(3) $\displaystyle\int_0^1 dy\int_0^{2(1-y)}\left(1-\frac{x}{2}-y\right)dx$

解説

右図のような領域

$$D: a\leq x\leq b,\quad \varphi_1(x)\leq y\leq \varphi_2(x)$$

での $f(x,y)$ の2重積分は

$$\iint_D f(x,y)\,dxdy = \int_a^b\left(\int_{\varphi_1(x)}^{\varphi_2(x)} f(x,y)\,dy\right)dx \quad\cdots\cdots①$$

と定義される．これは問題77でも学んだように，まず x を固定し $f(x,y)$ を y のみの関数と考えて，$y=\varphi_1(x)$ から $y=\varphi_2(x)$ まで y について定積分し，得られた x を含む式を a から b まで x について定積分することを意味する．図形的には，$x=x$ による断面積（右図のアミ部分）を求めて，それを a から b まで寄せ集めるということ，すなわち領域 D において $f(x,y)\geq 0$ のときは，①は右図のような立体の体積を求める計算を意味する．①の右辺は

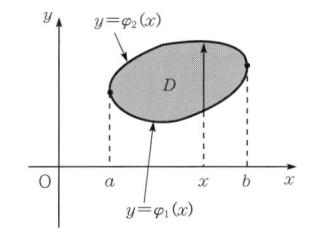

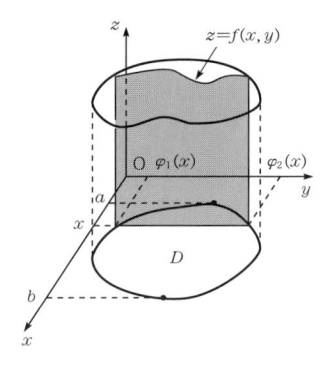

$$\int_a^b\int_{\varphi_1(x)}^{\varphi_2(x)} f(x,y)\,dydx \quad\text{あるいは}\quad \int_a^b dx\int_{\varphi_1(x)}^{\varphi_2(x)} f(x,y)\,dy$$

のようにも書く．

また，$D: c\leq y\leq d,\ \psi_1(y)\leq x\leq \psi_2(y)$ での $f(x,y)$ の2重積分は

$$\iint_D f(x,y)\,dxdy = \int_c^d\left(\int_{\psi_1(y)}^{\psi_2(y)} f(x,y)\,dx\right)dy \quad\cdots\cdots②$$

と定義される．

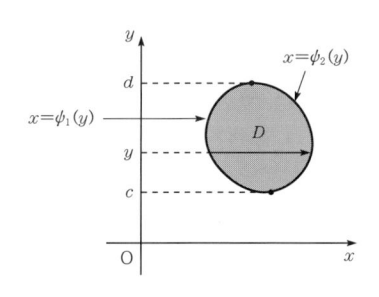

解 答

(1) 与式 $= \int_0^1 \left(\int_0^y \dfrac{x}{1+y^2} dx \right) dy$ ㋐

$= \int_0^1 \dfrac{1}{1+y^2} \left[\dfrac{x^2}{2} \right]_0^y dy = \int_0^1 \dfrac{y^2}{2(1+y^2)} dy$

$= \dfrac{1}{2} \int_0^1 \left(1 - \dfrac{1}{1+y^2} \right) dy$

$= \dfrac{1}{2} \left[y - \tan^{-1} y \right]_0^1 = \dfrac{1}{2} \left(1 - \dfrac{\pi}{4} \right)$ ……(答)

(2) 与式 $= \int_0^a \left(\int_0^{\sqrt{a^2-x^2}} xy^2 dy \right) dx$ ㋑

$= \int_0^a x \left[\dfrac{y^3}{3} \right]_0^{\sqrt{a^2-x^2}} dx$

$= \dfrac{1}{3} \int_0^a x (a^2-x^2)^{\frac{3}{2}} dx$ ㋒

$= \dfrac{1}{3} \left[-\dfrac{1}{5} (a^2-x^2)^{\frac{5}{2}} \right]_0^a$

$= \dfrac{1}{15} (a^2)^{\frac{5}{2}} = \dfrac{1}{15} a^5$ ……(答)

(3) 与式 $= \int_0^1 \left(\int_0^{2(1-y)} \left(1 - \dfrac{x}{2} - y \right) dx \right) dy$ ㋓

$= \int_0^1 \left[(1-y) x - \dfrac{x^2}{4} \right]_{x=0}^{x=2(1-y)} dy$

$= \int_0^1 \{ 2(1-y)^2 - (1-y)^2 \} dy$

$= \int_0^1 (1-y)^2 dy = \int_0^1 (y-1)^2 dy$

$= \left[\dfrac{1}{3} (y-1)^3 \right]_0^1 = \dfrac{1}{3}$ ……(答)

㋐ （図：$x=y$、$x=0$ で囲まれた領域）

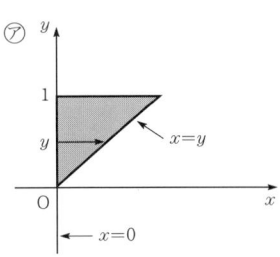

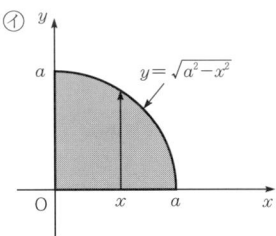

㋑ （図：$y=\sqrt{a^2-x^2}$ の第1象限）

㋒ $a^2 - x^2 = t$ とおくと

$x dx = -\dfrac{1}{2} dt$

したがって

$\int_0^a x(a^2-x^2)^{\frac{3}{2}} dx$

$= \int_{a^2}^0 t^{\frac{3}{2}} \cdot \left(-\dfrac{1}{2} \right) dt$

としてもよい．

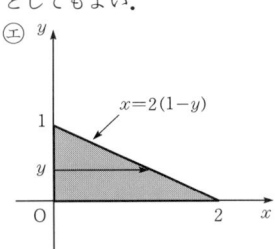

㋓ （図：$x=2(1-y)$ の三角形領域）

理解度 Check! (1)〜(3) とも1変数の定積分にできて A ．完答で B ．

練習問題 78

次のくり返し積分の値を求めよ．

(1) $\displaystyle\int_2^6 dx \int_1^{x^2} \dfrac{x}{y^2} dy$　　(2) $\displaystyle\int_0^a \int_0^{\sqrt{a^2-x^2}} dy dx$　$(a>0)$

解答は p.259

問題 79 2重積分 (1)

次の 2 重積分の値を求めよ.

(1) $\iint_D (x+y)\,dxdy$ $\qquad D: 0 \leq x \leq y \leq 1$

(2) $\iint_D \sqrt{x}\,dxdy$ $\qquad D: x^2+y^2 \leq x,\ y \geq 0$

解説 2 重積分 $\iint_D f(x,y)\,dxdy$ を計算するには,まず領域 D を図示して,問題 78 の①または②にしたがえばよい. このとき,問題 78 の①または②のいずれの方法をとるかによって,すなわち,x と y のどちらを先に積分するかによって,計算に難易の差が出てくることがあるので注意したい.

たとえば,$\iint_D (x-y)\,dxdy$,$D: 1 \leq x \leq 2,\ 0 \leq y \leq 1$ は次のようにする.

$$\iint_D (x-y)\,dxdy = \int_1^2 \int_0^1 (x-y)\,dydx$$
$$= \int_1^2 \left(\int_0^1 (x-y)\,dy \right) dx$$
$$= \int_1^2 \left[xy - \frac{y^2}{2} \right]_{y=0}^{y=1} dx$$
$$= \int_1^2 \left(x - \frac{1}{2} \right) dx = \left[\frac{x^2}{2} - \frac{x}{2} \right]_1^2 = (2-1) - \left(\frac{1}{2} - \frac{1}{2} \right) = 1$$

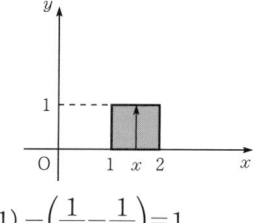

あるいは,$\iint_D (x-y)\,dxdy = \int_0^1 \int_1^2 (x-y)\,dxdy = \int_0^1 \left(\int_1^2 (x-y)\,dx \right) dy$
$$= \int_0^1 \left[\frac{x^2}{2} - yx \right]_{x=1}^{x=2} dy = \int_0^1 \left(\frac{3}{2} - y \right) dy$$
$$= \left[\frac{3}{2}y - \frac{y^2}{2} \right]_0^1 = 1$$

また,$\iint_D y\,dxdy$,$D: x \leq 1,\ y \geq 0,\ y \leq x$
は,$D: 0 \leq y \leq x,\ 0 \leq x \leq 1$ だから
$$\iint_D y\,dxdy = \int_0^1 \left(\int_0^x y\,dy \right) dx = \int_0^1 \left[\frac{y^2}{2} \right]_0^x dx$$
$$= \int_0^1 \frac{x^2}{2} dx = \left[\frac{x^3}{6} \right]_0^1 = \frac{1}{6}$$

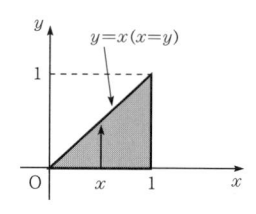

となる. これを x で先に積分すると次のようになることを確認しておこう.
$$\iint_D y\,dxdy = \int_0^1 \left(\int_y^1 y\,dx \right) dy = \int_0^1 y(1-y)\,dy = \frac{1}{6}$$

解 答

(1) ⑦ D は,$0 \leq x$, $x \leq y$, $y \leq 1$, すなわち,
$x \leq y \leq 1$, $0 \leq x \leq 1$ であるから

$$与式 = \int_0^1 \left(\int_x^1 (x+y)\, dy \right) dx$$

$$= \int_0^1 \left[xy + \frac{1}{2}y^2 \right]_{y=x}^{y=1} dx$$

$$= \int_0^1 \left\{ x + \frac{1}{2} - \left(x^2 + \frac{1}{2}x^2 \right) \right\} dx$$

$$= \int_0^1 \left(\frac{1}{2} + x - \frac{3}{2}x^2 \right) dx$$

$$= \left[\frac{1}{2}x + \frac{1}{2}x^2 - \frac{1}{2}x^3 \right]_0^1 = \frac{1}{2} \quad \cdots\cdots(答)$$

(2) ④ D は,$y^2 \leq x - x^2$ かつ $y \geq 0$ より,
$$0 \leq y \leq \sqrt{x - x^2},\ 0 \leq x \leq 1$$

したがって

$$与式 = \int_0^1 \left(\int_0^{\sqrt{x-x^2}} \sqrt{x}\, dy \right) dx$$

$$= \int_0^1 \sqrt{x} \left[y \right]_0^{\sqrt{x-x^2}} dx$$

$$= \int_0^1 \underset{⑦}{\sqrt{x}\sqrt{x-x^2}}\, dx$$

$$= \int_0^1 x\sqrt{1-x}\, dx$$

$\sqrt{1-x} = t$ とおくと, $x = 1 - t^2$
$$dx = -2t\, dt$$

x	$0 \to 1$
t	$1 \to 0$

$\therefore$ 与式 $= \int_1^0 (1-t^2) \cdot t \cdot (-2t)\, dt$

$$= 2 \int_0^1 (t^2 - t^4)\, dt$$

$$= 2\left[\frac{t^3}{3} - \frac{t^5}{5} \right]_0^1 = 2\left(\frac{1}{3} - \frac{1}{5} \right) = \frac{4}{15} \quad \cdots\cdots(答)$$

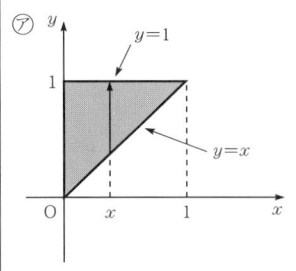

D は 3 直線 $x=0$, $y=x$, $y=1$ で囲まれた三角形の内部および周である.

④ $(x^2 - x) + y^2 \leq 0$ から
$$\left(x - \frac{1}{2} \right)^2 + y^2 \leq \left(\frac{1}{2} \right)^2$$ かつ $y \geq 0$

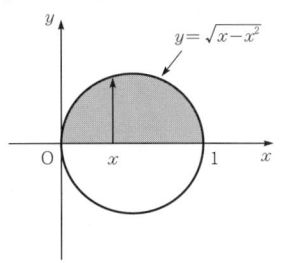

⑦ $0 \leq x \leq 1$ のとき
$$\sqrt{x}\sqrt{x-x^2} = \sqrt{x(x-x^2)}$$
$$= \sqrt{x^2(1-x)}$$
$$= x\sqrt{1-x}$$

理解度 Check! (1)(2)
とも積分領域を図示して A. 1変数の定積分にできて B. 完答で C.

練習問題 79

解答は p.259

次の 2 重積分の値を求めよ.

(1) $\iint_D xy(1-x-y)\, dxdy \qquad D: x \geq 0,\ y \geq 0,\ x+y \leq 1$

(2) $\iint_D (x + e^{-y})\, dxdy \qquad D: x \geq 0,\ y \geq 0,\ x+y \leq 1$

問題 80 2重積分（2）

次の2重積分の値を求めよ．

(1) $\iint_D \sqrt{y}\, dxdy$ $\qquad D: \sqrt{\dfrac{x}{a}}+\sqrt{\dfrac{y}{b}}\leqq 1 \quad (a>0,\ b>0)$

(2) $\iint_D \sqrt{2x^2-y^2}\, dxdy$ $\qquad D: 0\leqq y\leqq x\leqq 1$

解説

前問同様，2重積分について学ぶ．

$\iint_D y\,dxdy$，$D: \sqrt{\dfrac{x}{a}}+\sqrt{\dfrac{y}{b}}\leqq 1 \quad (a>0,\ b>0)$ を考えてみよう．$\sqrt{\dfrac{x}{a}}+\sqrt{\dfrac{y}{b}}=1$ から，$\sqrt{\dfrac{y}{b}}=1-\sqrt{\dfrac{x}{a}}$

$1-\sqrt{\dfrac{x}{a}}\geqq 0$，すなわち $0\leqq x\leqq a$ のもとで両辺を平方して，$y=b\left(1-\sqrt{\dfrac{x}{a}}\right)^2$ （y は x の減少関数）

これより，D は $0\leqq y\leqq b\left(1-\sqrt{\dfrac{x}{a}}\right)^2$，$0\leqq x\leqq a$ となり，

$$\iint_D y\,dxdy = \int_0^a \left(\int_0^{b(1-\sqrt{x/a})^2} y\,dy\right)dx = \int_0^a \left[\dfrac{y^2}{2}\right]_0^{b(1-\sqrt{x/a})^2} dx = \int_0^a \dfrac{b^2}{2}\left(1-\sqrt{\dfrac{x}{a}}\right)^4 dx \quad \cdots\cdots ①$$

となる．一方，$\sqrt{\dfrac{x}{a}}+\sqrt{\dfrac{y}{y}}=1$ から $\sqrt{\dfrac{x}{a}}=1-\sqrt{\dfrac{y}{b}}$ とすると，$0\leqq y\leqq b$ のもとで両辺を平方して，$x=a\left(1-\sqrt{\dfrac{y}{b}}\right)^2$ （x は y の減少関数）

これより，D は $0\leqq x\leqq a\left(1-\sqrt{\dfrac{y}{b}}\right)^2$，$0\leqq y\leqq b$ となり

$$\iint_D y\,dxdy = \int_0^b \left(\int_0^{a(1-\sqrt{y/b})^2} y\,dx\right)dy = \int_0^b ya\left(1-\sqrt{\dfrac{y}{b}}\right)^2 dy \quad \cdots\cdots ②$$

となる．①，②の計算は，①は，$1-\sqrt{\dfrac{x}{a}}=t$ と置換して $x=a(1-t)^2=a(t-1)^2$

$dx=2a(t-1)\,dt$

∴ 与式 $=\displaystyle\int_1^0 \dfrac{b^2}{2}\cdot t^4 \cdot 2a(t-1)\,dt = ab^2\int_0^1 (t^4-t^5)\,dt = \dfrac{1}{30}ab^2$

x	$0 \to a$
t	$1 \to 0$

となる．②は，$1-\sqrt{\dfrac{y}{b}}=t$ と置換するか，あるいは被積分関数を展開して計算（右頁(1)解答を参照）してもよい．

解 答

(1) $\sqrt{\dfrac{x}{a}}+\sqrt{\dfrac{y}{b}}=1$ のとき，$x=a\left(1-\sqrt{\dfrac{y}{b}}\right)^2$ だから

　㋐ $D:0\leqq x\leqq a\left(1-\sqrt{\dfrac{y}{b}}\right)^2$，$0\leqq y\leqq b$

∴ 与式 $=\displaystyle\int_0^b\left(\int_0^{a\left(1-\sqrt{\frac{y}{b}}\right)^2}\sqrt{y}\,dx\right)dy$

$=\displaystyle\int_0^b\sqrt{y}\Big[x\Big]_0^{a\left(1-\sqrt{\frac{y}{b}}\right)^2}dy$

　㋑ $=\displaystyle\int_0^b\sqrt{y}\cdot a\left(1-\sqrt{\dfrac{y}{b}}\right)^2dy$

$=a\displaystyle\int_0^b\left(y^{\frac{1}{2}}-\dfrac{2}{\sqrt{b}}y+\dfrac{1}{b}y^{\frac{3}{2}}\right)dy$

$=a\left[\dfrac{2}{3}y^{\frac{3}{2}}-\dfrac{1}{\sqrt{b}}y^2+\dfrac{1}{b}\cdot\dfrac{2}{5}y^{\frac{5}{2}}\right]_0^b$

$=a\left(\dfrac{2}{3}b^{\frac{3}{2}}-b^{\frac{3}{2}}+\dfrac{2}{5}b^{\frac{3}{2}}\right)=\dfrac{1}{15}ab\sqrt{b}$

……(答)

(2) ㋒ $D:0\leqq y\leqq x$，$0\leqq x\leqq 1$ だから

与式 $=\displaystyle\int_0^1\left(\int_0^x\sqrt{2x^2-y^2}\,dy\right)dx$ $(=I)$

㋓ $\displaystyle\int\sqrt{a^2-y^2}\,dy=\dfrac{1}{2}\left(y\sqrt{a^2-y^2}+a^2\sin^{-1}\dfrac{y}{a}\right)$

$(a>0)$ であるから

$I=\displaystyle\int_0^1\dfrac{1}{2}\left[y\sqrt{2x^2-y^2}+2x^2\sin^{-1}\dfrac{y}{\sqrt{2}\,x}\right]_{y=0}^{y=x}dx$

$=\dfrac{1}{2}\displaystyle\int_0^1\left(x\sqrt{x^2}+2x^2\sin^{-1}\dfrac{1}{\sqrt{2}}\right)dx$

$=\dfrac{1}{2}\displaystyle\int_0^1\left(x^2+\dfrac{\pi}{2}x^2\right)dx=\dfrac{1}{2}\left(1+\dfrac{\pi}{2}\right)\int_0^1x^2\,dx$

$=\dfrac{1}{4}(2+\pi)\left[\dfrac{x^3}{3}\right]_0^1=\dfrac{1}{12}(2+\pi)$ ……(答)

㋐ $\sqrt{\dfrac{x}{a}}\leqq 1-\sqrt{\dfrac{y}{b}}$ ……①

$\sqrt{\dfrac{x}{a}}\geqq 0$ より $1-\sqrt{\dfrac{y}{b}}\geqq 0$

かつ 根号内 $\dfrac{y}{b}\geqq 0$

∴ $0\leqq y\leqq b$

この範囲のもとで①の両辺を平方する．

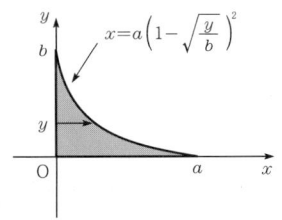

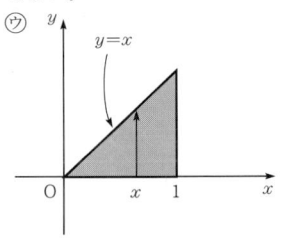

㋑ $1-\sqrt{\dfrac{y}{b}}=t$ と置換してもよい．

㋒

㋓ 部分積分法を用いる．

理解度 Check！ (1)(2) とも積分領域を図示して A． 1変数の定積分にできて B． 完答で C．

練習問題 80

解答は p.260

次の2重積分の値を求めよ．

(1) $\displaystyle\iint_D\sqrt{xy-y^2}\,dxdy$　　$D:y\leqq x\leqq 10y,\ 0\leqq y\leqq 2$

(2) $\displaystyle\iint_D\sqrt{4x^2-y^2}\,dxdy$　　$D:0\leqq y\leqq x,\ 0\leqq x\leqq 1$

問題 81　積分順序の変更 (1)

次の積分の順序を変更せよ．

(1) $\displaystyle\int_a^b dx \int_a^x f(x,y)\,dy \quad (0<a<b)$ 　　(2) $\displaystyle\int_0^{\frac{1}{2}} \int_x^{2-3x} f(x,y)\,dydx$

(3) $\displaystyle\int_1^2 dy \int_y^{3y} f(x,y)\,dx$

解説

2重積分の性質についてまとめておく．

① $\displaystyle\iint_D \{f(x,y)\pm g(x,y)\}dxdy = \iint_D f(x,y)\,dxdy \pm \iint_D g(x,y)\,dxdy$

（複号同順）

② $\displaystyle\iint_D kf(x,y)\,dxdy = k\iint_D f(x,y)\,dxdy$ 　（k は定数）

③ $D=D_1\cup D_2$, $D_1\cap D_2=\phi$（空集合）のとき，
$$\iint_D f(x,y)\,dxdy = \iint_{D_1} f(x,y)\,dxdy + \iint_{D_2} f(x,y)\,dxdy$$

さて，2重積分 $\displaystyle\iint_D f(x,y)\,dxdy$ が問題78の①，②のいずれでも表されるとき，この2つの間の書き換え，すなわち2つの表し方の一方を他方に変更することを，**2重積分の順序を変更する**という．

たとえば，$\displaystyle\int_a^b \int_{\varphi_1(x)}^{\varphi_2(x)} f(x,y)\,dydx$ の積分の順序を変更するには，

> ① 積分領域 D を図示して，明確にする．D の境界は
> $y=\varphi_1(x),\ y=\varphi_2(x),\ x=a,\ x=b$
> ② D の境界となっている曲線の方程式を，$x=\psi(y)$ の形に書き直す．
>   必要に応じて D をいくつかの領域 D_i の和集合として表す．
> ③ $\displaystyle\int_c^d \int_{\psi_1(y)}^{\psi_2(y)} f(x,y)\,dxdy$ の形に書き表す．必要に応じてこれらのいくつかの積分の和の形に書き直す．

のようにすればよい．

もしも，$I=\displaystyle\int_0^a \int_0^{x^2} f(x,y)\,dydx$ $(a>0)$ は，$y=x^2$ $(x\geqq 0)$ より $x=\sqrt{y}$ だから，右図より
$I=\displaystyle\int_0^{a^2} \int_{\sqrt{y}}^a f(x,y)\,dxdy$ となる．

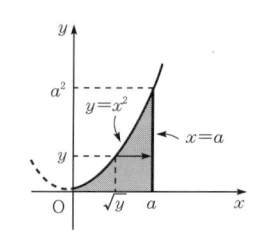

解答

(1) ㋐積分領域 D は右図のアミ部分である．
$$D: a \leq y \leq x, \quad a \leq x \leq b$$
$y=x$ より $x=y$ だから，D は次と同値である．
$$y \leq x \leq b, \quad a \leq y \leq b$$
よって，与式 $= \int_a^b dy \int_y^b f(x,y)\, dx$ ……(答)

(2) ㋑積分領域 D は右図のアミ部分である．
$$D: x \leq y \leq 2-3x, \quad 0 \leq x \leq \frac{1}{2}$$
$y=x$ と $y=2-3x$ の交点は $\left(\dfrac{1}{2}, \dfrac{1}{2}\right)$

D を直線 $y=\dfrac{1}{2}$ ㋒で 2 つの領域 D_1 と D_2 に分ける．

$y=x$ より $x=y$，$y=2-3x$ より $x=\dfrac{1}{3}(2-y)$
だから
$$与式 = \int_0^{\frac{1}{2}} \int_0^y f(x,y)\, dxdy + \int_{\frac{1}{2}}^2 \int_0^{\frac{1}{3}(2-y)} f(x,y)\, dxdy$$

(3) ㋓積分領域 D は右図のアミ部分である．
$$D: y \leq x \leq 3y, \quad 1 \leq y \leq 2$$
D を 3 つの領域に分ける．
$x=3y$ より $y=\dfrac{1}{3}x$，$x=y$ より $y=x$ だから
$$与式 = \int_1^2 dx \int_1^x f(x,y)\, dy + \int_2^3 dx \int_1^2 f(x,y)\, dy + \int_3^6 dx \int_{\frac{1}{3}x}^2 f(x,y)\, dy$$

㋐
領域図：$y=x\,(x=y)$，$x=b$，$a \leq x \leq b$，$a \leq y \leq b$

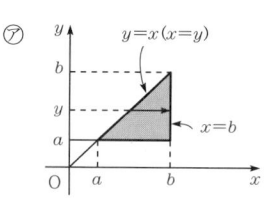

㋑
領域図：$y=2-3x$ $\left(x=\dfrac{1}{3}(2-y)\right)$，$y=x\,(x=y)$

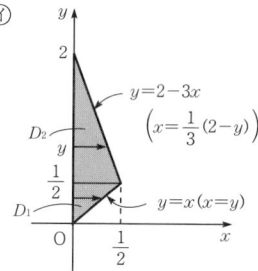

㋒ $D = D_1 \cup D_2$，$D_1 \cap D_2 = \phi$
$D_1: 0 \leq x \leq y, \ 0 \leq y \leq \dfrac{1}{2}$
$D_2: 0 \leq x \leq \dfrac{1}{3}(2-y)$
かつ $\dfrac{1}{2} \leq y \leq 2$

㋓
領域図：$x=y\,(y=x)$，D_1, D_2, D_3，$x=3y\left(y=\dfrac{1}{3}x\right)$

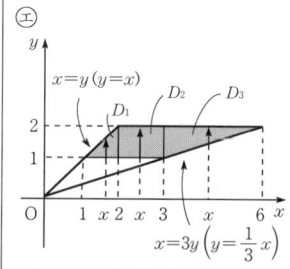

理解度 Check！ (1)〜(3)とも積分領域を図示して A．完答で B．

練習問題 81

次の積分の順序を変更せよ． 　解答は p. 260

(1) $\displaystyle\int_0^1 dy \int_{1-\sqrt{1-y^2}}^{1+\sqrt{1-y^2}} f(x,y)\, dx$ 　　(2) $\displaystyle\int_0^a \int_{-\sqrt{x}}^{\sqrt{x}} f(x,y)\, dydx \quad (a>0)$

問題 82　積分順序の変更 (2)

次のくり返し積分を求めよ．

(1) $\displaystyle\int_0^2 \int_x^2 e^{y^2} dy dx$　　(2) $\displaystyle\int_1^2 dx \int_{\frac{1}{x}}^2 y e^{xy} dy$

解説　2重積分 $\displaystyle\int_a^b \int_{\varphi_1(x)}^{\varphi_2(x)} f(x,y) dy dx$ は，このまま $\displaystyle\int_a^b \left(\int_{\varphi_1(x)}^{\varphi_2(x)} f(x,y) dy\right) dx$ として計算するか，あるいは**積分順序の変更**をして $\displaystyle\int_c^d \left(\int_{\psi_1(y)}^{\psi_2(y)} f(x,y) dx\right) dy$ として計算すればよい．積分の順序によっては，計算に難易の差が生じたり，ときには積分計算が困難になる場合があるので注意が必要である．

$\displaystyle I = \int_0^a \int_0^{\sqrt{a^2-x^2}} xy^2 dy dx$　$(a>0)$ を 2 通りの方法で求めてみよう．

$\displaystyle I = \int_0^a \left(\int_0^{\sqrt{a^2-x^2}} xy^2 dy\right) dx$

$\displaystyle = \int_0^a x \left[\frac{y^3}{3}\right]_0^{\sqrt{a^2-x^2}} dx = \frac{1}{3}\int_0^a x(a^2-x^2)^{\frac{3}{2}} dx$

$\displaystyle = \frac{1}{3}\left[-\frac{1}{5}(a^2-x^2)^{\frac{5}{2}}\right]_0^a = \frac{1}{15}(a^2)^{\frac{5}{2}} = \frac{1}{15}a^5$

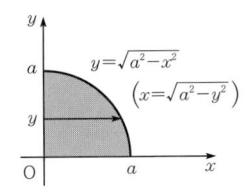

積分の順序を変更すると

$\displaystyle I = \int_0^a \left(\int_0^{\sqrt{a^2-y^2}} xy^2 dx\right) dy = \int_0^a y^2 \left[\frac{x^2}{2}\right]_0^{\sqrt{a^2-y^2}} dy$

$\displaystyle = \frac{1}{2}\int_0^a y^2(a^2-y^2) dy = \frac{1}{2}\left[\frac{a^2}{3}y^3 - \frac{y^5}{5}\right]_0^a = \frac{1}{2}\left(\frac{a^5}{3} - \frac{a^5}{5}\right) = \frac{1}{15}a^5$

この場合は，積分の順序を変更したほうが少し計算が簡単になる．

次に，$\displaystyle J = \int_0^1 \int_y^1 e^{x^2} y^2 dx dy$ を考えてみよう．

$\displaystyle J = \int_0^1 \left(\int_y^1 e^{x^2} y^2 dx\right) dy = \int_0^1 \left(y^2 \int_y^1 e^{x^2} dx\right) dy$

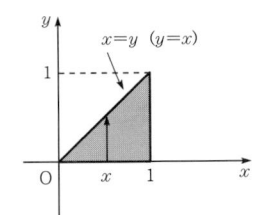

とすると，$\displaystyle\int_y^1 e^{x^2} dx$ の計算ができないので困る．
積分の順序を変更すると

$\displaystyle J = \int_0^1 \left(\int_0^x e^{x^2} y^2 dy\right) dx = \int_0^1 e^{x^2} \left[\frac{y^3}{3}\right]_0^x dx = \frac{1}{3}\int_0^1 e^{x^2} x^3 dx$

さらに $x^2 = t$ と置換して，$2x dx = dt$ より

$\displaystyle J = \frac{1}{3}\int_0^1 t e^t \cdot \frac{1}{2} dt = \frac{1}{6}\left[(t-1)e^t\right]_0^1 = \frac{1}{6}$

が得られる．

x	$0 \to 1$
t	$0 \to 1$

解 答

(1) ⑦ 積分領域 D は右図のアミ部分である.
$$D: x \leqq y \leqq 2, \quad 0 \leqq x \leqq 2$$
$y=x$ より $x=y$ だから, D は次と同値である.
$$0 \leqq x \leqq y, \quad 0 \leqq y \leqq 2$$
したがって, 積分順序の変更をして
$$与式 = \int_0^2 \int_0^y e^{y^2} dx dy = \int_0^2 \left(\int_0^y e^{y^2} dx \right) dy$$
$$= \int_0^2 e^{y^2} \Big[x \Big]_0^y dy = \int_0^2 y e^{y^2} dy$$
$$= \left[\frac{1}{2} e^{y^2} \right]_0^2 = \frac{1}{2}(e^4 - 1) \quad \cdots\cdots(答)$$

⑦ 与式 $= \int_0^2 \left(\int_x^2 e^{y^2} dy \right) dx$

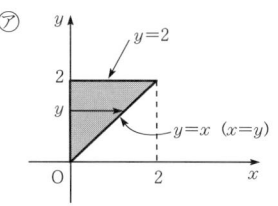

では $\int_x^2 e^{y^2} dy$ の計算ができない. 積分の順序を変更.

(2) ④ 積分領域 D は右図のアミ部分である.
$$D: \frac{1}{x} \leqq y \leqq 2, \quad 1 \leqq x \leqq 2$$
D を直線 $y=1$ で 2 つの領域 D_1 と D_2 に分ける.
$$D_1: \frac{1}{y} \leqq x \leqq 2, \quad \frac{1}{2} \leqq y \leqq 1$$
$$D_2: 1 \leqq x \leqq 2, \quad 1 \leqq y \leqq 2$$
したがって
$$与式 = \int_{\frac{1}{2}}^1 dy \int_{\frac{1}{y}}^2 y e^{xy} dx + \int_1^2 dy \int_1^2 y e^{xy} dx$$
$$= \int_{\frac{1}{2}}^1 \Big[e^{xy} \Big]_{x=\frac{1}{y}}^{x=2} dy + \int_1^2 \Big[e^{xy} \Big]_{x=1}^{x=2} dy$$
$$= \int_{\frac{1}{2}}^1 (e^{2y} - e) \, dy + \int_1^2 (e^{2y} - e^y) \, dy$$
$$= \left[\frac{1}{2} e^{2y} - ey \right]_{\frac{1}{2}}^1 + \left[\frac{1}{2} e^{2y} - e^y \right]_1^2$$
$$= \left(\frac{1}{2} e^2 - e \right) - \left(\frac{1}{2} e - \frac{1}{2} e \right)$$
$$\quad + \left(\frac{1}{2} e^4 - e^2 \right) - \left(\frac{1}{2} e^2 - e \right)$$
$$= \frac{1}{2} e^4 - e^2 \quad \cdots\cdots(答)$$

④ 与式 $= \int_1^2 \left(\int_{\frac{1}{x}}^2 y e^{xy} dy \right) dx$

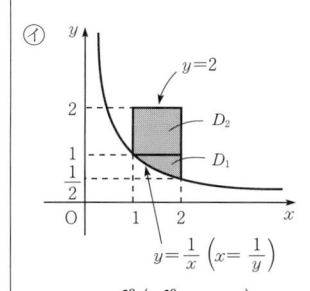

で, 部分積分法から
$$= \int_1^2 \left[\left(\frac{y}{x} - \frac{1}{x^2} \right) e^{xy} \right]_{y=\frac{1}{x}}^{y=2} dx$$
$$= \int_1^2 \left(\frac{2}{x} - \frac{1}{x^2} \right) e^{2x} dx$$
となり, 積分ができない.

理解度 Check!　(1)(2)
とも積分領域を図示して A. 積分の順序変更ができて B. 完答で C.

練習問題 82

くり返し積分 $\int_{-2}^2 dx \int_{x^2}^4 \sqrt{y} (y-1)^2 dy$ の値を求めよ.

解答は p. 261

問題 83 3重積分の基本

次の3重積分の値を求めよ．ただし，$a>0$ とする．

(1) $\displaystyle\int_0^a \int_0^x \int_0^y x^2 y^3 z \, dz \, dy \, dx$

(2) $\displaystyle\iiint_D xyz \, dx \, dy \, dz \qquad D: x+y+z \leq a,\ x \geq 0,\ y \geq 0,\ z \geq 0$

解説

3重以上の多重積分も2重積分と同じように定義される．

3次元空間の領域を D とし，D で定義された3変数関数を $f(x,y,z)$ とおく．D を n 個の小領域 $D_1, D_2, \cdots, D_n$ に分割し，各 D_i の体積を ΔV_i, D_i 内の任意の点を $\mathrm{P}_i(x_i, y_i, z_i)$ として，$\displaystyle\sum_{i=1}^n f(\mathrm{P}_i) \Delta V_i$ を作る．すべての ΔV_i が 0 に限りなく近づくように $n \to \infty$ とするときの極限 $\displaystyle\lim_{\Delta V \to 0} \sum_{i=1}^n f(x_i, y_i, z_i) \Delta V_i$ が有限確定であるとき，$f(x,y,z)$ は D で積分可能であるといい，その極限値を

$$\iiint_D f(x,y,z) \, dx \, dy \, dz, \qquad \int_D f(\mathrm{P}) \, dV$$

などと表し，$f(x,y,z)$ の **D における3重積分**という．

4重以上の定積分についても同様に定義される．

> 3重以上の多重積分は，2重積分の場合と同様に，いくつかの変数のうち1つの変数に着目して他を固定し，1変数の関数とみなして積分を求め，これをくり返せばよい．

$I = \displaystyle\iiint_D (x^2+y^2+z^2) \, dx \, dy \, dz,\ D: 0 \leq x \leq a,\ 0 \leq y \leq b,\ 0 \leq z \leq c$ を考えてみよう．D は右図の直方体の表面および内部であるから

$$\begin{aligned}
I &= \int_0^a \int_0^b \left(\int_0^c (x^2+y^2+z^2) \, dz \right) dy \, dx \\
&= \int_0^a \int_0^b \left[(x^2+y^2)z + \frac{z^3}{3} \right]_{z=0}^{z=c} dy \, dx \\
&= \int_0^a \int_0^b \left\{ c(x^2+y^2) + \frac{c^3}{3} \right\} dy \, dx \\
&= \int_0^a \left[c\left(x^2 y + \frac{y^3}{3} \right) + \frac{c^3}{3} y \right]_{y=0}^{y=b} dx \\
&= \int_0^a \left(bcx^2 + \frac{b^3 c + bc^3}{3} \right) dx \\
&= \left[\frac{bc}{3} x^3 + \frac{b^3 c + bc^3}{3} x \right]_0^a = \frac{1}{3} abc(a^2+b^2+c^2) \quad \text{となる．}
\end{aligned}$$

解答

(1) 与式 $= \int_0^a \int_0^x x^2 y^3 \left(\int_0^y z\,dz\right) dy\,dx$

$= \int_0^a \int_0^x x^2 y^3 \left[\frac{z^2}{2}\right]_0^y dy\,dx = \frac{1}{2}\int_0^a \int_0^x x^2 y^5 dy\,dx$

$= \frac{1}{2}\int_0^a x^2 \left[\frac{y^6}{6}\right]_0^x dx = \frac{1}{12}\int_0^a x^8 dx = \frac{1}{12}\left[\frac{x^9}{9}\right]_0^a = \frac{a^9}{108}$

……(答)

(2) D は平面 $x+y+z=a$ と 3 つの座標平面で囲まれた部分である．

$D : 0 \leq z \leq a-x-y, \ 0 \leq y \leq a-x, \ 0 \leq x \leq a$

与式 $= \int_0^a \int_0^{a-x} \int_0^{a-x-y} xyz\,dz\,dy\,dx$

$= \int_0^a \int_0^{a-x} xy \left[\frac{z^2}{2}\right]_0^{a-x-y} dy\,dx$

$= \frac{1}{2}\int_0^a \int_0^{a-x} xy(a-x-y)^2 dy\,dx$ ……(★)

ここで，$a-x=c$ とおくと

$\int_0^{a-x} y(a-x-y)^2 dy = \int_0^c y(c-y)^2 dy$

$= \int_0^c y(y-c)^2 dy = \int_0^c \{(y-c)^3 + c(y-c)^2\} dy$

$= \left[\frac{(y-c)^4}{4} + c\frac{(y-c)^3}{3}\right]_0^c = -\left(\frac{c^4}{4} - \frac{c^4}{3}\right) = \frac{c^4}{12}$

$\therefore$ 与式 $= \frac{1}{2}\int_0^a x\frac{(a-x)^4}{12} dx = \frac{1}{24}\int_0^a x(x-a)^4 dx$

$= \frac{1}{24}\int_0^a \{(x-a)^5 + a(x-a)^4\} dx$

$= \frac{1}{24}\left[\frac{(x-a)^6}{6} + a\frac{(x-a)^5}{5}\right]_0^a = \frac{a^6}{720}$

……(答)

⑦ 2 重積分のくり返し積分と同じ要領で求める．最初は x, y を定数とし，z のみの関数と見なして積分する．

④ 次は y について積分する．

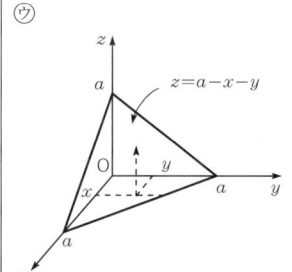

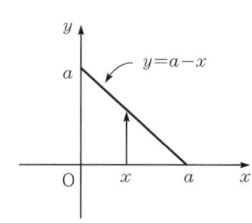

⑰ [図：平面 $z=a-x-y$ と座標軸]

① [図：$y=a-x$ のグラフ]

㊁ $y(y-c)^2$
  $= \{(y-c)+c\}(y-c)^2$
  $= (y-c)^3 + c(y-c)^2$

理解度 Check ! (1) は④までで **A**．(2) は積分領域の確認で **A**．(★) 式までで **B**．残りを完答で **C**．

練習問題 83

次の 3 重積分の値を求めよ．ただし，$a>0$ とする．

解答は p.261

(1) $\int_0^1 \int_0^x \int_0^{x+y} e^{x+y+z} dz\,dy\,dx$

(2) $\iiint_D \frac{1}{(x+y+z+a)^3} dx\,dy\,dz$　　$D : x+y+z \leq a, \ x \geq 0, \ y \geq 0, \ z \geq 0$

問題 84　極座標への変数変換（1）

次の2重積分の値を求めよ．

(1) $\iint_D (x^2+y^2-1)\,dxdy \qquad D: 1 \leq x^2+y^2 \leq 2$

(2) $\iint_D (R^2-x^2-y^2)^{\frac{3}{2}} dxdy \qquad D: x^2+y^2 \leq R^2 \;(R>0),\; y \geq 0$

(3) $\iint_D xy\,dxdy \qquad D: x^2+y^2 \leq 1,\; 0 \leq x,\; 0 \leq y \leq x$

解説　1変数関数すなわち $y=f(x)$ の積分では，変数の変換（置換積分）は，$x=g(t)$ のとき，$\int_a^b f(x)\,dx = \int_\alpha^\beta f(g(t))\,g'(t)\,dt$

x	$a \to b$
t	$\alpha \to \beta$

として考えた．これに対して2変数関数すなわち重積分では，次のように考える．

変換 $\begin{cases} x=\varphi(u,v) \\ y=\psi(u,v) \end{cases}$ によって，uv 平面の領域 M が xy 平面の領域 D に1対1に対応し，かつ，**ヤコビ行列式（ヤコビアン）**が

$$J = \frac{\partial(x,y)}{\partial(u,v)} = \begin{vmatrix} \dfrac{\partial x}{\partial u} & \dfrac{\partial x}{\partial v} \\ \dfrac{\partial y}{\partial u} & \dfrac{\partial y}{\partial v} \end{vmatrix} = \frac{\partial x}{\partial u}\frac{\partial y}{\partial v} - \frac{\partial x}{\partial v}\frac{\partial y}{\partial u} > 0$$

のとき $\quad \iint_D f(x,y)\,dxdy = \iint_M f(\varphi(u,v),\psi(u,v))\,J\,dudv$

となる．ここでは，とくに，直交座標 (x,y) から極座標 (r,θ) への変換について考えてみよう．

変換 $\begin{cases} x=r\cos\theta \\ y=r\sin\theta \end{cases}$ であるから

$$J = \begin{vmatrix} x_r & x_\theta \\ y_r & y_\theta \end{vmatrix} = \begin{vmatrix} \cos\theta & -r\sin\theta \\ \sin\theta & r\cos\theta \end{vmatrix}$$
$$= r(\cos^2\theta + \sin^2\theta) = r \text{ となり}$$

$$\iint_D f(x,y)\,dxdy = \iint_M f(r\cos\theta, r\sin\theta)\,r\,drd\theta$$

となる．たとえば，$I = \iint_D x^2 dxdy,\; D: x^2+y^2 \leq a^2 \;(a>0)$ は
$x=r\cos\theta,\; y=r\sin\theta$ とおくと，$D \to M: 0 \leq r \leq a,\; 0 \leq \theta \leq 2\pi$ となるので

$$I = \iint_M (r\cos\theta)^2 r\,drd\theta = \int_0^{2\pi} \cos^2\theta\,d\theta \int_0^a r^3 dr = \left[\frac{\theta}{2} + \frac{\sin 2\theta}{4}\right]_0^{2\pi} \left[\frac{r^4}{4}\right]_0^a = \frac{\pi}{4}a^4$$

となる．

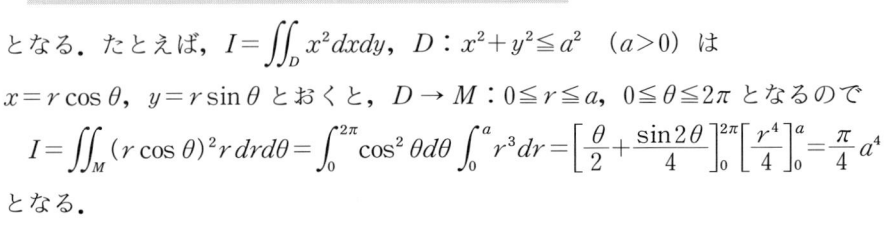

解答

$x = r\cos\theta,\ y = r\sin\theta$ とおくと，$J = r$

(1) ㋐ D は，$1 \leq r^2 \leq 2$ から

 ㋑ $M : 1 \leq r \leq \sqrt{2},\ 0 \leq \theta \leq 2\pi$

$\therefore\ $ 与式 $= \iint_M (r^2 - 1)\, r\, dr d\theta$

$= \int_0^{2\pi} d\theta \int_1^{\sqrt{2}} (r^2 - 1)\, r\, dr$

$= \Big[\theta\Big]_0^{2\pi} \Big[\dfrac{r^4}{4} - \dfrac{r^2}{2}\Big]_1^{\sqrt{2}} = 2\pi \cdot \dfrac{1}{4} = \dfrac{\pi}{2}$ ……(答)

(2) ㋒ D は $r^2 \leq R^2,\ r\sin\theta \geq 0$ から

 ㋓ $M : 0 \leq r \leq R,\ 0 \leq \theta \leq \pi$

$\therefore\ $ 与式 $= \iint_M (R^2 - r^2)^{\frac{3}{2}} r\, dr d\theta$

$= \int_0^{\pi} d\theta \int_0^R r(R^2 - r^2)^{\frac{3}{2}} dr$

$= \Big[\theta\Big]_0^{\pi} \Big[-\dfrac{1}{5}(R^2 - r^2)^{\frac{5}{2}}\Big]_{r=0}^{r=R}$

$= \pi \cdot \dfrac{1}{5}(R^2)^{\frac{5}{2}} = \dfrac{\pi}{5} R^5$ ……(答)

(3) ㋔ D は $r^2 \leq 1,\ 0 \leq r\cos\theta,\ 0 \leq r\sin\theta \leq r\cos\theta$ から，$M : 0 \leq r \leq 1,\ 0 \leq \theta \leq \dfrac{\pi}{4}$

$\therefore\ $ 与式 $= \iint_M r\cos\theta \cdot r\sin\theta \cdot r\, dr d\theta$

$= \int_0^{\frac{\pi}{4}} \sin\theta \cos\theta\, d\theta \int_0^1 r^3 dr$

$= \Big[\dfrac{1}{2}\sin^2\theta\Big]_0^{\frac{\pi}{4}} \Big[\dfrac{r^4}{4}\Big]_0^1$

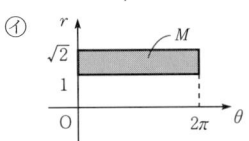

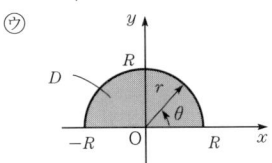

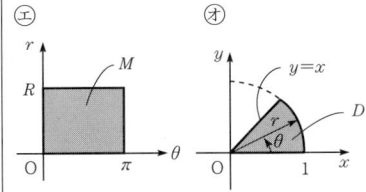

$= \dfrac{1}{2}\sin^2\dfrac{\pi}{4} \cdot \dfrac{1}{4} = \dfrac{1}{4} \cdot \dfrac{1}{4} = \dfrac{1}{16}$ ……(答)

$0 \leq \theta \leq \dfrac{\pi}{4}$ は ㋕ のグラフから容易にわかる．

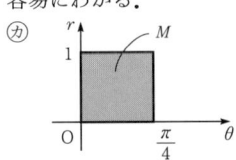

理解度 Check！ (1)〜(3) とも積分領域を図示して A．完答で B．

練習問題 84

解答は p.262

次の 2 重積分の値を求めよ．

(1) $\displaystyle\iint_D x^4 dx dy$ $\qquad D : x^2 + y^2 \leq a^2\quad (a > 0)$

(2) $\displaystyle\iint_D \sqrt{\dfrac{1 - x^2 - y^2}{1 + x^2 + y^2}}\, dx dy$ $\qquad D : x^2 + y^2 \leq 1,\ y \geq 0$

問題 85　極座標への変数変換（2）

n は自然数とする．正の定数 a に対して
$$D=\{(x,y)\in \mathbf{R}^2\,|\,(x-a)^2+y^2\leq a^2,\ y\geq 0\}$$
とおく．このとき，$\iint_D x^n y\,dxdy$ の値を求めよ．

解説

問題 84 では，$\iint_D f(x,y)\,dxdy = \iint_M f(r\cos\theta,\ r\sin\theta)\,r\,drd\theta$ で，積分領域 M が長方形で表される場合を扱ったが，本問ではそうではない場合を考える．一般に，2 重積分 $\iint_D f(x,y)\,dxdy$ においては，**D が円の周および内部**または **$f(x,y)$ が x^2+y^2 の関数**となっている場合などに，極座標への変換が有効である．$I=\iint_D y^2 dxdy,\ D:x^2+y^2\leq x$ を考えてみよう．

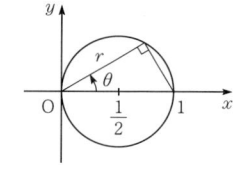

D は $(x^2-x)+y^2\leq 0$ より，$\left(x-\dfrac{1}{2}\right)^2+y^2\leq\left(\dfrac{1}{2}\right)^2$
$x=r\cos\theta,\ y=r\sin\theta$ とおくと，D は
$\qquad r^2\leq r\cos\theta$ から，$r(r-\cos\theta)\leq 0$
$\qquad \therefore\ 0\leq r\leq\cos\theta$
$\cos\theta\geq 0$ から，$-\dfrac{\pi}{2}\leq\theta\leq\dfrac{\pi}{2}$

($0\leq\theta\leq 2\pi$ で考えると，$0\leq\theta\leq\dfrac{\pi}{2},\ \dfrac{3}{2}\pi\leq\theta\leq 2\pi$ であるが，θ は 1 周分を考えればよいので，$-\pi\leq\theta\leq\pi$ として考えて上のようにしてよい）．

したがって，$D\to M:0\leq r\leq\cos\theta,\ -\dfrac{\pi}{2}\leq\theta\leq\dfrac{\pi}{2}$ となり，

$$I=\iint_M (r\sin\theta)^2 r\,drd\theta = \int_{-\frac{\pi}{2}}^{\frac{\pi}{2}}\left(\int_0^{\cos\theta} r^3\sin^2\theta\,dr\right)d\theta$$

$$=\int_{-\frac{\pi}{2}}^{\frac{\pi}{2}}\sin^2\theta\left[\frac{r^4}{4}\right]_0^{\cos\theta}d\theta=\int_{-\frac{\pi}{2}}^{\frac{\pi}{2}}\frac{1}{4}\sin^2\theta\cos^4\theta\,d\theta$$

$$=\frac{1}{4}\cdot 2\int_0^{\frac{\pi}{2}}\sin^2\theta\cos^4\theta\,d\theta\quad(\because\ \sin^2\theta\cos^4\theta\text{ は偶関数})$$

$$=\frac{1}{2}\int_0^{\frac{\pi}{2}}(1-\cos^2\theta)\cos^4\theta\,d\theta=\frac{1}{2}\int_0^{\frac{\pi}{2}}(\cos^4\theta-\cos^6\theta)\,d\theta$$

$$=\frac{1}{2}\left(\frac{3}{4}\cdot\frac{1}{2}\cdot\frac{\pi}{2}-\frac{5}{6}\cdot\frac{3}{4}\cdot\frac{1}{2}\cdot\frac{\pi}{2}\right)=\frac{\pi}{64}$$

となる．

解答

$x = r\cos\theta,\ y = r\sin\theta$ とおくと, $J = r$
㋐ D は $(r\cos\theta - a)^2 + (r\sin\theta)^2 \leq a^2$ から
$$r^2 - 2ar\cos\theta \leq 0$$
$$\therefore\ \underset{㋑}{0 \leq r \leq 2a\cos\theta}$$
かつ $\underset{㋒}{\cos\theta \geq 0},\ r\sin\theta \geq 0$ から, $\underset{㋓}{0 \leq \theta \leq \dfrac{\pi}{2}}$

したがって, D は領域
$$M = \left\{(r, \theta)\,\middle|\, 0 \leq r \leq 2a\cos\theta,\ 0 \leq \theta \leq \dfrac{\pi}{2}\right\}$$
に移る. よって

$$\iint_D x^n y\,dxdy = \iint_M (r\cos\theta)^n (r\sin\theta)\,r\,drd\theta$$
$$= \iint_M r^{n+2} \cos^n\theta \sin\theta\,drd\theta$$
$$= \int_0^{\frac{\pi}{2}} \cos^n\theta \sin\theta \left(\int_0^{2a\cos\theta} r^{n+2}\,dr\right) d\theta$$
$$= \int_0^{\frac{\pi}{2}} \cos^n\theta \sin\theta \left[\frac{r^{n+3}}{n+3}\right]_0^{2a\cos\theta} d\theta$$
$$= \int_0^{\frac{\pi}{2}} \cos^n\theta \sin\theta \cdot \frac{(2a\cos\theta)^{n+3}}{n+3}\,d\theta$$
$$= \frac{(2a)^{n+3}}{n+3} \underset{㋔}{\int_0^{\frac{\pi}{2}} \cos^{2n+3}\theta \sin\theta\,d\theta}$$
$$= \frac{(2a)^{n+3}}{n+3} \left[-\frac{1}{2n+4} \cos^{2n+4}\theta\right]_0^{\frac{\pi}{2}}$$
$$= \frac{(2a)^{n+3}}{n+3} \cdot \frac{1}{2n+4}$$
$$= \frac{2^{n+2} a^{n+3}}{(n+2)(n+3)} \quad \cdots\cdots(答)$$

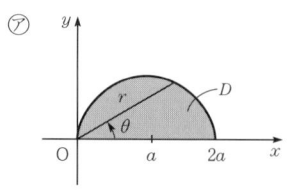

㋐

㋑ $r \geq 0$ だから,
$r(r - 2a\cos\theta) \leq 0$ の解は
$2a\cos\theta \leq r \leq 0$ とはならない.

㋒ ㋑が成り立つためには
$2a\cos\theta \geq 0$ となるが, $a > 0$
より $\cos\theta \geq 0$ であるべき.
さらに, $y = r\sin\theta \geq 0$ であるべき.

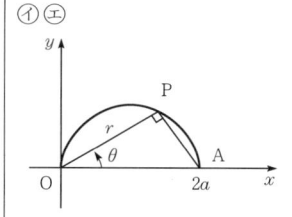

㋑㋓

上図において, $\angle \mathrm{OPA} = \dfrac{\pi}{2}$ だから, $\mathrm{OP} = \mathrm{OA}\cos\theta \Rightarrow r = 2a\cos\theta$.

㋔ $\cos^{2n+3}\theta \sin\theta$
$= -\cos^{2n+3}\theta (\cos\theta)'$

理解度 Check! 極座標への変換, 積分領域を図示できて A. ㋔までで B. 完答で C.

練習問題 85

次の2重積分の値を求めよ.

(1) $\displaystyle\iint_D x\,dxdy \qquad D: x^2 + y^2 \leq ax \quad (a > 0)$

(2) $\displaystyle\iint_D (x^2 + y^2)\,dxdy \qquad D: (x^2 + y^2)^2 \leq a^2(x^2 - y^2)$

解答は p.262

問題 86 　代表的な積分変数の変換

次の2重積分の値を求めよ．

(1) $\iint_D x^2 y \, dxdy \qquad D : \dfrac{x^2}{a^2}+\dfrac{y^2}{b^2} \leq 1, \ x \geq 0, \ y \geq 0 \quad (a>0, \ b>0)$

(2) $\displaystyle\int_{-4}^{4} dx \int_{0}^{\frac{1}{2}\sqrt{16-x^2}} \sqrt{x^2+4y^2} \, dy$

解 説　2重積分 $\iint_D f(x,y) \, dxdy$ で，積分領域 D が $\dfrac{x^2}{a^2}+\dfrac{y^2}{b^2} \leq 1$ すなわち楕円 $\dfrac{x^2}{a^2}+\dfrac{y^2}{b^2}=1 \ (a>0, \ b>0)$ の内部および周であるとき，$x=au, \ y=bv$ とおくと，D は $\dfrac{(au)^2}{a^2}+\dfrac{(bv)^2}{b^2} \leq 1$

より，領域 $D_1 : u^2+v^2 \leq 1$ に写る．
このとき，J（ヤコビアン）は

$$J = \begin{vmatrix} x_u & x_v \\ y_u & y_v \end{vmatrix} = \begin{vmatrix} a & 0 \\ 0 & b \end{vmatrix}$$

$= ab \quad (>0)$

したがって，

$$\iint_D f(x,y) \, dxdy = \iint_{D_1} f(au, bv) \, ab \, dudv = ab \iint_{D_1} f(au, bv) \, dudv$$

となる．D_1 は円 $u^2+v^2=1$ の内部および周だから，さらに極座標変換により，$u=r\cos\theta, \ v=r\sin\theta$ とおくと，D_1 は領域 $M : 0 \leq r \leq 1$ に写る．

$$\therefore \quad \iint_D f(x,y) \, dxdy = ab \iint_M f(ar\cos\theta, \ br\sin\theta) \, r \, drd\theta$$

よって，$\iint_D f(x,y) \, dxdy$ において，**最初から $x=ar\cos\theta, \ y=br\sin\theta$ とおくと速くて楽である．**

$I = \iint_D (x^2+y^2) \, dxdy, \ D : \dfrac{x^2}{a^2}+\dfrac{y^2}{b^2} \leq 1 \quad (a>0, \ b>0)$ を求めてみよう．

$x=ar\cos\theta, \ y=br\sin\theta$ とおくと，D は $M : 0 \leq r \leq 1$ に写り，$J=abr$

よって，$I = \iint_M (a^2 r^2 \cos^2\theta + b^2 r^2 \sin^2\theta) \, abr \, drd\theta$

$\displaystyle = ab \int_0^{2\pi} (a^2\cos^2\theta + b^2\sin^2\theta) \, d\theta \int_0^1 r^3 \, dr$

$= ab(\pi a^2 + \pi b^2) \cdot \dfrac{1}{4} = \dfrac{\pi ab(a^2+b^2)}{4} \quad$ となる．

解答

(1) ㋐ $x = ar\cos\theta,\ y = br\sin\theta$ とおくと，D は

$$\frac{(ar\cos\theta)^2}{a^2} + \frac{(br\sin\theta)^2}{b^2} \leq 1,\ \cos\theta \geq 0,\ \sin\theta \geq 0$$

だから，$M: 0 \leq r \leq 1,\ 0 \leq \theta \leq \dfrac{\pi}{2}$ に写る．

$$J = abr$$

$\therefore\ $ 与式 $= \iint_M (ar\cos\theta)^2 (br\sin\theta)\, abr\, drd\theta$

$\qquad\qquad = a^3 b^2 \iint_M r^4 \cos^2\theta \sin\theta\, drd\theta$

$\qquad\qquad = a^3 b^2 \int_0^{\frac{\pi}{2}} \cos^2\theta \sin\theta\, d\theta \int_0^1 r^4 dr$ ㋑

$\qquad\qquad = a^3 b^2 \left[-\dfrac{1}{3}\cos^3\theta \right]_0^{\frac{\pi}{2}} \left[\dfrac{r^5}{5} \right]_0^1$

$\qquad\qquad = a^3 b^2 \cdot \dfrac{1}{3} \cdot \dfrac{1}{5} = \dfrac{1}{15} a^3 b^2$ ……（答）

(2) ㋒ $D: 0 \leq y \leq \dfrac{1}{2}\sqrt{16-x^2},\ -4 \leq x \leq 4$

すなわち，$D: \dfrac{x^2}{16} + \dfrac{y^2}{4} \leq 1,\ y \geq 0$

$x = 4r\cos\theta,\ y = 2r\sin\theta$ とおくと，㋓ $J = 8r$

D は $M: 0 \leq r \leq 1,\ 0 \leq \theta \leq \pi$ に写る．

$\therefore\ $ 与式 $= \iint_D \underset{㋔}{\sqrt{x^2 + 4y^2}}\, dxdy$

$\qquad\qquad = \iint_M \sqrt{16r^2} \cdot 8r\, drd\theta = \iint_M 32r^2\, drd\theta$

$\qquad\qquad = 32 \int_0^\pi d\theta \int_0^1 r^2 dr$

$\qquad\qquad = 32 \Big[\theta\Big]_0^\pi \left[\dfrac{r^3}{3}\right]_0^1 = 32\pi \cdot \dfrac{1}{3} = \dfrac{32}{3}\pi$ ……（答）

㋐ $\dfrac{x^2}{a^2} + \dfrac{y^2}{b^2} \leq 1$ は楕円の内部および周である．

㋑ $\displaystyle\int \cos^2\theta \sin\theta\, d\theta$

$= \displaystyle\int -\cos^2\theta (\cos\theta)'\, d\theta$

$= -\dfrac{1}{3}\cos^3\theta$

㋒ $0 \leq y \leq \dfrac{1}{2}\sqrt{16-x^2}$ は両辺とも 0 以上だから，平方して調べる．

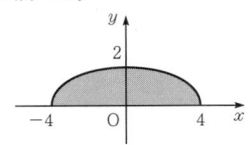

㋓ $J = abr = 4 \cdot 2 \cdot r = 8r$

㋔ $\sqrt{x^2 + 4y^2}$

$= \sqrt{(4r\cos\theta)^2 + 4(2r\sin\theta)^2}$

$= \sqrt{16r^2(\cos^2\theta + \sin^2\theta)}$

$= \sqrt{16r^2}$

理解度 Check! (1)(2)とも変数変換式まで**A**．J まで**B**．変換がOKで**C**．（答）までで**D**．

練習問題 86

次の 2 重積分の値を求めよ．ただし，$a > 0,\ b > 0$ とする．

(1) $\displaystyle\iint_D (x+y)\, dxdy \qquad D: \dfrac{x^2}{a^2} + \dfrac{y^2}{b^2} \leq 1,\ x \geq 0,\ y \geq 0$

(2) $\displaystyle\int_0^a \int_0^{2\sqrt{a^2-x^2}} \sqrt{4x^2 + y^2}\, dydx$

解答は p.262

問題 87　一般の積分変数の変換

次の問いに答えよ．

(1) $I_1 = \iint_D x^2 \, dxdy$, $D : (x-1)^2 + y^2 \leq 1$ の値を求めよ．

(2) $I_2 = \iint_E x^2 \, dxdy$, $E : x^2 + 2y^2 - 2xy - x \leq 0$ の値を求めよ．

解説

問題 84 で，一般の積分変数の変換公式

$$\iint_D f(x,y) \, dxdy = \iint_M f(\varphi(u,v), \psi(u,v)) J \, dudv$$

$$J = \begin{vmatrix} x_u & x_v \\ y_u & y_v \end{vmatrix} = x_u y_v - x_v y_u \quad (>0)$$

については触れた．$x = \varphi(u,v)$, $y = \psi(u,v)$ の変換は，問題によっては，誘導がつくこともあるが，**積分領域が x, y についての 1 次不等式で表される場合は，誘導がつかないこともある．**

$I = \iint_D x \, dxdy$, $D : 0 \leq x-y \leq 1$, $0 \leq x+y \leq 1$ を考えてみよう．

$x - y = u$, $x + y = v$ とおくと，D は $M : 0 \leq u \leq 1$, $0 \leq v \leq 1$ に写る．$x = \dfrac{u+v}{2}$, $y = \dfrac{-u+v}{2}$ だから，

$$J = \begin{vmatrix} x_u & x_v \\ y_u & y_v \end{vmatrix} = \begin{vmatrix} \dfrac{1}{2} & \dfrac{1}{2} \\ -\dfrac{1}{2} & \dfrac{1}{2} \end{vmatrix} = \dfrac{1}{2}$$

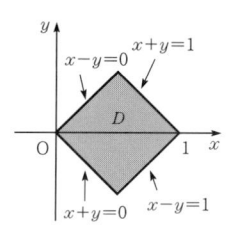

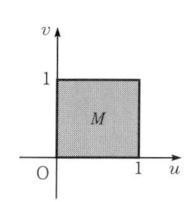

$$\therefore \ I = \iint_M \dfrac{u+v}{2} \cdot \dfrac{1}{2} \, dudv = \dfrac{1}{4} \int_0^1 \left(\int_0^1 (u+v) \, dv \right) du$$

$$= \dfrac{1}{4} \int_0^1 \left[uv + \dfrac{v^2}{2} \right]_{v=0}^{v=1} du = \dfrac{1}{4} \int_0^1 \left(u + \dfrac{1}{2} \right) du$$

$$= \dfrac{1}{4} \left[\dfrac{u^2}{2} + \dfrac{u}{2} \right]_0^1 = \dfrac{1}{4} \left(\dfrac{1}{2} + \dfrac{1}{2} \right) = \dfrac{1}{4}$$

となる．また，$\iint_D y \, dxdy$, $D : \sqrt{\dfrac{x}{a}} + \sqrt{\dfrac{y}{b}} \leq 1$ $(a > 0,\ b > 0)$ は $\sqrt{\dfrac{x}{a}} = u$, $\sqrt{\dfrac{y}{b}} = v$ と変換するとうまく積分ができる $\left(\text{答}\ \dfrac{1}{30} ab^2\right)$．

解 答

(1) $x = r\cos\theta$, $y = r\sin\theta$ とおくと, $J = r$
D は $(r\cos\theta - 1)^2 + (r\sin\theta)^2 \leq 1$ より,
$r^2 - 2r\cos\theta \leq 0$, すなわち,
$M : 0 \leq r \leq 2\cos\theta, -\dfrac{\pi}{2} \leq \theta \leq \dfrac{\pi}{2}$ に写る.
よって

$I_1 = \iint_M (r\cos\theta)^2 r\,drd\theta = \int_{-\frac{\pi}{2}}^{\frac{\pi}{2}} \cos^2\theta \left(\int_0^{2\cos\theta} r^3\,dr \right) d\theta$

$= \int_{-\frac{\pi}{2}}^{\frac{\pi}{2}} \cos^2\theta \left[\dfrac{r^4}{4} \right]_0^{2\cos\theta} d\theta = \underbrace{\int_{-\frac{\pi}{2}}^{\frac{\pi}{2}} 4\cos^6\theta\,d\theta}_{㋐}$

$= 8 \int_0^{\frac{\pi}{2}} \cos^6\theta\,d\theta = 8 \cdot \dfrac{5}{6} \cdot \dfrac{3}{4} \cdot \dfrac{1}{2} \cdot \dfrac{\pi}{2} = \dfrac{5}{4}\pi$ ……(答)

(2) ㋑ E は, $(x-1)^2 + (2y-x)^2 \leq 1$ であるから
$x = u$, $2y - x = v$ とおくと, E は
$D_1 : (u-1)^2 + v^2 \leq 1$ に写る.
このとき, $x = u$, $y = \dfrac{1}{2}u + \dfrac{1}{2}v$ だから

$\underbrace{J = \begin{vmatrix} x_u & x_v \\ y_u & y_v \end{vmatrix} = \begin{vmatrix} 1 & 0 \\ \frac{1}{2} & \frac{1}{2} \end{vmatrix} = \dfrac{1}{2}}_{㋒}$

よって

$I_2 = \iint_E x^2\,dxdy = \iint_{D_1} u^2 \cdot \dfrac{1}{2}\,dudv$

$= \dfrac{1}{2} \iint_{D_1} u^2\,dudv$

$\iint_{D_1} u^2\,dudv$ は (1) の I_1 に等しいから,

$I_2 = \dfrac{1}{2} I_1 = \dfrac{1}{2} \cdot \dfrac{5}{4}\pi = \dfrac{5}{8}\pi$ ……(答)

㋐ $\cos^6\theta$ は偶関数だから
$\int_{-\frac{\pi}{2}}^{\frac{\pi}{2}} \cos^6\theta\,d\theta$
$= 2\int_0^{\frac{\pi}{2}} \cos^6\theta\,d\theta$
また, $n = 2m$ (m は自然数) のとき
$\int_0^{\frac{\pi}{2}} \cos^n\theta\,d\theta$
$= \dfrac{n-1}{n} \cdot \dfrac{n-3}{n-2} \cdot \cdots \cdot \dfrac{1}{2} \cdot \dfrac{\pi}{2}$

㋑ $x^2 + 2y^2 - 2xy - x \leq 0$ を 2倍して
$2x^2 + 4y^2 - 4xy - 2x \leq 0$
$(x^2 - 2x + 1)$
$+ (4y^2 - 4xy + x^2) \leq 1$
これより, 次式を得る.
$(x-1)^2 + (2y-x)^2 \leq 1$

㋒ ヤコビアン. E を
$(x-1)^2 + (x-2y)^2 \leq 1$
として, $x = u$, $x - 2y = v$
とおくと, $J = -\dfrac{1}{2}$ となるが,
$I_2 = \iint_{D_1} u^2 \left| -\dfrac{1}{2} \right| dudv$
とすればよい.

理解度 Check! (1)(2)
とも 変数変換式まで **A** .
変換で OK で **B** . (答)
までで **C** .

練習問題 87

次の2重積分の値を求めよ.

(1) $\displaystyle\iint_D (x+y)^2 e^{x-y}\,dxdy$, $D : -1 \leq x - y \leq 1, \ -1 \leq x + y \leq 1$

(2) $\displaystyle\iint_D \dfrac{dxdy}{x^2+y^2}$ $D : 1 \leq x \leq 2, \ 0 \leq y \leq x$ ($x = u$, $y = uv$ とおく)

解答は p.263

問題 88 3重積分における積分変数の変換

次の3重積分の値を求めよ．ただし，$a>0$ とする．

(1) $\iiint_D xyz\,dxdydz$ 　　　　$D: x^2+y^2+z^2 \leq a^2,\ x\geq 0,\ y\geq 0,\ z\geq 0$

(2) $\iiint_D \sqrt{x^2+y^2+z^2}\,dxdydz$ 　　$D: x^2+y^2+z^2 \leq a^2,\ z\geq 0$

解説

3重積分において積分変数の変換を行う場合を考えてみよう．

3重積分 $\iiint_D f(x,y,z)\,dxdydz$ において，変換 $\begin{cases} x=x(u,v,w) \\ y=y(u,v,w) \\ z=z(u,v,w) \end{cases}$ とおくとき，

xyz 空間の領域 D が uvw 空間の領域 M に1対1に対応し，かつヤコビアンが

$$J = \frac{\partial(x,y,z)}{\partial(u,v,w)} = \begin{vmatrix} x_u & x_v & x_w \\ y_u & y_v & y_w \\ z_u & z_v & z_w \end{vmatrix} \neq 0 \text{ ならば}$$

$$I = \iiint_D f(x,y,z)\,dxdydz$$
$$= \iiint_M f(x(u,v,w),\ y(u,v,w),\ z(u,v,w))|J|\,dudvdw$$

となる．とくに，**空間極座標（球面座標）**への変換の場合は，下図のようになり，

$\begin{cases} x = r\sin\theta\cos\varphi \\ y = r\sin\theta\sin\varphi \\ z = r\cos\theta \end{cases}$ $\begin{pmatrix} r\geq 0,\ 0\leq \theta \leq \pi, \\ 0\leq \varphi \leq 2\pi \end{pmatrix}$ により，

(x,y,z) を (r,θ,φ) に変換する．

$$J = \begin{vmatrix} x_r & x_\theta & x_\varphi \\ y_r & y_\theta & y_\varphi \\ z_r & z_\theta & z_\varphi \end{vmatrix}$$
$$= \begin{vmatrix} \sin\theta\cos\varphi & r\cos\theta\cos\varphi & -r\sin\theta\sin\varphi \\ \sin\theta\sin\varphi & r\cos\theta\sin\varphi & r\sin\theta\cos\varphi \\ \cos\theta & -r\sin\theta & 0 \end{vmatrix} = r^2\sin\theta$$

となるので

$$I = \iiint_M f(r\sin\theta\cos\varphi,\ r\sin\theta\sin\varphi,\ r\cos\theta)\cdot r^2\sin\theta\,drd\theta d\varphi$$

となる．変換公式は図形をしっかり把握していつでも導き出せるようにしておくこと（コラム4，p.208参照）．

解答

(1) ⑦ $x = r\sin\theta\cos\varphi,\ y = r\sin\theta\sin\varphi,\ z = r\cos\theta$
とおくと $J = r^2\sin\theta$

D は，$r^2 \leq a^2$，$\underline{\sin\theta\cos\varphi \geq 0}$，$\underline{\sin\theta\sin\varphi \geq 0}$，
$\underline{\cos\theta \geq 0}$ だから
⑦

$M: 0 \leq r \leq a,\ 0 \leq \theta \leq \dfrac{\pi}{2},\ 0 \leq \varphi \leq \dfrac{\pi}{2}$ に写る．

$\therefore$ 与式 $= \iiint_M r^3 \sin^2\theta \cos\theta \sin\varphi \cos\varphi$
$\qquad\qquad \times r^2 \sin\theta\, dr\, d\theta\, d\varphi$

$= \left(\displaystyle\int_0^{\frac{\pi}{2}} \sin\varphi\cos\varphi\, d\varphi\right)\left(\int_0^{\frac{\pi}{2}} \sin^3\theta\cos\theta\, d\theta\right)$
$\qquad \times \left(\displaystyle\int_0^a r^5\, dr\right)$

$= \left[\dfrac{1}{2}\sin^2\varphi\right]_0^{\frac{\pi}{2}} \left[\dfrac{1}{4}\sin^4\theta\right]_0^{\frac{\pi}{2}} \left[\dfrac{r^6}{6}\right]_0^a$

$= \dfrac{1}{2} \cdot \dfrac{1}{4} \cdot \dfrac{a^6}{6} = \dfrac{a^6}{48}$ ……(答)

(2) (1) と同様に，空間極座標へ変換して

D は，$r^2 \leq a^2$，$\cos\theta \geq 0$ だから

$M: 0 \leq r \leq a,\ 0 \leq \theta \leq \dfrac{\pi}{2},\ \underline{0 \leq \varphi \leq 2\pi}$ に写る．
㋓

$\therefore$ 与式 $= \iiint_M \sqrt{r^2}\, r^2 \sin\theta\, dr\, d\theta\, d\varphi$

$= \displaystyle\int_0^{2\pi} d\varphi \int_0^{\frac{\pi}{2}} \sin\theta\, d\theta \int_0^a r^3\, dr$

$= \Big[\varphi\Big]_0^{2\pi} \Big[-\cos\theta\Big]_0^{\frac{\pi}{2}} \left[\dfrac{r^4}{4}\right]_0^a$

$= 2\pi \cdot 1 \cdot \dfrac{a^4}{4} = \dfrac{\pi a^4}{2}$ ……(答)

---

⑦ D の境界が球であるから，空間極座標（空面座標）への変換を考える．

㋑ 空間極座標では，$\sin\theta \geq 0$ であるから，この2式から
$\cos\varphi \geq 0,\ \sin\varphi \geq 0$

㋒ $0 \leq \theta \leq \pi$ で考えるので，$\cos\theta \geq 0$ のとき，$0 \leq \theta \leq \dfrac{\pi}{2}$ となる．

㋓ φ については条件式がないので，$0 \leq \varphi \leq 2\pi$ となる．

理解度 Check! (1)(2) とも変数変換式まで **A**．変換が OK で **B**．(答) までで **C**．

練習問題 88

次の3重積分の値を求めよ．ただし，$a > 0$ とする．

解答は p.263

(1) $\displaystyle\iiint_D \sqrt{a^2 - x^2 - y^2 - z^2}\, dx\, dy\, dz \qquad D: x^2 + y^2 + z^2 \leq a^2$

(2) $\displaystyle\iiint_D (x^3 + y^3 + z^3)\, dx\, dy\, dz \qquad D: x^2 + y^2 + z^2 \leq a^2,\ x \geq 0,\ y \geq 0,\ z \geq 0$

問題 89　2重積分における広義積分（1）

次の広義積分を求めよ．

(1) $\iint_D \dfrac{dxdy}{(x^2+y^2)^{\frac{a}{2}}}$ $(a<2)$ 　　$D: x^2+y^2 \leq 1$

(2) $\iint_D \dfrac{\log(x^2+y^2)}{(x^2+y^2)^{\frac{1}{3}}} dxdy$ 　　$D: 0 \leq x^2+y^2 \leq 1, \ 0 \leq y \leq x$

解説　2重積分 $\iint_D f(x,y) \, dxdy$ において，D は有界であるが，D 内に $f(x,y)$ が定義されない点すなわち $f(x,y)$ の特異点 P があるとき，P を含む小さい閉領域を D_1 とし，$D' = D \cap \overline{D_1} (= D - D_1)$ とする．このとき

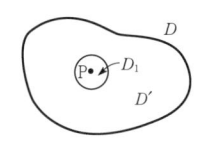

$$\iint_D f(x,y) \, dxdy = \lim_{D_1 \to \mathrm{P}} \iint_{D'} f(x,y) \, dxdy$$

と定義する（**2重積分での広義積分**）．

$I = \iint_D \dfrac{dxdy}{\sqrt{x^2+y^2}}$, $D_1: 0 \leq x \leq y, \ x^2+y^2 \leq 1$ について考えてみよう．

$f(x,y) = \dfrac{1}{\sqrt{x^2+y^2}}$ は原点 $(0,0)$ では定義されない．すなわち**特異点**である．D が扇形の内部および周であることに着目して，

$$D': 0 \leq x \leq y, \ \varepsilon^2 \leq x^2+y^2 \leq 1 \quad (\varepsilon > 0)$$

を考えると，$\varepsilon \to 0$ のとき $D' \to D$ で，$f(x,y)$ は D' では連続だから積分可能である．

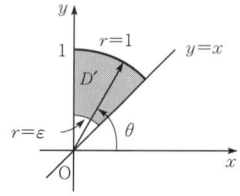

さらに，極座標に変換して

$$I_1 = \iint_{D'} \dfrac{dxdy}{\sqrt{x^2+y^2}} = \int_{\frac{\pi}{4}}^{\frac{\pi}{2}} d\theta \int_\varepsilon^1 \dfrac{r}{\sqrt{r^2}} dr = \Big[\theta\Big]_{\frac{\pi}{4}}^{\frac{\pi}{2}} \Big[r\Big]_\varepsilon^1 = \left(\dfrac{\pi}{2} - \dfrac{\pi}{4}\right)(1-\varepsilon) = \dfrac{\pi}{4}(1-\varepsilon)$$

$$\therefore \ I = \iint_D \dfrac{dxdy}{\sqrt{x^2+y^2}} = \lim_{\varepsilon \to +0} I_1 = \lim_{\varepsilon \to +0} \dfrac{\pi}{4}(1-\varepsilon) = \dfrac{\pi}{4}$$

となる．これは，次のように簡便法を用いてもよい．

$$I = \iint_D \dfrac{dxdy}{\sqrt{x^2+y^2}} = \iint_M \dfrac{r}{\sqrt{r^2}} drd\theta \quad \left(M: 0 \leq r \leq 1, \ \dfrac{\pi}{4} \leq \theta \leq \dfrac{\pi}{2}\right) \text{より}$$

$$I = \int_{\frac{\pi}{4}}^{\frac{\pi}{2}} d\theta \int_0^1 dr = \Big[\theta\Big]_{\frac{\pi}{4}}^{\frac{\pi}{2}} \Big[r\Big]_0^1 = \dfrac{\pi}{4}$$

なお，簡便法でうまくいかないときは，<u>広義積分の定義に戻って計算すること</u>．

解答

(1) 被積分関数 $\dfrac{1}{(x^2+y^2)^{\frac{\alpha}{2}}}$ は $\alpha \leq 0$ のときは連続だが, ㋐ $\alpha>0$ のときは原点が特異点である.

$x=r\cos\theta$, $y=r\sin\theta$ とおくと, $J=r$

D は $M: 0\leq r\leq 1$, $0\leq\theta\leq 2\pi$ に写る.

$$\therefore \text{㋑与式} = \iint_M \dfrac{r}{(r^2)^{\frac{\alpha}{2}}}drd\theta = \iint_M r^{1-\alpha}drd\theta$$

$$= \int_0^{2\pi}d\theta \int_0^1 r^{1-\alpha}dr$$

$$= \Big[\theta\Big]_0^{2\pi}\Big[\dfrac{r^{2-\alpha}}{2-\alpha}\Big]_0^1 = \dfrac{2\pi}{2-\alpha} \quad \cdots\cdots(\text{答})$$

(2) 被積分関数 $\dfrac{\log(x^2+y^2)}{(x^2+y^2)^{\frac{1}{3}}}$ は原点が特異点である. $x=r\cos\theta$, $y=r\sin\theta$ とおくと, $J=r$

D は $0\leq r\leq 1$ かつ ㋒ $0\leq r\sin\theta \leq r\cos\theta$

すなわち, $M: 0\leq r\leq 1$, $0\leq\theta\leq\dfrac{\pi}{4}$ に写る.

$$\therefore \text{与式} = \iint_M \dfrac{\log r^2}{(r^2)^{\frac{1}{3}}}rdrd\theta$$

$$= \iint_M 2r^{\frac{1}{3}}\log r\, drd\theta$$

$$= 2\int_0^{\frac{\pi}{4}}d\theta \int_0^1 r^{\frac{1}{3}}\log r\, dr$$

$$= 2\cdot\dfrac{\pi}{4}\left\{\text{㋓}\Big[\dfrac{3}{4}r^{\frac{4}{3}}\log r\Big]_0^1 - \int_0^1 \dfrac{3}{4}r^{\frac{4}{3}}\cdot\dfrac{1}{r}dr\right\}$$

$$= -\dfrac{3\pi}{8}\int_0^1 r^{\frac{1}{3}}dr$$

$$= -\dfrac{3\pi}{8}\Big[\dfrac{3}{4}r^{\frac{4}{3}}\Big]_0^1 = -\dfrac{3\pi}{8}\cdot\dfrac{3}{4} = -\dfrac{9}{32}\pi$$

$\cdots\cdots(\text{答})$

㋐ $\alpha=0$ のとき
$$\dfrac{1}{(x^2+y^2)^{\frac{\alpha}{2}}}=1$$
$\alpha<0$ のとき, $\alpha=-\beta$ とおくと
$$\dfrac{1}{(x^2+y^2)^{\frac{\alpha}{2}}}=\dfrac{1}{(x^2+y^2)^{-\frac{\beta}{2}}}$$
$$=(x^2+y^2)^{\frac{\beta}{2}}\geq 0$$
$$(\because \beta>0 \text{ より})$$
$\alpha>0$ のとき
$(x,y)=(0,0)$ において, 分母が 0 となり, 特異点となる.

㋑ $\alpha>0$ のときは, 厳密には
$$\text{与式} = \lim_{\varepsilon\to +0}\int_\varepsilon^{2\pi}d\theta\int_\varepsilon^1 r^{1-\alpha}dr$$
となるが, 簡便法で OK.

㋒ $0\leq\sin\theta$ かつ $\sin\theta\leq\cos\theta$ より $0\leq\theta\leq\dfrac{\pi}{4}$

㋓ 厳密には
$$\lim_{\varepsilon\to +0}\int_\varepsilon^1 r^{\frac{1}{3}}\log r\, dr.$$

㋔ $\displaystyle\lim_{\varepsilon\to +0}\varepsilon^{\frac{4}{3}}\log\varepsilon$
$$=\lim_{t\to\infty}\dfrac{-\log t}{t^{\frac{4}{3}}} \quad \left(t=\dfrac{1}{\varepsilon}\right)$$
$$=\lim_{t\to\infty}\dfrac{-\dfrac{1}{t}}{\dfrac{4}{3}t^{\frac{1}{3}}}=0$$

(ロピタルの定理)

理解度 Check! (1)(2)
とも変数変換式まで **A**.
変換が OK で **B**. (答)
まででて **C**.

練習問題 89

解答は p.264

次の広義積分を求めよ.

(1) $\displaystyle\iint_D \sqrt{\dfrac{x^2+y^2}{1-x^2-y^2}}dxdy$, $D: x^2+y^2\leq 1$

(2) $\displaystyle\iint_D \dfrac{dxdy}{(y-x)^\alpha}$ $(\alpha<1)$, $D: 0\leq x\leq y\leq 1$

問題 90　2重積分における広義積分 (2)

広義積分 $\displaystyle\iint_D \frac{y}{(1+xy)^2(1+y^2)}dxdy \qquad D:0\le x\le y,\ xy\le 1$
の値を求めよ．

解説　2重積分 $\displaystyle\iint_D f(x,y)\,dxdy$ において，D が有界でない場合の広義積分を考えてみよう．

D に含まれる有界な閉領域を D' とし，D 内で D' を大きくして限りなく D に近づけると考えて，

$$\iint_D f(x,y)\,dxdy = \lim_{D'\to D}\iint_{D'} f(x,y)\,dxdy$$

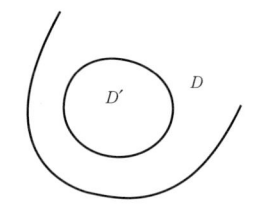

と定義する．

　$I=\displaystyle\iint_D \frac{dxdy}{(x+y+1)^3}$，$D:x\ge 0,\ y\ge 0$ について考えてみよう．D は第1象限の全体（および $x,\ y$ 両軸の $x\ge 0,\ y\ge 0$ の部分）だから，有界ではない．そこで，$D':0\le x\le a,\ 0\le y\le b$ として，$a\to\infty,\ b\to\infty$ のとき，$D'\to D$ となると考える．

$$\begin{aligned}
I_1 &= \iint_{D'} \frac{dxdy}{(x+y+1)^3} = \int_0^a\left(\int_0^b \frac{dy}{(x+y+1)^3}\right)dx \\
&= \int_0^a\left[-\frac{1}{2(x+y+1)^2}\right]_{y=0}^{y=b}dx \\
&= \int_0^a \frac{1}{2}\left\{\frac{1}{(x+1)^2}-\frac{1}{(x+b+1)^2}\right\}dx \\
&= \frac{1}{2}\left[-\frac{1}{x+1}+\frac{1}{x+b+1}\right]_0^a = \frac{1}{2}\left(-\frac{1}{a+1}+\frac{1}{a+b+1}+1-\frac{1}{b+1}\right)
\end{aligned}$$

$$\therefore\ I = \lim_{\substack{a\to\infty \\ b\to\infty}} I_1 = \frac{1}{2}\cdot 1 = \frac{1}{2}$$

となる．これは，前問と同様に簡便法を用いて次のようにしてもよい．

$$\begin{aligned}
I &= \int_0^\infty\left(\int_0^\infty \frac{dy}{(x+y+1)^3}\right)dx = \int_0^\infty\left[-\frac{1}{2(x+y+1)^2}\right]_{y=0}^{y=\infty}dx \\
&= \frac{1}{2}\int_0^\infty \frac{dx}{(x+1)^2} = \frac{1}{2}\left[-\frac{1}{x+1}\right]_0^\infty = \frac{1}{2}\cdot 1 = \frac{1}{2}
\end{aligned}$$

なお，$D:x\ge 0,\ y\ge 0$ のときは，$D':0\le x\le a,\ 0\le y\le a$ として $a\to\infty$ としてもよい．

解答

㋐ D は右図のアミ部分であるから，次のように2つの部分に分ける．

$D_1 : 0 \leq x \leq y, \ 0 \leq y \leq 1$

$D_2 : 0 \leq x \leq \dfrac{1}{y}, \ 1 \leq y$

㋑ $I_1 = \displaystyle\iint_{D_1} \dfrac{y}{(1+xy)^2(1+y^2)} \, dxdy$

$= \displaystyle\int_0^1 \dfrac{1}{1+y^2} \left(\int_0^y \dfrac{y}{(1+xy)^2} \, dx \right) dy$

$= \displaystyle\int_0^1 \dfrac{1}{1+y^2} \left[-\dfrac{1}{1+xy} \right]_{x=0}^{x=y} dy$

$= \displaystyle\int_0^1 \dfrac{1}{1+y^2} \left(1 - \dfrac{1}{1+y^2} \right) dy$

$= \displaystyle\int_0^1 \dfrac{y^2}{(1+y^2)^2} \, dy = \int_0^1 \dfrac{2y}{(1+y^2)^2} \cdot \dfrac{y}{2} \, dy$

㋒

$= \left[-\dfrac{1}{1+y^2} \cdot \dfrac{y}{2} \right]_0^1 - \displaystyle\int_0^1 \left(-\dfrac{1}{1+y^2} \right) \cdot \dfrac{1}{2} \, dy$

$= -\dfrac{1}{4} + \dfrac{1}{2} \left[\tan^{-1} y \right]_0^1 = -\dfrac{1}{4} + \dfrac{\pi}{8}$
㋓

㋔ $I_2 = \displaystyle\iint_{D_2} \dfrac{y}{(1+xy)^2(1+y^2)} \, dxdy$

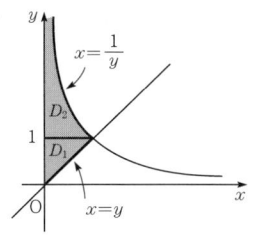

$= \displaystyle\int_1^\infty \dfrac{1}{1+y^2} \left(\int_0^{\frac{1}{y}} \dfrac{y}{(1+xy)^2} \, dx \right) dy$

$= \displaystyle\int_1^\infty \dfrac{1}{1+y^2} \left[-\dfrac{1}{1+xy} \right]_{x=0}^{x=\frac{1}{y}} dy$

$= \displaystyle\int_1^\infty \dfrac{1}{1+y^2} \left(-\dfrac{1}{2} + 1 \right) dy = \dfrac{1}{2} \int_1^\infty \dfrac{dy}{1+y^2}$

$= \dfrac{1}{2} \left[\tan^{-1} y \right]_1^\infty = \dfrac{1}{2} \left(\dfrac{\pi}{2} - \dfrac{\pi}{4} \right) = \dfrac{\pi}{8}$
㋕

よって　与式 $= I_1 + I_2 = \dfrac{\pi - 1}{4}$　　……（答）

㋐

㋑ I_1 は常積分である．まず，x について積分する．

㋒ 部分積分法である．
本式 $= \displaystyle\int_0^1 \left(-\dfrac{1}{1+y^2} \right)' \dfrac{y}{2} \, dy$
と見なす．

㋓ $\tan^{-1} 1 = \dfrac{\pi}{4}$

㋔ y の変域が $[1, \infty)$ より，異常積分である．
I_1 と同様に，まず x について積分する．

㋕ $\tan^{-1} \infty = \dfrac{\pi}{2}$

理解度 Check!　積分領域を図示，確認できて A ．I_1 まで B ．I_2 まで C ．完答で D ．

練習問題 90

次の広義積分の値を求めよ．

$\displaystyle\iint_D e^{-\frac{x}{y}} \, dxdy \qquad D : x + y \geq 0, \ 1 \leq y \leq 2$

解答は p.264

問題 91 有名な広義積分

次の定積分を導け．ただし，$a>0$ とする．

(1) $\displaystyle\int_{-\infty}^{\infty} e^{-ax^2}dx = \sqrt{\dfrac{\pi}{a}}$ (2) $\displaystyle\int_{-\infty}^{\infty} x^2 e^{-ax^2}dx$

解説

$\int e^{-x^2}dx$ の積分は，このままの形で不定積分，置換積分等を試みてもうまくいかない．広義積分 $\int_0^{\infty} e^{-x^2}dx$ は 2 重積分の力を借りて求めることになる．この広義積分は数学の他の分野（統計学における**正規分布**など）においても重要なものであり，これを機に理解しておかれたい．

さて，$\int_0^{\infty} e^{-x^2}dx$ の値を求めてみよう．

$I(\beta)=\int_0^{\beta} e^{-x^2}dx$ $(\beta>0)$ とおくと，$I(\beta)=\int_0^{\beta} e^{-y^2}dy$ とも表せるので，

$$\{I(\beta)\}^2 = \int_0^{\beta} e^{-x^2}dx \int_0^{\beta} e^{-y^2}dy = \iint_D e^{-x^2-y^2}dxdy$$

$$D : 0\leq x \leq \beta,\ 0\leq y \leq \beta$$

ここで，$D_1 : x^2+y^2 \leq \beta^2,\ x\geq 0,\ y\geq 0$
$D_2 : x^2+y^2 \leq 2\beta^2,\ x\geq 0,\ y\geq 0$

とおくと，$D_1 \subset D \subset D_2$ より

$$\iint_{D_1} e^{-x^2-y^2}dxdy < \{I(\beta)\}^2 < \iint_{D_2} e^{-x^2-y^2}dxdy$$

左右の積分 $I_1(\beta)$，$I_2(\beta)$ で極座標に変換すると

$$I_1(\beta) = \int_0^{\frac{\pi}{2}}\int_0^{\beta} e^{-r^2}r\,drd\theta = \int_0^{\frac{\pi}{2}}d\theta \int_0^{\beta} re^{-r^2}dr = \Big[\theta\Big]_0^{\frac{\pi}{2}}\Big[-\frac{1}{2}e^{-r^2}\Big]_0^{\beta}$$

$$= \frac{\pi}{2}\cdot\frac{1}{2}(1-e^{-\beta^2}) = \frac{\pi}{4}(1-e^{-\beta^2})$$

同様にして，$I_2(\beta) = \dfrac{\pi}{4}(1-e^{-2\beta^2})$

$$\therefore\quad \frac{\pi}{4}(1-e^{-\beta^2}) < \{I(\beta)\}^2 < \frac{\pi}{4}(1-e^{-2\beta^2})$$

$\beta\to\infty$ とすると，$\displaystyle\lim_{\beta\to\infty}\{I(\beta)\}^2 = \frac{\pi}{4}$ （はさみうちの原理）

$I(\beta)>0$ だから，$\displaystyle\int_0^{\infty} e^{-x^2}dx = \lim_{\beta\to\infty} I(\beta) = \sqrt{\frac{\pi}{4}} = \frac{\sqrt{\pi}}{2}$ となる．

解 答

(1) e^{-ax^2} は偶関数であるから，
$$\int_{-\infty}^{\infty} e^{-ax^2} dx = 2\int_{0}^{\infty} e^{-ax^2} dx \quad \text{㋐}$$

$I(\beta) = \int_{0}^{\beta} e^{-ax^2} dx \quad (\beta > 0)$ とおくと，

$$\{I(\beta)\}^2 = \int_{0}^{\beta} e^{-ax^2} dx \int_{0}^{\beta} e^{-ay^2} dy \quad \text{㋑}$$

$$= \iint_{D} e^{-a(x^2+y^2)} dxdy$$

$$D: 0 \leq x \leq \beta, \ 0 \leq y \leq \beta$$

ここで $D_1: x^2+y^2 \leq \beta^2, \ x \geq 0, \ y \geq 0$

$D_2: x^2+y^2 \leq 2\beta^2, \ x \geq 0, \ y \geq 0$

とおくと，$D_1 \subset D \subset D_2$ だから， ㋒

$$\iint_{D_1} e^{-a(x^2+y^2)} dxdy < \{I(\beta)\}^2 < \iint_{D_2} e^{-a(x^2+y^2)} dxdy$$

左右の積分 $I_1(\beta)$，$I_2(\beta)$ を極座標に変換すると

$$I_1(\beta) = \int_{0}^{\frac{\pi}{2}} \int_{0}^{\beta} e^{-ar^2} \cdot r \, dr d\theta \quad \text{㋓}$$

$$= \left[\theta\right]_{0}^{\frac{\pi}{2}} \left[-\frac{1}{2a} e^{-ar^2}\right]_{0}^{\beta} = \frac{\pi}{4a}(1 - e^{-a\beta^2})$$

同様に $I_2(\beta) = \frac{\pi}{4a}(1 - e^{-2a\beta^2})$ ㋔

$$\therefore \quad \frac{\pi}{4a}(1 - e^{-a\beta^2}) < \{I(\beta)\}^2 < \frac{\pi}{4a}(1 - e^{-2a\beta^2})$$

ここで，$\beta \to \infty$ とすると，$\lim_{\beta \to \infty} \{I(\beta)\}^2 = \frac{\pi}{4a}$ ㋕

よって $\int_{-\infty}^{\infty} e^{-ax^2} dx = 2\lim_{\beta \to \infty} I(\beta) = \sqrt{\frac{\pi}{a}}$

(2) 与式 $= \int_{-\infty}^{\infty} \left(-\frac{e^{-ax^2}}{2a}\right)' x \, dx$

$$= \left[-\frac{e^{-ax^2}}{2a} x\right]_{-\infty}^{\infty} - \int_{-\infty}^{\infty} \left(-\frac{e^{-ax^2}}{2a}\right) dx = \frac{1}{2a}\sqrt{\frac{\pi}{a}} \quad \text{㋖}$$

㋐ $f(x) = e^{-ax^2}$ とおくと
$f(-x) = e^{-a(-x)^2} = f(x)$

㋑ 定積分は変数に依らない．

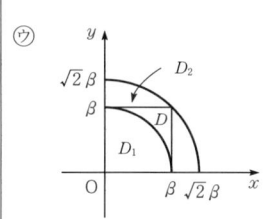

㋒

D は1辺 β の正方形の周および内部．これを2つの4分円ではさむ．

㋓ $D_1: 0 \leq r \leq \beta$
かつ $0 \leq \theta \leq \frac{\pi}{2}$

㋔ $I_1(\beta)$ の結果の式で，β のかわりに $\sqrt{2}\beta$ とおく．

㋕ $\lim_{\beta \to \infty} e^{-a\beta^2} = 0$ より，はさみうちの原理を用いる．
$I(\beta) > 0$ より $\lim_{\beta \to \infty} I(\beta) \geq 0$

㋖ $\lim_{x \to \pm\infty} \frac{x}{e^{ax^2}} = 0$

理解度 Check！ (1) は領域のはさみうちの式まで A．極座標変換で B．完答で C．(2) は完答して A．

練習問題 91

次の広義積分の値を求めよ．

(1) $\displaystyle\int_{-\infty}^{\infty} \frac{1}{\sqrt{2\pi}} e^{-\frac{x^2}{2}} dx$ (2) $\displaystyle\int_{0}^{\infty} e^{-x} x^{-\frac{1}{2}} dx$

解答は p.264

問題 92 重積分による面積

2重積分を用いて，次の面積を求めよ．
(1) 曲線 $\sqrt{x}+\sqrt{y}=1$ と両座標軸で囲まれる部分．
(2) 4曲線 $x^2=py$, $x^2=qy$, $y^2=rx$, $y^2=sx$ で囲まれる部分．
     $(0<p<q,\ 0<r<s)$

解説

2重積分の図形的性質から，領域 D の面積 S は
$$S=\iint_D dxdy$$ 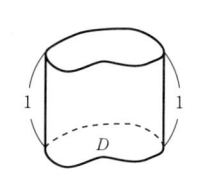
で与えられる．それは，右の柱の体積を V とすると
$$V=(D \text{ の面積 } S)\times(\text{高さ } 1)=S$$
となるので，
$$S=V=\iint_D 1\,dxdy$$
となるからである．

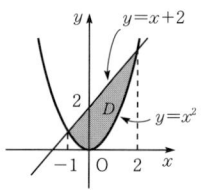

たとえば，放物線 $y=x^2$ と $y=x+2$ で囲まれる部分の面積 S_1 は，交点 $(-1,1)$, $(2,2)$ を求めて
$$S_1=\int_{-1}^2 (x+2-x^2)\,dx = -\int_{-1}^2 (x+1)(x-2)\,dx$$
$$=\frac{1}{6}\{2-(-1)\}^3=\frac{9}{2}$$
とするのが一般的であるが，2重積分を用いても
$$S_1=\iint_D dxdy=\int_{-1}^2\left(\int_{x^2}^{x+2} dy\right)dx=\int_{-1}^2(x+2-x^2)\,dx=\frac{9}{2}$$
と容易である．

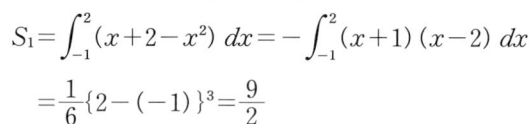

また，楕円 $\dfrac{x^2}{a^2}+\dfrac{y^2}{b^2}=1$ $(a>0,\ b>0)$ の囲む部分の面積 S_2 は，
$D:\dfrac{x^2}{a^2}+\dfrac{y^2}{b^2}\leqq 1,\ x\geqq 0,\ y\geqq 0$ とおくと，$S_2=4\iint_D dxdy$

$x=ar\cos\theta,\ y=br\sin\theta$ とおくと，$D\to M:0\leqq r\leqq 1,\ 0\leqq\theta\leqq\dfrac{\pi}{2}$ で $J=abr$

よって $S_2=4\iint_M abr\,drd\theta=4ab\int_0^{\frac{\pi}{2}}d\theta\int_0^1 r\,dr$
$$=4ab\cdot\frac{\pi}{2}\cdot\frac{1}{2}=\pi ab$$
となる．

解答

(1) $D: \sqrt{x}+\sqrt{y} \leq 1,\ x \geq 0,\ y \geq 0$ とおくと，

求める面積 S は $\quad S = \iint_D dxdy$

$\sqrt{x}+\sqrt{y}=1$ のとき，$y=(1-\sqrt{x})^2$ だから

$\quad D: 0 \leq y \leq (1-\sqrt{x})^2,\ 0 \leq x \leq 1$

よって，$S = \int_0^1 \left(\int_0^{(1-\sqrt{x})^2} dy \right) dx$

$\quad = \int_0^1 \left[y \right]_0^{(1-\sqrt{x})^2} dx = \int_0^1 (1-\sqrt{x})^2 dx$

$\quad = \int_0^1 (1 - 2\sqrt{x} + x)\, dx$

$\quad = \left[x - \dfrac{4}{3} x^{\frac{3}{2}} + \dfrac{x^2}{2} \right]_0^1 = \dfrac{1}{6}$ ……(答)

(2) 4曲線で囲まれた領域を D，面積を S とおく．
$D: x^2 \geq py,\ x^2 \leq qy,\ y^2 \geq rx,\ y^2 \leq sx$

いま，変換 $x^2 = uy,\ y^2 = vx$ によって，変数を u, v に変えると，領域 D は

$\quad u \geq p,\ u \leq q,\ v \geq r,\ v \leq s$

すなわち，$M: p \leq u \leq q,\ r \leq v \leq s$ となる．

$u = \dfrac{x^2}{y},\ v = \dfrac{y^2}{x}$ だから

$\dfrac{\partial(u,v)}{\partial(x,y)} = \begin{vmatrix} u_x & u_y \\ v_x & v_y \end{vmatrix} = \begin{vmatrix} \dfrac{2x}{y} & -\dfrac{x^2}{y^2} \\ -\dfrac{y^2}{x^2} & \dfrac{2y}{x} \end{vmatrix} = 3$

$\therefore\ J = \dfrac{\partial(x,y)}{\partial(u,v)} = \dfrac{1}{3}$

よって $S = \iint_D dxdy = \iint_M \dfrac{1}{3} du dv$

$\quad = \dfrac{1}{3} \int_p^q du \int_r^s dv = \dfrac{1}{3}(q-p)(s-r)$

……(答)

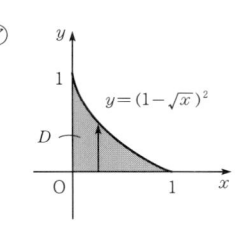

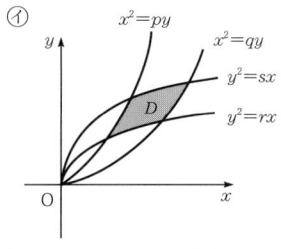

㋐

㋑

$0 < p < q,\ 0 < r < s$ より
$\dfrac{1}{q} < \dfrac{1}{p},\ \dfrac{1}{s} < \dfrac{1}{r}$ となり，
放物線の位置関係がわかる．

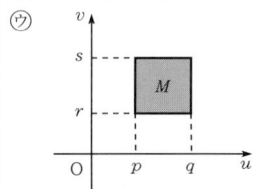

㋒

理解度 Check！ (1)(2)
とも領域と積分式が作れて **A**．残りを完答して **B**．

練習問題 92

解答は p.265

曲線 $\left(\dfrac{x}{a}\right)^{\frac{2}{3}} + \left(\dfrac{y}{b}\right)^{\frac{2}{3}} = 1$ $(a>0,\ b>0)$ の囲む部分の面積を求めよ．

問題 93　2重積分を利用する体積 (1)

次の立体の体積を2重積分を利用して求めよ．
(1) 楕円面 $\dfrac{x^2}{a^2}+\dfrac{y^2}{b^2}+\dfrac{z^2}{c^2}=1$ で囲まれる部分．
(2) 3点 $(0,0,0)$, $(1,0,0)$, $(2,1,0)$ を頂点とする三角形の上に立つ母線が z 軸に平行な三角柱と曲面 $z=x^2+y^2$, および平面 $z=0$ とで囲まれる部分．

解説

xy 平面の領域 D を底面とし，z 軸に平行な母線をもつ柱が曲面 $z=f(x,y)$ ($z\geqq 0$) によって切りとられる部分の体積 V は，次式で与えられる．

$$V=\iint_D z\,dxdy$$
$$=\iint_D f(x,y)\,dxdy$$

たとえば，平面 $\dfrac{x}{a}+\dfrac{y}{b}+\dfrac{z}{c}=1$ と3つの座標平面 $x=0$, $y=0$, $z=0$ で囲まれる部分の体積 V を求めてみよう．

$\dfrac{x}{a}+\dfrac{y}{b}+\dfrac{z}{c}=1$ から，$z=c\left(1-\dfrac{x}{a}-\dfrac{y}{b}\right)$

ここで，$D:\dfrac{x}{a}+\dfrac{y}{b}\leqq 1$, $x\geqq 0$, $y\geqq 0$ とおくと

$$0\leqq y\leqq b\left(1-\dfrac{x}{a}\right),\ x\geqq 0,\ y\geqq 0$$

よって　$V=\iint_D z\,dxdy=\iint_D c\left(1-\dfrac{x}{a}-\dfrac{y}{b}\right)dxdy$

$$=c\int_0^a\left(\int_0^{b\left(1-\frac{x}{a}\right)}\left(1-\dfrac{x}{a}-\dfrac{y}{b}\right)dy\right)dx$$

$$=c\int_0^a\left[\left(1-\dfrac{x}{a}\right)y-\dfrac{1}{2b}y^2\right]_{y=0}^{y=b\left(1-\frac{x}{a}\right)}dx=c\int_0^a\dfrac{b}{2}\left(1-\dfrac{x}{a}\right)^2 dx$$

$$=\dfrac{1}{2}bc\left[-\dfrac{a}{3}\left(1-\dfrac{x}{a}\right)^3\right]_0^a=\dfrac{1}{6}abc$$

となり，これは三角錐の体積と一致する．

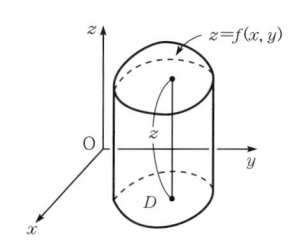

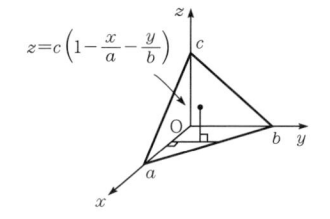

解 答

(1) 図形は 3つの座標平面について対称である。㋐
$\dfrac{x^2}{a^2}+\dfrac{y^2}{b^2}+\dfrac{z^2}{c^2}=1$ を z ($\geqq 0$) について解くと

$$z=\sqrt{c^2\left(1-\dfrac{x^2}{a^2}-\dfrac{y^2}{b^2}\right)}=c\sqrt{1-\dfrac{x^2}{a^2}-\dfrac{y^2}{b^2}}$$

したがって,求める体積 V は

$$V=8\iint_D z\,dxdy=8\iint_D c\sqrt{1-\dfrac{x^2}{a^2}-\dfrac{y^2}{b^2}}\,dxdy$$

ここに $D:\dfrac{x^2}{a^2}+\dfrac{y^2}{b^2}\leqq 1,\ x\geqq 0,\ y\geqq 0$ ㋑

$x=ar\cos\theta,\ y=br\sin\theta$ とおくと,$J=abr$

D は $M:0\leqq r\leqq 1,\ 0\leqq\theta\leqq\dfrac{\pi}{2}$ に写る.

$\therefore\ V=8c\iint_M \sqrt{1-r^2}\,abr\,drd\theta$

$=8abc\displaystyle\int_0^{\frac{\pi}{2}}d\theta\int_0^1 r\sqrt{1-r^2}\,dr$

$=8abc\Big[\theta\Big]_0^{\frac{\pi}{2}}\Big[-\dfrac{1}{3}(1-r^2)^{\frac{3}{2}}\Big]_0^1$

$=8abc\cdot\dfrac{\pi}{2}\cdot\dfrac{1}{3}=\dfrac{4}{3}\pi abc$ ……(答)

(2) 求める体積 V は,
$V=\iint_D z\,dxdy=\iint_D (x^2+y^2)\,dxdy$ ㋒
$=\displaystyle\int_0^1\left(\int_{2y}^{y+1}(x^2+y^2)\,dx\right)dy=\int_0^1\left[\dfrac{x^3}{3}+xy^2\right]_{x=2y}^{x=y+1}dy$
$=\displaystyle\int_0^1\left\{\dfrac{(y+1)^3}{3}+(y+1)y^2-\dfrac{14}{3}y^3\right\}dy$
$=\left[\dfrac{(y+1)^4}{12}+\dfrac{y^3}{3}-\dfrac{11y^4}{12}\right]_0^1$
$=\dfrac{16-1}{12}+\dfrac{1}{3}-\dfrac{11}{12}=\dfrac{2}{3}$ ……(答)

㋐ $f(x,y,z)$
$=\dfrac{x^2}{a^2}+\dfrac{y^2}{b^2}+\dfrac{z^2}{c^2}$ とおくと
$f(-x,y,z)$
$=f(x,-y,z)$
$=f(x,y,-z)$
$=f(x,y,z)$ から.

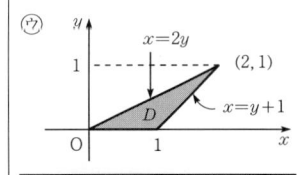

㋑ $\dfrac{x^2}{a^2}+\dfrac{y^2}{b^2}+\dfrac{z^2}{c^2}=1,\ x\geqq 0,\ y\geqq 0,\ z\geqq 0$ の xy 平面への正射影は,

$\dfrac{x^2}{a^2}+\dfrac{y^2}{b^2}=1,\ x\geqq 0,\ y\geqq 0$

理解度 Check!   (1)(2)
とも領域・積分式が作れて A. 残りを完答して B.

練習問題 93

曲面 $\sqrt{\dfrac{x}{a}}+\sqrt{\dfrac{y}{b}}+\sqrt{\dfrac{z}{c}}=1$ (a,b,c は正の定数) と 3つの座標平面とで囲まれる部分の体積を求めよ.

解答は p. 265

問題 94　2重積分を利用する体積 (2)

曲面 $z=x^2+y^2$ と平面 $z=x+1$ とで囲まれる部分の体積を求めよ．

解説　xy 平面の領域 D を底面とし，z 軸に平行な母線からなる柱体の 2 つの曲面
$z=f(x,y)$，$z=g(x,y)$　$(f(x,y) \geqq g(x,y))$
の間にはさまれた部分の体積 V は

$$V = \iint_D \{f(x,y) - g(x,y)\}\, dxdy$$

で与えられる．

　たとえば，円柱 $x^2+y^2=2ax$ $(a>0)$ が 2 平面 $z=bx$，$z=cx$ $(b>c)$ で切りとられる部分の体積 V_1 は $D:(x-a)^2+y^2 \leqq a^2$ において，2 平面 $z=bx$，$z=cx$ の間にはさまれた部分の体積に等しい．

したがって　　$V_1 = \iint_D (bx-cx)\, dxdy$

ここで，$x=r\cos\theta$，$y=r\sin\theta$ とおくと，$J=r$
$$D \to M : (r\cos\theta - a)^2 + (r\sin\theta)^2 \leqq a^2$$
$r^2 - 2ar\cos\theta \leqq 0$　　　$\therefore$　$M : 0 \leqq r \leqq 2a\cos\theta,\ -\dfrac{\pi}{2} \leqq \theta \leqq \dfrac{\pi}{2}$

$\therefore\ V_1 = \iint_M (b-c)\, r\cos\theta \cdot r\, drd\theta = (b-c) \int_{-\frac{\pi}{2}}^{\frac{\pi}{2}} \cos\theta \left(\int_0^{2a\cos\theta} r^2\, dr \right) d\theta$

$= (b-c) \int_{-\frac{\pi}{2}}^{\frac{\pi}{2}} \cos\theta \cdot \dfrac{8}{3} a^3 \cos^3\theta\, d\theta = \dfrac{16}{3} a^3 (b-c) \int_0^{\frac{\pi}{2}} \cos^4\theta\, d\theta$

$= \dfrac{16}{3} a^3 (b-c) \cdot \dfrac{3}{4} \cdot \dfrac{1}{2} \cdot \dfrac{\pi}{2} = \pi a^3 (b-c)$

となる．また，2 つの円柱 $x^2+y^2=a^2$，$x^2+z^2=a^2$ $(a>0)$ で囲まれる部分の体積 V_2 は**対称性**を考えて，

$V_2 = 8\iint_D z\, dxdy = 8\iint_D \sqrt{a^2-x^2}\, dxdy$

　　$D : x^2+y^2 \leqq a^2,\ x \geqq 0,\ y \geqq 0$

$\therefore\ V_2 = 8\int_0^a \sqrt{a^2-x^2} \left(\int_0^{\sqrt{a^2-x^2}} dy \right) dx = 8\int_0^a \sqrt{a^2-x^2} \cdot \sqrt{a^2-x^2}\, dx$

$= 8\left[a^2 x - \dfrac{x^3}{3} \right]_0^a = \dfrac{16}{3} a^3$　　となる．

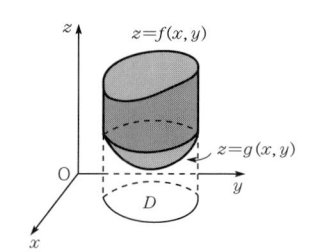

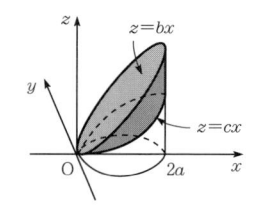

解 答

㋐ $z=x^2+y^2$, $z=x+1$ の交線を xy 平面に下ろした正射影の方程式は

㋑ $x^2+y^2=x+1$

したがって, 求める体積 V は

$$V=\iint_D \{x+1-(x^2+y^2)\}dxdy$$

㋒ $D: x^2+y^2 \leq x+1$

D は, $-\sqrt{1+x-x^2} \leq y \leq \sqrt{1+x-x^2}$

かつ $\dfrac{1-\sqrt{5}}{2} \leq x \leq \dfrac{1+\sqrt{5}}{2}$ であるから,

$\dfrac{1-\sqrt{5}}{2}=a$, $\dfrac{1+\sqrt{5}}{2}=b$, $\sqrt{1+x-x^2}=\alpha$ として

$$V=\int_a^b \left(\int_{-\alpha}^{\alpha} -(y^2-\alpha^2)\,dy\right)dx$$

㋓

$$=\int_a^b \frac{1}{6}\{\alpha-(-\alpha)\}^3 dx = \frac{4}{3}\int_a^b \alpha^3 dx$$

$$=\frac{4}{3}\int_a^b (1+x-x^2)^{\frac{3}{2}} dx$$

$$=\frac{4}{3}\int_a^b \left\{-\left(x-\frac{1}{2}\right)^2+\frac{5}{4}\right\}^{\frac{3}{2}} dx$$

$x-\dfrac{1}{2}=\dfrac{\sqrt{5}}{2}\sin\theta$ とおくと,

$dx=\dfrac{\sqrt{5}}{2}\cos\theta\, d\theta$

x	$a \to b$
θ	$-\dfrac{\pi}{2} \to \dfrac{\pi}{2}$

$\therefore\ V=\int_{-\frac{\pi}{2}}^{\frac{\pi}{2}} \left(-\frac{5}{4}\sin^2\theta+\frac{5}{4}\right)^{\frac{3}{2}} \frac{\sqrt{5}}{2}\cos\theta\, d\theta$

㋔

$$=\frac{4}{3}\cdot\left(\frac{5}{4}\right)^{\frac{3}{2}}\cdot\frac{\sqrt{5}}{2}\int_{-\frac{\pi}{2}}^{\frac{\pi}{2}} \cos^4\theta\, d\theta$$

$$=\frac{25}{12}\cdot 2\int_0^{\frac{\pi}{2}} \cos^4\theta\, d\theta$$

$$=\frac{25}{6}\cdot\left(\frac{3}{4}\cdot\frac{1}{2}\cdot\frac{\pi}{2}\right)=\frac{25}{32}\pi \quad \cdots\cdots(答)$$

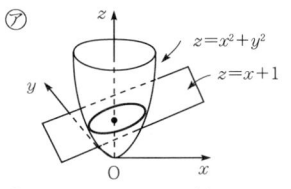

㋐
(図: $z=x^2+y^2$, $z=x+1$)

㋑ xy 平面への正射影は, $z=x^2+y^2$, $z=x+1$ より z を消去する.

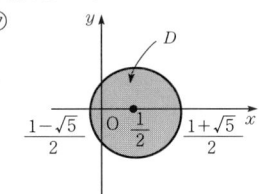

㋒
(図: 円 D, 中心 $\left(\dfrac{1}{2}, 0\right)$)

㋓ $\displaystyle\int_\alpha^\beta (y-\alpha)(y-\beta)\,dy$
$\quad = -\dfrac{1}{6}(\beta-\alpha)^3$
を用いる (偶関数であることを利用しても, OK).

㋔ $\cos^4\theta$ は偶関数.

理解度 Check! ㋒までで A. ㋓までで B. 残りを完答して C.

練習問題 94

球 $x^2+y^2+z^2=a^2$ $(a>0)$ の直円柱面 $x^2+y^2=ax$ の内部にある部分の体積を求めよ.

解答は p.265

問題 95　3重積分と体積

曲面 $x^{\frac{2}{3}}+y^{\frac{2}{3}}+z^{\frac{2}{3}}=a^{\frac{2}{3}}$ $(a>0)$ の囲む部分の体積を求めよ．

解説　xy 平面の領域 D の面積 S は，$S=\iint_D dxdy$ で与えられたが，xyz 空間（3次元空間）の領域 D の体積 V は3重積分

$$V=\iiint_D dxdydz$$

で与えられる．

たとえば，曲面 $\sqrt{x}+\sqrt{y}+\sqrt{z}=1$ と 3つの座標平面で囲まれる部分の体積 V_1 は，領域 D が，$0\leq\sqrt{z}\leq 1-\sqrt{x}-\sqrt{y}$，$0\leq\sqrt{y}\leq 1-\sqrt{x}$，$0\leq\sqrt{x}\leq 1$ すなわち，$0\leq z\leq(1-\sqrt{x}-\sqrt{y})^2$，$0\leq y\leq(1-\sqrt{x})^2$，$0\leq x\leq 1$ となるので，くり返し積分により，

$$V_1=\int_0^1\int_0^{(1-\sqrt{x})^2}\left(\int_0^{(1-\sqrt{x}-\sqrt{y})^2}dz\right)dydx=\int_0^1\left\{\int_0^{(1-\sqrt{x})^2}(1-\sqrt{x}-\sqrt{y})^2dy\right\}dx$$

$$=\int_0^1\left\{\int_0^{(1-\sqrt{x})^2}((1-\sqrt{x})^2-2(1-\sqrt{x})y^{\frac{1}{2}}+y)\,dy\right\}dx$$

$$=\int_0^1\left[(1-\sqrt{x})^2 y-\frac{4}{3}(1-\sqrt{x})y^{\frac{3}{2}}+\frac{y^2}{2}\right]_{y=0}^{y=(1-\sqrt{x})^2}dx$$

$$=\int_0^1\frac{1}{6}(1-\sqrt{x})^4 dx=\int_1^0\frac{1}{6}t^4\cdot 2(t-1)\,dt\quad(1-\sqrt{x}=t\text{ とおいた})$$

$$=\frac{1}{3}\left[\frac{t^5}{5}-\frac{t^6}{6}\right]_0^1=\frac{1}{90}$$

となる．また，半径 a の球の体積 V_2 は

$$V_2=\iiint_D dxdydz,\quad D:x^2+y^2+z^2\leq a^2$$

とし，空間極座標 $x=r\sin\theta\cos\varphi$，$y=r\sin\theta\sin\varphi$，$z=r\cos\theta$ とおくと

$$J=r^2\sin\theta,\quad D\to M:0\leq r\leq a,\ 0\leq\theta\leq\pi,\ 0\leq\varphi\leq 2\pi$$

$$\therefore\ V_2=\iiint_M r^2\sin\theta\,drd\theta d\varphi=\int_0^a r^2 dr\int_0^\pi \sin\theta\,d\theta\int_0^{2\pi}d\varphi$$

$$=\left[\frac{r^3}{3}\right]_0^a\left[-\cos\theta\right]_0^\pi\left[\varphi\right]_0^{2\pi}=\frac{a^3}{3}\cdot 2\cdot 2\pi$$

$$=\frac{4}{3}\pi a^3$$

となる．

解 答

求める体積を V とおくと，

$$V = \iiint_D dxdydz, \quad D : x^{\frac{2}{3}} + y^{\frac{2}{3}} + z^{\frac{2}{3}} \leq a^{\frac{2}{3}}$$

㋐ $x^{\frac{1}{3}} = X$, $y^{\frac{1}{3}} = Y$, $z^{\frac{1}{3}} = Z$ および $a^{\frac{1}{3}} = A$ とおくと

$$x = X^3, \quad y = Y^3, \quad z = Z^3$$

$$J = \begin{vmatrix} x_X & x_Y & x_Z \\ y_X & y_Y & y_Z \\ z_X & z_Y & z_Z \end{vmatrix} = \begin{vmatrix} 3X^2 & 0 & 0 \\ 0 & 3Y^2 & 0 \\ 0 & 0 & 3Z^2 \end{vmatrix}$$

㋑

$$= 27X^2Y^2Z^2$$

$$\therefore \quad V = \iiint_{X^2+Y^2+Z^2 \leq A^2} 27X^2Y^2Z^2\,dXdYdZ$$

さらに，㋒ $X = r\sin\theta\cos\varphi$, $Y = r\sin\theta\sin\varphi$, $Z = r\cos\theta$ とおくと，$J = r^2\sin\theta$

よって，

$$V = 27\iiint_{\underset{㋓}{r \leq A}} (r\sin\theta\cos\varphi \cdot r\sin\theta\sin\varphi \cdot r\cos\theta)^2$$
$$\times r^2 \sin\theta\,drd\theta d\varphi$$

$$= 27 \cdot 8 \int_0^A r^8 dr \int_0^{\frac{\pi}{2}} \sin^5\theta\cos^2\theta\,d\theta$$
$$\times \int_0^{\frac{\pi}{2}} \cos^2\varphi\sin^2\varphi\,d\varphi$$

$$= 27 \cdot 8 \left[\frac{r^9}{9}\right]_0^A \underset{㋔}{\int_0^{\frac{\pi}{2}} (\sin^5\theta - \sin^7\theta)\,d\theta}$$
$$\times \underset{㋕}{\int_0^{\frac{\pi}{2}} (\sin^2\varphi - \sin^4\varphi)\,d\varphi}$$

$$= 3 \cdot 8 A^9 \cdot \left(1 - \frac{6}{7}\right) \cdot \frac{4}{5} \cdot \frac{2}{3} \cdot \left(1 - \frac{3}{4}\right) \cdot \frac{1}{2} \cdot \frac{\pi}{2}$$

$$= \frac{4}{35}\pi A^9 = \frac{4}{35}\pi a^3 \qquad \cdots\cdots(答)$$

㋐ D は $X^2 + Y^2 + Z^2 \leq A^2$ に写る．

㋑ 3次の行列式．

$$\begin{vmatrix} a_{11} & 0 & 0 \\ & a_{22} & 0 \\ * & & a_{33} \end{vmatrix} = a_{11}a_{22}a_{33}$$

㋒ 空間極座標への変換．

㋓ 球 $r = A$ の内部および表面より，$0 \leq r \leq A$, $0 \leq \theta \leq \frac{\pi}{2}$, $0 \leq \varphi \leq \frac{\pi}{2}$ の部分の 8 倍．

㋔㋕

$$\int_0^{\frac{\pi}{2}} \sin^n\theta\,d\theta$$
$$= \frac{n-1}{n}\int_0^{\frac{\pi}{2}} \sin^{n-2}\theta\,d\theta$$

を用いた．

理解度 Check！ 領域・積分式が作れて $\boxed{A}$．J まで $\boxed{B}$．変換が OK で $\boxed{C}$．(答) で $\boxed{D}$．

練習問題 95

不等式 $(x+y)^2 + (y+z)^2 + (z+x)^2 \leq 1$ の囲む部分の体積を求めよ．

解答は p.266

問題 96　曲面積

直円錐面 $z=\sqrt{x^2+y^2}$ を平面 $z=\dfrac{1}{2}x+1$ で切るとき，次の面積を求めよ．

(1) 直円錐面がこの平面から切りとる面積 S_1．
(2) この平面の下方にある直円錐面の曲面積 S_2．

解説　D を xy 平面上の領域とする．D を底面として z 軸に平行な母線をもつ柱体を，曲面 $z=f(x,y)$ で切るとき，その切り口の曲面積 S は

$$S=\iint_D \sqrt{1+\left(\dfrac{\partial z}{\partial x}\right)^2+\left(\dfrac{\partial z}{\partial y}\right)^2}\,dxdy$$

で与えられる．

たとえば，半径 a の球の表面積 S_1 は，球面の方程式を $x^2+y^2+z^2=a^2$ として，xy 平面に関して対称であることを用いると，$z=\sqrt{a^2-x^2-y^2}$（$\geqq 0$）を考えればよい．

このとき，$\dfrac{\partial z}{\partial x}=\dfrac{-x}{\sqrt{a^2-x^2-y^2}}$，$\dfrac{\partial z}{\partial y}=\dfrac{-y}{\sqrt{a^2-x^2-y^2}}$

D は $x^2+y^2+z^2=a^2$ の xy 平面上への正射影だから，$x^2+y^2+z^2=a^2$ と $z=0$ とから z を消去して，$x^2+y^2=a^2$，すなわち，$D:x^2+y^2\leqq a^2$

$$\therefore\ S_1=2\iint_D \sqrt{1+\left(\dfrac{\partial z}{\partial x}\right)^2+\left(\dfrac{\partial z}{\partial y}\right)^2}\,dxdy$$

$$=2\iint_D \sqrt{1+\dfrac{x^2}{a^2-x^2-y^2}+\dfrac{y^2}{a^2-x^2-y^2}}\,dxdy$$

$$=2\iint_D \dfrac{a}{\sqrt{a^2-x^2-y^2}}\,dxdy$$

$x=r\cos\theta$, $y=r\sin\theta$ とおくと，$J=r$, $D\to M:0\leqq r\leqq a,\ 0\leqq\theta\leqq 2\pi$

$$\therefore\ S_1=2\int_0^{2\pi}\int_0^a \dfrac{a}{\sqrt{a^2-r^2}}\cdot r\,drd\theta$$

$$=2a\int_0^{2\pi}d\theta\int_0^a \dfrac{r}{\sqrt{a^2-r^2}}\,dr$$

$$=2a\Big[\theta\Big]_0^{2\pi}\Big[-\sqrt{a^2-r^2}\Big]_0^a=2a\cdot 2\pi\cdot a=4\pi a^2$$

となり，球の表面積 $4\pi a^2$ が得られる．

解 答

$$\begin{cases} 直円錐面 & z=\sqrt{x^2+y^2} \quad \cdots\cdots ① \\ 平面 & z=\dfrac{1}{2}x+1 \quad \cdots\cdots ② \end{cases}$$

①，②の交線を xy 平面上へ正射影すると，その方程式は，①と②から z を消去して

$$\sqrt{x^2+y^2}=\dfrac{1}{2}x+1$$

両辺を平方して，$\dfrac{3}{4}x^2-x+y^2=1$ を整理すると

$$\therefore \quad \dfrac{\left(x-\dfrac{2}{3}\right)^2}{\left(\dfrac{4}{3}\right)^2}+\dfrac{y^2}{\left(\dfrac{2}{\sqrt{3}}\right)^2}=1 \quad \cdots\cdots ③$$

(1) 楕円③の囲む領域を D とおくと，S_1 は

$$S_1=\iint_D \sqrt{1+\left(\dfrac{\partial z}{\partial x}\right)^2+\left(\dfrac{\partial z}{\partial y}\right)^2}\,dxdy$$

$z=\dfrac{1}{2}x+1$ のとき，$\dfrac{\partial z}{\partial x}=\dfrac{1}{2}$，$\dfrac{\partial z}{\partial y}=0$ だから

$$S_1=\iint_D \sqrt{1+\left(\dfrac{1}{2}\right)^2}\,dxdy=\dfrac{\sqrt{5}}{2}\iint_D dxdy$$

右辺の定積分は楕円③の面積だから

$$\iint_D dxdy=\pi\cdot\dfrac{4}{3}\cdot\dfrac{2}{\sqrt{3}}=\dfrac{8\sqrt{3}}{9}\pi$$

よって，$S_1=\dfrac{\sqrt{5}}{2}\cdot\dfrac{8\sqrt{3}}{9}\pi=\dfrac{4\sqrt{15}}{9}\pi$ ……(答)

(2) $z=\sqrt{x^2+y^2}$ から，求める面積 S_2 は，

$$S_2=\iint_D \sqrt{1+\left(\dfrac{x}{\sqrt{x^2+y^2}}\right)^2+\left(\dfrac{y}{\sqrt{x^2+y^2}}\right)^2}\,dxdy$$

$$=\iint_D \sqrt{2}\,dxdy=\sqrt{2}\cdot\dfrac{8\sqrt{3}}{9}\pi=\dfrac{8\sqrt{6}}{9}\pi \quad \cdots\cdots(答)$$

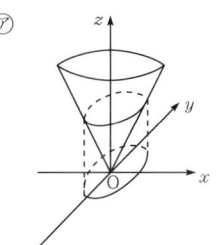

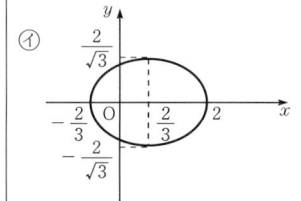

(ア)

(イ)

(ウ) 楕円
$$\dfrac{(x-p)^2}{a^2}+\dfrac{(y-q)^2}{b^2}=1$$
の面積は πab

(エ) $\dfrac{\partial z}{\partial x}=\dfrac{x}{\sqrt{x^2+y^2}}$，

$\dfrac{\partial z}{\partial y}=\dfrac{y}{\sqrt{x^2+y^2}}$

理解度 Check! まず③を示せて A．(1) S_1 の式までで B．(答)で C．(2) S_2 の式までで D．(答)で E．

練習問題 96

次の曲面積を求めよ．ただし，a は正の定数とする．

(1) 曲面 $x^2+z^2=a^2$ の曲面 $x^2+y^2=a^2$ 内にある部分．

(2) 曲面 $z=\tan^{-1}\dfrac{y}{x}$ の $x\geq 0$，$y\geq 0$，$x^2+y^2\leq 1$ の部分．

解答は p. 266

問題 97　回転体の曲面積（側面積）

$y=x^2$ の $0\leq x\leq 1$ の部分を x 軸のまわりに 1 回転してできる曲面の面積 S_1，および y 軸のまわりに 1 回転してできる曲面の面積 S_2 を求めよ．

解説

xy 平面上の微分可能な曲線 $y=f(x)\,(a\leq x\leq b)$ を x 軸のまわりに回転してできる**回転体の側面積** S は，

$$S=\int_a^b 2\pi f(x)\sqrt{1+\{f'(x)\}^2}\,dx \cdots\cdots ①$$

で与えられる．これは回転面が右図のように

$$y^2+z^2=\{f(x)\}^2$$

と表されるので，求める側面積 S は
領域 $D:0\leq y\leq f(x),\ a\leq x\leq b$ 上の曲面 $z=\sqrt{\{f(x)\}^2-y^2}$ の側面積の 4 倍と考えればよい．

$\dfrac{\partial z}{\partial x}=\dfrac{f(x)f'(x)}{\sqrt{\{f(x)\}^2-y^2}},\ \dfrac{\partial z}{\partial y}=\dfrac{-y}{\sqrt{\{f(x)\}^2-y^2}}$ となるので，

$$\begin{aligned}
S&=4\iint_D \sqrt{1+\left(\frac{\partial z}{\partial x}\right)^2+\left(\frac{\partial z}{\partial y}\right)^2}\,dxdy \\
&=4\iint_D \sqrt{1+\frac{\{f(x)\}^2\{f'(x)\}^2}{\{f(x)\}^2-y^2}+\frac{y^2}{\{f(x)\}^2-y^2}}\,dxdy \\
&=4\int_a^b\left[\int_0^{f(x)} f(x)\sqrt{1+\{f'(x)\}^2}\cdot\frac{1}{\sqrt{\{f(x)\}^2-y^2}}\,dy\right]dx \\
&=4\int_a^b f(x)\sqrt{1+\{f'(x)\}^2}\left[\sin^{-1}\frac{y}{f(x)}\right]_{y=0}^{y=f(x)}dx \\
&=\int_a^b 2\pi f(x)\sqrt{1+\{f'(x)\}^2}\,dx
\end{aligned}$$

となる．ここで，①は形式的に

$$S=\int 2\pi y\,ds \quad (ds=\sqrt{(dx)^2+(dy)^2},\ ds\text{ は弧の長さの微分})$$

と表し，実際の計算では，計算のしやすい積分変数に合わせて ds を

$$x\text{ で積分}\Rightarrow ds=\sqrt{1+\left(\frac{dy}{dx}\right)^2}\,dx,\ y\text{ で積分}\Rightarrow ds=\sqrt{1+\left(\frac{dx}{dy}\right)^2}\,dy$$

のように変形すればよい（x 軸のまわりの回転でも y で積分してよい）．
　また，y 軸のまわりに回転してできる回転体の側面積も同様に考えて求めることができる．

解 答

㋐ $x \geqq 0$ のとき $x=\sqrt{y}$ だから，$\dfrac{dx}{dy}=\dfrac{1}{2\sqrt{y}}$．

$$\therefore \quad ds = \sqrt{(dx)^2+(dy)^2} = \sqrt{1+\dfrac{1}{4y}}\,dy$$

$$S_1 = \int 2\pi y\,ds = \int_0^1 2\pi y\sqrt{1+\dfrac{1}{4y}}\,dy$$
㋑
$$= 2\pi \int_0^1 \sqrt{y^2+\dfrac{y}{4}}\,dy = 2\pi \int_0^1 \sqrt{\left(y+\dfrac{1}{8}\right)^2-\dfrac{1}{64}}\,dy$$
㋒
$$= 2\pi \cdot \dfrac{1}{2}\left[\left(y+\dfrac{1}{8}\right)\sqrt{y^2+\dfrac{y}{4}}\right.$$
$$\left.\left.-\dfrac{1}{64}\log\left|y+\dfrac{1}{8}+\sqrt{y^2+\dfrac{y}{4}}\right|\right]_0^1\right.$$
$$= \pi\left[\dfrac{9}{8}\cdot\dfrac{\sqrt{5}}{2}-\dfrac{1}{64}\left\{\log\left(\dfrac{9}{8}+\dfrac{\sqrt{5}}{2}\right)-\log\dfrac{1}{8}\right\}\right]$$
$$= \pi\left\{\dfrac{9\sqrt{5}}{16}-\dfrac{\log(9+4\sqrt{5})}{64}\right\}$$
㋓
$$= \pi\left\{\dfrac{9\sqrt{5}}{16}-\dfrac{\log(2+\sqrt{5})^2}{64}\right\}$$
$$= \dfrac{\pi}{32}\{18\sqrt{5}-\log(2+\sqrt{5})\} \quad \cdots\cdots\text{(答)}$$

また，
$$S_2 = \int 2\pi x\,ds = \int_0^1 2\pi x\sqrt{1+\dfrac{1}{4y}}\,dy$$
$$= 2\pi\int_0^1 \sqrt{y}\sqrt{1+\dfrac{1}{4y}}\,dy$$
$$= 2\pi\int_0^1 \sqrt{y+\dfrac{1}{4}}\,dy$$
$$= 2\pi\left[\dfrac{2}{3}\left(y+\dfrac{1}{4}\right)^{\frac{3}{2}}\right]_0^1$$
$$= \dfrac{4\pi}{3}\left\{\left(\dfrac{5}{4}\right)^{\frac{3}{2}}-\left(\dfrac{1}{4}\right)^{\frac{3}{2}}\right\} = \dfrac{\pi}{6}(5\sqrt{5}-1) \quad \cdots\cdots\text{(答)}$$

㋐ $y=x^2$ ($0 \leqq x \leqq 1$)

㋑ 積分区間は y のとり得る値の範囲である．

㋒ $\displaystyle\int \sqrt{y^2+A}\,dx$
$=\dfrac{1}{2}(y\sqrt{y^2+A}$
$\quad +A\log|y+\sqrt{y^2+A}|)$
を用いる．なお，この積分は，
$\sqrt{x^2+A}=t-x$ とおいて，
$x=\dfrac{t^2-A}{2t},\ dx=\dfrac{t^2+A}{2t^2}dt$
から求められる（問題32, p.66 参照）．

㋓ $9+4\sqrt{5}=(2+\sqrt{5})^2$

理解度 Check ！　ds を dy で表して A ． S_1 の㋑で B ．（答）で C ． S_2 の（答）まで D ．

解答は p.267

練習問題 97

次の曲面の面積を求めよ．

(1) $y=\sin x$ $(0 \leqq x \leqq \pi)$ を x 軸のまわりに1回転してできる曲面．

(2) $y=\log x$ $\left(\dfrac{1}{2} \leqq x \leqq 2\right)$ を y 軸のまわりに1回転してできる曲面．

問題 98　平面図形の重心

密度一様のとき，カージオイド（心臓形）$r=a(1+\cos\theta)$ $(a>0)$ の内部の重心の位置を求めよ．

解説　平面上の図形における重心について学ぶ．

(1) 密度 $\rho=\rho(x,y)$ の物体 D の重心 $(\bar{x},\bar{y})$ は，

$$\bar{x}=\frac{1}{M}\iint_D x\rho\,dxdy,\quad \bar{y}=\frac{1}{M}\iint_D y\rho\,dxdy \quad \left(M=\iint\rho\,dxdy\text{ は全質量}\right)$$

とくに密度一様のときは，

$$\bar{x}=\frac{1}{S}\iint_D x\,dxdy,\quad \bar{y}=\frac{1}{S}\iint_D y\,dxdy \quad (S\text{ は }D\text{ の面積})$$

(2) 線上に密度 ρ の質量が分布しているときの重心 $(\bar{x},\bar{y})$ は，

$$\bar{x}=\frac{1}{M}\int x\rho\,ds,\quad \bar{y}=\frac{1}{M}\int y\rho\,ds \quad \left(ds=\sqrt{(dx)^2+(dy)^2},\ M=\int\rho\,ds\right)$$

とくに密度一様のときは，

$$\bar{x}=\frac{1}{L}\int x\,ds,\quad \bar{y}=\frac{1}{L}\int y\,ds \quad (ds=\sqrt{(dx)^2+(dy)^2},\ L\text{ は長さ})$$

たとえば，半円周 $x^2+y^2=a^2$, $y\geqq 0$ $(a>0)$ の密度が一様のとき，その重心の座標 $(\bar{x},\bar{y})$ を求めてみよう．これは (2) の場合である．

まず，曲線の対称性から，$\bar{x}=0$，また，曲線の長さ $L=\pi a$（円の半周）
$y=\sqrt{a^2-x^2}$ から，$ds=\sqrt{(dx)^2+(dy)^2}$

$$=\sqrt{(dx)^2+\left(\frac{-x}{\sqrt{a^2-x^2}}dx\right)^2}=\frac{a}{\sqrt{a^2-x^2}}dx$$

$$\therefore\quad \int y\,ds=\int_{-a}^{a}\sqrt{a^2-x^2}\cdot\frac{a}{\sqrt{a^2-x^2}}dx=\int_{-a}^{a}a\,dx=a\Bigl[x\Bigr]_{-a}^{a}=2a^2$$

したがって，$\bar{y}=\dfrac{2a^2}{L}=\dfrac{2a^2}{\pi a}=\dfrac{2a}{\pi}$　　　　$\therefore$ 重心 $\left(0,\dfrac{2a}{\pi}\right)$

密度が一様な半円板 $x^2+y^2\leqq a^2$, $y\geqq 0$ $(a>0)$ の重心の座標 $(\bar{x},\bar{y})$ は (1) の場合で図形の対称性から，$\bar{x}=0$，また，図形 D の面積 $S=\dfrac{\pi}{2}a^2$．

$$\iint_D y\,dxdy=\int_{-a}^{a}\left(\int_0^{\sqrt{a^2-x^2}}y\,dy\right)dx=\int_{-a}^{a}\frac{a^2-x^2}{2}dx=\frac{2}{3}a^3$$

したがって，$\bar{y}=\dfrac{2}{3}a^3\div\dfrac{\pi}{2}a^2=\dfrac{4a}{3\pi}$　　　　$\therefore$ 重心 $\left(0,\dfrac{4a}{3\pi}\right)$

解答

$r = a(1+\cos\theta)$ $(a>0)$ を直交座標軸に図示すると，㋐右図のようになる．

重心の y 座標 $\bar{y}=0$ は明らかである．

この図形 D の面積 S は，

$$S = 2 \cdot \frac{1}{2}\int_0^\pi r^2 d\theta = \int_0^\pi a^2(1+\cos\theta)^2 d\theta$$
$$\quad\ \,\underbrace{}_{㋑}$$

$$= a^2 \int_0^\pi \left(2\cos^2\frac{\theta}{2}\right)^2 d\theta = 4a^2 \int_0^\pi \cos^4\frac{\theta}{2}d\theta$$
$$\underbrace{}_{㋒}$$

$$= 8a^2 \int_0^{\frac{\pi}{2}} \cos^4 t\, dt$$

$$= 8a^2 \cdot \frac{3}{4} \cdot \frac{1}{2} \cdot \frac{\pi}{2} = \frac{3}{2}\pi a^2$$

$$\iint_D x\,dx\,dy = 2\int_0^\pi \int_0^{a(1+\cos\theta)} r\cos\theta \cdot r\,dr\,d\theta$$
$$\underbrace{}_{㋓}$$

$$= 2\int_0^\pi \cos\theta \left[\frac{r^3}{3}\right]_0^{a(1+\cos\theta)} d\theta$$

$$= \frac{2}{3}a^3 \int_0^\pi \cos\theta(1+\cos\theta)^3 d\theta$$

$$= \frac{2}{3}a^3 \int_0^\pi \left(2\cos^2\frac{\theta}{2}-1\right)\left(2\cos^2\frac{\theta}{2}\right)^3 d\theta$$

$$= \frac{16}{3}a^3 \int_0^\pi \left(2\cos^2\frac{\theta}{2}-1\right)\cos^6\frac{\theta}{2}d\theta$$
$$\qquad\qquad\underbrace{}_{㋔}$$

$$= \frac{16}{3}a^3 \int_0^{\frac{\pi}{2}} (2\cos^8 t - \cos^6 t)\cdot 2\,dt$$
$$\qquad\underbrace{}_{㋕}$$

$$= \frac{32}{3}a^3\left(\frac{35}{128}\pi - \frac{5}{32}\pi\right) = \frac{5}{4}\pi a^3$$

$$\therefore\ \bar{x} = \frac{5}{4}\pi a^3 \div S = \frac{5}{4}\pi a^3 \div \frac{3}{2}\pi a^2$$

$$= \frac{5}{6}a$$

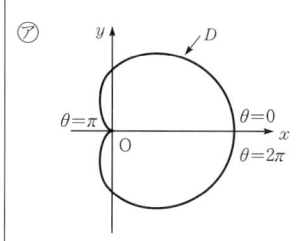

よって，重心は $\left(\dfrac{5}{6}a,\ 0\right)$ ……（答）

㋐

㋑ 極座標表示の曲線の面積公式．曲線は原線（始線）について対称である．

㋒ $\dfrac{\theta}{2}=t$ と置換．

㋓ 極座標に変換．
$$D:\begin{cases} 0\leq r\leq a(1+\cos\theta) \\ -\pi\leq\theta\leq\pi \end{cases}$$

㋔ $\dfrac{\theta}{2}=t$ と置換．

㋕ $\displaystyle\int_0^{\frac{\pi}{2}}(2\cos^8 t - \cos^6 t)\,dt$
$$= 2\cdot\frac{7}{8}\cdot\frac{5}{6}\cdot\frac{3}{4}\cdot\frac{1}{2}\cdot\frac{\pi}{2}$$
$$\quad - \frac{5}{6}\cdot\frac{3}{4}\cdot\frac{1}{2}\cdot\frac{\pi}{2}$$

理解度 Check! ㋑までで **A**．S が求まって **B**．重心の式がわかって **C**．㋓の値まで **D**．（答）までで **E**．

練習問題 98　サイクロイド $\begin{cases} x = a(t-\sin t) \\ y = a(1-\cos t) \end{cases}$ $(a>0,\ 0\leq t\leq 2\pi)$ と x 軸とで囲まれる部分の重心を求めよ．ただし，密度は一様であるとする． 　解答は p.267

問題 99　線積分

線積分 $I = \int_C (2x-y)\,dx + (x+y)\,dy$ を，線 C が点 $(0,0)$ から $(1,1)$ へ至る次のそれぞれの線である場合について求めよ．

(1) 線分
(2) 点 $(0,0)$ から点 $(0,1)$ を通って点 $(1,1)$ へ至る折れ線
(3) 円 $x^2+(y-1)^2=1$ の上を正の向きにまわる．

解説

平面上の領域 M 上で定義された連続関数 $z=f(x,y)$ があるとする．いま，M 内に任意に曲線 C：$x=\varphi(t)$，$y=\psi(t)$ $(a \leq t \leq b)$ を与えるとき，閉区間 $[a,b]$ を分割して

$$a = a_0 < a_1 < a_2 < \cdots < a_n = b \qquad \cdots\cdots ①$$

とし，それぞれの小区間 $[a_{i-1}, a_i]$ 上に t_i を任意にとって

$$\sum_{i=1}^n f(\varphi(t_i),\ \psi(t_i))(\varphi(a_i) - \varphi(a_{i-1})) \qquad \cdots\cdots ②$$

を考える．ここで分割①を一様に細かくしていくとき，②の和が t_i のとり方に関係なく，1つの極限値に収束するならば，その極限値を $f(x,y)\,dx$ の積分路 C に沿ってつくった**線積分**といい，

$$\int_C f(x,y)\,dx$$

によって表す．同様にして，$\int_C f(x,y)\,dy$ も定義される．

とくに，C が閉曲線のとき，一周して積分することを示すために $\oint_C f(x,y)\,dx$ などと表す．実際の問題では，

$$\begin{cases} 1\text{次の微分式 } \omega = P(x,y)\,dx + Q(x,y)\,dy \\ \text{曲線 } C: x = \varphi(t),\ y = \psi(t) \quad (a \leq t \leq b) \end{cases}$$ が与えられているとき，

$$\int_a^b \left\{ P(\varphi(t),\ \psi(t))\frac{dx}{dt} + Q(\varphi(t),\ \psi(t))\frac{dy}{dt} \right\} dt$$

を ω の積分路 C に沿っての**線積分**といい，

$$\int_C \omega = \int_C P(x,y)\,dx + Q(x,y)\,dy$$

と表す．また，C が閉曲線のときは $\int_C \omega$ を $\oint_C \omega$ とも表す．

解 答

(1) ㋐ C は，$x=t$，$y=t$ $(0 \leq t \leq 1)$ と表せるので

$$I = \int_0^1 \left\{ (2x-y)\frac{dx}{dt} + (x+y)\frac{dy}{dt} \right\} dt$$

$$= \int_0^1 \{(2t-t)\cdot 1 + (t+t)\cdot 1\} dt$$

$$= \int_0^1 3t\, dt = \left[\frac{3}{2}t^2\right]_0^1 = \frac{3}{2} \qquad \cdots\cdots(答)$$

(2) ㋑ 原点から点 $(0,1)$ へ至る線分は

$$x=0,\ y=y \quad (0 \leq y \leq 1)$$

㋒ 点 $(0,1)$ から点 $(1,1)$ へ至る線分は

$$x=x,\ y=1 \quad (0 \leq x \leq 1)$$

∴ ㋓ $I = \int_0^1 y\,dy + \int_0^1 (2x-1)\,dx = \left[\frac{y^2}{2}\right]_0^1 + \left[x^2-x\right]_0^1$

$$= \frac{1}{2} + (1-1) = \frac{1}{2} \qquad \cdots\cdots(答)$$

(3) ㋔ C は，$x=\sin t$，$y=1-\cos t$ $\left(0 \leq t \leq \dfrac{\pi}{2}\right)$

と表せるので，

$$I = \int_0^{\frac{\pi}{2}} \left\{(2x-y)\frac{dx}{dt} + (x+y)\frac{dy}{dt}\right\} dt$$

$$= \int_0^{\frac{\pi}{2}} \{(2\sin t - 1 + \cos t)\cos t$$

$$\qquad\qquad + (\sin t + 1 - \cos t)\sin t\} dt$$

$$= \int_0^{\frac{\pi}{2}} (1 + \sin t \cos t + \sin t - \cos t)\, dt$$

$$= \left[t + \frac{1}{2}\sin^2 t - \cos t - \sin t\right]_0^{\frac{\pi}{2}}$$

$$= \left(\frac{\pi}{2} + \frac{1}{2} - 1\right) - (-1) = \frac{\pi}{2} + \frac{1}{2} \qquad \cdots\cdots(答)$$

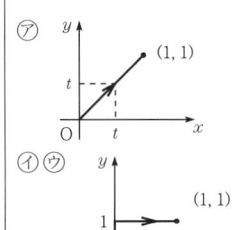

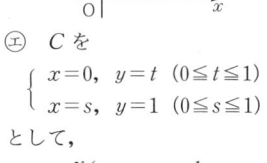

㋓ C を

$$\begin{cases} x=0,\ y=t \quad (0 \leq t \leq 1) \\ x=s,\ y=1 \quad (0 \leq s \leq 1) \end{cases}$$

として，

$$I = \int_0^1 \left\{(2x-y)\frac{dx}{dt}\right.$$

$$\left.+ (x+y)\frac{dy}{dt}\right\} dt$$

$$+ \int_0^1 \left\{(2x-y)\frac{dx}{ds}\right.$$

$$\left.+ (x+y)\frac{dy}{ds}\right\} ds$$

から求めてもよい．

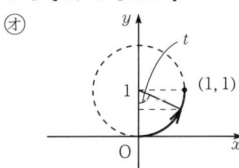

理解度 Check!　(1) (2)
(3) とも積分路を押さえて $\boxed{A}$．立式までが $\boxed{B}$．
(答) で $\boxed{C}$．

練習問題 99

線積分 $I = \displaystyle\int_C (2x-y)\,dx + (x+y)\,dy$ を次の曲線に沿って求めよ．

解答は p. 267

(1) C が点$(0,0)$ から点$(2,0)$ を通って点$(1,1)$ へ至る折れ線．
(2) C が円$(x-1)^2 + (y-2)^2 = 1$ の上を正のまわりに$(1,1)$から$(2,2)$へ進む．

問題 100　グリーンの定理

円 $C: x^2+y^2=a^2$ $(a>0)$ に沿って正の向きに一周するとき，次の値をグリーンの定理を用いて求めよ．

(1) $\displaystyle\int_C x\,dy - y\,dx$　　(2) $\displaystyle\int_C \frac{y\,dx - x\,dy}{(x+y)^2}$

(3) $\displaystyle\int_C (x+y+x^2y)\,dx + (x^3+x+y^2)\,dy$

解 説　有界な領域 D の境界が，有限個の閉曲線からなるとする．また，C は D の周で，まわる向きは正の向き（D を左側に見てまわる向き）とする．このとき，$P=P(x,y)$, $Q=Q(x,y)$ が領域 D（境界を含む）で，連続な偏導関数をもつならば，

$$\oint_C P\,dx + Q\,dy = \iint_D \left(\frac{\partial Q}{\partial x} - \frac{\partial P}{\partial y}\right) dxdy \quad \text{（グリーンの定理）}$$

が成り立つ．

たとえば，曲線 $C: y=1$, $x=4$, $y=\sqrt{x}$ に沿って正の向きに1周するとき，積分 $I_1 = \displaystyle\oint_C y\,dx + x\,dy$, $I_2 = \displaystyle\oint_C \frac{1}{y}dx + \frac{1}{x}dy$ の値をそれぞれ求めてみよう．

I_1 については，曲線 C に沿って正の向きに1周し，かつ，$P=y$, $Q=x$ は連続な偏導関数をもつので，グリーンの定理が適用できる．

$\dfrac{\partial Q}{\partial x} = \dfrac{\partial P}{\partial y} = 1$ だから，$I = \displaystyle\iint_D 0\,dxdy = 0$

I_2 については，$P=\dfrac{1}{y}$, $Q=\dfrac{1}{x}$ とおくと，これもグリーンの定理が適用できて

$$I_2 = \iint_D \left(-\frac{1}{x^2} + \frac{1}{y^2}\right) dxdy$$

$$= \int_1^4 \left\{\int_1^{\sqrt{x}} \left(-\frac{1}{x^2} + \frac{1}{y^2}\right) dy\right\} dx$$

$$= \int_1^4 \left[-\frac{y}{x^2} - \frac{1}{y}\right]_{y=1}^{y=\sqrt{x}} dx$$

$$= \int_1^4 \left(-x^{-\frac{3}{2}} - x^{-\frac{1}{2}} + \frac{1}{x^2} + 1\right) dx = \left[\frac{2}{\sqrt{x}} - 2\sqrt{x} - \frac{1}{x} + x\right]_1^4$$

$$= \left(1 - 4 - \frac{1}{4} + 4\right) - (2 - 2 - 1 + 1) = \frac{3}{4}$$

となる．

解 答

(1) グリーンの定理において，$P=-y$, $Q=x$ とおくと，

$$\frac{\partial Q}{\partial x}=1, \quad \frac{\partial P}{\partial y}=-1$$

∴ 与式 $=\iint_D \left(\frac{\partial Q}{\partial x}-\frac{\partial P}{\partial y}\right)dxdy$

$=\iint_D 2\,dxdy = 2\iint_D dxdy$

$=2\times(D \text{ の面積})=2\pi a^2$ ……（答）

(2) $P=\dfrac{y}{(x+y)^2}$, $Q=-\dfrac{x}{(x+y)^2}$ とおくと

$\dfrac{\partial Q}{\partial x}=-\dfrac{1\cdot(x+y)^2-x\cdot 2(x+y)}{(x+y)^4}=\dfrac{x-y}{(x+y)^3}$

$\dfrac{\partial P}{\partial y}=\dfrac{1\cdot(x+y)^2-y\cdot 2(x+y)}{(x+y)^4}=\dfrac{x-y}{(x+y)^3}$

よって，与式 $=0$ ……（答）

(3) $P=x+y+x^2y$, $Q=x^3+x+y^2$ とおくと

$\dfrac{\partial Q}{\partial x}=3x^2+1, \quad \dfrac{\partial P}{\partial y}=1+x^2$

∴ 与式 $=\iint_D\{3x^2+1-(1+x^2)\}dxdy$

$=\iint_D 2x^2\,dxdy$

$x=r\cos\theta$, $y=r\sin\theta$ とおくと，$J=r$ で

$D\to M: 0\leq r\leq a,\ 0\leq\theta\leq 2\pi$

∴ 与式 $=\iint_M 2r^2\cos^2\theta\cdot r\,drd\theta$

$=2\int_0^{2\pi}\cos^2\theta\,d\theta\int_0^a r^3\,dr = 8\int_0^{\frac{\pi}{2}}\cos^2\theta\,d\theta\left[\dfrac{r^4}{4}\right]_0^a$

$=8\cdot\dfrac{1}{2}\cdot\dfrac{\pi}{2}\cdot\dfrac{a^4}{4}=\dfrac{\pi}{2}a^4$ ……（答）

㋐ 曲線 C に沿って正の向きに1周し，かつ，$P=-y$, $Q=x$ は連続な偏導関数をもつので，グリーンの定理が適用できる．

㋑ D は $x^2+y^2\leq a^2$

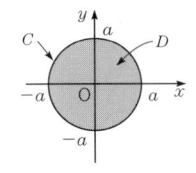

㋒ $\iint_D dxdy = D$ の面積．

㋓ $\dfrac{\partial Q}{\partial x}-\dfrac{\partial P}{\partial y}=0$ より．

㋔ 対称性を利用して

$\int_0^{2\pi}\cos^2\theta\,d\theta = 4\int_0^{\frac{\pi}{2}}\cos^2\theta\,d\theta$

理解度 Check! (1) (2) (3) とも $\dfrac{\partial Q}{\partial x}$, $\dfrac{\partial P}{\partial y}$ を求めて **A**．あとの計算から（答）が **B**．

練習問題 100

次の線積分にグリーンの定理を適用するとどうなるか．
ただし，C は第 I 象限内にあって正の向きに一周する閉曲線とする．

(1) $\displaystyle\int_C \dfrac{1}{2}(xdy-ydx)$ (2) $\displaystyle\int_C \pi x^2 dy$

解答は p.268

◆◇◆　変数変換と行列・行列式　◇◆◇────────コラム4

　このテキストでは線型代数の知識を前提にせずに執筆しているので，行列や行列式などの表記はヤコビアン以外原則としては出していない．ただ，こうした表現をとることでより理解が深まることもあるので，簡単に触れておく．
　まず，行列での表現というのは，線型（1次）変換 f が，
$f\begin{pmatrix}1\\0\end{pmatrix}=\begin{pmatrix}a\\b\end{pmatrix}, f\begin{pmatrix}0\\1\end{pmatrix}=\begin{pmatrix}c\\d\end{pmatrix}$ となるなら線型性から $\begin{pmatrix}x\\y\end{pmatrix}=x\cdot\begin{pmatrix}1\\0\end{pmatrix}+y\cdot\begin{pmatrix}0\\1\end{pmatrix}$ において
$f\begin{pmatrix}x\\y\end{pmatrix}=f\left(x\cdot\begin{pmatrix}1\\0\end{pmatrix}+y\cdot\begin{pmatrix}0\\1\end{pmatrix}\right)=x\cdot f\begin{pmatrix}1\\0\end{pmatrix}+y\cdot f\begin{pmatrix}0\\1\end{pmatrix}=x\begin{pmatrix}a\\b\end{pmatrix}+y\begin{pmatrix}c\\d\end{pmatrix}=\begin{pmatrix}ax+cy\\bx+dy\end{pmatrix}$ となる．

　この変換を行列の形で，$f\begin{pmatrix}x\\y\end{pmatrix}=\begin{pmatrix}a&c\\b&d\end{pmatrix}\begin{pmatrix}x\\y\end{pmatrix}=\begin{pmatrix}ax+cy\\bx+dy\end{pmatrix}$ と表すのである．

　原点のまわりの θ 回転 $R(\theta)$ も線型変換で，$\begin{pmatrix}1\\0\end{pmatrix},\begin{pmatrix}0\\1\end{pmatrix}$ が，
$f\begin{pmatrix}1\\0\end{pmatrix}=\begin{pmatrix}\cos\theta\\\sin\theta\end{pmatrix}, f\begin{pmatrix}0\\1\end{pmatrix}=\begin{pmatrix}-\sin\theta\\\cos\theta\end{pmatrix}$ と写ることから $R(\theta)=\begin{pmatrix}\cos\theta&-\sin\theta\\\sin\theta&\cos\theta\end{pmatrix}$ となる．それで直交座標から極座標への変換は $\begin{pmatrix}dx\\dy\end{pmatrix}=\begin{pmatrix}\cos\theta&-\sin\theta\\\sin\theta&\cos\theta\end{pmatrix}\begin{pmatrix}dr\\rd\theta\end{pmatrix}$ と表せて，基底ベクトル $\begin{pmatrix}1\\0\end{pmatrix},\begin{pmatrix}0\\1\end{pmatrix}$ で作られる正方形の面積は回転 $R(\theta)$ によって合同に写されるから面積の拡大率は1となり，この（裏返しを考えた符号付の）面積拡大率が行列式の意味になる．つまり，$\begin{vmatrix}\cos\theta&-\sin\theta\\\sin\theta&\cos\theta\end{vmatrix}=1$ である．それで，変数変換の単位面積（面素）の拡大率が $dx\cdot dy=dr\cdot rd\theta$ だから，$dxdy=rdrd\theta$ となる．この，「行列式＝線型変換の（符号付）面積拡大率」ということは，積分の変数変換でヤコビアンが登場することに対応する．これが3次元では
$$\begin{pmatrix}dz\\dx\\dy\end{pmatrix}=\begin{pmatrix}1&0&0\\0&\cos\varphi&-\sin\varphi\\0&\sin\varphi&\cos\varphi\end{pmatrix}\begin{pmatrix}dz\\d\rho\\\rho d\varphi\end{pmatrix}=\begin{pmatrix}1&0&0\\0&\cos\varphi&-\sin\varphi\\0&\sin\varphi&\cos\varphi\end{pmatrix}\begin{pmatrix}\cos\theta&-\sin\theta&0\\\sin\theta&\cos\theta&0\\0&0&1\end{pmatrix}\begin{pmatrix}dr\\rd\theta\\r\sin\theta d\varphi\end{pmatrix}$$
と，z 座標を上においての球面座標への変換の表現が行列としては見やすい．これで，左の式の2つの行列の行列式はいずれも軸のまわりの回転だから行列式の値は1で，$dxdydz=dr\cdot rd\theta\cdot r\sin\theta d\varphi=r^2\sin\theta drd\theta d\varphi$ が出てくる．

TEST shuffle 20

ここでは，本文の重要例題 100 題を 5 題ずつランダムに配置したテスト形式のシートを 20 回分用意した．p.230 に，該当する本文の問題番号（ページ）との対応表を載せてあるので，答え合わせのときなどはそちらを参照してほしい．
5 題の問題の下に，問題を解く順序と問題を解くに要する時間の予想と実際とを書き込む欄を作っておいた．

(1)　120 分なりトータル時間を決めて，実際のテストのつもりでやってみよう．下の欄の「解く順序（問題の選択）」「予想時間」を書き込んでおいてから，問題の解答にとりくむ．そして解答を書き込むものはノートなら 1 問に 1 頁を使うくらいのスペースをとる．解答をどれだけ見やすく書けるかも，自分の理解を確認するだいじな要素だ．本文の解答はスペースの許す限り，計算過程を省略しないていねいな記述で，素直でオーソドックスな解法を紹介している．また正答へのアプローチとして「理解度 Check!」をつけ，解くときの方針や評価のポイントになるところを段階的に確認する指標を示した．テストで完答はできなくとも部分点がつくケースもあるし，なにより自分が「ここまで理解できてきた」ことを答案に少しでも書き残せるよう，利用してほしい．問題を解き終わったあとで，5 題それぞれの配点をそうした部分点も含めて自分で作成して点数をつけてみると，採点者がどういう考えで答案をみるかを実感できることにもなる．
(2)　また，時間を短く設定して，試験の残り 30 分でなるべく得点を稼げるようにするにはどの問題を選ぶか，と考えて，部分点稼ぎも含めてやってみる，というトレーニングも，ときにはよいだろう．
(3)　さらに，まだ問題に不慣れな場合や，十分な時間の取れないときは，まず，それぞれの問題を解く方針だけを考えてみて，そのあと該当ページの解答や解説をじっくり読んでみる，というのでもよい．なにより，「限られた時間の中で解ける問題を解いていく」ことをゲーム感覚でいろいろ工夫して続けていこう．

TEST 01

1 次の不定積分を求めよ．

(1) $\displaystyle\int \frac{1}{1-4x^2}dx$ 　(2) $\displaystyle\int \frac{x^3-3}{x+2}dx$ 　(3) $\displaystyle\int \frac{1}{x(x-1)^3}dx$

2 次の関数を微分せよ．ただし，m, n は整数および a, b は定数とする．

(1) $y=(a+x)^m(b-x)^n$ 　(2) $y=(x^2+x+1)^3$

(3) $y=\dfrac{x+a}{(x+b)(x+c)}$ 　(4) $y=\dfrac{1}{(x^2+1)^3(2x+1)^2}$

3 次の問いに答えよ．

(1) $I_1=\displaystyle\iint_D x^2 dxdy,\ D:(x-1)^2+y^2\leq 1$ の値を求めよ．

(2) $I_2=\displaystyle\iint_E x^2 dxdy,\ E:x^2+2y^2-2xy-x\leq 0$ の値を求めよ．

4 次の問いに答えよ．

(1) サイクロイド $\begin{cases} x=a(\theta-\sin\theta) \\ y=a(1-\cos\theta) \end{cases}$ 上の $\theta=\dfrac{\pi}{3}$ における接線の方程式を求めよ．

(2) 曲線 $\sqrt{x}+\sqrt{y}=\sqrt{a}\ (a>0)$ 上の任意の点における接線が x 軸，y 軸と交わる点を P, Q とするとき，OP+OQ$=a$ であることを示せ．

5

(1) △ABC で AC$=b$, AB$=c$, $\angle A$ がそれぞれ微小量 $\varDelta b, \varDelta c, \varDelta A$ だけ変化するとき，△ABC の面積 S の変化量 $\varDelta S$ は，次の近似式を満たすことを証明せよ．

$$\frac{\varDelta S}{S}\fallingdotseq \frac{\varDelta b}{b}+\frac{\varDelta c}{c}+\cot A\cdot \varDelta A$$

(2) △ABC で 2 角 $\angle B, \angle C$ とその間の辺 BC$=a$ がそれぞれ微小量 $\varDelta B, \varDelta C, \varDelta a$ だけ変化するとき，辺 AC$=b$ の変化量 $\varDelta b$ は，次の近似式を満たすことを証明せよ．

$$\frac{\varDelta b}{b}\fallingdotseq \frac{\varDelta a}{a}+(\cot A+\cot B)\varDelta B+\cot A\cdot \varDelta C$$

解く順序（問題の選択）　□ ⇒ □ ⇒ □ ⇒ □ ⇒ □

予想時間　　（　分）（　分）（　分）（　分）（　分）

実際の時間　（　分）（　分）（　分）（　分）（　分）

TEST 02

1. $a>1$ のとき $\lim_{x\to\infty}\dfrac{x}{a^x}$ を求め，さらに $\lim_{x\to +0} x\log x$ を求めよ．

2. 次の不定積分を求めよ．
   (1) $\displaystyle\int \dfrac{1}{\sqrt{9-16x^2}}\,dx$ (2) $\displaystyle\int \dfrac{1}{\sqrt{1+x-x^2}}\,dx$ (3) $\displaystyle\int \dfrac{x}{x^4+x^2+1}\,dx$

3. $y=x^{n-1}e^{\frac{1}{x}}$（n は自然数）であるとき
   $$y^{(n)}=(-1)^n x^{-(n+1)} e^{\frac{1}{x}}$$ が成り立つことを示せ．

4. 次の2重積分の値を求めよ．
   (1) $\displaystyle\iint_D (x^2+y^2-1)\,dxdy$ $D: 1\le x^2+y^2 \le 2$
   (2) $\displaystyle\iint_D (R^2-x^2-y^2)^{\frac{3}{2}}\,dxdy$ $D: x^2+y^2\le R^2\ (R>0),\ y\ge 0$
   (3) $\displaystyle\iint_D xy\,dxdy$ $D: x^2+y^2\le 1,\ 0\le x,\ 0\le y\le x$

5. $x=u\cos\alpha - v\sin\alpha,\ y=u\sin\alpha + v\cos\alpha$（$\alpha$ は定数）のとき，x, y に関して連続な第2次偏導関数をもつ $z=f(x,y)$ について
   (1) $z_u^2+z_v^2$ を z の x, y に関する偏導関数を用いて表せ．
   (2) $z_{uu}+z_{vv}$ を z の x, y に関する第2次偏導関数を用いて表せ．

TEST 03

1 次の極限を求めよ．

(1) $\displaystyle\lim_{x\to 0}\frac{\cos 5x-\cos x}{x\sin x}$ (2) $\displaystyle\lim_{x\to\frac{\pi}{2}}\frac{1+\operatorname{cosec} 3x}{\cos^2 x}$

2 次の等式を証明せよ．

(1) $\sin^{-1}\dfrac{5}{13}-2\cos^{-1}\dfrac{4}{5}=\cos^{-1}\dfrac{204}{325}$

(2) $\tan^{-1}x+\tan^{-1}\dfrac{1}{x}=\dfrac{\pi}{2}\quad (x>0)$

3 曲面 $z=x^2+y^2$ と平面 $z=x+1$ とで囲まれる部分の体積を求めよ．

4 レムニスケート（連珠形）$r^2=2a^2\cos 2\theta$ の内部で円 $r=a$ の外部にある部分の面積を求めよ．ただし，a は正の定数とする．

5 次の問いに答えよ．

(1) 楕円群 $ax^2+\dfrac{y^2}{a}=1$（a はパラメータ）の包絡線を求めよ．

(2) 直交座標平面で，両軸上に両端をおいて動く一定の長さ a の線分の包絡線を求めよ．

TEST 04

1. x が無限小であるとき，$\dfrac{x}{e^x-1}=1-\dfrac{x}{2}+\dfrac{x^2}{12}+O(x^3)$ を示し，

   $\displaystyle\lim_{x\to 0}\dfrac{1}{x^2}\left(\dfrac{x}{e^x-1}-1+\dfrac{x}{2}\right)$ を求めよ．

2. 次の関数を微分せよ．ただし，a は定数で $a>0$, $a\neq 1$ とする．
   (1) $y=a^{\cos x}$ (2) $y=\log|\cos x|$
   (3) $y=\log_a(x+\sqrt{x^2-a^2})$ (4) $y=\log\sqrt{\dfrac{\sqrt{1+x^2}+x}{\sqrt{1+x^2}-x}}$

3. 次の積分の値を求めよ．
   (1) $\displaystyle\int_0^3\int_0^2 x^2 y\,dydx$ (2) $\displaystyle\int_1^3\int_1^2(x-y)\,dxdy$
   (3) $\displaystyle\int_0^a dx\int_0^b xy(x+y)\,dy$ (4) $\displaystyle\int_0^1 dx\int_0^1 xe^{x^2+y}dy$

4. 次の各式を証明せよ．
   (1) $I_k=\displaystyle\int_0^{\frac{\pi}{2}}\sin^k x\,dx$ （k は自然数）とおくとき

   $0<I_{2n+1}<I_{2n}<I_{2n-1}$

   (2) $\displaystyle\lim_{n\to\infty}\dfrac{1}{n}\left\{\dfrac{2\cdot 4\cdots(2n)}{1\cdot 3\cdots(2n-1)}\right\}^2=\pi$

5. $\omega=\dfrac{ydx-xdy}{x^2+y^2}$ は全微分であるかどうかを調べよ．全微分であれば，どのような関数の全微分であるか．

TEST 05

1 次の2重積分の値を求めよ．

(1) $\iint_D (x+y)\,dxdy \qquad D: 0 \leq x \leq y \leq 1$

(2) $\iint_D \sqrt{x}\,dxdy \qquad D: x^2+y^2 \leq x,\ y \geq 0$

2

(1) 関数 $f(x) = a^x$ を $x=1$ のまわりでテイラー展開し，3次の項まで示せ．ただし，a は $a>0$，$a \neq 1$ を満たす定数とし，剰余項は示さなくてよい．

(2) 関数 $f(x) = \log(1+x)$ の $x=0$ における n 次のテイラー展開を，誤差項も含めて与えよ．

3 次の3重積分の値を求めよ．ただし，$a>0$ とする．

(1) $\int_0^a \int_0^x \int_0^y x^2 y^3 z\,dzdydx$

(2) $\iiint_D xyz\,dxdydz \qquad D: x+y+z \leq a,\ x \geq 0,\ y \geq 0,\ z \geq 0$

4 次の問いに答えよ．

(1) 曲線 $y = a^2 - x^2$ と x 軸によって囲まれる部分において，これを x 軸のまわりに回転してできた立体と y 軸のまわりに回転したできた立体の体積が等しいという．a の値を求めよ．ただし，$a>0$ とする．

(2) アステロイド $x = a\cos^3 t,\ y = a\sin^3 t\ (a>0)$ を x 軸のまわりに回転してできる回転体の体積を求めよ．

5

(1) $f(x,y) = \begin{cases} \dfrac{xy}{\sqrt{x^2+y^2}} & ((x,y) \neq (0,0)\ \text{のとき}) \\ 0 & ((x,y) = (0,0)\ \text{のとき}) \end{cases}$ とおくとき，$f(x,y)$ の $(0,0)$ における全微分可能性を調べよ．

(2) 次の関数の全微分を求めよ．

（i） $u = \log\dfrac{x+y}{x-y}$ 　　（ii） $u = \sin(\sqrt{x^2+y^2+z^2})$

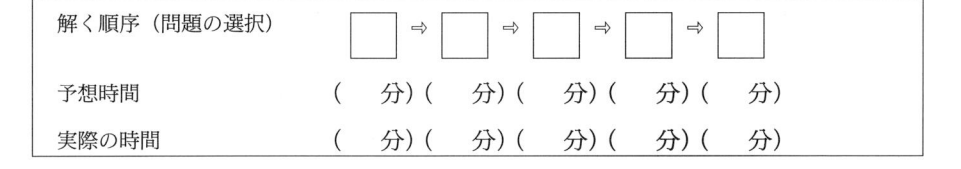

解く順序（問題の選択）　□ ⇒ □ ⇒ □ ⇒ □ ⇒ □

予想時間　　　（　　分）（　　分）（　　分）（　　分）（　　分）

実際の時間　　（　　分）（　　分）（　　分）（　　分）（　　分）

TEST 06

① 次の関数の $x=0$ における連続性および微分可能性について調べよ．

$$f(x)=\begin{cases} x\cdot\dfrac{2-e^{\frac{1}{x}}}{2+e^{\frac{1}{x}}} & (x\neq 0) \\ 0 & (x=0) \end{cases}$$

② n を 0 以上の整数とするとき，$I_n=\int(\sin^{-1}x)^n dx$ とおく．

$n\geqq 2$ のとき，I_n を I_{n-2} で表す式（漸化式）を求めよ．

③ 次の関数を微分せよ．ただし，a，b は定数とする．

(1) $y=\sin^{-1}\sqrt{\dfrac{1-x}{1+x}}$ 　　(2) $y=\tan^{-1}\dfrac{a\sin x+b\cos x}{a\cos x-b\sin x}$

④ 次の積分を求めよ．

(1) $\displaystyle\int_0^2\int_x^2 e^{y^2}dy\,dx$ 　　(2) $\displaystyle\int_1^2 dx\int_{\frac{1}{x}}^2 ye^{xy}dy$

⑤ 次の立体の体積を 2 重積分を利用して求めよ．

(1) 楕円面 $\dfrac{x^2}{a^2}+\dfrac{y^2}{b^2}+\dfrac{z^2}{c^2}=1$ で囲まれる部分．

(2) 3 点 $(0,0,0)$, $(1,0,0)$, $(2,1,0)$ を頂点とする三角形の上に立つ母線が z 軸に平行な三角柱と曲面 $z=x^2+y^2$，および平面 $z=0$ とで囲まれる部分．

解く順序（問題の選択）　□ ⇒ □ ⇒ □ ⇒ □ ⇒ □

予想時間　　（　　分）（　　分）（　　分）（　　分）（　　分）

実際の時間　（　　分）（　　分）（　　分）（　　分）（　　分）

TEST 07

1. 次の関数を微分せよ．
(1) $y = \tanh^{-1} x$
(2) $y = \dfrac{1}{2}\left(x\sqrt{x^2+a^2} + a^2 \sinh^{-1}\dfrac{x}{a}\right)$ $(a>0)$

2. 次の広義積分を求めよ．
(1) $\displaystyle\iint_D \dfrac{dxdy}{(x^2+y^2)^{\frac{a}{2}}}$ $(a<2)$ $D: x^2+y^2 \leq 1$
(2) $\displaystyle\iint_D \dfrac{\log(x^2+y^2)}{(x^2+y^2)^{\frac{1}{3}}} dxdy$ $D: 0 \leq x^2+y^2 \leq 1,\ 0 \leq y \leq x$

3.
(1) 円 $(x-a)^2+y^2=2a^2$ $(a>0,\ x\geq 0)$ と y 軸とで囲まれる部分を y 軸のまわりに1回転してできる立体の体積 V_1 を求めよ．
(2) 放物線 $y=x^2$ と直線 $y=x$ によって囲まれる部分を $y=x$ のまわりに回転してできる立体の体積 V_2 を求めよ．

4.
(1) 楕円面 $\dfrac{x^2}{a^2}+\dfrac{y^2}{b^2}+\dfrac{z^2}{c^2}=1$ 上の点 (x_0, y_0, z_0) における接平面および法線の方程式を求めよ．
(2) 曲面 $f\left(\dfrac{x-a}{z-c}, \dfrac{y-b}{z-c}\right)=0$ の接平面は定点を通ることを証明せよ．

5. $u=f(r),\ r=\sqrt{x^2+y^2+z^2}$ かつ $\dfrac{\partial^2 u}{\partial x^2}+\dfrac{\partial^2 u}{\partial y^2}+\dfrac{\partial^2 u}{\partial z^2}=0$ となる関数 $f(r)$ を求めよ．

TEST 08

[1] 次の極限値が有限確定であるように定数 A, B を定め，そのときの極限値を求めよ．
$$\lim_{x \to 0} \frac{e^x - \sin x - \cos x + Ax^2 + Bx^3}{x^6}$$

[2] $f(x) = \sin^{-1} x$ とする．
(1) $(1-x^2)f''(x) - xf'(x) = 0$ を示せ．
(2) $(1-x^2)f^{(n+2)}(x) - (2n+1)xf^{(n+1)}(x) - n^2 f^{(n)}(x) = 0$ を示せ．
(3) $f^{(9)}(0)$ および $f^{(10)}(0)$ の値を求めよ．

[3] 平面の部分集合 $D = \{(x, y) \in \mathbf{R}^2 \, ; \, x^2 - y^2 \geqq x^4\}$ を考える．
(1) 集合 D の概形を xy 平面に描け．
(2) 集合 D の面積 S を求めよ．

[4] 次の各陰関数につき，$\dfrac{dy}{dx}$ および $\dfrac{d^2 y}{dx^2}$ を求めよ．
(1) $x^2 + 3xy + 4y^2 = 1$ (2) $y^x = 2$ $(y > 0, y \neq 1)$

[5] 円 $C : x^2 + y^2 = a^2$ $(a > 0)$ に沿って正の向きに一周するとき，次の値を求めよ．
(1) $\displaystyle\int_C x\, dy - y\, dx$ (2) $\displaystyle\int_C \frac{y\, dx - x\, dy}{(x+y)^2}$
(3) $\displaystyle\int_C (x + y + x^2 y)\, dx + (x^3 + x + y^2)\, dy$

TEST 09

1 次の極限値を求めよ．

(1) $\displaystyle\lim_{n\to\infty}\left\{\frac{n}{n^2}+\frac{n}{n^2+1^2}+\frac{n}{n^2+2^2}+\cdots+\frac{n}{n^2+(n-1)^2}\right\}$

(2) $\displaystyle\lim_{n\to\infty}\left(\frac{n!}{n^n}\right)^{\frac{1}{n}}$

2 次の関数を偏微分せよ．

(1) $\sqrt{3x^2-2y^2}$
(2) $\log\sqrt{(x-a)^2+(y-b)^2}$
(3) $y^2\tan^{-1}\left(\dfrac{x}{y}\right)$
(4) $e^{\frac{y}{x}}$

3

$y=x^2$ の $0\leq x\leq 1$ の部分を x 軸のまわりに1回転してできる曲面の面積 S_1，および y 軸のまわりに1回転してできる曲面の面積 S_2 を求めよ．

4 次の3重積分の値を求めよ．ただし，$a>0$ とする．

(1) $\displaystyle\iiint_D xyz\,dxdydz \qquad D:x^2+y^2+z^2\leq a^2,\ x\geq 0,\ y\geq 0,\ z\geq 0$

(2) $\displaystyle\iiint_D \sqrt{x^2+y^2+z^2}\,dxdydz \qquad D:x^2+y^2+z^2\leq a^2,\ z\geq 0$

5

$\Gamma(s)=\displaystyle\int_0^\infty e^{-x}x^{s-1}dx$ $(s>0)$ に対して以下の等式を証明せよ．

(1) $\Gamma(s+1)=s\Gamma(s)$
(2) $\Gamma(n)=(n-1)!$ （n は正の整数）
(3) $\Gamma\left(\dfrac{1}{2}\right)=\sqrt{\pi}$ （必要ならば $\displaystyle\int_{-\infty}^{\infty}e^{-t^2}dt=\sqrt{\pi}$ を使ってもよい）

TEST 10

1
(1) 関数 $x\cos x$, $\log(1+3x)$ をそれぞれ 3 次の項までマクローリン展開せよ．
(2) 極限 $\displaystyle\lim_{x\to 0}\left\{\dfrac{1}{\log(1+3x)}-\dfrac{1}{3x\cos x}\right\}$ を求めよ．

2 次の積分をせよ．
(1) $\displaystyle\int x\sec^2 x\,dx$
(2) $\displaystyle\int x^n\log x\,dx$ $(n\ne -1)$
(3) $\displaystyle\int_0^{\frac{\pi}{2}} x\sin x\,dx$
(4) $\displaystyle\int_0^{\frac{\sqrt{3}}{2}} \dfrac{x\cos^{-1}x}{\sqrt{1-x^2}}\,dx$

3 次の各問いに答えよ．
(1) $z=\dfrac{xy}{x+y}$, $x=r\cos\theta$, $y=r\sin\theta$ のとき，$\dfrac{\partial z}{\partial r}$, $\dfrac{\partial z}{\partial \theta}$ を求めよ．
(2) $z=xy$, $u=3x-y$, $v=-2x+y$ のとき，$\dfrac{\partial z}{\partial u}$, $\dfrac{\partial z}{\partial v}$ を求めよ．

4 曲面 $x^{\frac{2}{3}}+y^{\frac{2}{3}}+z^{\frac{2}{3}}=a^{\frac{2}{3}}$ $(a>0)$ の囲む部分の体積を求めよ．

5 次の面積を求めよ．
(1) 曲線 $\sqrt{x}+\sqrt{y}=1$ と両座標軸で囲まれる部分．
(2) 4 曲線 $x^2=py$, $x^2=qy$, $y^2=rx$, $y^2=sx$ で囲まれる部分．
 $(0<p<q,\ 0<r<s)$

TEST 11

1 次の極限を求めよ．

(1) $\displaystyle\lim_{x\to 0}\dfrac{\sqrt{4+x-x^2}-2}{\sqrt{1-x^3}-\sqrt{1-x}}$

(2) $\displaystyle\lim_{x\to -\infty}(\sqrt{x^2-4x-2}+x)$

2 次の関数を微分せよ．

(1) $y=\dfrac{x+1}{(x+2)^2(x+3)^3}$

(2) $y=e^{x^x}\quad (x>0)$

3 次の定積分の値を求めよ．

(1) $\displaystyle\int_0^2 \sqrt{3x+2}\,dx$

(2) $\displaystyle\int_{-1}^1 \dfrac{1}{x^2-x+1}\,dx$

(3) $\displaystyle\int_0^{\frac{\pi}{4}} \sin 5x \cos 3x\,dx$

(4) $\displaystyle\int_0^{\sqrt{3}} \dfrac{3-x}{(x+1)(x^2+1)}\,dx$

4 次の各問いに答えよ．

(1) $f(x,y)=\log(1+x^2+y^2)$ に対して，第2次偏導関数を求めよ．

(2) $f(x,y)=e^{ax}\cos(a\log y)$（$a$ は定数）のとき，

$\dfrac{\partial^2 f}{\partial x^2}+y^2\dfrac{\partial^2 f}{\partial y^2}+y\dfrac{\partial f}{\partial y}$ を求めよ．

5 非負の整数 n に対して，$I_n=\displaystyle\int_0^{\frac{\pi}{2}}\cos^n x\,dx$ とおくとき，次の問いに答えよ．

(1) $I_n=\dfrac{n-1}{n}I_{n-2}\quad (n\geqq 2)$ を示せ．

(2) I_n を求めよ．

(3) $\displaystyle\int_0^a (a^2-x^2)^{\frac{3}{2}}dx$ の値を求めよ．ただし，a は正の定数である．

TEST 12

1. 次の関数の与えられた点における微分係数を定義にしたがって求めよ．
(1) $f(x) = \dfrac{1}{\sqrt{x}}$ $(x = a > 0)$ 　　(2) $f(x) = \tan x$ $\left(x = \dfrac{\pi}{3}\right)$

2. 次の定積分を導け．ただし，$a > 0$ とする．
(1) $\displaystyle\int_{-\infty}^{\infty} e^{-ax^2} dx = \sqrt{\dfrac{\pi}{a}}$
(2) $\displaystyle\int_{-\infty}^{\infty} x^2 e^{-ax^2} dx$

3. 次の各関数の連続性を調べ，そのグラフをかけ．
(1) $f(x) = \begin{cases} \dfrac{x^3 - 1}{x - 1} & (x \neq 1) \\ 2 & (x = 1) \end{cases}$ 　　(2) $f(x) = \displaystyle\lim_{n \to \infty} \dfrac{1 - x^n + x^{n+1}}{1 - x^n + x^{n+2}}$

4. 次の問いに答えよ．
(1) $y^3 - 3xy + 6 = 0$ のとき，y を x の関数とみて，$\dfrac{d^2 y}{dx^2}$ を求めよ．
(2) $\begin{cases} x = a\cos t + b\sin t \\ y = a\cos t - b\sin t \end{cases}$ のとき，$\dfrac{d^2 y}{dx^2}$ を t で表せ．

5. 次の2重積分の値を求めよ．
(1) $\displaystyle\iint_D x^2 y \, dxdy$ 　　$D : \dfrac{x^2}{a^2} + \dfrac{y^2}{b^2} \leq 1, \ x \geq 0, \ y \geq 0$ 　$(a > 0, \ b > 0)$
(2) $\displaystyle\int_{-4}^{4} dx \int_{0}^{\frac{1}{2}\sqrt{16 - x^2}} \sqrt{x^2 + 4y^2} \, dy$

解く順序（問題の選択）　□ ⇒ □ ⇒ □ ⇒ □ ⇒ □

予想時間　（　　分）（　　分）（　　分）（　　分）（　　分）

実際の時間　（　　分）（　　分）（　　分）（　　分）（　　分）

TEST 13

1 次の極限を調べよ．

(1) $\lim_{x \to 0} \dfrac{x-2}{x^2-x}$ (2) $\lim_{x \to 2} \dfrac{x-a}{x^2-4}$

2 次の不定積分および定積分を求めよ．

(1) $\displaystyle\int x \sin x^2 \, dx$ (2) $\displaystyle\int \dfrac{\sqrt{\log x}}{x} \, dx$

(3) $\displaystyle\int_0^1 \dfrac{x-1}{(x^2-2x+3)^2} \, dx$ (4) $\displaystyle\int_{\frac{\pi}{6}}^{\frac{\pi}{2}} \dfrac{\cos^3 x}{\sin x} \, dx$

3 次の関数を微分せよ．ただし，$a,\ b$ は定数とする．

(1) $y = \sin^n x \cos nx$ (2) $y = \dfrac{\sec x + \tan x}{\sec x - \tan x}$

(3) $y = \dfrac{\sin x}{\sqrt{a^2 \cos^2 x + b^2 \sin^2 x}}$

4

(1) 次の積分を計算せよ．ただし，$n,\ m$ は自然数である．
$$I_n = \int_{-1}^{1} x \sin n\pi x \, dx, \quad J_{n,m} = \int_{-1}^{1} \sin n\pi x \sin m\pi x \, dx$$

(2) 次の等式を示せ．
$$\int_{-1}^{1} \left\{ x - \sum_{k=1}^{n} \dfrac{2(-1)^{k-1}}{k\pi} \sin k\pi x \right\}^2 dx = \dfrac{2}{3} - \dfrac{4}{\pi^2} \sum_{k=1}^{n} \dfrac{1}{k^2}$$

5 線積分 $I = \displaystyle\int_C (2x-y)\,dx + (x+y)\,dy$ を，線 C が点 $(0, 0)$ から $(1, 1)$ へ至る次のそれぞれの線である場合について求めよ．

(1) 線分
(2) 点 $(0, 0)$ から点 $(0, 1)$ を通って点 $(1, 1)$ へ至る折れ線
(3) 円 $x^2 + (y-1)^2 = 1$ の上を正の向きにまわる．

解く順序（問題の選択） □ ⇒ □ ⇒ □ ⇒ □ ⇒ □

予想時間 （　分）（　分）（　分）（　分）（　分）

実際の時間 （　分）（　分）（　分）（　分）（　分）

TEST 14

年　月　日

1 次の不定積分および定積分を求めよ．

(1) $\displaystyle\int \frac{1}{x\sqrt{x^2+1}}\,dx$　　　(2) $\displaystyle\int_{-1}^{2} x^2\sqrt{2-x}\,dx$

2 次の各関数において，それぞれ $x \to 0$ $(y \to 0)$，$y \to 0$ $(x \to 0)$，$(x, y) \to (0, 0)$ のときの極限を求めよ．

(1) $f(x, y) = \dfrac{x^2 y}{\sqrt{x^2+y^2}}$　　　(2) $f(x, y) = \dfrac{2xy}{x^2+y^2}$

3 関数 $f(x)$，$g(x)$ が閉区間 $[a, b]$ で連続，開区間 (a, b) で微分可能とし，$g'(x) \neq 0$ とするとき，

$$\frac{f(b)-f(a)}{g(b)-g(a)} = \frac{f'(c)}{g'(c)},\ a<c<b$$

を満たす c が少なくとも1つ存在することを示せ．

4 次の積分を求めよ．

(1) $\displaystyle\int_0^1 \int_0^y \frac{x}{1+y^2}\,dxdy$　　　(2) $\displaystyle\int_0^a dx \int_0^{\sqrt{a^2-x^2}} xy^2\,dy$　$(a>0)$

(3) $\displaystyle\int_0^1 dy \int_0^{2(1-y)} \left(1 - \frac{x}{2} - y\right) dx$

5 関数 $f(u, v)$ はすべての実数 u，v について等式

$$\left(u\frac{\partial}{\partial u} + v\frac{\partial}{\partial v}\right) f(u, v) = 2f(u, v)$$

を満たしているとする．

(1) $g(t) = \dfrac{1}{t^2} f(u, v)$ とおくとき，$g'(t)$ を求めよ．ただし，$u = xt$，$v = yt$ とする．

(2) $f(x, y)$ は x，y の2次の同次式である．すなわち
$$f(xt, yt) = t^2 f(x, y)$$
が成立することを示せ．

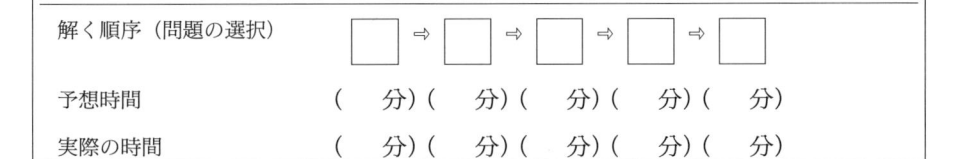

解く順序（問題の選択）　□ ⇒ □ ⇒ □ ⇒ □ ⇒ □

予想時間　　　（　分）（　分）（　分）（　分）（　分）

実際の時間　　（　分）（　分）（　分）（　分）（　分）

TEST 15

1 次の関数を微分せよ．ただし，a, b は定数とする．

(1) $y = \sqrt{(x+a)(x+b)}$ (2) $y = \dfrac{x}{\sqrt{x^2+a^2}}$

(3) $y = \sqrt[3]{\dfrac{1-\sqrt{x}}{1+\sqrt{x}}}$

2 次の不定積分および定積分を求めよ．

(1) $\displaystyle\int \dfrac{dx}{3\sin x + 4\cos x}$ (2) $\displaystyle\int_0^{\frac{1}{2}\log 3} \dfrac{e^x - 1}{e^{2x}+1}\,dx$

3 次の関数について，$\dfrac{du}{dt}$ を求めよ．

(1) $u = \dfrac{2x^2+3y}{x^2+2y},\ x=e^t,\ y=e^{-t}$

(2) $u = e^{x^2}\sin\dfrac{y}{z},\ x=t,\ y=2(t-1),\ z=2t$

4 n は自然数とする．正の定数 a に対して
$$D = \{(x,y) \in \mathbf{R}^2 \mid (x-a)^2 + y^2 \leq a^2,\ y \geq 0\}$$
とおく．このとき，$\displaystyle\iint_D x^n y\,dxdy$ の値を求めよ．

5 次の関数 $f(x,y)$ について，$f(x+h, y+k)$ を h, k の 2 次の項まで求め，R_3 で止めよ．ただし，R_3 は算出しなくてもよい．

(1) $x^2 + xy + 2y^2$ (2) $x^2 e^y$

TEST 16

1　次の極限を求めよ．

(1) $\displaystyle\lim_{x\to 0}\frac{\log_e(a+2x)-\log_e a}{x}$　$(a>0)$

(2) $\displaystyle\lim_{x\to 0}(1+x+x^2)^{\frac{1}{x}}$

2　次の定積分の値を求めよ．ただし，$a>0$ とする．

(1) $\displaystyle\int_0^a \frac{1}{a+\sqrt{a^2-x^2}}dx$　　(2) $\displaystyle\int_{-\frac{1}{\sqrt{3}}}^{\frac{1}{\sqrt{3}}}\frac{1}{(1-x^2)\sqrt{1+x^2}}dx$

3　次の関数の極値を求めよ．

(1) $z=3x^2-4xy+4y^2-6x-4y+8$

(2) $z=x^3+y^3-9xy+1$

4　次の曲線の長さを求めよ．ただし，$a>0$ とする．

(1) $y=x^2$　$(0\leqq x\leqq 1)$

(2) サイクロイド $x=a(t-\sin t)$，$y=a(1-\cos t)$　$(0\leqq t\leqq 2\pi)$

5　密度一様のとき，カージオイド（心臓形）$r=a(1+\cos\theta)$ $(a>0)$ の内部の重心の位置を求めよ．

TEST 17

1　次の積分をせよ．

(1) $\displaystyle\int e^{kx}x^3\,dx$　$(k \neq 0)$　　　(2) $\displaystyle\int_0^1 e^{-x}\cos\pi x\,dx$

2　次の2重積分の値を求めよ．

(1) $\displaystyle\iint_D \sqrt{y}\,dxdy$　　　　$D:\sqrt{\dfrac{x}{a}}+\sqrt{\dfrac{y}{b}}\leqq 1$　$(a>0,\ b>0)$

(2) $\displaystyle\iint_D \sqrt{2x^2-y^2}\,dxdy$　　$D:0\leqq y\leqq x\leqq 1$

3　次の関数 $f(x,y)$ について $f_{xy}(0,0)$ と $f_{yx}(0,0)$ を求め，これが等しくないことを示せ．

$$f(x,y)=\begin{cases}\dfrac{xy(x^2-2y^2)}{x^2+y^2} & ((x,y)\neq(0,0)\text{ のとき})\\ 0 & ((x,y)=(0,0)\text{ のとき})\end{cases}$$

4　p を正の数，n を0以上の整数とするとき，$I(p,n)$ を次のように定める．

$$I(p,n)=\int_0^1 x^p(1-x)^n\,dx$$

(1) $I(p,n)=\dfrac{n!}{(p+1)(p+2)\cdots(p+n+1)}$ となることを示せ．

(2) $\displaystyle\int_0^{\frac{\pi}{2}}(\cos x)^{\frac{5}{3}}\sin^7 x\,dx$ の値を求めよ．

5　関数 $f(x)=\dfrac{1}{x^2}$ について，平均値の定理 $f(a+h)=f(a)+hf'(c)$ を満たす c $(a<c<a+h)$ を求めよ．また，$c=a+\theta h$ $(0<\theta<1)$ とおくとき，$\displaystyle\lim_{h\to 0}\theta$ を求めよ．

TEST 18

1 次の不定積分を求めよ．

(1) $\displaystyle\int \frac{dx}{(x+1)^2}$ (2) $\displaystyle\int \sqrt[3]{1-2x}\, dx$ (3) $\displaystyle\int \frac{dx}{5-3x}$

(4) $\displaystyle\int \sin\left(\frac{x}{2}+1\right) dx$ (5) $\displaystyle\int e^{5x-1} dx$ (6) $\displaystyle\int 2^{1-3x} dx$

2 広義積分 $\displaystyle\iint_D \frac{y}{(1+xy)^2(1+y^2)}\, dxdy$ $D: 0 \leq x \leq y,\ xy \leq 1$

の値を求めよ．

3 条件 $x^2+y^2=1$ のもとで $f(x,y)=ax^2+2bxy+cy^2$ の最大値と最小値を求めよ．

4 $z=f(x,y)$ は2回連続偏微分可能であるとする．$x=r\cos\theta,\ y=r\sin\theta$ とおくとき，次の等式が成り立つことを示せ．

$$\frac{\partial^2 z}{\partial x^2}+\frac{\partial^2 z}{\partial y^2}=\frac{\partial^2 z}{\partial r^2}+\frac{1}{r}\frac{\partial z}{\partial r}+\frac{1}{r^2}\frac{\partial^2 z}{\partial \theta^2}$$

5 直円錐面 $z=\sqrt{x^2+y^2}$ を平面 $z=\dfrac{1}{2}x+1$ で切るとき，次の面積を求めよ．

(1) 直円錐面がこの平面から切りとる面積 S_1．
(2) この平面の下方にある直円錐面の曲面積 S_2．

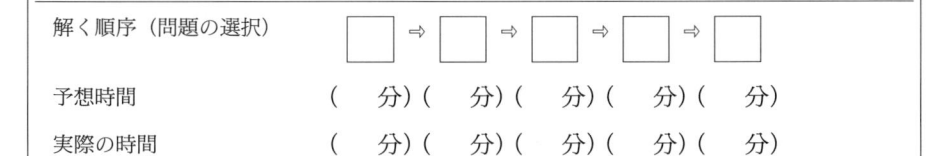

TEST 19

年　月　日

① 次の定積分を求めよ．ただし，$a>0$ とする．

(1)　$\displaystyle\int_0^a \frac{dx}{\sqrt{a-x}}$　　　(2)　$\displaystyle\int_0^4 \frac{dx}{\sqrt{|x(x-2)|}}$

(3)　$\displaystyle\int_0^\pi \frac{dx}{1+2\cos x}$

② 楕円面 $\dfrac{x^2}{a^2}+\dfrac{y^2}{b^2}+\dfrac{z^2}{c^2}=1$ の囲む体積を求めよ．

③ 曲線 $\begin{cases} x=\sin 2t \\ y=\sin 3t \end{cases}$ $(0\le t\le \pi)$ の囲む部分の面積を求めよ．

④ 2変数関数 $f(x,y)=(1+x)^y$ について

(1)　$\dfrac{\partial}{\partial x}f(x,y),\ \dfrac{\partial}{\partial y}f(x,y)$ を求めよ．

(2)　$f(x,y)$ を $x,\ y$ について2次の項まで展開せよ．
　　ただし，3次以下は切り捨ててよい．

⑤ 次の曲線の長さを求めよ．ただし，$a,\ k$ は正の定数とする．

(1)　$r=ka^\theta$ $(a\ne 1,\ \alpha\le\theta\le\beta)$

(2)　放物線 $r=\dfrac{2a}{1+\cos\theta}$ $\left(0\le\theta\le\dfrac{\pi}{2}\right)$

解く順序（問題の選択）　□ ⇒ □ ⇒ □ ⇒ □ ⇒ □

予想時間　（　分）（　分）（　分）（　分）（　分）

実際の時間　（　分）（　分）（　分）（　分）（　分）

① 次の関数は原点 $(0,0)$ で連続であるかどうかを調べよ．

(1) $f(x,y) = \begin{cases} \dfrac{(x-y)^2}{x^2+y^2} & ((x,y) \neq (0,0) \text{ のとき}) \\ 1 & ((x,y) = (0,0) \text{ のとき}) \end{cases}$

(2) $f(x,y) = \begin{cases} \dfrac{x^3+y^3}{x^2+xy+y^2} & ((x,y) \neq (0,0) \text{ のとき}) \\ 0 & ((x,y) = (0,0) \text{ のとき}) \end{cases}$

② 次の定積分を求めよ．

(1) $\displaystyle\int_0^\infty x^3 e^{-x} dx$ (2) $\displaystyle\int_0^\infty e^{-x} \cos x\, dx$

(3) $\displaystyle\int_0^\infty \dfrac{x^2}{(1+x^2)^2} dx$

③ 次の積分の順序を変更せよ．

(1) $\displaystyle\int_a^b dx \int_a^x f(x,y)\, dy \quad (0<a<b)$ (2) $\displaystyle\int_0^{\frac{1}{2}} \int_x^{2-3x} f(x,y)\, dydx$

(3) $\displaystyle\int_1^2 dy \int_y^{3y} f(x,y)\, dx$

④ $z=f(x,y)=x^4+y^4-a(x+y)^2$ の極値を求めよ．ただし，a は正の定数とする．

⑤ $(x^2+y^2)^2 = a^2(x^2-y^2)$ （a は正の定数）のとき，y を x の関数とみて極値を求めよ．ただし，$x>0$ とする．

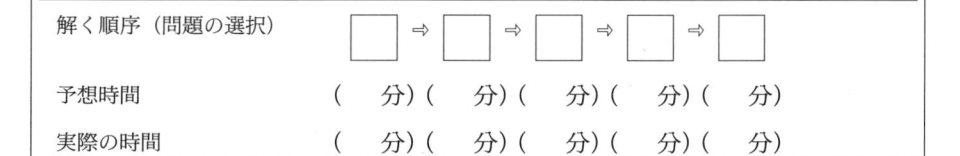

TEST shuffle 20 と本文の問題との対応表

	1	2	3	4	5
TEST*01*	問題 28 (p. 58)	問題 09 (p. 18)	問題 87 (p. 180)	問題 17 (p. 34)	問題 66 (p. 136)
TEST*02*	問題 05 (p. 10)	問題 29 (p. 60)	問題 19 (p. 38)	問題 84 (p. 174)	問題 62 (p. 128)
TEST*03*	問題 03 (p. 6)	問題 14 (p. 28)	問題 94 (p. 194)	問題 48 (p. 98)	問題 75 (p. 154)
TEST*04*	問題 26 (p. 52)	問題 12 (p. 24)	問題 77 (p. 160)	問題 45 (p. 92)	問題 67 (p. 138)
TEST*05*	問題 79 (p. 164)	問題 24 (p. 48)	問題 83 (p. 172)	問題 50 (p. 102)	問題 65 (p. 134)
TEST*06*	問題 08 (p. 16)	問題 38 (p. 78)	問題 15 (p. 30)	問題 82 (p. 170)	問題 93 (p. 192)
TEST*07*	問題 16 (p. 32)	問題 89 (p. 184)	問題 51 (p. 104)	問題 76 (p. 156)	問題 58 (p. 120)
TEST*08*	問題 23 (p. 46)	問題 20 (p. 40)	問題 46 (p. 94)	問題 72 (p. 148)	問題 100 (p. 206)
TEST*09*	問題 44 (p. 90)	問題 56 (p. 116)	問題 97 (p. 200)	問題 88 (p. 182)	問題 43 (p. 88)
TEST*10*	問題 25 (p. 50)	問題 35 (p. 72)	問題 61 (p. 126)	問題 95 (p. 196)	問題 92 (p. 190)
TEST*11*	問題 02 (p. 4)	問題 13 (p. 26)	問題 30 (p. 62)	問題 57 (p. 118)	問題 39 (p. 80)
TEST*12*	問題 07 (p. 14)	問題 91 (p. 188)	問題 06 (p. 12)	問題 18 (p. 36)	問題 86 (p. 178)
TEST*13*	問題 01 (p. 2)	問題 31 (p. 64)	問題 11 (p. 22)	問題 37 (p. 76)	問題 99 (p. 204)
TEST*14*	問題 32 (p. 66)	問題 54 (p. 112)	問題 22 (p. 44)	問題 78 (p. 162)	問題 64 (p. 132)
TEST*15*	問題 10 (p. 20)	問題 33 (p. 68)	問題 60 (p. 124)	問題 85 (p. 176)	問題 68 (p. 140)
TEST*16*	問題 04 (p. 8)	問題 34 (p. 70)	問題 70 (p. 144)	問題 52 (p. 106)	問題 98 (p. 202)
TEST*17*	問題 36 (p. 74)	問題 80 (p. 166)	問題 59 (p. 122)	問題 42 (p. 86)	問題 21 (p. 42)
TEST*18*	問題 27 (p. 56)	問題 90 (p. 186)	問題 74 (p. 152)	問題 63 (p. 130)	問題 96 (p. 198)
TEST*19*	問題 40 (p. 82)	問題 49 (p. 100)	問題 47 (p. 96)	問題 69 (p. 142)	問題 53 (p. 108)
TEST*20*	問題 55 (p. 114)	問題 41 (p. 84)	問題 81 (p. 168)	問題 71 (p. 146)	問題 73 (p. 150)

練習問題　解答

練習問題 01

(1) $x<2$ のとき，$|x-2|=-(x-2)$ だから

$$\lim_{x\to 2-0}\frac{|x-2|}{(x-2)^2}=\lim_{x\to 2-0}\frac{-(x-2)}{(x-2)^2}$$
$$=\lim_{x\to 2-0}\frac{-1}{x-2}=\lim_{x\to 2-0}\frac{1}{2-x}$$

$x\to 2-0$ のとき，分母 $=2-x\to +0$ より

$$\text{与式}=+\infty \qquad \cdots\cdots\text{(答)}$$

(2) $x\to +0$ のとき，$2^{\frac{1}{x}}\to\infty$ より

$$\lim_{x\to +0}\frac{1}{1+2^{\frac{1}{x}}}=0$$

$x\to -0$ のとき，$2^{\frac{1}{x}}\to 0$ より

$$\lim_{x\to -0}\frac{1}{1+2^{\frac{1}{x}}}=1$$

よって，$\displaystyle\lim_{x\to +0}\frac{1}{1+2^{\frac{1}{x}}}\neq\lim_{x\to -0}\frac{1}{1+2^{\frac{1}{x}}}$ だから

$\displaystyle\lim_{x\to 0}\frac{1}{1+2^{\frac{1}{x}}}$ は存在しない． $\cdots\cdots$(答)

練習問題 02

(1) $\dfrac{0}{0}$ の不定形だから，分子を有理化して

$$\text{与式}=\lim_{x\to 0}\frac{(1+x)-(1-x)}{x\{\sqrt[3]{(1+x)^2}+\sqrt[3]{1+x}\sqrt[3]{1-x}+\sqrt[3]{(1-x)^2}\}}$$
$$=\lim_{x\to 0}\frac{2}{\sqrt[3]{(1+x)^2}+\sqrt[3]{1-x^2}+\sqrt[3]{(1-x)^2}}$$
$$=\frac{2}{1+1+1}=\frac{2}{3} \qquad \cdots\cdots\text{(答)}$$

(2) $x=-t$ とおくと

$$\lim_{x\to -\infty}\frac{1}{\sqrt{x^2-4x-1}+x}$$
$$=\lim_{t\to\infty}\frac{1}{\sqrt{t^2+4t-1}-t}$$
$$=\lim_{t\to\infty}\frac{\sqrt{t^2+4t-1}+t}{(t^2+4t-1)-t^2}$$
$$=\lim_{t\to\infty}\frac{\sqrt{t^2+4t-1}+t}{4t-1}$$
$$=\lim_{t\to\infty}\frac{\sqrt{1+\frac{4}{t}-\frac{1}{t^2}}+1}{4-\frac{1}{t}}=\frac{1}{2} \qquad \cdots\cdots\text{(答)}$$

練習問題 03

(1) $\displaystyle\lim_{x\to 0}\frac{\sqrt{1-x^2}-\left(1-\dfrac{x^2}{2}\right)}{\sin^4 x}$

$$=\lim_{x\to 0}\frac{(1-x^2)-\left(1-\dfrac{x^2}{2}\right)^2}{\sin^4 x\cdot\left\{\sqrt{1-x^2}+\left(1-\dfrac{x^2}{2}\right)\right\}}$$
$$=\lim_{x\to 0}\frac{-\dfrac{x^4}{4}}{\sin^4 x\left\{\sqrt{1-x^2}+\left(1-\dfrac{x^2}{2}\right)\right\}}$$
$$=\lim_{x\to 0}\left(\frac{x}{\sin x}\right)^4\frac{-1}{4\left\{\sqrt{1-x^2}+\left(1-\dfrac{x^2}{2}\right)\right\}}$$
$$=1^4\cdot\frac{-1}{8}=-\frac{1}{8} \qquad \cdots\cdots\text{(答)}$$

(2) $1-\cos\theta=2\sin^2\dfrac{\theta}{2}$ を用いて

$$\lim_{x\to 0}\frac{1-\cos(1-\cos x)}{x^4}$$
$$=\lim_{x\to 0}\frac{1-\cos\left(2\sin^2\dfrac{x}{2}\right)}{x^4}$$
$$=\lim_{x\to 0}\frac{2\sin^2\left(\sin^2\dfrac{x}{2}\right)}{x^4}$$
$$=\lim_{x\to 0}\left[2\left\{\frac{\sin\left(\sin^2\dfrac{x}{2}\right)}{\sin^2\dfrac{x}{2}}\right\}^2\left(\frac{\sin\dfrac{x}{2}}{\dfrac{x}{2}}\right)^4\cdot\frac{1}{2^4}\right]$$
$$=2\cdot 1^2\cdot 1^4\cdot\frac{1}{2^4}=\frac{1}{8} \qquad \cdots\cdots\text{(答)}$$

練習問題 04

(1) $\displaystyle\lim_{x\to 0}\frac{e^{\sin 2x}-1}{x}$

$$=\lim_{x\to 0}\left(\frac{e^{\sin 2x}-1}{\sin 2x}\cdot\frac{\sin 2x}{2x}\cdot 2\right)$$
$$=1\cdot 1\cdot 2=2 \qquad \cdots\cdots\text{(答)}$$

(2) $\displaystyle\lim_{x\to\infty}\left(1-\frac{1}{x^2}\right)^x$

$$=\lim_{x\to\infty}\left\{\left(1+\frac{1}{x}\right)^x\left(1-\frac{1}{x}\right)^x\right\}$$

ここで，$\displaystyle\lim_{x\to\infty}\left(1+\frac{1}{x}\right)^x=e$

および

$$\lim_{x\to\infty}\left(1-\frac{1}{x}\right)^x=\lim_{x\to\infty}\left(\frac{x-1}{x}\right)^x$$

$$= \lim_{x \to \infty} \left(\frac{x}{x-1}\right)^{-x} = \lim_{x \to \infty} \left\{\left(1+\frac{1}{x-1}\right)^x\right\}^{-1}$$
$$= \lim_{x \to \infty} \left\{\left(1+\frac{1}{x-1}\right)^{x-1}\left(1+\frac{1}{x-1}\right)\right\}^{-1}$$
$$= (e \cdot 1)^{-1} = \frac{1}{e}$$

よって，与式 $= e \cdot \dfrac{1}{e} = 1$ ……(答)

練習問題 05

(1) $\left|\cos\dfrac{1}{x}\right| \leq 1$ だから
$$0 \leq \left|x\cos\frac{1}{x}\right| = |x|\left|\cos\frac{1}{x}\right| \leq |x|$$
$x \to 0$ のとき $|x| \to 0$ であるから，はさみうちの原理から
$$\left|x\cos\frac{1}{x}\right| \to 0$$
よって，$\displaystyle\lim_{x \to 0} x\cos\dfrac{1}{x} = 0$ ……(答)

(2) a, b, c のうち a が最大であるとする．このとき，$a \geq b$ かつ $a \geq c$ であり
$$(a^x + b^x + c^x)^{\frac{1}{x}}$$
$$= \left\{a^x\left(1+\left(\frac{b}{a}\right)^x+\left(\frac{c}{a}\right)^x\right)\right\}^{\frac{1}{x}}$$
$$= a\left(1+\left(\frac{b}{a}\right)^x+\left(\frac{c}{a}\right)^x\right)^{\frac{1}{x}}$$
において
$$1 < 1+\left(\frac{b}{a}\right)^x+\left(\frac{c}{a}\right)^x \leq 3$$
だから
$$a < (a^x+b^x+c^x)^{\frac{1}{x}} \leq a \cdot 3^{\frac{1}{x}}$$
$x \to \infty$ とすると
$$a \leq \lim_{x \to \infty}(a^x+b^x+c^x)^{\frac{1}{x}} \leq \lim_{x \to \infty} a \cdot 3^{\frac{1}{x}} = a$$
したがって，はさみうちの原理から
$$\lim_{x \to \infty}(a^x+b^x+c^x)^{\frac{1}{x}} = a$$
同様にして，b が最大のときは与式 $= b$, c が最大のときは与式 $= c$ となるので，これらをまとめて
$$\lim_{x \to \infty}(a^x+b^x+c^x)^{\frac{1}{x}} = \max(a, b, c)$$
……(答)

練習問題 06

(1) $n \leq x < n+1$ (n は整数) のとき，$[x] = n$ より
$$f(x) = \frac{n}{x}$$
したがって

$0 \leq x < 1$ のとき　　$f(x) = 0$

$-1 \leq x < 0$ のとき　　$f(x) = -\dfrac{1}{x}$

$1 \leq x < 2$ のとき　　$f(x) = \dfrac{1}{x}$

$-2 \leq x < -1$ のとき　　$f(x) = -\dfrac{2}{x}$

……

よって，$f(x)$ は x が整数に等しくないときは連続，x が整数に等しいときは不連続．

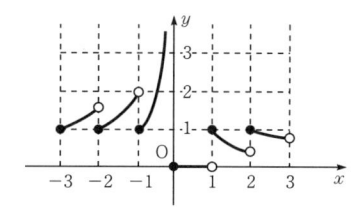

(2) $g_n(x) = \sin^n x - \cos^n x$ とおくと
$$g_n(x+2\pi) = \sin^n(x+2\pi) - \cos^n(x+2\pi)$$
$$= \sin^n x - \cos^n x = g_n(x)$$
が成り立つので，$0 \leq x < 2\pi$ で調べる．

$x = 0$ のとき　　$f(0) = \displaystyle\lim_{n \to \infty}(0^n - 1^n) = -1$

$x = \dfrac{\pi}{2}$ のとき　　$f\left(\dfrac{\pi}{2}\right) = \displaystyle\lim_{n \to \infty}(1^n - 0^n) = 1$

$x = \pi$ のとき　　$f(\pi) = \displaystyle\lim_{n \to \infty}\{0^n - (-1)^n\}$
$$= \lim_{n \to \infty}(-1)^{n+1}$$
∴ 振動となり $f(\pi)$ は存在しない．

$x = \dfrac{3}{2}\pi$ のとき $f\left(\dfrac{3}{2}\pi\right) = \displaystyle\lim_{n \to \infty}\{(-1)^n - 0^n\}$
$$= \lim_{n \to \infty}(-1)^n$$
∴ 振動となり $f\left(\dfrac{3}{2}\pi\right)$ は存在しない．

これら以外のとき　$f(x) = 0 - 0 = 0$

よって，$f(x)$ は $x \neq \pi+2k\pi$, $\dfrac{3}{2}\pi+2k\pi$ (k

は整数）で定義され，$x \ne \dfrac{n\pi}{2}$（n は整数）のときは連続で，$x = \dfrac{n\pi}{2}$ のときは不連続．

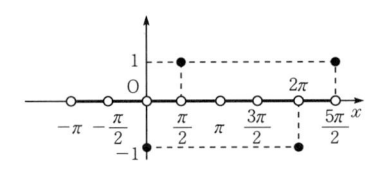

練習問題 07

(1) $f'(a) = \lim\limits_{h \to 0} \dfrac{f(a+h)-f(a)}{h}$

$= \lim\limits_{h \to 0} \dfrac{e^{2(a+h)} - e^{2a}}{h}$

$= \lim\limits_{h \to 0} e^{2a} \cdot \dfrac{e^{2h} - 1}{h}$

$= e^{2a} \cdot 2 = 2e^{2a}$ ……（答）

(2) $f'(a) = \lim\limits_{h \to 0} \dfrac{f(a+h)-f(a)}{h}$

$= \lim\limits_{h \to 0} \dfrac{\sqrt[3]{a+h} - \sqrt[3]{a}}{h}$

$= \lim\limits_{h \to 0} \dfrac{1}{\sqrt[3]{(a+h)^2} + \sqrt[3]{a+h}\sqrt[3]{a} + \sqrt[3]{a^2}}$

$= \dfrac{1}{\sqrt[3]{a^2} + \sqrt[3]{a}\sqrt[3]{a} + \sqrt[3]{a^2}} = \dfrac{1}{3\sqrt[3]{a^2}}$
……（答）

練習問題 08

$\lim\limits_{x \to +0} 2^{\frac{1}{x}} = \infty$ から

$\lim\limits_{x \to +0} f(x) = \lim\limits_{x \to +0} \dfrac{x}{1 + 2^{\frac{1}{x}}} = 0$

また，$\lim\limits_{x \to -0} 2^{\frac{1}{x}} = 0$ から

$\lim\limits_{x \to -0} f(x) = \lim\limits_{x \to -0} \dfrac{x}{1 + 2^{\frac{1}{x}}} = 0$

∴ $\lim\limits_{x \to 0} f(x) = 0 = f(0)$

したがって，$f(x)$ は $x = 0$ で連続である．
次に

$f'_+(0) = \lim\limits_{h \to +0} \dfrac{f(h) - f(0)}{h} = \lim\limits_{h \to +0} \dfrac{f(h)}{h}$

$= \lim\limits_{h \to +0} \dfrac{1}{1 + 2^{\frac{1}{h}}} = 0$

$f'_-(0) = \lim\limits_{h \to -0} \dfrac{f(h) - f(0)}{h}$

$= \lim\limits_{h \to -0} \dfrac{1}{1 + 2^{\frac{1}{h}}} = 1$

よって，$f'_+(0) \ne f'_-(0)$ であるから，$x = 0$ で微分不可能である．

以上から，$f(x)$ は $x = 0$ で連続であるが，微分不可能である． ……（答）

練習問題 09

(1) $y' = 5(x-1)^4(2x+1)^3$
$\quad + (x-1)^5 \cdot 3(2x+1)^2 \cdot 2$
$= (x-1)^4(2x+1)^2$
$\quad \times \{5(2x+1) + 6(x-1)\}$
$= (x-1)^4(2x+1)^2(16x-1)$
……（答）

(2) $y' = \dfrac{1}{(x^2+1)^{2n}} \{m(x^2-1)^{m-1} 2x$
$\quad \times (x^2+1)^n - (x^2-1)^m \cdot n(x^2+1)^{n-1} 2x\}$
$= \dfrac{2x(x^2-1)^{m-1}(x^2+1)^{n-1}}{(x^2+1)^{2n}}$
$\quad \times \{m(x^2+1) - n(x^2-1)\}$
$= \dfrac{2x(x^2-1)^{m-1}\{(m-n)x^2 + m + n\}}{(x^2+1)^{n+1}}$
……（答）

練習問題 10

(1) $y' = \{2x(2+x^2) + x^2 \cdot 2x\}\sqrt{2-x^2}$
$\quad + x^2(2+x^2) \cdot \dfrac{-2x}{2\sqrt{2-x^2}}$
$= \dfrac{(4x+4x^3)(2-x^2)}{\sqrt{2-x^2}} - \dfrac{x^3(2+x^2)}{\sqrt{2-x^2}}$
$= \dfrac{x(8+2x^2-5x^4)}{\sqrt{2-x^2}}$ ……（答）

(2) $y' = \dfrac{1}{4} x^{-\frac{3}{4}}(1+2x)^{\frac{1}{3}}$
$\quad + x^{\frac{1}{4}} \cdot \dfrac{1}{3}(1+2x)^{-\frac{2}{3}} \cdot 2$
$= \dfrac{1}{12} x^{-\frac{3}{4}}(1+2x)^{-\frac{2}{3}}$
$\quad \times \{3(1+2x) + 8x\}$
$= \dfrac{1}{12} x^{-\frac{3}{4}}(1+2x)^{-\frac{2}{3}}(3+14x)$

(3) $y=\sqrt{\dfrac{1-\sqrt[3]{x}}{1+\sqrt[3]{x}}}=\left(\dfrac{1-\sqrt[3]{x}}{1+\sqrt[3]{x}}\right)^{\frac{1}{2}}$

$y'=\dfrac{1}{2}\left(\dfrac{1-\sqrt[3]{x}}{1+\sqrt[3]{x}}\right)^{-\frac{1}{2}}\cdot\left(\dfrac{1-\sqrt[3]{x}}{1+\sqrt[3]{x}}\right)'$

$=\dfrac{1}{2}\sqrt{\dfrac{1+\sqrt[3]{x}}{1-\sqrt[3]{x}}}\cdot\dfrac{1}{(1+\sqrt[3]{x})^2}$

$\times\left\{-\dfrac{1}{3}\dfrac{1}{\sqrt[3]{x^2}}(1+\sqrt[3]{x})-(1-\sqrt[3]{x})\cdot\dfrac{1}{3}\dfrac{1}{\sqrt[3]{x^2}}\right\}$

$=-\dfrac{1}{3\sqrt[3]{x^2}\sqrt{(1-\sqrt[3]{x})(1+\sqrt[3]{x})^3}}$ ……(答)

練習問題 11

(1) $y'=3\sin^2\sqrt{x^2+x+1}(\sin\sqrt{x^2+x+1})'$

$=3\sin^2\sqrt{x^2+x+1}\cos\sqrt{x^2+x+1}$

$\qquad\times(\sqrt{x^2+x+1})'$

$=\dfrac{3(2x+1)\sin^2\sqrt{x^2+x+1}\cos\sqrt{x^2+x+1}}{2\sqrt{x^2+x+1}}$ ……(答)

(2) $y'=2\left(\tan x+\dfrac{1}{\tan x}\right)\left(\tan x+\dfrac{1}{\tan x}\right)'$

$=2\left(\tan x+\dfrac{1}{\tan x}\right)\left(\dfrac{1}{\cos^2 x}-\dfrac{1}{\sin^2 x}\right)$

$=2\cdot\dfrac{1}{\cos x\sin x}\cdot\dfrac{\sin^2 x-\cos^2 x}{\cos^2 x\sin^2 x}$

$=\dfrac{2(\sin^2 x-\cos^2 x)}{\sin^3 x\cos^3 x}$ ……(答)

練習問題 12

(1) $y'=ae^{ax}(a\sin bx-b\cos bx)$
$\quad+e^{ax}(ab\cos bx+b^2\sin bx)$
$\quad=(a^2+b^2)e^{ax}\sin bx$ ……(答)

(2) $y=\log\dfrac{\sqrt{x+a}+\sqrt{x+b}}{\sqrt{x+a}-\sqrt{x+b}}$

$=\log(\sqrt{x+a}+\sqrt{x+b})$
$\quad-\log(\sqrt{x+a}-\sqrt{x+b})$

よって

$y'=\dfrac{1}{\sqrt{x+a}+\sqrt{x+b}}$
$\quad\times\left(\dfrac{1}{2\sqrt{x+a}}+\dfrac{1}{2\sqrt{x+b}}\right)$
$\quad-\dfrac{1}{\sqrt{x+a}-\sqrt{x+b}}$
$\quad\times\left(\dfrac{1}{2\sqrt{x+a}}-\dfrac{1}{2\sqrt{x+b}}\right)$

$=\dfrac{1}{2\sqrt{x+a}\sqrt{x+b}}+\dfrac{1}{2\sqrt{x+a}\sqrt{x+b}}$

$=\dfrac{1}{\sqrt{x+a}\sqrt{x+b}}$ ……(答)

練習問題 13

(1) 両辺の絶対値の自然対数をとると

$\log|y|=\log|(x+2)^{\frac{3}{5}}(x^2+3)^{\frac{1}{5}}|$

$\quad=\dfrac{3}{5}\log|x+2|+\dfrac{1}{5}\log|x^2+3|$

両辺を x で微分して

$\dfrac{y'}{y}=\dfrac{3}{5}\cdot\dfrac{1}{x+2}+\dfrac{1}{5}\cdot\dfrac{2x}{x^2+3}$

$\quad=\dfrac{5x^2+4x+9}{5(x+2)(x^2+3)}$

$\therefore\quad y'=\dfrac{5x^2+4x+9}{5(x+2)(x^2+3)}\cdot(x+2)^{\frac{3}{5}}(x^2+3)^{\frac{1}{5}}$

$\quad=\dfrac{5x^2+4x+9}{5(x+2)^{\frac{2}{5}}(x^2+3)^{\frac{4}{5}}}$ ……(答)

(2) 両辺の自然対数をとると

$\log y=\log(\log x)^x=x\log(\log x)$

両辺を x で微分して

$\dfrac{y'}{y}=\log(\log x)+x\cdot\dfrac{1}{\log x}\cdot\dfrac{1}{x}$

$\quad=\log(\log x)+\dfrac{1}{\log x}$

$\therefore\quad y'=\left\{\log(\log x)+\dfrac{1}{\log x}\right\}\cdot(\log x)^x$ ……(答)

練習問題 14

(1) $\sin^{-1}\left(\cos\dfrac{\pi}{10}\right)+\cos^{-1}\left(\cos\dfrac{3}{5}\pi\right)$

$=\sin^{-1}\left(\sin\dfrac{2}{5}\pi\right)+\cos^{-1}\left(\cos\dfrac{3}{5}\pi\right)$

$=\dfrac{2}{5}\pi+\dfrac{3}{5}\pi=\pi$

(2) $\tan^{-1}x=\alpha$ とおくと $|x|<1$ から

$-\dfrac{\pi}{4}<\alpha<\dfrac{\pi}{4},\ \tan\alpha=x$

また,$\tan^{-1}\dfrac{1+x}{1-x}=\beta$ とおくと

$|x|<1$ のとき $\dfrac{1+x}{1-x}>0$ だから

$0 < \beta < \dfrac{\pi}{2}$, $\tan\beta = \dfrac{1+x}{1-x}$

$\therefore \ \tan(\beta-\alpha) = \dfrac{\tan\beta - \tan\alpha}{1+\tan\beta\tan\alpha}$

$= \dfrac{\dfrac{1+x}{1-x} - x}{1 + \dfrac{1+x}{1-x}\cdot x} = \dfrac{1+x^2}{1+x^2} = 1$

ここで，$0 < \beta < \dfrac{\pi}{2}$, $-\dfrac{\pi}{4} < -\alpha < \dfrac{\pi}{4}$ から

$-\dfrac{\pi}{4} < \beta - \alpha < \dfrac{3}{4}\pi$

$\therefore \ \beta - \alpha = \dfrac{\pi}{4}$

よって，$\tan^{-1}x + \dfrac{\pi}{4} = \tan^{-1}\dfrac{1+x}{1-x}$

練習問題 15

(1) $y' = 3(\sin^{-1}2x)^2(\sin^{-1}2x)'$

$= 3(\sin^{-1}2x)^2 \dfrac{2}{\sqrt{1-(2x)^2}}$

$= \dfrac{6(\sin^{-1}2x)^2}{\sqrt{1-4x^2}}$ ……(答)

(2) $y' = \dfrac{1}{1+\left(\dfrac{b}{a}\tan\dfrac{x}{2}\right)^2}\cdot\left(\dfrac{b}{a}\tan\dfrac{x}{2}\right)'$

$= \dfrac{a^2}{a^2+b^2\tan^2\dfrac{x}{2}}\cdot\dfrac{b}{a}\cdot\dfrac{1}{2\cos^2\dfrac{x}{2}}$

$= \dfrac{ab}{2\left(a^2\cos^2\dfrac{x}{2}+b^2\sin^2\dfrac{x}{2}\right)}$

$= \dfrac{ab}{(a^2+b^2)+(a^2-b^2)\cos x}$
……(答)

(3) $y' = -\dfrac{1}{\sqrt{1-\left(\dfrac{3+5\cos x}{5+3\cos x}\right)^2}}$

$\times \left(\dfrac{3+5\cos x}{5+3\cos x}\right)'$

ここに

$\left(\dfrac{3+5\cos x}{5+3\cos x}\right)'$

$= \{-5\sin x(5+3\cos x) - (3+5\cos x)$
$\times (-3\sin x)\}/(5+3\cos x)^2$

$= \dfrac{-16\sin x}{(5+3\cos x)^2}$

$\therefore \ y' = -\dfrac{1}{\sqrt{1-\dfrac{16\sin^2 x}{(5+3\cos x)^2}}}\cdot\dfrac{-16\sin x}{(5+3\cos x)^2}$

$= \dfrac{5+3\cos x}{4|\sin x|}\cdot\dfrac{16\sin x}{(5+3\cos x)^2}$

$= \dfrac{4\sin x}{|\sin x|(5+3\cos x)}$

よって，

$\begin{cases} \sin x > 0 \ \text{のとき} \ \ y' = \dfrac{4}{5+3\cos x} \\ \sin x < 0 \ \text{のとき} \ \ y' = -\dfrac{4}{5+3\cos x} \end{cases}$
……(答)

練習問題 16

(1) $y = \cosh^{-1}x$ のとき

$x = \cosh y = \dfrac{e^y+e^{-y}}{2} = \dfrac{e^{2y}+1}{2e^y}$

$e^{2y} - 2xe^y + 1 = 0$

$e^y = x \pm \sqrt{x^2-1}$

$\therefore \ y = \log(x\pm\sqrt{x^2-1})$

$\log(x-\sqrt{x^2-1}) = \log\dfrac{1}{x+\sqrt{x^2-1}}$

$= -\log(x+\sqrt{x^2-1})$

$\therefore \ y = \cosh^{-1}x = \pm\log(x+\sqrt{x^2-1})$

よって

$y' = \pm\dfrac{1}{x+\sqrt{x^2-1}}\left(1+\dfrac{2x}{2\sqrt{x^2-1}}\right)$

$= \pm\dfrac{1}{\sqrt{x^2-1}}$ ……(答)

$(x = \dfrac{e^y+e^{-y}}{2} \geq \sqrt{e^y\cdot e^{-y}}$ より $x \geq 1)$

(2) $y = \text{cosech}^{-1}x$ のとき

$x = \text{cosech}\,y = \dfrac{1}{\sinh y} = \dfrac{2}{e^y-e^{-y}}$

$= \dfrac{2e^y}{e^{2y}-1}$

$xe^{2y} - 2e^y - x = 0$

$e^y = \dfrac{1\pm\sqrt{1+x^2}}{x}$

$\therefore \ y = \log\dfrac{1\pm\sqrt{1+x^2}}{x}$

したがって

$$y = \cosh^{-1} x = \begin{cases} \log \dfrac{1+\sqrt{1+x^2}}{x} & (x>0) \\ \log \dfrac{1-\sqrt{1+x^2}}{x} & (x<0) \end{cases}$$

これより，$x>0$ のとき
$$y' = \frac{1}{1+\sqrt{1+x^2}} \cdot \frac{2x}{2\sqrt{1+x^2}} - \frac{1}{x}$$
$$= -\frac{1}{x\sqrt{1+x^2}}$$

同様にして，$x<0$ のとき
$$y' = \frac{1}{x\sqrt{1+x^2}}$$

よって，$y' = -\dfrac{1}{|x|\sqrt{1+x^2}}$ ……(答)

練習問題 17

(1) $\dfrac{dx}{dt} = \dfrac{d}{dt}(a^t) = a^t \log a$

$\dfrac{dy}{dt} = \dfrac{d}{dt}(\tan^{-1} t) = \dfrac{1}{1+t^2}$

∴ $\dfrac{dy}{dx} = \dfrac{\frac{dy}{dt}}{\frac{dx}{dt}} = \dfrac{1}{a^t(1+t^2)\log a}$ ……(答)

(2) $x^2 - 2xy\cos\alpha + 2y^2 = 1$ の両辺を x で微分すると
$$2x - 2y\cos\alpha - 2x\frac{dy}{dx}\cos\alpha + 4y\frac{dy}{dx} = 0$$
$$(x\cos\alpha - 2y)\frac{dy}{dx} = x - y\cos\alpha$$

∴ $\dfrac{dy}{dx} = \dfrac{x - y\cos\alpha}{x\cos\alpha - 2y}$ ……(答)

練習問題 18

$y = (x + \sqrt{x^2+1})^n$ のとき
$$y' = n(x + \sqrt{x^2+1})^{n-1}(x + \sqrt{x^2+1})'$$
$$= n(x + \sqrt{x^2+1})^{n-1}\left(1 + \frac{x}{\sqrt{x^2+1}}\right)$$
$$= \frac{n(x + \sqrt{x^2+1})^n}{\sqrt{x^2+1}}$$

∴ $y' = \dfrac{ny}{\sqrt{x^2+1}}$

分母を払って $\sqrt{x^2+1}\, y' = ny$
これを x で微分して
$$\frac{x}{\sqrt{x^2+1}}y' + \sqrt{x^2+1}\, y'' = ny' = \frac{n^2 y}{\sqrt{x^2+1}}$$

分母を払って，整理すると
$$(x^2+1)y'' + xy' - n^2 y = 0$$

練習問題 19

$y = e^x \sin x$ であるとき
$$y^{(n)} = (\sqrt{2})^n e^x \sin\left(x + \frac{n\pi}{4}\right) \quad \cdots\cdots ①$$

が成り立つことを数学的帰納法で示す．

(Ⅰ) $n=1$ のとき
$$y' = (e^x \sin x)' = e^x \sin x + e^x \cos x$$
$$= e^x(\sin x + \cos x) = \sqrt{2}\, e^x \sin\left(x + \frac{\pi}{4}\right)$$

したがって，$n=1$ のとき①は成り立つ．

(Ⅱ) $n=k$ のとき①が成り立つと仮定すると
$$y^{(k)} = (\sqrt{2})^k e^x \sin\left(x + \frac{k\pi}{4}\right)$$

このとき
$$y^{(k+1)} = (y^{(k)})'$$
$$= (\sqrt{2})^k e^x \left\{\sin\left(x + \frac{k\pi}{4}\right) + \cos\left(x + \frac{k\pi}{4}\right)\right\}$$
$$= (\sqrt{2})^{k+1} e^x \sin\left(x + \frac{k\pi}{4} + \frac{\pi}{4}\right)$$
$$= (\sqrt{2})^{k+1} e^x \sin\left(x + \frac{(k+1)\pi}{4}\right)$$

したがって，$n=k+1$ のときも成り立つ．
以上からすべての自然数 n で①は成り立つ．

練習問題 20

(1) $y = \cos^{-1} x$ のとき $y' = -\dfrac{1}{\sqrt{1-x^2}}$

∴ $\sqrt{1-x^2}\, y' = -1$

この両辺を x で微分すると
$$\frac{-x}{\sqrt{1-x^2}}y' + \sqrt{1-x^2}\, y'' = 0$$

分母を払って $(1-x^2)y'' = xy'$
ライプニッツの公式を用いて，両辺を n 回微分すると，$n \geq 2$ のとき
$$(y'')^{(n)}(1-x^2) + {}_nC_1(y'')^{(n-1)}(1-x^2)'$$
$$+ {}_nC_2(y'')^{(n-2)}(1-x^2)''$$
$$= (y')^{(n)}x + {}_nC_1(y')^{(n-1)}(x)'$$

すなわち
$$(1-x^2)y^{(n+2)} - 2nx\, y^{(n+1)} - n(n-1)y^{(n)}$$

$$= xy^{(n+1)} + ny^{(n)}$$
$$\therefore \quad (1-x^2)y^{(n+2)} - (2n+1)xy^{(n+1)} - n^2 y^{(n)} = 0$$

この式で $x=0$ とおくと
$$y^{(n+2)}(0) - n^2 y^{(n)} = 0$$
$$\therefore \quad f^{(n+2)}(0) = n^2 f^{(n)}(0)$$

$f(0) = \cos^{-1} 0 = \dfrac{\pi}{2}$, $f'(0) = -1$, $f''(0) = 0$

だから，m を自然数として
$$\begin{cases} f^{(2m)}(0) = 0 \\ f^{(2m+1)}(0) = -1^2 \cdot 3^2 \cdot 5^2 \cdots (2m-1)^2 \\ \text{ただし，} f(0) = \dfrac{\pi}{2}, \ f'(0) = -1 \end{cases}$$
……（答）

(2) $y = \dfrac{1}{x^3+1}$ のとき $y(x^3+1) = 1$

ライプニッツの公式を用いて
$$y^{(n)}(x^3+1) + {}_n C_1 y^{(n-1)} \cdot 3x^2$$
$$+ {}_n C_2 y^{(n-2)} \cdot 6x + {}_n C_3 y^{(n-3)} \cdot 6 = 0$$

すなわち
$$(x^3+1)y^{(n)} + 3nx^2 y^{(n-1)}$$
$$+ 3n(n-1)xy^{(n-2)}$$
$$+ n(n-1)(n-2)y^{(n-3)} = 0$$

$x=0$ とおくと
$$f^{(n)}(0) + n(n-1)(n-2)f^{(n-3)}(0) = 0$$

ところで
$f(0) = 1$, $f'(0) = f''(0) = 0$ だから

m を 0 以上の整数として
$$\begin{cases} f^{(3m)}(0) = (-1)^m (3m)! \\ f^{(3m+1)}(0) = f^{(3m+2)}(0) = 0 \end{cases} \quad \text{……（答）}$$

練習問題 21

$f(x) = x^3 - 3x$, $f'(x) = 3x^2 - 3$

$f(a+h) = f(a) + hf'(c)$ は
$$(a+h)^3 - 3(a+h) = a^3 - 3a + h(3c^2 - 3)$$
$$h(3a^2 + 3ah + h^2) = 3hc^2$$
$$c^2 = a^2 + ah + \dfrac{h^2}{3}$$
$$\therefore \quad c = \pm\sqrt{a^2 + ah + \dfrac{h^2}{3}}$$

したがって
$a \geqq 0$ のときは $c > 0$ だから
$$c = \sqrt{a^2 + ah + \dfrac{h^2}{3}} \quad \text{……（答）}$$

$a+h \leqq 0$ のときは $c < 0$ だから
$$c = -\sqrt{a^2 + ah + \dfrac{h^2}{3}} \quad \text{……（答）}$$

$a < 0$, $a+h > 0$ のときは
$$(a+h)^2 - c^2 = h\left(a + \dfrac{2}{3}h\right) \text{ で } h>0$$
$$\therefore \quad a + \dfrac{2}{3}h \leqq 0 \text{ のとき} \quad (a+h)^2 < c^2 \text{ より}$$
$$c = -\sqrt{a^2 + ah + \dfrac{h^2}{3}} \quad \text{……（答）}$$

$a + \dfrac{2}{3}h > 0$ のとき
$$c = \pm\sqrt{a^2 + ah + \dfrac{h^2}{3}} \quad \text{……（答）}$$

次に，$c = a + \theta h$ のとき
$$c^2 = a^2 + 2a\theta h + \theta^2 h^2 = a^2 + ah + \dfrac{h^2}{3}$$

整理して $\theta^2 + \dfrac{2a}{h}\theta - \dfrac{a}{h} - \dfrac{1}{3} = 0$
$$\therefore \quad \theta = -\dfrac{a}{h} \pm \sqrt{\dfrac{a^2}{h^2} + \dfrac{a}{h} + \dfrac{1}{3}}$$

$a > 0$ のとき，$0 < \theta < 1$ となるのは
$$\theta = -\dfrac{a}{h} + \sqrt{\dfrac{a^2}{h^2} + \dfrac{a}{h} + \dfrac{1}{3}}$$
$$\therefore \quad \lim_{h \to 0} \theta = \lim_{h \to 0} \dfrac{\sqrt{a^2 + ah + \dfrac{h^2}{3}} - a}{h}$$
$$= \lim_{h \to 0} \dfrac{a + \dfrac{h}{3}}{\sqrt{a^2 + ah + \dfrac{h^2}{3}} + a}$$
$$= \dfrac{a}{a+a} = \dfrac{1}{2} \quad \text{……（答）}$$

$a < 0$ のとき
$$\theta = -\dfrac{a}{h} - \sqrt{\dfrac{a^2}{h^2} + \dfrac{a}{h} + \dfrac{1}{3}}$$

同様にして $\lim\limits_{h \to 0} \theta = \dfrac{1}{2}$ ……（答）

$a = 0$ のとき
$$\theta^2 = \dfrac{1}{3} \text{ から} \quad \lim_{h \to 0} \theta = \dfrac{1}{\sqrt{3}} \quad \text{……（答）}$$

練習問題 22

$g(x) = f(x+h) - f(x)$ $(h > 0)$ とおく．

$f(a+h)-2f(a)+f(a-h)$
$=f(a+h)-f(a)-\{f(a)-f(a-h)\}$
$=g(a)-g(a-h)$

平均値の定理から
$$g(a)-g(a-h)=hg'(c_1)$$
$$(a-h<c_1<a)$$
となる c_1 が存在する．
ここに，$g'(x)=f'(x+h)-f'(x)$ だから
$$g'(c_1)=f'(c_1+h)-f'(c_1)$$
さらに，平均値の定理を用いて
$$g'(c_1)=hf''(c_2) \quad (c_1<c_2<c_1+h)$$
となる c_2 が存在するから
$$g(a)-g(a-h)=h^2f''(c_2)$$
$$\therefore \quad \frac{f(a+h)-2f(a)+f(a-h)}{h^2}=f''(c_2)$$
ここで，$h \to +0$ のとき $c_2 \to c_1$ かつ $c_1 \to a$ だから
$h \to +0$ のとき $c_2 \to a$
よって
$$\lim_{h \to 0}\frac{f(a+h)-2f(a)+f(a-h)}{h^2}=f''(a)$$
これは $h \to -0$ のときも同様に成り立つ．

練習問題 23

(1) 与式は $\frac{0}{0}$ の不定形であるから，ロピタルの定理を用いて

$$\lim_{x \to 1}\frac{\frac{\pi}{2}-3\sin^{-1}\frac{x}{2}}{\sqrt{4-x^2}-\sqrt{3}}$$

$$=\lim_{x \to 1}\frac{-3 \cdot \frac{1}{\sqrt{1-\left(\frac{x}{2}\right)^2}} \cdot \frac{1}{2}}{\frac{-x}{\sqrt{4-x^2}}}$$

$$=\lim_{x \to 1}\frac{\frac{3}{\sqrt{4-x^2}}}{\frac{x}{\sqrt{4-x^2}}}=\lim_{x \to 1}\frac{3}{x}=3$$

……（答）

(2) $\lim_{x \to 0}\left(\frac{1}{x^2}-\frac{\cot x}{x}\right)=\lim_{x \to 0}\frac{\sin x-x\cos x}{x^2 \sin x}$

これは $\frac{0}{0}$ の不定形であるから

与式$=\lim_{x \to 0}\frac{\cos x-\cos x+x\sin x}{2x\sin x+x^2\cos x}$

$=\lim_{x \to 0}\frac{\sin x}{2\sin x+x\cos x}$

$=\lim_{x \to 0}\frac{\cos x}{2\cos x+\cos x-x\sin x}$

$=\lim_{x \to 0}\frac{\cos x}{3\cos x-x\sin x}=\frac{1}{3}$

……（答）

(3) 自然対数をとって考える．
$$\lim_{x \to +0}\log\left(\frac{2^x+4^x+8^x}{3}\right)^{\frac{1}{x}}$$

$$=\lim_{x \to +0}\frac{1}{x}\log\left(\frac{2^x+4^x+8^x}{3}\right)(=\rho \text{ とおく})$$

これは $\frac{0}{0}$ の不定形であるから

$\rho=\lim_{x \to +0}\frac{3}{2^x+4^x+8^x} \cdot \left(\frac{2^x+4^x+8^x}{3}\right)'$

$=\lim_{x \to +0}\left\{\frac{3}{2^x+4^x+8^x} \cdot \frac{1}{3}\right.$

$\qquad \times (2^x\log 2+4^x\log 4+8^x\log 8)\Big\}$

$=\frac{1}{3}(\log 2+\log 4+\log 8)$

$=\frac{1}{3}\log 64=\log 4$

よって，$\lim_{x \to 0}\left(\frac{2^x+4^x+8^x}{3}\right)^{\frac{1}{x}}=4$ ……（答）

練習問題 24

(1) $g(x)=\log x$ とおくと
$$g'(x)=\frac{1}{x}, \quad g''(x)=-\frac{1}{x^2},$$
$$g^{(3)}(x)=\frac{2!}{x^3}, \quad g^{(4)}(x)=-\frac{3!}{x^4}, \cdots$$
$$\therefore \quad g^{(n)}(x)=(-1)^{n-1}\frac{(n-1)!}{x^n}$$

これより $g(1)=0, \ g'(1)=1, \ g''(1)=-1,$
$g^{(3)}(1)=2!, \ g^{(4)}(1)=-3!, \cdots$
$$\therefore \quad g^{(n)}(1)=(-1)^{n-1}(n-1)! \quad (n \geqq 1)$$
したがって
$g(x)=\log x$
$=(x-1)-\frac{1}{2!}(x-1)^2+\frac{2!}{3!}(x-1)^3-$
$\cdots+\frac{(-1)^{n-1}(n-1)!}{n!}(x-1)^n+\cdots$

$$= (x-1) - \frac{1}{2}(x-1)^2 + \frac{1}{3}(x-1)^3 -$$
$$\cdots + \frac{(-1)^{n-1}}{n}(x-1)^n + \cdots$$

よって，求めるテーラー展開は
$$f(x) = \frac{\log x}{x-1} = 1 - \frac{1}{2}(x-1) + \frac{1}{3}(x-1)^2 -$$
$$\cdots + \frac{(-1)^{n-1}}{n}(x-1)^{n-1} + \cdots$$
……(答)

(2) (1)の結果から
$$\int_0^1 f(x)\,dx = \left[(x-1) - \frac{1}{2^2}(x-1)^2\right.$$
$$+ \frac{1}{3^2}(x-1)^3 -$$
$$\left.\cdots + \frac{(-1)^{n-1}}{n^2}(x-1)^n + \cdots\right]_0^1$$
$$= 1 + \frac{1}{2^2} + \frac{1}{3^2} + \cdots + \frac{1}{n^2} + \cdots$$
$$= \frac{1}{1^2} + \frac{1}{2^2} + \frac{1}{3^2} + \cdots + \frac{1}{n^2} + \cdots$$

練習問題 25

(1) $\sin x$, $\sin^2 x$ を 4 次の項まで求めると
$$\sin x = x - \frac{x^3}{3!} + \cdots \qquad \text{……(答)}$$
$$\sin^2 x = \left(x - \frac{x^3}{3!} + \cdots\right)^2$$
$$= x^2 - \frac{x^4}{3} + \cdots \qquad \text{……(答)}$$

よって
$$x^2 - \sin^2 x = x^2 - \left(x^2 - \frac{x^4}{3} + \cdots\right)$$
$$= \frac{x^4}{3} - \cdots \qquad \text{……(答)}$$

(2) $\displaystyle \lim_{x \to 0}\left(\frac{1}{\sin^2 x} - \frac{1}{x^2}\right)$
$$= \lim_{x \to 0} \frac{x^2 - \sin^2 x}{x^2 \sin^2 x}$$
$$= \lim_{x \to 0} \frac{\frac{x^4}{3} - \cdots}{x^2\left(x^2 - \frac{x^4}{3} + \cdots\right)}$$
$$= \lim_{x \to 0} \frac{\frac{1}{3} - \cdots}{1 - \frac{x^2}{3} + \cdots} = \frac{1}{3} \qquad \text{……(答)}$$

練習問題 26

マクローリン展開を考える．
(1) $f(x) = \log(1 + \sin x)$ のとき
$$f'(x) = \frac{\cos x}{1 + \sin x}$$
$$f''(x) = \frac{-\sin x(1 + \sin x) - \cos x \cdot \cos x}{(1 + \sin x)^2}$$
$$= -\frac{1}{1 + \sin x}$$
$$f^{(3)}(x) = \frac{\cos x}{(1 + \sin x)^2}$$

したがって
$$f(x) = f(0) + \frac{f'(0)}{1!}x + \frac{f''(0)}{2!}x^2$$
$$+ \frac{f^{(3)}(0)}{3!}x^3 + O(x^4)$$
$$= x - \frac{x^2}{2} + \frac{x^3}{6} + O(x^4)$$

よって，x が無限小のとき
$$\log(1 + \sin x) \fallingdotseq x - \frac{x^2}{2} + \frac{x^3}{6}$$

(2) $f(x) = \sqrt{1-x}$ のとき
$$f'(x) = -\frac{1}{2}(1-x)^{-\frac{1}{2}},$$
$$f''(x) = -\frac{1}{4}(1-x)^{-\frac{3}{2}},$$
$$f^{(3)}(x) = -\frac{3}{8}(1-x)^{-\frac{5}{2}},$$
$$f^{(4)}(x) = -\frac{15}{16}(1-x)^{-\frac{7}{2}}$$

したがって
$$\sqrt{1-x} = 1 - \frac{x}{2} - \frac{x^2}{8} - \frac{x^3}{16} - \frac{5}{128}x^4 + O(x^5)$$

また
$$\sin\frac{x}{2} = \frac{x}{2} - \frac{1}{3!}\left(\frac{x}{2}\right)^3 + O(x^5)$$
$$= \frac{x}{2} - \frac{x^3}{48} + O(x^5)$$
$$\cos\frac{x}{2} = 1 - \frac{1}{2!}\left(\frac{x}{2}\right)^2 + \frac{1}{4!}\left(\frac{x}{2}\right)^4 + O(x^6)$$
$$= 1 - \frac{x^2}{8} + \frac{x^4}{384} + O(x^6)$$

よって
$$\sqrt{1-x} + \sin\frac{x}{2} - \cos\frac{x}{2}$$

$$= 1 - \frac{x}{2} - \frac{x^2}{8} - \frac{x^3}{16} - \frac{5}{128}x^4 + O(x^5)$$
$$+ \frac{x}{2} - \frac{x^3}{48} + O(x^5)$$
$$- \left\{ 1 - \frac{x^2}{8} + \frac{x^4}{384} + O(x^6) \right\}$$
$$= -\frac{x^3}{12} - \frac{x^4}{24} + O(x^5)$$

よって，x が無限小のとき

$$\sqrt{1-x} + \sin\frac{x}{2} - \cos\frac{x}{2} \fallingdotseq -\frac{x^3}{12} - \frac{x^4}{24}$$

(別解) $f(x) = \sqrt{1-x} + \sin\frac{x}{2} - \cos\frac{x}{2}$ として，4回微分をして $f(0) = f'(0) = f''(0)$，$f^{(3)}(0) = -\frac{1}{2}$, $f^{(4)}(0) = -1$ からマクローリン展開してもよい．

練習問題 27

(1) $\int (3x-1)^5 dx = \frac{1}{18}(3x-1)^6 + C$

(2) $\int \frac{dx}{\sqrt[3]{2x+1}} = \int (2x+1)^{-\frac{1}{3}} dx$
$$= \frac{1}{2} \cdot \frac{3}{2}(2x+1)^{\frac{2}{3}} + C$$
$$= \frac{3}{4}\sqrt[3]{(2x+1)^2} + C \cdots\cdots(\text{答})$$

(3) $\int \sin(2-3x)\, dx = \frac{1}{3}\cos(2-3x) + C$

(4) $\int \sec^2\left(\frac{x}{3}+1\right) dx = 3\tan\left(\frac{x}{3}+1\right) + C$

(5) $\int \frac{dx}{e^{3x-1}} = \int e^{1-3x} dx$
$$= -\frac{1}{3}e^{1-3x} + C \qquad \cdots\cdots(\text{答})$$

練習問題 28

(1) $\frac{2x+3}{x^2-1} = \frac{2x}{x^2-1} + \frac{3}{x^2-1}$
$$= \frac{2x}{x^2-1} + \frac{3}{2}\left(\frac{1}{x-1} - \frac{1}{x+1}\right)$$
$$\therefore \int \frac{2x+3}{x^2-1} dx$$
$$= \log|x^2-1| + \frac{3}{2}\log\left|\frac{x-1}{x+1}\right| + C$$
$$\cdots\cdots(\text{答})$$

(2) $\frac{1}{x^3-x} = \frac{1}{x(x+1)(x-1)}$
$$= \frac{a}{x} + \frac{b}{x+1} + \frac{c}{x-1}$$

とおくと，分母を払って
$$1 = a(x+1)(x-1) + bx(x-1) + cx(x+1)$$

x の恒等式だから

$x=0$ とおくと $1 = -a$
$x=-1$ とおくと $1 = 2b$
$x=1$ とおくと $1 = 2c$

これらより $a = -1,\ b = c = \frac{1}{2}$

$$\therefore \int \frac{dx}{x^3-x}$$
$$= \int \left(-\frac{1}{x} + \frac{1}{2}\cdot\frac{1}{x+1} + \frac{1}{2}\cdot\frac{1}{x-1}\right) dx$$
$$= -\log|x| + \frac{1}{2}\log|(x+1)(x-1)| + C$$
$$= \frac{1}{2}\log\frac{|(x+1)(x-1)|}{x^2} + C \cdots\cdots(\text{答})$$

(3) $\frac{x^4+1}{x(x-1)^3} = 1 + \frac{a}{x} + \frac{b}{x-1} + \frac{c}{(x-1)^2} + \frac{d}{(x-1)^3}$

とおくと，分母を払って
$$x^4 + 1 = x(x-1)^3 + a(x-1)^3 + bx(x-1)^2 + cx(x-1) + dx$$

x の恒等式だから

$x=0$ とおくと $1 = -a$
$x=1$ とおくと $2 = d$
x^3 の係数から $0 = -3 + a + b$
x^2 の係数から $0 = 3 - 3a - 2b + c$

これらより $a = -1,\ b = 4,\ c = 2,\ d = 2$

$$\therefore \int \frac{x^4+1}{x(x-1)^3} dx$$
$$= \int \left\{ 1 - \frac{1}{x} + \frac{4}{x-1} + \frac{2}{(x-1)^2} + \frac{2}{(x-1)^3} \right\} dx$$
$$= x - \log|x| + 4\log|x-1|$$
$$\quad - \frac{2}{x-1} - \frac{1}{(x-1)^2} + C \cdots\cdots(\text{答})$$

練習問題 29

(1) $\displaystyle\int\frac{dx}{x^4-16}=\int\frac{dx}{(x^2-4)(x^2+4)}$
$=\dfrac{1}{8}\displaystyle\int\left(\dfrac{1}{x^2-4}-\dfrac{1}{x^2+4}\right)dx$
$=\dfrac{1}{32}\displaystyle\int\left(\dfrac{1}{x-2}-\dfrac{1}{x+2}\right)dx-\dfrac{1}{8}\int\dfrac{dx}{x^2+2^2}$
$=\dfrac{1}{32}\log\left|\dfrac{x-2}{x+2}\right|-\dfrac{1}{16}\tan^{-1}\dfrac{x}{2}+C$ ……(答)

(2) $\displaystyle\int\frac{dx}{\sqrt{-4x^2+12x-3}}$
$=\displaystyle\int\frac{dx}{\sqrt{-(4x^2-12x+9)+6}}$
$=\displaystyle\int\frac{dx}{\sqrt{(\sqrt{6})^2-(2x-3)^2}}$
$=\dfrac{1}{2}\sin^{-1}\dfrac{2x-3}{\sqrt{6}}+C$ ……(答)

練習問題 30

(1) $\displaystyle\int_{-1}^{1}\frac{e^x}{e^x+1}dx=\left[\log(e^x+1)\right]_{-1}^{1}$
$=\log(e+1)-\log(e^{-1}+1)$
$=\log\dfrac{e+1}{e^{-1}+1}=\log e=1$ ……(答)

(2) $\displaystyle\int_0^{\frac{\pi}{3}}\tan^2 x\,dx=\int_0^{\frac{\pi}{3}}\left(\dfrac{1}{\cos^2 x}-1\right)dx$
$=\left[\tan x-x\right]_0^{\frac{\pi}{3}}$
$=\tan\dfrac{\pi}{3}-\dfrac{\pi}{3}=\sqrt{3}-\dfrac{\pi}{3}$ ……(答)

(3) $\dfrac{9x+9}{(x+3)(x^2+9)}=\dfrac{a}{x+3}+\dfrac{bx+c}{x^2+9}$
とおくと
$9x+9=a(x^2+9)+(bx+c)(x+3)$
$\quad=(a+b)x^2+(3b+c)x+9a+3c$
$\therefore\ a+b=0,\ 3b+c=9,\ 9a+3c=9$
これを解いて $a=-1,\ b=1,\ c=6$
$\therefore\ \displaystyle\int_{-\sqrt{3}}^{\sqrt{3}}\frac{9x+9}{(x+3)(x^2+9)}dx$
$=\displaystyle\int_{-\sqrt{3}}^{\sqrt{3}}\left(-\dfrac{1}{x+3}+\dfrac{x+6}{x^2+9}\right)dx$
$=\left[-\log|x+3|+\dfrac{1}{2}\log(x^2+9)\right.$
$\left.\qquad\qquad +2\tan^{-1}\dfrac{x}{3}\right]_{-\sqrt{3}}^{\sqrt{3}}$
$=-\log\dfrac{3+\sqrt{3}}{3-\sqrt{3}}$
$\quad +2\left\{\tan^{-1}\dfrac{\sqrt{3}}{3}-\tan^{-1}\left(-\dfrac{\sqrt{3}}{3}\right)\right\}$
$=-\log(2+\sqrt{3})+2\left\{\dfrac{\pi}{6}-\left(-\dfrac{\pi}{6}\right)\right\}$
$=\dfrac{2}{3}\pi-\log(2+\sqrt{3})$ ……(答)

練習問題 31

(1) $x^2+1=t$ とおくと, $2x\,dx=dt$ から
$x\,dx=\dfrac{1}{2}dt$
$\therefore\ \displaystyle\int\frac{x}{(x^2+1)^2+1}dx$
$=\displaystyle\int\frac{1}{t^2+1}\cdot\dfrac{1}{2}dt=\dfrac{1}{2}\tan^{-1}t+C$
$=\dfrac{1}{2}\tan^{-1}(x^2+1)+C$ ……(答)

(2) $\sin^{-1}x=t$ とおくと
$\dfrac{1}{\sqrt{1-x^2}}dx=dt$

x	$0\to\dfrac{1}{2}$
t	$0\to\dfrac{\pi}{6}$

$\therefore\ \displaystyle\int_0^{\frac{1}{2}}\frac{(\sin^{-1}x)^2}{\sqrt{1-x^2}}dx$
$=\displaystyle\int_0^{\frac{\pi}{6}}t^2\,dt$
$=\left[\dfrac{t^3}{3}\right]_0^{\frac{\pi}{6}}=\dfrac{1}{3}\left(\dfrac{\pi}{6}\right)^3=\dfrac{\pi^3}{648}$ ……(答)

(3) $\log x+1=t$ とおくと
$\dfrac{1}{x}dx=dt$

x	$1\to e$
t	$1\to 2$

$\therefore\ \displaystyle\int_1^e\frac{dx}{x(\log x+1)^3}=\int_1^2\dfrac{dt}{t^3}$
$=\left[-\dfrac{1}{2t^2}\right]_1^2=-\dfrac{1}{2}\left(\dfrac{1}{4}-1\right)=\dfrac{3}{8}$
……(答)

練習問題 32

(1) $\sqrt{\dfrac{x+1}{x-1}}=t$ とおくと $\dfrac{x+1}{x-1}=t^2$
$x+1=(x-1)t^2\quad (t^2-1)x=t^2+1$
$\therefore\ x=\dfrac{t^2+1}{t^2-1}=1+\dfrac{2}{t^2-1}$
$dx=-\dfrac{4t}{(t^2-1)^2}dt$
$\therefore\ \displaystyle\int\frac{1}{x}\sqrt{\dfrac{x+1}{x-1}}dx$

$$= \int \frac{t^2-1}{t^2+1} \cdot t \cdot \frac{-4t}{(t^2-1)^2} dt$$

$$= \int \frac{-4t^2}{(t^2+1)(t^2-1)} dt$$

$$= -2\int \left(\frac{1}{t^2+1} + \frac{1}{t^2-1}\right) dt$$

$$= -2\tan^{-1} t + \int \left(\frac{1}{t+1} - \frac{1}{t-1}\right) dt$$

$$= -2\tan^{-1} t + \log\left|\frac{t+1}{t-1}\right| + C_1$$

$$= -2\tan^{-1}\sqrt{\frac{x+1}{x-1}}$$
$$\quad + \log\left|\frac{\sqrt{x+1}+\sqrt{x-1}}{\sqrt{x+1}-\sqrt{x-1}}\right| + C_1$$

$$= -2\tan^{-1}\sqrt{\frac{x+1}{x-1}}$$
$$\quad + \log\frac{(\sqrt{x+1}+\sqrt{x-1})^2}{2} + C_1$$

$$= -2\tan^{-1}\sqrt{\frac{x+1}{x-1}}$$
$$\quad + 2\log(\sqrt{x+1}+\sqrt{x-1}) + C$$
……(答)

($C_1 - \log 2 = C$ とおいた)

(2) $\sqrt{3x+1}=t$ とおくと $3x+1=t^2$

$$x = \frac{t^2-1}{3}$$

$$dx = \frac{2}{3} t\, dt$$

x	$0 \to 1$
t	$1 \to 2$

$$\therefore \int_0^1 \frac{x}{\sqrt{3x+1}} dx = \int_1^2 \frac{1}{t} \cdot \frac{t^2-1}{3} \cdot \frac{2}{3} t\, dt$$

$$= \frac{2}{9}\int_1^2 (t^2-1)\, dt = \frac{2}{9}\left[\frac{t^3}{3}-t\right]_1^2$$

$$= \frac{2}{9}\left\{\left(\frac{8}{3}-2\right)-\left(\frac{1}{3}-1\right)\right\} = \frac{8}{27}$$ ……(答)

練習問題 33

(1) $\tan\frac{x}{2} = t$ とおくと $dx = \frac{2}{1+t^2} dt$

$\sin x = \frac{2t}{1+t^2}$,

$\cos x = \frac{1-t^2}{1+t^2}$

x	$0 \to \frac{\pi}{2}$
t	$0 \to 1$

$$\therefore \int_0^{\frac{\pi}{2}} \frac{1+\sin x+\cos x}{2+2\sin x-\cos x} dx$$

$$= \int_0^1 \frac{1+\frac{2t}{1+t^2}+\frac{1-t^2}{1+t^2}}{2+2\cdot\frac{2t}{1+t^2}-\frac{1-t^2}{1+t^2}} \cdot \frac{2}{1+t^2} dt$$

$$= \int_0^1 \frac{4}{(t^2+1)(3t+1)} dt$$

$\frac{1}{(t^2+1)(3t+1)} = \frac{at+b}{t^2+1} + \frac{c}{3t+1}$ とおくと,
分母を払って
$\quad 1 = (at+b)(3t+1) + c(t^2+1)$
$\quad 1 = (3a+c) t^2 + (a+3b) t + b+c$
t の恒等式だから
$\quad 3a+c=0,\ a+3b=0,\ b+c=1$
$\quad a = -\frac{3}{10},\ b = \frac{1}{10},\ c = \frac{9}{10}$

$$\therefore 与式 = \frac{2}{5}\int_0^1 \left(\frac{-3t+1}{t^2+1} + \frac{9}{3t+1}\right) dt$$

$$= \frac{2}{5}\left[-\frac{3}{2}\log(t^2+1) + \tan^{-1} t\right.$$
$$\left.\quad + 3\log(3t+1)\right]_0^1$$

$$= \frac{2}{5}\left(-\frac{3}{2}\log 2 + \tan^{-1} 1 + 3\log 4\right)$$

$$= \frac{9}{5}\log 2 + \frac{\pi}{10}$$ ……(答)

(2) $\sqrt{e^x-2} = t$ とおくと
$\quad e^x = t^2+2$
$\quad e^x dx = 2t\, dt$

x	$\log 2 \to \log 6$
t	$0 \to 2$

$$\therefore \int_{\log 2}^{\log 6} \frac{e^x \sqrt{e^x-2}}{e^x+2} dx$$

$$= \int_0^2 \frac{t}{t^2+4} \cdot 2t\, dt$$

$$= 2\int_0^2 \left(1 - \frac{4}{t^2+4}\right) dt$$

$$= 2\left[t - 4\cdot\frac{1}{2}\tan^{-1}\frac{t}{2}\right]_0^2$$

$$= 2(2 - 2\tan^{-1} 1) = 4 - \pi$$ ……(答)

練習問題 34

(1) $x = \sin t \ \left(|t| \leq \frac{\pi}{2}\right)$ とおくと
$\quad dx = \cos t\, dt$
$\qquad = \cos t$
$\quad \sqrt{1-x^2} = \sqrt{\cos^2 t}$
$\qquad = \cos t$

x	$0 \to 1$
t	$0 \to \frac{\pi}{2}$

$$\therefore \quad \int_0^1 x^2\sqrt{1-x^2}\,dx$$
$$= \int_0^{\frac{\pi}{2}} \sin^2 t \cos t \cdot \cos t\,dt$$
$$= \int_0^{\frac{\pi}{2}} (\sin t \cos t)^2\,dt = \int_0^{\frac{\pi}{2}} \frac{1}{4}\sin^2 2t\,dt$$
$$= \int_0^{\frac{\pi}{2}} \frac{1-\cos 4t}{8}\,dt$$
$$= \frac{1}{8}\left[t - \frac{1}{32}\sin 4t\right]_0^{\frac{\pi}{2}} = \frac{\pi}{16} \quad \cdots\cdots(\text{答})$$

(2) $\displaystyle\int_{-\frac{1}{2}}^{\frac{1}{4}} \frac{dx}{\sqrt{(2-x-x^2)^3}}$

$$= \int_{-\frac{1}{2}}^{\frac{1}{4}} \frac{dx}{\left\{\sqrt{\frac{9}{4}-\left(x+\frac{1}{2}\right)^2}\right\}^3}$$

$x + \dfrac{1}{2} = \dfrac{3}{2}\sin t \quad \left(|t| \leq \dfrac{\pi}{2}\right)$ とおくと

$$dx = \frac{3}{2}\cos t\,dt$$

$$\sqrt{\frac{9}{4}-\left(x+\frac{1}{2}\right)^2} = \sqrt{\frac{9}{4}\cos^2 t}$$
$$= \frac{3}{2}\cos t$$

x	$-\dfrac{1}{2}$	$\to$	$\dfrac{1}{4}$
t	0	$\to$	$\dfrac{\pi}{6}$

$\therefore$ 与式 $= \displaystyle\int_0^{\frac{\pi}{6}} \frac{\frac{3}{2}\cos t}{\left(\frac{3}{2}\cos t\right)^3}\,dt$

$$= \frac{4}{9}\int_0^{\frac{\pi}{6}} \frac{dt}{\cos^2 t} = \frac{4}{9}\left[\tan t\right]_0^{\frac{\pi}{6}}$$
$$= \frac{4}{9} \cdot \frac{1}{\sqrt{3}} = \frac{4\sqrt{3}}{27} \quad \cdots\cdots(\text{答})$$

練習問題 35

(1) $\displaystyle\int_1^e \log x\,dx = \int_1^e (x)'\log x\,dx$
$$= \left[x\log x\right]_1^e - \int_1^e x \cdot \frac{1}{x}\,dx$$
$$= e\log e - \left[x\right]_1^e = e - (e-1) = 1 \quad \cdots\cdots(\text{答})$$

(2) $\displaystyle\int_0^{\frac{\pi}{2}} x\sin^2 x\,dx = \int_0^{\frac{\pi}{2}} x \cdot \frac{1-\cos 2x}{2}\,dx$
$$= \left[\frac{x^2}{4}\right]_0^{\frac{\pi}{2}} - \int_0^{\frac{\pi}{2}} \frac{x}{4}(\sin 2x)'\,dx$$
$$= \frac{\pi^2}{16} - \left[\frac{x}{4}\sin 2x\right]_0^{\frac{\pi}{2}} + \int_0^{\frac{\pi}{2}} \frac{1}{4}\sin 2x\,dx$$
$$= \frac{\pi^2}{16} + \frac{1}{4}\left[-\frac{1}{2}\cos 2x\right]_0^{\frac{\pi}{2}}$$
$$= \frac{\pi^2}{16} + \frac{1}{4} \quad \cdots\cdots(\text{答})$$

練習問題 36

(1) $\displaystyle\int x(\log x)^3\,dx = \int \left(\frac{x^2}{2}\right)'(\log x)^3\,dx$
$$= \frac{x^2}{2}(\log x)^3 - \int \frac{x^2}{2} \cdot 3(\log x)^2 \cdot \frac{1}{x}\,dx$$
$$= \frac{x^2}{2}(\log x)^3 - \frac{3}{2}\int x(\log x)^2\,dx$$
$$= \frac{x^2}{2}(\log x)^3 - \frac{3}{2}\left\{\frac{x^2}{2}(\log x)^2\right.$$
$$\left. - \int \frac{x^2}{2} \cdot 2\log x \cdot \frac{1}{x}\,dx\right\}$$
$$= \frac{x^2}{2}(\log x)^3 - \frac{3}{4}x^2(\log x)^2$$
$$+ \frac{3}{2}\int x\log x\,dx$$
$$= \frac{x^2}{2}(\log x)^3 - \frac{3}{4}x^2(\log x)^2$$
$$+ \frac{3}{2}\left\{\frac{x^2}{2}\log x - \int \frac{x^2}{2} \cdot \frac{1}{x}\,dx\right\}$$
$$= \frac{x^2}{8}\{4(\log x)^3 - 6(\log x)^2 + 6\log x - 3\}$$
$$+ C \quad \cdots\cdots(\text{答})$$

(2) $\displaystyle\int_0^1 e^{-x}\sin \pi x\,dx = \int_0^1 (-e^{-x})'\sin \pi x\,dx$
$$= \left[-e^{-x}\sin \pi x\right]_0^1$$
$$- \int_0^1 (-e^{-x}) \cdot \pi \cos \pi x\,dx$$
$$= -\pi \int_0^1 (e^{-x})'\cos \pi x\,dx$$
$$= -\pi\left\{\left[e^{-x}\cos \pi x\right]_0^1\right.$$
$$\left. - \int_0^1 e^{-x} \cdot (-\pi \sin \pi x)\,dx\right\}$$
$$= -\pi(-e^{-1} - 1) - \pi^2 \int_0^1 e^{-x}\sin \pi x\,dx$$

よって $\displaystyle\int_0^1 e^{-x}\sin \pi x\,dx = \frac{(1+e)\pi}{e(1+\pi^2)}$
$$\cdots\cdots(\text{答})$$

練習問題 37

与えられた定積分を I とおくと, 被積分関数は偶関数だから

$$I = 2\int_0^\pi (x - a\sin x - b\sin 2x)^2 dx$$
$$= 2\int_0^\pi (x^2 + a^2\sin^2 x + b^2\sin^2 2x$$
$$\quad - 2ax\sin x + 2ab\sin x \sin 2x$$
$$\quad - 2bx\sin 2x)\, dx$$

ここで

$$\int_0^\pi x^2 dx = \left[\frac{x^3}{3}\right]_0^\pi = \frac{\pi^3}{3}$$

$$\int_0^\pi \sin^2 x\, dx = \int_0^\pi \frac{1-\cos 2x}{2} dx$$
$$= \left[\frac{x}{2} - \frac{1}{4}\sin 2x\right]_0^\pi = \frac{\pi}{2}$$

$$\int_0^\pi \sin^2 2x\, dx = \int_0^\pi \frac{1-\cos 4x}{2} dx$$
$$= \left[\frac{x}{2} - \frac{1}{8}\sin 4x\right]_0^\pi = \frac{\pi}{2}$$

$$\int_0^\pi x\sin x\, dx = \left[-x\cos x + \sin x\right]_0^\pi = \pi$$

$$\int_0^\pi x\sin 2x\, dx = \left[-\frac{x}{2}\cos 2x + \frac{1}{4}\sin 2x\right]_0^\pi$$
$$= -\frac{\pi}{2}$$

$$\int_0^\pi \sin x \sin 2x\, dx$$
$$= \int_0^\pi -\frac{1}{2}(\cos 3x - \cos x)\, dx$$
$$= -\frac{1}{2}\left[\frac{1}{3}\sin 3x - \sin x\right]_0^\pi = 0$$

したがって

$$I = 2\left\{\frac{\pi^3}{3} + a^2 \cdot \frac{\pi}{2} + b^2 \cdot \frac{\pi}{2} - 2a\cdot\pi\right.$$
$$\left. + 2ab\cdot 0 - 2b\cdot\left(-\frac{\pi}{2}\right)\right\}$$
$$= 2\left(\frac{\pi}{2}a^2 - 2\pi a + \frac{\pi}{2}b^2 + \pi b + \frac{\pi^3}{3}\right)$$
$$= \pi(a-2)^2 + \pi(b+1)^2 + \frac{2}{3}\pi^3 - 5\pi$$

よって，I を最小にする a，b の値は
$$a = 2,\ b = -1 \qquad \cdots\cdots(答)$$

練習問題 38

(1) $I_n = \int (\log x)^n dx = \int (x)'(\log x)^n dx$
$$= x(\log x)^n - \int x \cdot n(\log x)^{n-1}\frac{1}{x} dx$$
$$= x(\log x)^n - n\int (\log x)^{n-1} dx$$

よって $\quad I_n = x(\log x)^n - nI_{n-1} \quad \cdots\cdots(答)$

(2) $I_n = \int x^n \sin x\, dx = \int x^n(-\cos x)' dx$
$$= -x^n \cos x - \int nx^{n-1}\cdot(-\cos x)\, dx$$
$$= -x^n \cos x + n\int x^{n-1}\cdot(\sin x)' dx$$
$$= -x^n \cos x + n\left\{x^{n-1}\sin x\right.$$
$$\left. - \int (n-1)x^{n-2}\sin x\, dx\right\}$$
$$= -x^n \cos x + nx^{n-1}\sin x$$
$$\quad - n(n-1)\int x^{n-2}\sin x\, dx$$

よって $\quad I_n = -x^n\cos x + nx^{n-1}\sin x$
$$\quad - n(n-1)I_{n-2} \qquad \cdots\cdots(答)$$

練習問題 39

(1) $I_n = \int_0^\pi \cos^n x\, dx$
$$= \int_0^\pi (\sin x)' \cos^{n-1} x\, dx$$
$$= \left[\sin x \cos^{n-1} x\right]_0^\pi$$
$$\quad - \int_0^\pi \sin x \cdot (n-1)\cos^{n-2} x(-\sin x)\, dx$$
$$= (n-1)\int_0^\pi \sin^2 x \cos^{n-2} x\, dx$$
$$= (n-1)\int_0^\pi (1 - \cos^2 x)\cos^{n-2} x\, dx$$
$$= (n-1)\left(\int_0^\pi \cos^{n-2} x\, dx - \int_0^\pi \cos^n x\, dx\right)$$
$$= (n-1)(I_{n-2} - I_n)$$
$$nI_n = (n-1)I_{n-2}$$
$$\therefore\quad I_n = \frac{n-1}{n} I_{n-2} \qquad (n \geq 2)$$

(2) $I_0 = \int_0^\pi dx = \pi$

$I_1 = \int_0^\pi \cos x\, dx = \left[\sin x\right]_0^\pi = 0$

よって，(1) の漸化式を用いて

n が偶数のとき
$$I_n = \frac{n-1}{n}\cdot\frac{n-3}{n-2}\cdots\cdots\frac{1}{2}\cdot\pi$$

n が奇数のとき
$$I_n = 0 \qquad \cdots\cdots(答)$$

練習問題 40

(1) $\displaystyle\int_0^1 \frac{dx}{\sqrt{x(1-x)}}$

$\displaystyle =\int_0^1 \frac{dx}{\sqrt{\left(\frac{1}{2}\right)^2-\left(x-\frac{1}{2}\right)^2}}$

$\displaystyle =\left[\sin^{-1}\frac{x-\frac{1}{2}}{\frac{1}{2}}\right]_0^1 =\left[\sin^{-1}(2x-1)\right]_0^1$

$\displaystyle =\sin^{-1}1-\sin^{-1}(-1)=\frac{\pi}{2}-\left(-\frac{\pi}{2}\right)=\pi$

……(答)

(2) $\displaystyle\int_0^1(\log x)^2 =\int_0^1(x)'(\log x)^2 dx$

$\displaystyle =\left[x(\log x)^2\right]_0^1 -\int_0^1 x\cdot 2\log x\cdot\frac{1}{x}dx$

$\displaystyle =-\lim_{\beta\to\infty}\frac{\beta^2}{e^\beta}-2\left[x\log x-x\right]_0^1$

$=0-2\cdot(-1)=2$ ……(答)

$\Big(\because \displaystyle\lim_{\alpha\to +0}\alpha(\log\alpha)^2$ において $\log\alpha=-\beta$
とおくと $\alpha=e^{-\beta}$ となり, $\alpha\to +0$ のとき $\beta\to\infty$ となるので

$\displaystyle\lim_{\alpha\to +0}\alpha(\log\alpha)^2=\lim_{\beta\to\infty}\frac{\beta^2}{e^\beta}=\lim_{\beta\to\infty}\frac{2\beta}{e^\beta}$

$\displaystyle =\lim_{\beta\to\infty}\frac{2}{e^\beta}=0$

また

$\displaystyle\lim_{\alpha\to +0}\alpha\log\alpha=\lim_{\beta\to +\infty}\frac{-\beta}{e^\beta}=0\Big)$

練習問題 41

(1) $\displaystyle\int_0^\infty x^4 e^{-x}dx$

$\displaystyle =\left[-(x^4+4x^3+12x^2+24x+24)e^{-x}\right]_0^\infty$

$=0-(-24)=24$ ……(答)

(2) $\displaystyle\int_0^\infty \frac{\tan^{-1}x}{1+x^2}dx =\left[\frac{1}{2}(\tan^{-1}x)^2\right]_0^\infty$

$\displaystyle =\frac{1}{2}\left(\frac{\pi}{2}\right)^2=\frac{\pi^2}{8}$

……(答)

(3) $\log x=t$ とおくと

$\displaystyle\frac{1}{x}dx=dt$

x	$2 \to \infty$
t	$\log 2 \to \infty$

$\displaystyle\therefore \int_2^\infty \frac{dx}{x(\log x)^2} =\int_{\log 2}^\infty \frac{dt}{t^2} =\left[-\frac{1}{t}\right]_{\log 2}^\infty$

$\displaystyle =\frac{1}{\log 2}$ ……(答)

練習問題 42

$I_{m,n}=\displaystyle\int_0^1 x^m(1-x)^n dx$ とおくと

$\displaystyle I_{m,n}=\int_0^1\left(\frac{x^{m+1}}{m+1}\right)'(1-x)^n dx$

$\displaystyle =\left[\frac{x^{m+1}}{m+1}(1-x)^n\right]_0^1$

$\displaystyle +\int_0^1\frac{x^{m+1}}{m+1}\cdot n(1-x)^{n-1}dx$

$\displaystyle =\frac{n}{m+1}\int_0^1 x^{m+1}(1-x)^{n-1}dx$

$\displaystyle \therefore I_{m,n}=\frac{n}{m+1}I_{m+1,n-1}$

これをくり返し用いると

$\displaystyle I_{m,n}=\frac{n}{m+1}\cdot\frac{n-1}{m+2}I_{m+2,n-2}$

$=\cdots$

$\displaystyle =\frac{n}{m+1}\cdot\frac{n-1}{m+2}\cdots\frac{1}{m+n}I_{m+n,0}$

$\displaystyle =\frac{m!\,n!}{(m+n)!}I_{m+n,0}$

$\displaystyle I_{m+n,0}=\int_0^1 x^{m+n}dx=\left[\frac{x^{m+n+1}}{m+n+1}\right]_0^1$

$\displaystyle =\frac{1}{m+n+1}$ だから

$\displaystyle I_{m,n}=\frac{m!\,n!}{(m+n)!}\cdot\frac{1}{m+n+1}$

$\displaystyle =\frac{m!\,n!}{(m+n+1)!}$ ……(答)

練習問題 43

(1) $2x=t$ とおくと

$2dx=dt$ から $dx=\dfrac{1}{2}dt$

x	$0 \to \infty$
t	$0 \to \infty$

$\displaystyle\therefore \int_0^\infty x^6 e^{-2x}dx =\int_0^\infty\left(\frac{t}{2}\right)^6 e^{-t}\cdot\frac{1}{2}dt$

$\displaystyle =\frac{1}{2^7}\int_0^\infty e^{-t}t^6 dt$

$\displaystyle =\frac{1}{2^7}\Gamma(7)=\frac{6!}{2^7}=\frac{45}{8}$

……(答)

(2) $\log\dfrac{1}{x}=t$ とおくと，$\dfrac{1}{x}=e^t$ から

$x=e^{-t}$

$dx=-e^{-t}dt$

x	$0 \to 1$
t	$\infty \to 0$

$\therefore\ \displaystyle\int_0^1\left(\log\dfrac{1}{x}\right)^n dx=\int_\infty^0 t^n\cdot(-e^{-t})\,dt$

$\phantom{\therefore\ \displaystyle\int_0^1\left(\log\dfrac{1}{x}\right)^n dx}=\displaystyle\int_0^\infty e^{-t}t^n dt$

$\phantom{\therefore\ \displaystyle\int_0^1\left(\log\dfrac{1}{x}\right)^n dx}=\Gamma(n+1)=n!$ ……（答）

練習問題 44

(1) $\displaystyle\lim_{n\to\infty}\left(\dfrac{1}{\sqrt{n^2+1^2}}+\dfrac{1}{\sqrt{n^2+2^2}}\right.$
$\phantom{\displaystyle\lim_{n\to\infty}\left(\right.}\left.+\cdots+\dfrac{1}{\sqrt{n^2+n^2}}\right)$

$=\displaystyle\lim_{n\to\infty}\sum_{k=1}^n\dfrac{1}{\sqrt{n^2+k^2}}$

$=\displaystyle\lim_{n\to\infty}\dfrac{1}{n}\sum_{k=1}^n\dfrac{1}{\sqrt{1+\left(\dfrac{k}{n}\right)^2}}$

$=\displaystyle\int_0^1\dfrac{dx}{\sqrt{1+x^2}}$

$=\left[\log(x+\sqrt{1+x^2})\right]_0^1$

$=\log(1+\sqrt{2})$ ……（答）

(2) $\displaystyle\lim_{n\to\infty}\left(\dfrac{1}{\sqrt{2n-1^2}}+\dfrac{1}{\sqrt{4n-2^2}}+\right.$
$\phantom{\displaystyle\lim_{n\to\infty}\left(\right.}\left.\cdots+\dfrac{1}{\sqrt{2n^2-n^2}}\right)$

$=\displaystyle\lim_{n\to\infty}\sum_{k=1}^n\dfrac{1}{\sqrt{2nk-k^2}}$

$=\displaystyle\lim_{n\to\infty}\dfrac{1}{n}\sum_{k=1}^n\dfrac{1}{\sqrt{\dfrac{2k}{n}-\left(\dfrac{k}{n}\right)^2}}$

$=\displaystyle\int_0^1\dfrac{dx}{\sqrt{2x-x^2}}=\int_0^1\dfrac{dx}{\sqrt{1-(x-1)^2}}$

$=\left[\sin^{-1}(x-1)\right]_0^1$

$=\sin^{-1}0-\sin^{-1}(-1)$

$=-\left(-\dfrac{\pi}{2}\right)=\dfrac{\pi}{2}$ ……（答）

練習問題 45

(1) $0<x<1$ のとき，$1<1+x<2$，$x^n>0$ が成り立つので

$\dfrac{x^n}{2}<\dfrac{x^n}{1+x}<x^n$

これを閉区間 $[0,1]$ で積分して

$\displaystyle\int_0^1\dfrac{x^n}{2}dx<\int_0^1\dfrac{x^n}{1+x}dx<\int_0^1 x^n dx$

$\displaystyle\int_0^1 x^n dx=\left[\dfrac{x^{n+1}}{n+1}\right]_0^1=\dfrac{1}{n+1}$ だから

$\dfrac{1}{2(n+1)}<\displaystyle\int_0^1\dfrac{x^n}{1+x}dx<\dfrac{1}{n+1}$

(2) $m>2$ のとき，$1<x$ では $1<x^m$ だから

$0<x^m<1+x^m<2x^m$

$\therefore\ \dfrac{1}{\sqrt{2x^m}}<\dfrac{1}{\sqrt{1+x^m}}<\dfrac{1}{\sqrt{x^m}}$

これを区間 $[1,\infty)$ で積分して

$\displaystyle\int_1^\infty\dfrac{dx}{\sqrt{2x^m}}<\int_1^\infty\dfrac{dx}{\sqrt{1+x^m}}<\int_1^\infty\dfrac{dx}{\sqrt{x^m}}$

ここで

$\displaystyle\int_1^\infty\dfrac{dx}{\sqrt{x^m}}=\int_1^\infty x^{-\frac{m}{2}}dx$

$\phantom{\displaystyle\int_1^\infty\dfrac{dx}{\sqrt{x^m}}}=\left[\dfrac{-1}{\left(\dfrac{m}{2}-1\right)x^{\frac{m}{2}-1}}\right]_1^\infty$

$\phantom{\displaystyle\int_1^\infty\dfrac{dx}{\sqrt{x^m}}}=\dfrac{1}{\dfrac{m}{2}-1}=\dfrac{2}{m-2}$

よって $\dfrac{\sqrt{2}}{m-2}<\displaystyle\int_1^\infty\dfrac{dx}{\sqrt{1+x^m}}<\dfrac{2}{m-2}$

練習問題 46

(1) $y=x\log x=0$ とおくと $\log x=0$ から

$x=1$

また $\displaystyle\lim_{x\to +0}y=0$

曲線は右図のようになり，面積 S は

$S=-\displaystyle\int_0^1 x\log x\,dx$

$=-\left[\dfrac{x^2}{2}\log x\right]_0^1+\displaystyle\int_0^1\dfrac{x^2}{2}\cdot\dfrac{1}{x}dx$

$=\left[\dfrac{x^2}{4}\right]_0^1=\dfrac{1}{4}$ ……（答）

(2) 与式を y についてまとめて

$3y^2-2xy+(3x^2-2)=0$

$\therefore\ y=\dfrac{x\pm\sqrt{x^2-3(3x^2-2)}}{3}$

$$= \frac{x \pm \sqrt{6-8x^2}}{3}$$

根号内 $= 6-8x^2 \geq 0$ から $-\frac{\sqrt{3}}{2} \leq x \leq \frac{\sqrt{3}}{2}$

よって，求める面積 S は

$$S = \int_{-\frac{\sqrt{3}}{2}}^{\frac{\sqrt{3}}{2}} \left(\frac{x+\sqrt{6-8x^2}}{3} - \frac{x-\sqrt{6-8x^2}}{3} \right) dx$$

$$= \int_{-\frac{\sqrt{3}}{2}}^{\frac{\sqrt{3}}{2}} \frac{2}{3} \sqrt{6-8x^2} \, dx$$

$$= \frac{8\sqrt{2}}{3} \int_0^{\frac{\sqrt{3}}{2}} \sqrt{\left(\frac{\sqrt{3}}{2}\right)^2 - x^2} \, dx$$

$$= \frac{8\sqrt{2}}{3} \cdot \frac{\pi}{4} \left(\frac{\sqrt{3}}{2}\right)^2 = \frac{\sqrt{2}}{2} \pi \quad \cdots\cdots (\text{答})$$

練習問題 47

$\begin{cases} x = a\cos^3 t \\ y = a\sin^3 t \end{cases}$ は $x^{\frac{2}{3}} + y^{\frac{2}{3}} = a^{\frac{2}{3}}$ を満たすので，x, y 両軸に関して対称である．したがって，求める面積は $x \geq 0$, $y \geq 0$ の部分と x, y 両軸で囲まれる部分の面積の4倍に等しい．よって，面積 S は

$$S = 4 \int_0^a y \, dx$$

$$= 4 \int_{\frac{\pi}{2}}^0 y \frac{dx}{dt} dt$$

$$= 4 \int_{\frac{\pi}{2}}^0 a\sin^3 t \cdot (-3a\cos^2 t \sin t) \, dt$$

$$= 12a^2 \int_0^{\frac{\pi}{2}} \sin^4 t \cos^2 t \, dt$$

$$= 12a^2 \int_0^{\frac{\pi}{2}} (\sin^4 t - \sin^6 t) \, dt$$

$$= 12a^2 \left(\frac{3}{4} \cdot \frac{1}{2} \cdot \frac{\pi}{2} - \frac{5}{6} \cdot \frac{3}{4} \cdot \frac{1}{2} \cdot \frac{\pi}{2} \right)$$

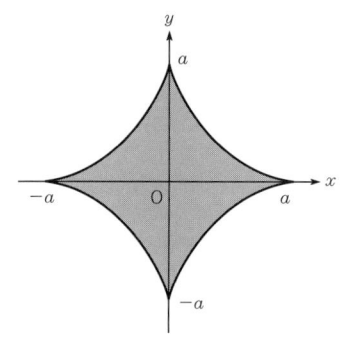

$$= 12a^2 \cdot \frac{\pi}{32} = \frac{3}{8} \pi a^2 \quad \cdots\cdots (\text{答})$$

練習問題 48

$\cos(-\theta) = \cos\theta$, $\cos 2(-\theta) = \cos 2\theta$ だから，与えられた曲線は始線 Ox に関して対称である．

$$r = \frac{a\cos 2\theta}{\cos\theta} = \frac{a(2\cos^2\theta - 1)}{\cos\theta}$$

$$= a\left(2\cos\theta - \frac{1}{\cos\theta} \right) \text{だから}$$

$$\frac{dr}{d\theta} = a\left(-2\sin\theta - \frac{\sin\theta}{\cos^2\theta} \right)$$

$$= -\frac{a\sin\theta(2\cos^2\theta + 1)}{\cos^2\theta}$$

$0 < \theta < \frac{\pi}{2}$ では，$\frac{dr}{d\theta} < 0$

また，$r = 0$ となるのは $\theta = \frac{\pi}{4}$ のときであるから，θ に応じて r の変化は右の表のようになる．よって，曲線の概形は右のようになり，求める面積は

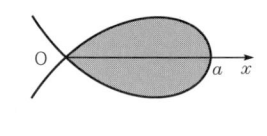

θ	0	$\cdots$	$\frac{\pi}{4}$	$\cdots$	$\frac{\pi}{2}$
r	a	$\searrow$	0	$\searrow$	$-\infty$

$$2 \cdot \frac{1}{2} \int_0^{\frac{\pi}{4}} r^2 \, d\theta$$

$$= \int_0^{\frac{\pi}{4}} \frac{a^2 \cos^2 2\theta}{\cos^2 \theta} d\theta$$

$$= a^2 \int_0^{\frac{\pi}{4}} \left(4\cos^2\theta - 4 + \frac{1}{\cos^2\theta} \right) d\theta$$

$$= a^2 \int_0^{\frac{\pi}{4}} \left(4 \cdot \frac{1+\cos 2\theta}{2} - 4 + \frac{1}{\cos^2\theta} \right) d\theta$$

$$= a^2 \left[\sin 2\theta - 2\theta + \tan\theta \right]_0^{\frac{\pi}{4}}$$

$$= a^2 \left(1 - \frac{\pi}{2} + 1 \right) = \left(2 - \frac{\pi}{2} \right) a^2$$

$$\cdots\cdots (\text{答})$$

練習問題 49

(1) 2つの直円柱の軸の交点を O とし，O を通り両軸に垂直な直線を x 軸とする．この x 軸上の座標 x の点で x 軸に垂直な平面

で2つの直円柱を切ると，その切り口は，幅が $2\sqrt{a^2-x^2}$ の2組の平行線で囲まれた領域である。したがって，2つの直円柱の共通部分の平面 $x=x$ による切り口は菱形で，対辺間の距離は $2\sqrt{a^2-x^2}$，また2辺のなす角は θ だから，断面積 $S(x)$ は

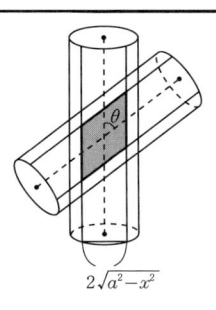

$$S(x) = \frac{2\sqrt{a^2-x^2}}{\sin\theta} \cdot 2\sqrt{a^2-x^2}$$

$$= \frac{4(a^2-x^2)}{\sin\theta}$$

よって，求める体積 V は

$$V = \int_{-a}^{a} S(x)\,dx = \int_{-a}^{a} \frac{4(a^2-x^2)}{\sin\theta}\,dx$$

$$= \frac{8}{\sin\theta} \int_{0}^{a} (a^2-x^2)\,dx$$

$$= \frac{8}{\sin\theta} \left[a^2 x - \frac{x^3}{3}\right]_0^a = \frac{16a^3}{3\sin\theta}$$

……(答)

(2) 平面 $z=t$ での切り口は，楕円 $4x^2+y^2=t^2+a^2$，すなわち

$$\frac{x^2}{\left(\frac{\sqrt{t^2+a^2}}{2}\right)^2} + \frac{y^2}{(\sqrt{t^2+a^2})^2} = 1$$

だから，その面積 $S(t)$ は

$$S(t) = \pi \cdot \frac{\sqrt{t^2+a^2}}{2} \cdot \sqrt{t^2+a^2}$$

$$= \frac{\pi}{2}(t^2+a^2)$$

よって，求める体積 V は

$$V = \int_{-d}^{d} S(t)\,dt = \int_{-d}^{d} \frac{\pi}{2}(t^2+a^2)\,dt$$

$$= \pi \int_{0}^{d} (t^2+a^2)\,dt$$

$$= \pi \left[\frac{t^3}{3} + a^2 t\right]_0^d = \pi\left(\frac{d^3}{3} + a^2 d\right)$$

$$= \frac{\pi}{3} d(3a^2 + d^2)$$

……(答)

練習問題50

(1) 求める体積 V は

$$V = 2\pi \int_{0}^{\infty} t^2\,dx$$

$$= 2\pi \int_{0}^{\infty} \frac{dx}{(x^2+1)^2}$$

x	$0 \to \infty$
θ	$0 \to \dfrac{\pi}{2}$

$x = \tan\theta$ とおくと

$$dx = \frac{d\theta}{\cos^2\theta}$$

$$\therefore\quad V = 2\pi \int_{0}^{\frac{\pi}{2}} \frac{1}{(\tan^2\theta+1)^2} \cdot \frac{d\theta}{\cos^2\theta}$$

$$= 2\pi \int_{0}^{\frac{\pi}{2}} \cos^2\theta\,d\theta$$

$$= 2\pi \cdot \frac{1}{2} \cdot \frac{\pi}{2} = \frac{\pi^2}{2}$$

……(答)

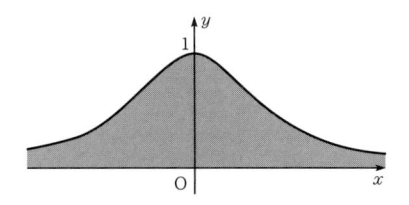

(2) 求める体積 V は

$$V = \pi \int_{0}^{2\pi a} y^2\,dx$$

$$= 2\pi \int_{0}^{\pi} y^2 \frac{dx}{dt}\,dt$$

$$= 2\pi \int_{0}^{\pi} a^2(1-\cos t)^2 a(1-\cos t)\,dt$$

$$= 2\pi a^3 \int_{0}^{\pi} \left(2\sin^2\frac{t}{2}\right)^3 dt$$

$$= 16\pi a^3 \int_{0}^{\pi} \sin^6 \frac{t}{2}\,dt$$

$$= 16\pi a^3 \int_{0}^{\frac{\pi}{2}} \sin^6\theta \cdot 2\,d\theta$$

$$= 32\pi a^3 \cdot \left(\frac{5}{6} \cdot \frac{3}{4} \cdot \frac{1}{2} \cdot \frac{\pi}{2}\right) = 5\pi^2 a^3$$

……(答)

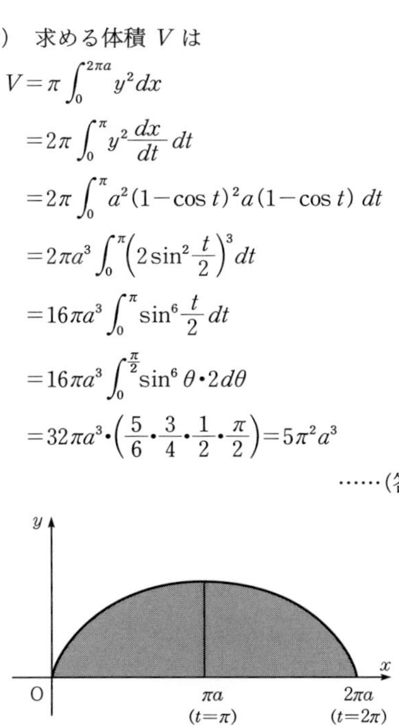

練習問題 51
バームクーヘン型求積法により
$$V = 2\pi \int_0^1 xy\,dx$$
$$= 2\pi \int_0^1 x \cdot \pi x^2 \sin \pi x^2\,dx$$

$\pi x^2 = t$ とおくと、$2\pi x\,dx = dt$

x	$0 \to 1$
t	$0 \to \pi$

$$\therefore \quad V = \int_0^\pi t \sin t\,dt$$
$$= \Big[-t\cos t + \sin t\Big]_0^\pi = \pi \quad \cdots\cdots (答)$$

練習問題 52
(1) $y = \log \cos x$ のとき
$$y' = \frac{-\sin x}{\cos x} = -\tan x$$
したがって、求める長さ L は
$$L = \int_0^{\frac{\pi}{4}} \sqrt{1 + y'^2}\,dx = \int_0^{\frac{\pi}{4}} \sqrt{1 + \tan^2 x}\,dx$$
$$= \int_0^{\frac{\pi}{4}} \frac{dx}{\cos x} = \int_0^{\frac{\pi}{4}} \frac{\cos x}{\cos^2 x}\,dx$$
$$= \int_0^{\frac{\pi}{4}} \frac{\cos x}{1 - \sin^2 x}\,dx$$

x	$0 \to \frac{\pi}{4}$
t	$0 \to \frac{1}{\sqrt{2}}$

$\sin x = t$ とおくと
$\cos x\,dx = dt$

$$\therefore \quad L = \int_0^{\frac{1}{\sqrt{2}}} \frac{dt}{1 - t^2}$$
$$= \frac{1}{2} \int_0^{\frac{1}{\sqrt{2}}} \left(\frac{1}{1-t} + \frac{1}{1+t}\right) dt$$
$$= \frac{1}{2}\left[\log\left|\frac{1+t}{1-t}\right|\right]_0^{\frac{1}{\sqrt{2}}}$$
$$= \frac{1}{2} \log \frac{\sqrt{2}+1}{\sqrt{2}-1} = \log(\sqrt{2}+1)$$
$$\cdots\cdots (答)$$

(2) $\dfrac{dx}{dt} = a\cos t$

$$\frac{dy}{dt} = a\left\{\frac{1}{\tan\frac{t}{2}} \cdot \frac{\frac{1}{2}}{\cos^2\frac{t}{2}} - \sin t\right\}$$
$$= a\left(\frac{1}{\sin t} - \sin t\right) = a\frac{\cos^2 t}{\sin t}$$

したがって、求める長さ L は
$$L = \int_{\frac{\pi}{6}}^{\frac{\pi}{2}} \sqrt{\left(\frac{dx}{dt}\right)^2 + \left(\frac{dy}{dt}\right)^2}\,dt$$

$$= \int_{\frac{\pi}{6}}^{\frac{\pi}{2}} \sqrt{(a\cos t)^2 + \left(a\frac{\cos^2 t}{\sin t}\right)^2}\,dt$$

$$= \int_{\frac{\pi}{6}}^{\frac{\pi}{2}} \sqrt{a^2 \frac{\cos^2 t}{\sin^2 t}}\,dt = \int_{\frac{\pi}{6}}^{\frac{\pi}{2}} a \frac{\cos t}{\sin t}\,dt$$

$$= a\Big[\log \sin t\Big]_{\frac{\pi}{6}}^{\frac{\pi}{2}} = \frac{1}{2} a \log 2 \quad \cdots\cdots (答)$$

練習問題 53
(1) $r = a\cos\theta$ のとき $\dfrac{dr}{d\theta} = -a\sin\theta$

よって、求める長さ s は
$$s = \int_{-\frac{\pi}{2}}^{\frac{\pi}{2}} \sqrt{r^2 + \left(\frac{dr}{d\theta}\right)^2}\,d\theta$$
$$= \int_{-\frac{\pi}{2}}^{\frac{\pi}{2}} \sqrt{(a\cos\theta)^2 + (-a\sin\theta)^2}\,d\theta$$
$$= \int_{-\frac{\pi}{2}}^{\frac{\pi}{2}} a\,d\theta = \Big[a\theta\Big]_{-\frac{\pi}{2}}^{\frac{\pi}{2}} = \pi a \quad \cdots\cdots (答)$$

(2) $r = a\cos^3 \dfrac{\theta}{3}$ のとき
$$\frac{dr}{d\theta} = 3a \cos^2 \frac{\theta}{3} \cdot \left(-\frac{1}{3}\sin \frac{\theta}{3}\right)$$
$$= -a\cos^2 \frac{\theta}{3} \sin \frac{\theta}{3}$$

$$r^2 + \left(\frac{dr}{d\theta}\right)^2 = a^2 \cos^6 \frac{\theta}{3} + a^2 \cos^4 \frac{\theta}{3} \sin^2 \frac{\theta}{3}$$
$$= a^2 \cos^4 \frac{\theta}{3}$$

よって、求める長さ s は
$$s = \int_0^{\frac{3}{2}\pi} \sqrt{a^2 \cos^4 \frac{\theta}{3}}\,d\theta = \int_0^{\frac{3}{2}\pi} a \cos^2 \frac{\theta}{3}\,d\theta$$
$$= \frac{a}{2} \int_0^{\frac{3}{2}\pi} \left(1 + \cos \frac{2}{3}\theta\right) d\theta$$
$$= \frac{a}{2}\left[\theta + \frac{3}{2}\sin \frac{2}{3}\theta\right]_0^{\frac{3}{2}\pi}$$
$$= \frac{3}{4}\pi a \quad \cdots\cdots (答)$$

練習問題 54
(1) $\begin{cases} x = 1 + r\cos\theta \\ y = 1 + r\sin\theta \end{cases}$ とおくと

$$\frac{(x-1)^3 + (y-1)^3}{(x-1)^2 + (y-1)^2} = \frac{r^3(\cos^3\theta + \sin^3\theta)}{r^2(\cos^2\theta + \sin^2\theta)}$$
$$= r(\cos^3\theta + \sin^3\theta)$$

$$\therefore \quad \lim_{(x,y)\to(1,1)} \frac{(x-1)^3 + (y-1)^3}{(x-1)^2 + (y-1)^2}$$

$$= \lim_{r \to 0} r(\cos^3\theta + \sin^3\theta) = 0 \quad \cdots\cdots(答)$$

(2) $\begin{cases} x = r\cos\theta \\ y = r\sin\theta \end{cases}$ とおくと

$$\lim_{(x,y)\to(0,0)} \tan^{-1}\frac{y}{x} = \lim_{r\to 0}\tan^{-1}\frac{r\sin\theta}{r\cos\theta}$$
$$= \lim_{r\to 0}\tan^{-1}(\tan\theta)$$
$$= \lim_{r\to 0}\theta$$

これは θ の値によりいろいろな値をとるので, $\lim_{(x,y)\to(0,0)}\tan^{-1}\frac{y}{x}$ は存在しない.

$\cdots\cdots$(答)

練習問題 55

原点以外の点 (x, y) に対して
$x = r\cos\theta,\ y = r\sin\theta$ とおくと

$$f(x,y) = \frac{x^3 y}{x^6 + y^2}$$
$$= \frac{(r\cos\theta)^3 r\sin\theta}{(r\cos\theta)^6 + (r\sin\theta)^2}$$
$$= \frac{r^2\cos^3\theta \sin\theta}{r^4\cos^6\theta + \sin^2\theta}$$

$r^2\cos^3\theta = a\sin\theta$ (a は r, θ によって定まる数) とおくと

$$f(x,y) = \frac{a\sin\theta \sin\theta}{(a\sin\theta)^2 + \sin^2\theta}$$
$$= \frac{a\sin^2\theta}{(a^2+1)\sin^2\theta} = \frac{a}{a^2+1}$$

a は一定ではないから, $\lim_{(x,y)\to(0,0)} f(x,y)$ は存在しない. よって, $f(x,y)$ は $(0,0)$ では不連続である. $\cdots\cdots$(答)

練習問題 56

関数を $f(x,y)$ とおく.

(1) $f_x = \dfrac{1\cdot(x+y)-(x-y)\cdot 1}{(x+y)^2} = \dfrac{2y}{(x+y)^2}$

$\cdots\cdots$(答)

$f_y = \dfrac{-1\cdot(x+y)-(x-y)\cdot 1}{(x+y)^2}$
$= -\dfrac{2x}{(x+y)^2}$ $\cdots\cdots$(答)

(2) $f_x = \dfrac{ye^{xy}\cdot(e^x+e^y)-e^{xy}\cdot e^x}{(e^x+e^y)^2}$
$= \dfrac{e^{xy}(ye^x+ye^y-e^x)}{(e^x+e^y)^2}$ $\cdots\cdots$(答)

$f_y = \dfrac{xe^{xy}\cdot(e^x+e^y)-e^{xy}\cdot e^y}{(e^x+e^y)^2}$
$= \dfrac{e^{xy}(xe^x+xe^y-e^y)}{(e^x+e^y)^2}$ $\cdots\cdots$(答)

(3) $f_x = \dfrac{3x^2+3y}{x^3-y^2+3xy}$

$f_y = \dfrac{3x-2y}{x^3-y^2+3xy}$ $\cdots\cdots$(答)

(4) $f_x = \dfrac{\dfrac{1}{y}}{\sqrt{1-\left(\dfrac{x}{y}\right)^2}} = \dfrac{\dfrac{1}{y}}{\sqrt{\dfrac{1}{y^2}(y^2-x^2)}}$

$= \dfrac{\dfrac{1}{y}}{\pm\dfrac{1}{y}\sqrt{y^2-x^2}} = \pm\dfrac{1}{\sqrt{y^2-x^2}}$

$\cdots\cdots$(答)

$f_y = \dfrac{-\dfrac{x}{y^2}}{\sqrt{1-\left(\dfrac{x}{y}\right)^2}} = -\dfrac{-\dfrac{x}{y^2}}{\pm\dfrac{1}{y}\sqrt{y^2-x^2}}$

$= \pm\dfrac{x}{y\sqrt{y^2-x^2}}$ $\cdots\cdots$(答)

(5) $f_x = yx^{y-1}$

$f_y = x^y \log x$ $\cdots\cdots$(答)

練習問題 57

関数を f とおく.

(1) $f_x = 3x^2-3y^2,\ f_y = -6xy+3y^2$

$\therefore f_{xx} = 6x,\ f_{xy} = f_{yx} = -6y$
$f_{yy} = -6x+6y$ $\cdots\cdots$(答)

(2) $f_x = \tan^{-1}\dfrac{x}{y} + x\cdot\dfrac{\dfrac{1}{y}}{1+\left(\dfrac{x}{y}\right)^2}$

$= \tan^{-1}\dfrac{x}{y} + \dfrac{xy}{x^2+y^2}$

$f_y = x\cdot\dfrac{-\dfrac{x}{y^2}}{1+\left(\dfrac{x}{y}\right)^2} = -\dfrac{x^2}{x^2+y^2}$

$\therefore f_{xx} = \dfrac{\dfrac{1}{y}}{1+\left(\dfrac{x}{y}\right)^2} + \dfrac{y(x^2+y^2)-xy\cdot 2x}{(x^2+y^2)^2}$

$= \dfrac{y}{x^2+y^2} + \dfrac{y(y^2-x^2)}{(x^2+y^2)^2}$

$$= \frac{2y^3}{(x^2+y^2)^2} \quad \cdots\cdots (答)$$

$$f_{xy} = f_{yx} = -\frac{2x(x^2+y^2) - x^2 \cdot 2x}{(x^2+y^2)^2}$$

$$= -\frac{2xy^2}{(x^2+y^2)^2} \quad \cdots\cdots (答)$$

$$f_{yy} = \frac{x^2 \cdot 2y}{(x^2+y^2)^2} = \frac{2x^2y}{(x^2+y^2)^2} \quad \cdots\cdots (答)$$

(3) $f_x = (y+z)\cos(xy+yz+zx)$
$f_y = (z+x)\cos(xy+yz+zx)$
$f_z = (x+y)\cos(xy+yz+zx)$

∴ $f_{xx} = -(y+z)^2 \sin(xy+yz+zx)$
$f_{yy} = -(z+x)^2 \sin(xy+yz+zx)$
$f_{zz} = -(x+y)^2 \sin(xy+yz+zx)$
$f_{xy} = f_{yx}$
$\quad = \cos(xy+yz+zx)$
$\qquad -(y+z)(z+x)\sin(xy+yz+zx)$
$f_{yz} = f_{zy}$
$\quad = \cos(xy+yz+zx)$
$\qquad -(z+x)(x+y)\sin(xy+yz+zx)$
$f_{zx} = f_{xz}$
$\quad = \cos(xy+yz+zx)$
$\qquad -(x+y)(y+z)\sin(xy+yz+zx)$
$\quad\cdots\cdots (答)$

(**注**) (3)は x, y, zについての対称式なので，1つの変数について求めれば，あとは入れ替えで答がわかる．

練習問題 58

$r = \sqrt{x^2+y^2+z^2}$ のとき $r^2 = x^2+y^2+z^2$
この両辺を x で偏微分して

$$2r\frac{\partial r}{\partial x} = 2x \quad \therefore \quad \frac{\partial r}{\partial x} = \frac{x}{r}$$

同様にして $\dfrac{\partial r}{\partial y} = \dfrac{y}{r}$, $\dfrac{\partial r}{\partial z} = \dfrac{z}{r}$

したがって

$$\frac{\partial u}{\partial x} = \frac{\partial}{\partial x}\left(\frac{1}{r}\right) = \frac{\partial}{\partial r}\left(\frac{1}{r}\right)\cdot\frac{\partial r}{\partial x} = -\frac{1}{r^2}\frac{\partial r}{\partial x}$$

$$= -\frac{1}{r^2}\cdot\frac{x}{r} = -\frac{x}{r^3}$$

$$\frac{\partial^2 u}{\partial x^2} = \frac{\partial}{\partial x}\left(\frac{\partial u}{\partial x}\right) = \frac{\partial}{\partial x}(-r^{-3}x)$$

$$= 3r^{-4}\frac{\partial r}{\partial x}x - r^{-3} = \frac{3x^2}{r^5} - \frac{1}{r^3}$$

同様にして

$$\frac{\partial^2 u}{\partial y^2} = \frac{3y^2}{r^5} - \frac{1}{r^3}, \quad \frac{\partial^2 u}{\partial z^2} = \frac{3z^2}{r^5} - \frac{1}{r^3}$$

よって

$$\frac{\partial^2 u}{\partial x^2} + \frac{\partial^2 u}{\partial y^2} + \frac{\partial^2 u}{\partial z^2}$$

$$= \frac{3(x^2+y^2+z^2)}{r^5} - \frac{3}{r^3} = \frac{3}{r^3} - \frac{3}{r^3} = 0$$
$\quad\cdots\cdots (答)$

練習問題 59

$$f_x(0,0) = \lim_{h\to 0}\frac{f(h,0) - f(0,0)}{h}$$

$$= \lim_{h\to 0}\frac{1}{h}\left(\frac{2h^3}{\sqrt{h^4}} - 0\right)$$

$$= \lim_{h\to 0}\frac{2h^3}{h^3} = 2 \quad \cdots\cdots (答)$$

$$f_y(0,0) = \lim_{k\to 0}\frac{f(0,k) - f(0,0)}{k}$$

$$= \lim_{k\to 0}\frac{1}{k}\left(\frac{k^3}{\sqrt{k^4}} - 0\right)$$

$$= \lim_{k\to 0}\frac{k^3}{k^3} = 1 \quad \cdots\cdots (答)$$

練習問題 60

(1) $\dfrac{\partial z}{\partial x} = 2x = 2(t - \cos t)$

$\dfrac{\partial z}{\partial y} = 2y = 2(1 - \sin t)$

$\dfrac{dx}{dt} = 1 + \sin t, \quad \dfrac{dy}{dt} = -\cos t$

∴ $\dfrac{dz}{dt} = \dfrac{\partial z}{\partial x}\cdot\dfrac{dx}{dt} + \dfrac{\partial z}{\partial y}\cdot\dfrac{dy}{dt}$

$\quad = 2(t - \cos t)(1 + \sin t)$
$\qquad + 2(1 - \sin t)(-\cos t)$
$\quad = 2(t\sin t - 2\cos t + t) \quad \cdots\cdots (答)$

(2) $\dfrac{\partial z}{\partial x} = -\dfrac{x}{\sqrt{x^2+y^2}}\sin\sqrt{x^2+y^2}$

$\quad = -\dfrac{1+t^2}{\sqrt{2(1+t^4)}}\sin\sqrt{2(1+t^4)}$

$\dfrac{\partial z}{\partial y} = -\dfrac{y}{\sqrt{x^2+y^2}}\sin\sqrt{x^2+y^2}$

$\quad = -\dfrac{1-t^2}{\sqrt{2(1+t^4)}}\sin\sqrt{2(1+t^4)}$

$\dfrac{dx}{dt} = 2t, \quad \dfrac{dy}{dt} = -2t$

$\therefore \dfrac{dz}{dt} = \dfrac{\partial z}{\partial x} \cdot \dfrac{dx}{dt} + \dfrac{\partial z}{\partial y} \cdot \dfrac{dy}{dt}$

$= -\dfrac{1+t^2}{\sqrt{2(1+t^4)}} \sin\sqrt{2(1+t^4)} \cdot 2t$

$+ \dfrac{1-t^2}{\sqrt{2(1+t^4)}} \sin\sqrt{2(1+t^4)} \cdot 2t$

$= -\dfrac{2\sqrt{2}\, t^3}{\sqrt{1+t^4}} \sin\sqrt{2(1+t^4)}$

……（答）

練習問題 61

(1) $\dfrac{\partial z}{\partial x} = 2x = 2(2u+v)$

$\dfrac{\partial z}{\partial y} = 2y = 2(u-2v)$

また $\dfrac{\partial x}{\partial u} = 2,\ \dfrac{\partial y}{\partial u} = 1,\ \dfrac{\partial x}{\partial v} = 1,\ \dfrac{\partial y}{\partial v} = -2$

したがって

$z_u = \dfrac{\partial z}{\partial x} \dfrac{\partial x}{\partial u} + \dfrac{\partial z}{\partial y} \dfrac{\partial y}{\partial u}$

$= 2(2u+v) \cdot 2 + 2(u-2v) \cdot 1$

$= 10u$ ……（答）

$z_v = \dfrac{\partial z}{\partial x} \dfrac{\partial x}{\partial v} + \dfrac{\partial z}{\partial y} \dfrac{\partial y}{\partial v}$

$= 2(2u+v) \cdot 1 + 2(u-2v)(-2)$

$= 10v$ ……（答）

(2) $\dfrac{\partial z}{\partial x} = \dfrac{1}{(1+x^2)\, y} = \dfrac{1}{\left(1+\dfrac{u^2}{v^2}\right)(u^2+v^2)}$

$= \dfrac{v^2}{(u^2+v^2)^2}$

$\dfrac{\partial z}{\partial y} = -\dfrac{\tan^{-1} x}{y^2} = -\dfrac{\tan^{-1}\dfrac{u}{v}}{(u^2+v^2)^2}$

また $\dfrac{\partial x}{\partial u} = \dfrac{1}{v},\ \dfrac{\partial y}{\partial u} = 2u,\ \dfrac{\partial x}{\partial v} = -\dfrac{u}{v^2}$

$\dfrac{\partial y}{\partial v} = 2v$

したがって

$z_u = \dfrac{\partial z}{\partial x} \dfrac{\partial x}{\partial u} + \dfrac{\partial z}{\partial y} \dfrac{\partial y}{\partial u}$

$= \dfrac{v^2}{(u^2+v^2)^2} \cdot \dfrac{1}{v} - \dfrac{\tan^{-1}\dfrac{u}{v}}{(u^2+v^2)^2} \cdot 2u$

$= \dfrac{1}{(u^2+v^2)^2}\left(v - 2u\tan^{-1}\dfrac{u}{v}\right)$

……（答）

$z_v = \dfrac{\partial z}{\partial x} \dfrac{\partial x}{\partial v} + \dfrac{\partial z}{\partial y} \dfrac{\partial y}{\partial v}$

$= \dfrac{v^2}{(u^2+v^2)^2} \cdot \left(-\dfrac{u}{v^2}\right) - \dfrac{\tan^{-1}\dfrac{u}{v}}{(u^2+v^2)^2} \cdot 2v$

$= -\dfrac{1}{(u^2+v^2)^2}\left(u + 2v\tan^{-1}\dfrac{u}{v}\right)$

……（答）

練習問題 62

(1) $z_u = \dfrac{\partial z}{\partial x} \dfrac{\partial x}{\partial u} + \dfrac{\partial z}{\partial y} \dfrac{\partial y}{\partial u}$

$= z_x \cdot 2u + z_y \cdot v = 2z_x u + z_y v$

……（答）

$z_v = \dfrac{\partial z}{\partial x} \dfrac{\partial x}{\partial v} + \dfrac{\partial z}{\partial y} \dfrac{\partial y}{\partial v}$

$= z_x \cdot (-2v) + z_y \cdot u = -2z_x v + z_y u$

……（答）

(2) $z_{uv} = (z_u)_v = (2z_x u + z_y v)_v$

$= 2(z_x)_v u + 2z_x \cdot 0 + (z_y)_v v + z_y \cdot 1$

$= 2(z_x)_v u + (z_y)_v v + z_y$

ここで，(1) の z を z_x, z_y とおき換えて

$(z_x)_v = -2(z_x)_x v + (z_x)_y u$

$= -2z_{xx} v + z_{yx} u$

$(z_y)_v = -2(z_y)_x v + (z_y)_y u$

$= -2z_{yx} v + z_{yy} u$

よって

$z_{uv} = 2(-2z_{xx} v + z_{yx} u)\, u$

$\quad + (-2z_{yx} v + z_{yy} u)\, v + z_y$

$= -4z_{xx} uv + 2z_{yx}(u^2 - v^2) + z_{yy} uv + z_y$

……（答）

練習問題 63

$\dfrac{\partial z}{\partial u} = \dfrac{\partial z}{\partial x} \dfrac{\partial x}{\partial u} + \dfrac{\partial z}{\partial y} \dfrac{\partial y}{\partial u} = \dfrac{\partial z}{\partial x} + \dfrac{\partial z}{\partial y} v$

……①

$\dfrac{\partial z}{\partial v} = \dfrac{\partial z}{\partial x} \dfrac{\partial x}{\partial v} + \dfrac{\partial z}{\partial y} \dfrac{\partial y}{\partial v} = \dfrac{\partial z}{\partial x} + \dfrac{\partial z}{\partial y} u$

……②

①の両辺を v で偏微分して

$\dfrac{\partial^2 z}{\partial u \partial v} = \dfrac{\partial}{\partial v}\left(\dfrac{\partial z}{\partial x}\right) + \dfrac{\partial}{\partial v}\left(\dfrac{\partial z}{\partial y}\right) v + \dfrac{\partial z}{\partial y} \cdot 1$

②の z を $\dfrac{\partial z}{\partial x}$, $\dfrac{\partial z}{\partial y}$ とおき換えて上の式にそ

れぞれ代入して
$$\frac{\partial^2 z}{\partial u \partial v} = \frac{\partial}{\partial x}\left(\frac{\partial z}{\partial x}\right) + \frac{\partial}{\partial y}\left(\frac{\partial z}{\partial x}\right)u$$
$$+ \left\{\frac{\partial}{\partial x}\left(\frac{\partial z}{\partial y}\right) + \frac{\partial}{\partial y}\left(\frac{\partial z}{\partial y}\right)u\right\}v + \frac{\partial z}{\partial y}$$
$$= \frac{\partial^2 z}{\partial x^2} + \frac{\partial^2 z}{\partial x \partial y}u + \frac{\partial^2 z}{\partial x \partial y}v$$
$$+ \frac{\partial^2 z}{\partial y^2}uv + \frac{\partial z}{\partial y}$$
$$= \frac{\partial^2 z}{\partial x^2} + x\frac{\partial^2 z}{\partial x \partial y} + y\frac{\partial^2 z}{\partial y^2} + \frac{\partial z}{\partial y}$$

練習問題 64

$\frac{y}{x} = u$, $x = v$ とおくと
$$z = f(x, y) = F(u, v)$$
と表せる。このとき
$$\frac{\partial z}{\partial x} = \frac{\partial F}{\partial u}\frac{\partial u}{\partial x} + \frac{\partial F}{\partial v}\frac{\partial v}{\partial x}$$
$$= \frac{\partial F}{\partial u}\left(-\frac{y}{x^2}\right) + \frac{\partial F}{\partial v} \cdot 1$$
$$\frac{\partial z}{\partial y} = \frac{\partial F}{\partial u}\frac{\partial u}{\partial y} = \frac{\partial F}{\partial u}\frac{1}{x}$$

これらを条件式 $x\frac{\partial z}{\partial x} + y\frac{\partial z}{\partial y} = 0$ に代入すると
$$x\left(-\frac{y}{x^2}\frac{\partial F}{\partial u} + \frac{\partial F}{\partial v}\right) + y \cdot \frac{1}{x}\frac{\partial F}{\partial u} = 0$$
$$\therefore x\frac{\partial F}{\partial v} = 0$$

x は恒等的には 0 でないから $\frac{\partial F}{\partial v} = 0$

よって、$F(u, v)$ は v を含まず u のみの関数、すなわち $f(x, y)$ は $\frac{y}{x}$ だけの関数である。

練習問題 65

(1) $\frac{\partial u}{\partial x} = \frac{1 \cdot (x+y) - (x-y) \cdot 1}{(x+y)^2}$
$$= \frac{2y}{(x+y)^2}$$
$\frac{\partial u}{\partial y} = \frac{-1 \cdot (x+y) - (x-y) \cdot 1}{(x+y)^2}$
$$= -\frac{2x}{(x+y)^2}$$
$$\therefore du = \frac{2y}{(x+y)^2}dx - \frac{2x}{(x+y)^2}dy$$
……(答)

(2) $u = \frac{1}{2}\log(1 + x^2 + y^2)$
$$\frac{\partial u}{\partial x} = \frac{x}{1 + x^2 + y^2}, \quad \frac{\partial u}{\partial y} = \frac{y}{1 + x^2 + y^2}$$
$$\therefore du = \frac{x}{1 + x^2 + y^2}dx + \frac{y}{1 + x^2 + y^2}dy$$
……(答)

(3) $\frac{\partial u}{\partial x} = \frac{-\frac{y}{x^2}}{1 + \left(\frac{y}{x}\right)^2} = -\frac{y}{x^2 + y^2}$
$$\frac{\partial u}{\partial y} = \frac{\frac{1}{x}}{1 + \left(\frac{y}{x}\right)^2} = \frac{x}{x^2 + y^2}$$
$$\therefore du = -\frac{y}{x^2 + y^2}dx + \frac{x}{x^2 + y^2}dy$$
……(答)

(4) $\frac{\partial u}{\partial x} = a^{xyz}yz\log a$
$$\frac{\partial u}{\partial y} = a^{xyz}xz\log a$$
$$\frac{\partial u}{\partial z} = a^{xyz}xy\log a$$
$$\therefore du = a^{xyz}xyz\log a\left(\frac{dx}{x} + \frac{dy}{y} + \frac{dz}{z}\right)$$
……(答)

練習問題 66

$z^2 = x^2 + y^2$ だから、両辺をそれぞれ x, y で偏微分して
$$2z\frac{\partial z}{\partial x} = 2x, \quad 2z\frac{\partial z}{\partial y} = 2y$$
$$\therefore \frac{\partial z}{\partial x} = \frac{x}{z}, \quad \frac{\partial z}{\partial y} = \frac{y}{z}$$
したがって
$$dz = \frac{\partial z}{\partial x}dx + \frac{\partial z}{\partial y}dy = \frac{x}{z}dx + \frac{y}{z}dy$$
$$= \frac{1}{z}(xdx + ydy)$$

よって、微小変化量 Δx, Δy に対する z の変化量 Δz は
$$\Delta z \fallingdotseq \frac{1}{z}(x\Delta x + y\Delta y)$$
……(答)

また、$x = 4$, $y = 3$ のときは $z = 5$ だから $\Delta x = 0.1$, $\Delta y = 0.05$ のとき

$$\Delta z \fallingdotseq \frac{1}{5}(4\times 0.1+3\times 0.05)$$
$$=\frac{1}{5}\times 0.55=0.11 \text{ (cm)} \quad \cdots\cdots(\text{答})$$

練習問題 67

(1) $P=3x+y$, $Q=x+2y$ とおくと
$$\frac{\partial Q}{\partial x}=1, \quad \frac{\partial P}{\partial y}=1$$
したがって，$\frac{\partial Q}{\partial x}=\frac{\partial P}{\partial y}$ だから w は全微分である．

これより，$dz=Pdx+Qdy$ となる 2 変数関数 $z=f(x,y)$ が存在する．

$dz=\frac{\partial z}{\partial x}dx+\frac{\partial z}{\partial y}dy$ だから
$$\frac{\partial z}{\partial x}=P=3x+y, \quad \frac{\partial z}{\partial y}=Q=x+2y$$
$$\therefore z=\int(3x+y)\,dx+g(y)$$
$$=\frac{3}{2}x^2+xy+g(y)$$

$\frac{\partial z}{\partial y}=x+g'(y)$ となり，これが $x+2y$ に等しいので
$$g'(y)=2y \quad \therefore g(y)=y^2+C$$
よって $z=\frac{3}{2}x^2+xy+y^2+C$ $\cdots\cdots(\text{答})$

(2) $P=\frac{2y}{(x+y)^2}$, $Q=\frac{-2x}{(x+y)^2}$ とおくと
$$\frac{\partial Q}{\partial x}=-2\cdot\frac{1\cdot(x+y)^2-x\cdot 2(x+y)}{(x+y)^4}$$
$$=\frac{2(x-y)}{(x+y)^3}$$
$$\frac{\partial P}{\partial y}=2\cdot\frac{1\cdot(x+y)^2-y\cdot 2(x+y)}{(x+y)^4}$$
$$=\frac{2(x-y)}{(x+y)^3}$$

したがって，$\frac{\partial Q}{\partial x}=\frac{\partial P}{\partial y}$ だから w は全微分である．これより，$dz=Pdx+Qdy$ となる 2 変数関数 $z=f(x,y)$ が存在する．
$$\frac{\partial z}{\partial x}=P=\frac{2y}{(x+y)^2}, \quad \frac{\partial z}{\partial y}=Q=\frac{-2x}{(x+y)^2}$$
であるから

$$z=\int\frac{2y}{(x+y)^2}\,dx+g(y)$$
$$=-\frac{2y}{x+y}+g(y)$$
$$\frac{\partial z}{\partial y}=\frac{-2x}{(x+y)^2}+g'(y) \text{ となり，これが}$$
$\frac{-2x}{(x+y)^2}$ に等しいから
$$g'(y)=0 \quad \therefore g(y)=C$$
よって $z=-\frac{2y}{x+y}+C$ $\cdots\cdots(\text{答})$

練習問題 68

(1) $f(x,y)=\frac{x-y}{x+y}$
$$f_x=\frac{2y}{(x+y)^2}, \quad f_y=-\frac{2x}{(x+y)^2}$$
$$f_{xx}=-\frac{4y}{(x+y)^3}, \quad f_{yy}=\frac{4x}{(x+y)^3}$$
$$f_{xy}=\frac{2(x-y)}{(x+y)^3}$$
したがって，2 次の項まで求めると
$$f(x+h, y+k)$$
$$=f(x,y)+\{hf_x(x,y)+kf_y(x,y)\}$$
$$+\frac{1}{2!}\{h^2 f_{xx}(x,y)+2hk f_{xy}(x,y)$$
$$+k^2 f_{yy}(x,y)\}+R_3$$
$$=\frac{x-y}{x+y}+\frac{2}{(x+y)^2}(yh-xk)$$
$$+\frac{2}{(x+y)^3}\{-yh^2+(x-y)hk+xk^2\}$$
$$+R_3 \quad \cdots\cdots(\text{答})$$

(2) $f(x,y)=\log(x+y)$
$$f_x=\frac{1}{x+y}, \quad f_y=\frac{1}{x+y},$$
$$f_{xx}=-\frac{1}{(x+y)^2}$$
$$f_{xy}=-\frac{1}{(x+y)^2}, \quad f_{yy}=-\frac{1}{(x+y)^2}$$
したがって，2 次の項まで求めると
$$f(x+h,\ y+k)$$
$$=\log(x+y)+\frac{h+k}{x+y}-\frac{(h+k)^2}{2(x+y)^2}+R$$
$$\cdots\cdots(\text{答})$$

練習問題 69

(1) $f(x,y) = \dfrac{1}{\sqrt{1+x^2+y^2}} = (1+x^2+y^2)^{-\frac{1}{2}}$

$f_x = -x(1+x^2+y^2)^{-\frac{3}{2}}$

$f_y = -y(1+x^2+y^2)^{-\frac{3}{2}}$

$f_{xx} = -(1+x^2+y^2)^{-\frac{3}{2}} + 3x^2(1+x^2+y^2)^{-\frac{5}{2}}$

$f_{xy} = 3xy(1+x^2+y^2)^{-\frac{5}{2}}$

$f_{yy} = -(1+x^2+y^2)^{-\frac{3}{2}} + 3y^2(1+x^2+y^2)^{-\frac{5}{2}}$

したがって，2次の項まで求めると

$f(x,y)$
$= f(0,0) + \{f_x(0,0)\,x + f_y(0,0)\,y\}$
$\quad + \dfrac{1}{2!}\{f_{xx}(0,0)\,x^2 + 2f_{xy}(0,0)\,xy$
$\quad\quad + f_{yy}(0,0)\,y^2\} + \cdots$
$= 1 - \dfrac{1}{2}(x^2+y^2) + \cdots$ ……(答)

(2) $f(x,y) = e^{px}\cos qy$

$f_x = pe^{px}\cos qy,\quad f_y = -qe^{px}\sin qy$

$f_{xx} = p^2 e^{px}\cos qy$

$f_{xy} = -p^2 q e^{px}\sin qy$

$f_{yy} = -q^2 e^{px}\cos qy$

したがって，2次の項まで求めると

$f(x,y) = 1 + px + \dfrac{1}{2}(p^2 x^2 - q^2 y^2) + \cdots$

……(答)

練習問題 70

(1) $z = x^3 - 3xy + y^3$

$z_x = 3x^2 - 3y = 3(x^2 - y)$

$z_y = -3x + 3y^2 = 3(y^2 - x)$

$z_x = 0$ かつ $z_y = 0$ から

$\begin{cases} x^2 - y = 0 & \cdots\text{①} \\ y^2 - x = 0 & \cdots\text{②} \end{cases}$

①から $y = x^2$

②に代入して $x^4 - x = 0 \quad x(x^3 - 1) = 0$
$\therefore\ x = 0, 1$

したがって $(x,y) = (0,0),\ (1,1)$

ここで $A = z_{xx} = 6x,\ B = z_{xy} = -3,$
$C = z_{yy} = 6y$

$(x,y) = (0,0)$ のとき
$\varDelta = B^2 - AC = (-3)^2 - 0\cdot 0 = 9 > 0$

よって，このときは極値ではない．

$(x,y) = (1,1)$ のとき
$\varDelta = B^2 - AC = (-3)^2 - 6\cdot 6 = -27 < 0$

よって，$\varDelta < 0$ かつ $A = 6 > 0$ だから，
z は $x = 1,\ y = 1$ で極小となり，極小値は
$1^3 - 3\cdot 1\cdot 1 + 1^3 = -1$

以上から，$x = y = 1$ のとき 極小値 -1
……(答)

(2) $z = \sin x + \sin y + \sin(x+y)$

$z_x = \cos x + \cos(x+y)$

$z_y = \cos y + \cos(x+y)$

$z_x = 0$ かつ $z_y = 0$ から

$\begin{cases} \cos x + \cos(x+y) = 0 & \cdots\text{①} \\ \cos y + \cos(x+y) = 0 & \cdots\text{②} \end{cases}$

①，②から $\cos x = \cos y$

条件から $0 < x < \pi,\ 0 < y < \pi$ だから $y = x$

これを①に代入して $\cos x + \cos 2x = 0$

$2\cos^2 x + \cos x - 1 = 0$

$(2\cos x - 1)(\cos x + 1) = 0$

$0 < x < \pi$ のとき $\cos x + 1 \neq 0$ だから

$\cos x = \dfrac{1}{2} \quad \therefore\ x = y = \dfrac{\pi}{3}$

このとき

$A = z_{xx} = -\sin x - \sin(x+y)$
$\quad = -\sin\dfrac{\pi}{3} - \sin\dfrac{2}{3}\pi = -\sqrt{3} < 0$

$B = z_{xy} = -\sin(x+y) = -\sin\dfrac{2}{3}\pi = -\dfrac{\sqrt{3}}{2}$

$C = z_{yy} = -\sin y - \sin(x+y) = -\sqrt{3}$

$\therefore\ \varDelta = B^2 - AC = \left(-\dfrac{\sqrt{3}}{2}\right)^2 - \left(-\sqrt{3}\right)^2$
$\quad = -\dfrac{9}{4} < 0$

よって，$x = y = \dfrac{\pi}{3}$ のとき 極大値 $\dfrac{3\sqrt{3}}{2}$
……(答)

練習問題 71

(1) $z = x^4 + y^4 - 2(x-y)^2$

$z_x = 4x^3 - 4(x-y) = 4\{x^3 - (x-y)\}$

$z_y = 4y^3 + 4(x-y) = 4\{y^3 + (x-y)\}$

$z_x = 0$ かつ $z_y = 0$ から

$\begin{cases} x^3 - (x-y) = 0 & \cdots\cdots ① \\ y^3 + (x-y) = 0 & \cdots\cdots ② \end{cases}$

①+②から $x^3 + y^3 = 0$　∴ $y = -x$
①に代入して $x^3 - 2x = 0$
　　$x(x^2 - 2) = 0$　∴ $x = 0, \pm\sqrt{2}$
したがって
$(x, y) = (0, 0), (\sqrt{2}, -\sqrt{2}), (-\sqrt{2}, \sqrt{2})$
ここで $A = z_{xx} = 12x^2 - 4$, $B = z_{xy} = 4$,
　　　　$C = z_{yy} = 12y^2 - 4$
(ⅰ) $(x, y) = (0, 0)$ のとき
　$\varDelta = 4^2 - (-4) \cdot (-4) = 0$ となるが，
　$y = x, x \neq 0$ のとき $z = 2x^4 > 0$
　$y = 0, x \neq 0$ のとき
　　$z = x^2(x^2 - 2) < 0$
となるので，極値ではない．
(ⅱ) $(x, y) = (\sqrt{2}, -\sqrt{2})$ のとき
　$\varDelta = 4^2 - 20 \cdot 20 = -384 < 0$
かつ $A = 20 > 0$ より，極小となり
極小値 $4 + 4 - 2(2\sqrt{2})^2 = -8$
(ⅲ) $(x, y) = (-\sqrt{2}, \sqrt{2})$ のとき
(ⅱ)と同様に極小となり，極小値 -8
以上から，$(x, y) = (\sqrt{2}, -\sqrt{2}), (-\sqrt{2}, \sqrt{2})$ のとき　極小値 -8　　……(答)

(2) $z = 4x^2y - x^3y - x^2y^2$
　　$z_x = 8xy - 3x^2y - 2xy^2$
　　$z_y = 4x^2 - x^3 - 2x^2y$
$z_x = 0$ かつ $z_y = 0$ から
$\begin{cases} xy(8 - 3x - 2y) = 0 \\ x^2(4 - x - 2y) = 0 \end{cases}$
∴ $x = 0$，または
$\begin{cases} y = 0 \\ 4 - x - 2y = 0 \end{cases}$ または $\begin{cases} 8 - 3x - 2y = 0 \\ 4 - x - 2y = 0 \end{cases}$
これより $x = 0, (x, y) = (4, 0), (2, 1)$
ここで $A = z_{xx} = 8y - 6xy - 2y^2$
　　　　$B = z_{xy} = 8x - 3x^2 - 4xy$
　　　　$C = z_{yy} = -2x^2$
(ⅰ) $x = 0$ のとき
　$\varDelta = B^2 - AC = 0^2 - (8y - 2y^2) \cdot 0 = 0$
$x = 0$ のときつねに $z = 0$ だから，極値ではない．

(ⅱ) $(x, y) = (4, 0)$ のとき
　$\varDelta = (-16)^2 - 0 \cdot (-32) = 16^2 > 0$ だから，
極値ではない．
(ⅲ) $(x, y) = (2, 1)$ のとき
　$\varDelta = (-4)^2 - (-6) \cdot (-8) = -32 < 0$
かつ $A = -6 < 0$ だから，極大値 4
以上から，$(x, y) = (2, 1)$ のとき　極大値 4
　　　　　　　　　　　　　　　　　……(答)

練習問題 72

(1) $f(x, y) = x^2 + y^2 - a^2 = 0$ とおくと
　$f_x = 2x, f_y = 2y$
∴ $\dfrac{dy}{dx} = -\dfrac{f_x}{f_y} = -\dfrac{x}{y}$　……(答)

$\dfrac{d^2y}{dx^2} = -\dfrac{1 \cdot y - x \cdot \dfrac{dy}{dx}}{y^2} = -\dfrac{y - x\left(-\dfrac{x}{y}\right)}{y^2}$

$= -\dfrac{x^2 + y^2}{y^3} = -\dfrac{a^2}{y^3}$　……(答)

(2) $f(x, y) = x^3 - 3xy + y^3 - 1 = 0$ とおくと
　$f_x = 3x^2 - 3y, f_y = -3x + 3y^2$
∴ $\dfrac{dy}{dx} = -\dfrac{f_x}{f_y} = \dfrac{x^2 - y}{x - y^2}$　……(答)

$\dfrac{d^2y}{dx^2} =$

$\dfrac{\left(2x - \dfrac{dy}{dx}\right)(x - y^2) - (x^2 - y)\left(1 - 2y\dfrac{dy}{dx}\right)}{(x - y^2)^2}$

分子 $= \left(2x - \dfrac{x^2 - y}{x - y^2}\right)(x - y^2)$
　　　　$- (x^2 - y)\left(1 - 2y \cdot \dfrac{x^2 - y}{x - y^2}\right)$
$= \{(x^2 - 2xy^2 + y)(x - y^2)$
　　　　$- (x^2 - y)(x + y^2 - 2x^2y)\}/(x - y^2)$
$= \dfrac{2xy(x^3 - 3xy + y^3 + 1)}{x - y^2} = \dfrac{4xy}{x - y^2}$

よって $\dfrac{d^2y}{dx^2} = \dfrac{4xy}{(x - y^2)^3}$　……(答)

練習問題 73

$f(x, y) = x^2 + 2xy + 2y^2 - 1$ とおくと
　$f_x = 2x + 2y, f_y = 2x + 4y$
　$f_{xx} = 2$
$f = 0, f_x = 0$ とおくと
$\begin{cases} x^2 + 2xy + 2y^2 = 1 & \cdots\cdots ① \\ 2(x + y) = 0 & \cdots\cdots ② \end{cases}$

②から $y=-x$
①に代入して $x^2+2x(-x)+2(-x)^2=1$
$x^2=1$ ∴ $x=\pm 1$
したがって $(x,y)=(1,-1),\ (-1,1)$
ここで $\dfrac{f_{xx}}{f_y}=\dfrac{2}{2(x+2y)}=\dfrac{1}{x+2y}$

$(x,y)=(1,-1)$ のとき $\dfrac{f_{xx}}{f_y}=-1<0$

$(x,y)=(-1,1)$ のとき $\dfrac{f_{xx}}{f_y}=1>0$

よって 極大値 $1\ (x=-1)$
　　　　極小値 $-1\ (x=1)$ ……(答)

練習問題 74

$x^2+y^2=1$ は原点を中心とする半径 1 の円だから有界閉集合であり、連続関数 $f(x,y)=x^3+y^3$ はこの円周上で最大値および最小値をもつ。
$F(x,y)=x^3+y^3-\lambda(x^2+y^2-1)$ とおくと
　　$F_x=3x^2-2\lambda x,\ F_y=3y^2-2\lambda y$

$\begin{cases} x^2+y^2=1 \\ F_x=0 \\ F_y=0 \end{cases}$ から $\begin{cases} x^2+y^2=1 \quad \cdots\cdots ① \\ x(3x-2\lambda)=0 \cdots\cdots ② \\ y(3y-2\lambda)=0 \cdots\cdots ③ \end{cases}$

①〜③を満たす (x,y) の中に $f(x,y)$ を最大、最小にするものが含まれている。
②、③から
$(x,y)=(0,0),\ \left(0,\dfrac{2}{3}\lambda\right),\ \left(\dfrac{2}{3}\lambda,0\right),$
$\qquad\qquad \left(\dfrac{2}{3}\lambda,\dfrac{2}{3}\lambda\right)$
$(x,y)=(0,0)$ は①を満たさない。
$(x,y)=\left(0,\dfrac{2}{3}\lambda\right)$ のとき、①から
$\qquad (x,y)=(0,\pm 1)$
$(x,y)=\left(\dfrac{2}{3}\lambda,0\right)$ のとき、①から
$\qquad (x,y)=(\pm 1,0)$
$(x,y)=\left(\dfrac{2}{3}\lambda,\dfrac{2}{3}\lambda\right)$ のとき、①から
$\left(\dfrac{2}{3}\lambda\right)^2+\left(\dfrac{2}{3}\lambda\right)^2=1 \quad \lambda^2=\dfrac{9}{8}$
$\lambda=\pm\sqrt{\dfrac{9}{8}}=\pm\dfrac{3}{2\sqrt{2}}$

∴ $(x,y)=\left(\pm\dfrac{1}{\sqrt{2}},\pm\dfrac{1}{\sqrt{2}}\right)$（複号同順）
したがって、$(x,y)=(\pm 1,0),\ (0,\pm 1),$
$\left(\pm\dfrac{1}{\sqrt{2}},\pm\dfrac{1}{\sqrt{2}}\right)$ に対する x^3+y^3 の値を計算して
$\begin{cases} 最大値 \quad 1\ ;\ (x,y)=(1,0),\ (0,1) \\ 最小値 \quad -1\ ;\ (x,y)=(-1,0),\ (0,-1) \end{cases}$
　　　　　　　　　　　　　　　……(答)

練習問題 75

(1) 直線は特異点をもたない。
$\qquad f(x,y,a)=y-ax-\dfrac{1}{a}=0 \qquad \cdots\cdots ①$
$\qquad f_a(x,y,a)=-x+\dfrac{1}{a^2}=0 \qquad \cdots\cdots ②$
①から $ay-a^2x-1=0 \qquad \cdots\cdots ③$
②から $a^2x=1 \qquad\qquad\qquad \cdots\cdots ④$
④を③に代入して $ay-2=0$
$\qquad\qquad\qquad ∴\ a=\dfrac{2}{y}$
これを④に代入して
$\left(\dfrac{2}{y}\right)^2 x=1 \qquad ∴\ y^2=4x \quad \cdots\cdots$(答)

(2) $f(x,y,a)=y^3-a(x+a)^2=0 \quad \cdots\cdots ①$
$\quad f_a(x,y,a)=-(x+a)^2-a\cdot 2(x+a)$
$\qquad\qquad\quad =-(x+a)(x+3a)=0$
$\qquad\qquad\qquad\qquad\qquad \cdots\cdots ②$
②から $a=-x$ または $a=-\dfrac{x}{3}$
①に代入して
$\qquad y^3=0$ または $y^3=-\dfrac{4}{27}x^3$
$\qquad ∴\ y=0$ または $y=-\dfrac{\sqrt[3]{4}}{3}x \quad \cdots\cdots ③$
ここで、$f_x=-2a(x+a),\ f_y=3y^2$ だから、$f=0,\ f_x=0,\ f_y=0$ を同時に満たす (x,y) は $(-a,0)$、すなわち $(-a,0)$ は特異点である。
よって、③の $y=0$ は特異点の軌跡であり、求める包絡線は $\qquad y=-\dfrac{\sqrt[3]{4}}{3}x \quad \cdots\cdots$(答)

練習問題 76

(1) $f(x,y,z) = k\tan^{-1}\dfrac{y}{x} - z$ とおくと

$$f_x = k \cdot \dfrac{1}{1+\left(\dfrac{y}{x}\right)^2} \cdot \left(-\dfrac{y}{x^2}\right) = -\dfrac{ky}{x^2+y^2}$$

$$f_y = k \cdot \dfrac{1}{1+\left(\dfrac{y}{x}\right)^2} \cdot \dfrac{1}{x} = \dfrac{kx}{x^2+y^2}$$

$$f_z = -1$$

よって, 接平面の方程式は

$$-\dfrac{ky_0}{x_0^2+y_0^2}(x-x_0) + \dfrac{kx_0}{x_0^2+y_0^2}(y-y_0)$$
$$-(z-z_0) = 0$$

$\therefore\ ky_0 x - kx_0 y + (x_0^2+y_0^2)(z-z_0) = 0$
……(答)

法線の方程式は

$$\dfrac{x-x_0}{-\dfrac{ky_0}{x_0^2+y_0^2}} = \dfrac{y-y_0}{\dfrac{kx_0}{x_0^2+y_0^2}} = \dfrac{z-z_0}{-1}$$

$\therefore\ \dfrac{x-x_0}{ky_0} = \dfrac{y-y_0}{-kx_0} = \dfrac{z-z_0}{x_0^2+y_0^2}$
……(答)

(2) $f(x,y,z) = \sqrt{x} + \sqrt{y} + \sqrt{z} - 1$ とおくと

$$f_x = \dfrac{1}{2\sqrt{x}},\ f_y = \dfrac{1}{2\sqrt{y}},\ f_z = \dfrac{1}{2\sqrt{z}}$$

したがって, 曲面上の点 (x,y,z) における接平面の方程式は, 流通座標を用いて

$$\dfrac{1}{2\sqrt{x}}(X-x) + \dfrac{1}{2\sqrt{y}}(Y-y)$$
$$+ \dfrac{1}{2\sqrt{z}}(Z-z) = 0$$

$Y=Z=0$ とおくと

$$\dfrac{1}{2\sqrt{x}}(X-x) = \dfrac{1}{2}(\sqrt{y}+\sqrt{z})$$

$\therefore\ X = x + \sqrt{x}(\sqrt{y}+\sqrt{z})$
$= \sqrt{x}(\sqrt{x}+\sqrt{y}+\sqrt{z}) = \sqrt{x}$

これより $P(\sqrt{x}, 0, 0)$
同様にして $Q(0,\sqrt{y},0),\ R(0,0,\sqrt{z})$
よって

$$OP+OQ+OR = \sqrt{x}+\sqrt{y}+\sqrt{z}$$
$$= 1\quad (=一定)$$

練習問題 77

(1) 与式 $= \left(\displaystyle\int_0^1 x\,dx\right)\left(\displaystyle\int_0^1 \dfrac{dy}{1+y^2}\right)$

$= \left[\dfrac{x^2}{2}\right]_0^1 \left[\tan^{-1} y\right]_0^1$

$= \dfrac{1}{2}\cdot\tan^{-1} 1 = \dfrac{\pi}{8}$ ……(答)

(2) 与式 $= \displaystyle\int_0^b \left(\displaystyle\int_0^a \dfrac{dx}{1+x+y}\right) dy$

$= \displaystyle\int_0^b \left[\log(1+x+y)\right]_{x=0}^{x=a} dy$

$= \displaystyle\int_0^b \{\log(1+a+y) - \log(1+y)\}\, dy$

$= \Big[(1+a+y)\log(1+a+y)$
$\qquad -(1+y)\log(1+y)\Big]_0^b$

$= (1+a+b)\log(1+a+b)$
$\quad -(1+a)\log(1+a)$
$\quad -(1+b)\log(1+b)$ ……(答)

練習問題 78

(1) 与式 $= \displaystyle\int_2^6 \left(\displaystyle\int_1^{x^2} \dfrac{x}{y^2}\,dy\right) dx$

$= \displaystyle\int_2^6 \left[-\dfrac{x}{y}\right]_{y=1}^{y=x^2} dx$

$= \displaystyle\int_2^6 \left(-\dfrac{1}{x} + x\right) dx$

$= \left[-\log x + \dfrac{x^2}{2}\right]_2^6$

$= (-\log 6 + 18) - (-\log 2 + 2)$

$= 16 - \log 3$ ……(答)

(2) 与式 $= \displaystyle\int_0^a \left(\displaystyle\int_0^{\sqrt{a^2-x^2}} dy\right) dx$

$= \displaystyle\int_0^a \sqrt{a^2-x^2}\,dx = \dfrac{\pi}{4}a^2$ ……(答)

($\because$ 半径 a の円の 4 分円の面積)

練習問題 79

(1) D は, $0\leq y\leq 1-x,\ 0\leq x\leq 1$ より

$\displaystyle\iint_D xy(1-x-y)\,dxdy$

$= \displaystyle\int_0^1 \left(\displaystyle\int_0^{1-x} xy(1-x-y)\,dy\right) dx$

$= \displaystyle\int_0^1 \left(\displaystyle\int_0^{1-x} x\{(1-x)y - y^2\}\,dy\right) dx$

$= \displaystyle\int_0^1 x\left[(1-x)\dfrac{y^2}{2} - \dfrac{y^3}{3}\right]_{y=0}^{y=1-x} dx$

$$= \int_0^1 x \cdot \frac{1}{6}(1-x)^3 dx$$
$$= \frac{1}{6}\int_0^1 x(1-x)^3 dx$$

$1-x=t$ とおくと
  $x=1-t,\ dx=-dt$

x	$0 \to 1$
t	$1 \to 0$

よって　与式$=\frac{1}{6}\int_1^0 (1-t)\,t^3(-dt)$
$$=\frac{1}{6}\int_0^1 (t^3-t^4)\,dt$$
$$=\frac{1}{6}\left[\frac{t^4}{4}-\frac{t^5}{5}\right]_0^1 = \frac{1}{120} \cdots\cdots(答)$$

(2) D は (1) と同値であり
$$\iint_D (x+e^{-y})\,dxdy$$
$$=\int_0^1 \left(\int_0^{1-x}(x+e^{-y})\,dy\right)dx$$
$$=\int_0^1 \left[xy-e^{-y}\right]_{y=0}^{y=1-x} dx$$
$$=\int_0^1 \{x(1-x)-e^{x-1}+1\}dx$$
$$=\left[\frac{x^2}{2}-\frac{x^3}{3}-e^{x-1}+x\right]_0^1$$
$$=\frac{1}{2}-\frac{1}{3}-1+1-(-e^{-1})=\frac{1}{e}+\frac{1}{6}$$
$$\cdots\cdots(答)$$

練習問題 80

(1) $\iint_D \sqrt{xy-y^2}\,dxdy$
$$=\int_0^2 \left(\int_y^{10y}\sqrt{xy-y^2}\,dx\right)dy$$
$$=\int_0^2 \left[\frac{2}{3y}(xy-y^2)^{\frac{3}{2}}\right]_{x=y}^{x=10y} dy$$
$$=\int_0^2 \frac{2}{3y}(9y^2)^{\frac{3}{2}}dy$$
$$=\int_0^2 \frac{2}{3y}\cdot 27y^3 dy = \int_0^2 18y^2 dy$$
$$=\left[6y^3\right]_0^2 = 48 \qquad \cdots\cdots(答)$$

(2) $\iint_D \sqrt{4x^2-y^2}\,dxdy$
$$=\int_0^1 \left(\int_0^x \sqrt{4x^2-y^2}\,dy\right)dx$$

ここで　$\int \sqrt{4x^2-y^2}\,dy$
$$=y\sqrt{4x^2-y^2}-\int y\frac{-y}{\sqrt{4x^2-y^2}}dy$$
$$=y\sqrt{4x^2-y^2}$$
$$\quad -\int\left(\sqrt{4x^2-y^2}-\frac{4x^2}{\sqrt{4x^2-y^2}}\right)dy$$
$$\therefore \int\sqrt{4x^2-y^2}\,dy$$
$$=\frac{1}{2}y\sqrt{4x^2-y^2}+\int\frac{2x^2}{\sqrt{4x^2-y^2}}dy$$
$$=\frac{1}{2}\left(y\sqrt{4x^2-y^2}+4x^2\sin^{-1}\frac{y}{2x}\right)$$

よって
与式
$$=\int_0^1 \left[\frac{1}{2}\left(y\sqrt{4x^2-y^2}+4x^2\sin^{-1}\frac{y}{2x}\right)\right]_{y=0}^{y=x} dx$$
$$=\int_0^1 \frac{1}{2}\left(\sqrt{3}\,x^2+4x^2\cdot\frac{\pi}{6}\right)dx$$
$$=\frac{1}{2}\left[\frac{\sqrt{3}}{3}x^3+\frac{2\pi}{9}x^3\right]_0^1=\frac{1}{2}\left(\frac{\sqrt{3}}{3}+\frac{2\pi}{9}\right)$$
$$=\frac{1}{18}(3\sqrt{3}+2\pi) \qquad \cdots\cdots(答)$$

練習問題 81

(1) 積分領域 D は
$$1-\sqrt{1-y^2}\le x\le 1+\sqrt{1-y^2},\ 0\le y\le 1$$
すなわち
$$\begin{cases}(x-1)^2+y^2\le 1\\ 0\le y\le 1\end{cases}$$
であるから，下図のアミ部分である．
円 $(x-1)^2+y^2=1$ の上半分は
$$y=\sqrt{1-(x-1)^2}=\sqrt{2x-x^2}$$
であるから，D は次と同値である．
$$0\le y\le\sqrt{2x-x^2},\ 0\le x\le 2$$
よって　与式$=\int_0^2 dx\int_0^{\sqrt{2x-x^2}} f(x,y)\,dy$
$$\cdots\cdots(答)$$

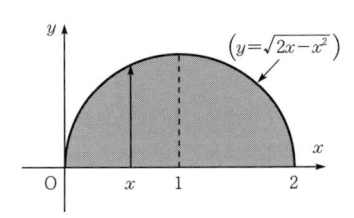

(2) 積分領域 D は
$$-\sqrt{x}\le y\le\sqrt{x},\ 0\le x\le a$$

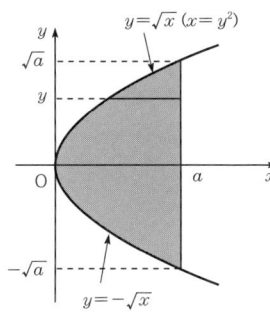

であるから，上の図のアミ部分である。
$y=\sqrt{x}$ と $y=-\sqrt{x}$ は合わせて $x=y^2$ であるから，D は次と同値である。

$$\begin{cases} y^2 \leq x \leq a \\ -\sqrt{a} \leq y \leq \sqrt{a} \end{cases}$$

よって　与式$=\int_{-\sqrt{a}}^{\sqrt{a}}\int_{y^2}^{a} f(x,y)\,dxdy$

……(答)

練習問題 82

積分領域 D は，$x^2 \leq y \leq 4, -2 \leq x \leq 2$ であるから，下の図のアミ部分である。
$y=x^2$ は $x=\pm\sqrt{y}$ であるから，D は次と同値である。

$$\begin{cases} -\sqrt{y} \leq x \leq \sqrt{y} \\ 0 \leq y \leq 4 \end{cases}$$

したがって

$$\int_{-2}^{2} dx \int_{x^2}^{4} \sqrt{y}\,(y-1)^2 dy$$
$$=\int_{0}^{4} dy \int_{-\sqrt{y}}^{\sqrt{y}} \sqrt{y}\,(y-1)^2 dx$$
$$=\int_{0}^{4} \left(\int_{-\sqrt{y}}^{\sqrt{y}} \sqrt{y}\,(y-1)^2 dx\right) dy$$

$$=\int_{0}^{4} \left[\sqrt{y}\,(y-1)^2 x\right]_{x=-\sqrt{y}}^{x=\sqrt{y}} dy$$
$$=\int_{0}^{4} 2\sqrt{y}\,(y-1)^2 \sqrt{y}\,dy$$
$$=\int_{0}^{4} 2y\,(y-1)^2 dy$$
$$=\int_{-1}^{3} 2(t+1)\,t^2 dt \quad (y-1=t \text{ とおいた})$$
$$=2\left[\frac{t^4}{4}+\frac{t^3}{3}\right]_{-1}^{3}=2\cdot\frac{88}{3}=\frac{176}{3} \quad \cdots\cdots(答)$$

練習問題 83

(1) $\int_{0}^{1}\int_{0}^{x}\int_{0}^{x+y} e^{x+y+z}\,dzdydx$

$=\int_{0}^{1}\int_{0}^{x} e^{x+y}\left(\int_{0}^{x+y} e^z dz\right) dydx$

$=\int_{0}^{1}\int_{0}^{x} e^{x+y}\left[e^z\right]_{z=0}^{z=x+y} dydx$

$=\int_{0}^{1}\int_{0}^{x} \{e^{2(x+y)}-e^{x+y}\} dydx$

$=\int_{0}^{1}\left[\frac{1}{2}e^{2(x+y)}-e^{x+y}\right]_{y=0}^{y=x} dx$

$=\int_{0}^{1}\left(\frac{1}{2}e^{4x}-\frac{3}{2}e^{2x}+e^x\right) dx$

$=\left[\frac{1}{8}e^{4x}-\frac{3}{4}e^{2x}+e^x\right]_{0}^{1}$

$=\frac{1}{8}e^4-\frac{3}{4}e^2+e-\frac{3}{8} \quad \cdots\cdots(答)$

(2)　積分領域 D は
$0 \leq z \leq a-x-y,\ 0 \leq y \leq a-x,\ 0 \leq x \leq a$

$\therefore\ \iiint_D \frac{dxdydz}{(x+y+z+a)^3}$

$=\int_{0}^{a}\int_{0}^{a-x}\int_{0}^{a-x-y} \frac{dz}{(x+y+z+a)^3} dzdydx$

$=\int_{0}^{a}\int_{0}^{a-x}\left[-\frac{1}{2(x+y+z+a)^2}\right]_{z=0}^{z=a-x-y} dydx$

$=\int_{0}^{a}\int_{0}^{a-x}\frac{1}{2}\cdot\left(\frac{1}{(x+y+a)^2}-\frac{1}{(2a)^2}\right) dydx$

$=\frac{1}{2}\int_{0}^{a}\left[-\frac{1}{x+y+a}-\frac{y}{4a^2}\right]_{y=0}^{y=a-x} dx$

$=\frac{1}{2}\int_{0}^{a}\left(-\frac{1}{2a}-\frac{a-x}{4a^2}+\frac{1}{x+a}\right) dx$

$=\frac{1}{2}\int_{0}^{a}\left(\frac{1}{x+a}+\frac{x}{4a^2}-\frac{3}{4a}\right) dx$

$=\frac{1}{2}\left[\log(x+a)+\frac{x^2}{8a^2}-\frac{3}{4a}x\right]_{0}^{a}$

$=\frac{1}{2}\left(\log 2a-\log a+\frac{1}{8}-\frac{3}{4}\right)$

$$=\frac{1}{2}\left(\log 2 - \frac{5}{8}\right) \quad \cdots\cdots(\text{答})$$

練習問題 84

(1) $x = r\cos\theta$, $y = r\sin\theta$ とおくと $J = r$
D は $M : 0 \leq r \leq a$, $0 \leq \theta \leq 2\pi$ に写るから

$$\iint_D x^4 dxdy = \iint_M (r\cos\theta)^4 r\, drd\theta$$
$$= \int_0^{2\pi} \cos^4\theta\, d\theta \int_0^a r^5 dr$$
$$= 4\int_0^{\frac{\pi}{2}} \cos^4\theta\, d\theta \int_0^a r^5 dr$$
$$= 4 \cdot \frac{3}{4} \cdot \frac{1}{2} \cdot \frac{\pi}{2}\left[\frac{r^6}{6}\right]_0^a$$
$$= \frac{1}{8}\pi a^6 \quad \cdots\cdots(\text{答})$$

(2) $x = r\cos\theta$, $y = r\sin\theta$ とおくと $J = r$
D は $M : 0 \leq r \leq 1$, $0 \leq \theta \leq \pi$ に写るから

$$\iint_D \sqrt{\frac{1-x^2-y^2}{1+x^2+y^2}}\, dxdy$$
$$= \iint_M \sqrt{\frac{1-r^2}{1+r^2}} \cdot r\, drd\theta$$
$$= \int_0^\pi d\theta \int_0^1 \sqrt{\frac{1-r^2}{1+r^2}}\, r\, dr$$

$r^2 = t$ とおくと $2r dr = dt$

r	$0 \to 1$
t	$0 \to 1$

$$rdr = \frac{1}{2}dt$$

$$\therefore \quad \text{与式} = \Big[\theta\Big]_0^\pi \int_0^1 \sqrt{\frac{1-t}{1+t}} \cdot \frac{1}{2}\, dt$$
$$= \frac{\pi}{2}\int_0^1 \frac{1-t}{\sqrt{1-t^2}}\, dt$$
$$= \frac{\pi}{2}\Big[\sin^{-1}t + \sqrt{1-t^2}\Big]_0^1$$
$$= \frac{\pi}{2}(\sin^{-1}1 - 1) = \frac{\pi}{2}\left(\frac{\pi}{2}-1\right)$$
$$\cdots\cdots(\text{答})$$

練習問題 85

(1) $x = r\cos\theta$, $y = r\sin\theta$ とおくと $J = r$
D は $r^2 \leq ar\cos\theta$ から
$$r(r - a\cos\theta) \leq 0 \quad 0 \leq r \leq a\cos\theta$$
このとき $\cos\theta \geq 0$ から $-\frac{\pi}{2} \leq \theta \leq \frac{\pi}{2}$
したがって, D は $M : 0 \leq r \leq a\cos\theta$, $-\frac{\pi}{2} \leq \theta \leq \frac{\pi}{2}$ に写る. よって

$$\iint_D xdxdy = \iint_M r\cos\theta \cdot r\, drd\theta$$
$$= \int_{-\frac{\pi}{2}}^{\frac{\pi}{2}}\left(\int_0^{a\cos\theta} r^2\cos\theta\, dr\right)d\theta$$
$$= \int_{-\frac{\pi}{2}}^{\frac{\pi}{2}} \cos\theta \left[\frac{r^3}{3}\right]_0^{a\cos\theta} d\theta$$
$$= \int_{-\frac{\pi}{2}}^{\frac{\pi}{2}} \frac{a^3}{3}\cos^4\theta\, d\theta = \frac{2}{3}a^3 \int_0^{\frac{\pi}{2}} \cos^4\theta\, d\theta$$
$$= \frac{2}{3}a^3 \cdot \frac{3}{4} \cdot \frac{1}{2} \cdot \frac{\pi}{2} = \frac{\pi}{8}a^3 \quad \cdots\cdots(\text{答})$$

(2) $x = r\cos\theta$, $y = r\sin\theta$ とおくと $J = r$
D は $(r^2)^2 \leq a^2(r^2\cos^2\theta - r^2\sin^2\theta)$ から
$r^2 \leq a^2(\cos^2\theta - \sin^2\theta) \quad r^2 \leq a^2\cos 2\theta$
$$\therefore \quad 0 \leq r \leq a\sqrt{\cos 2\theta}$$
このとき $\cos 2\theta \geq 0$ を $-\frac{\pi}{2} \leq \theta \leq \frac{3}{2}\pi$ すなわち $-\pi \leq 2\theta \leq 3\pi$ の範囲で解くと
$$-\frac{\pi}{2} \leq 2\theta \leq \frac{\pi}{2}, \quad \frac{3}{2}\pi \leq 2\theta \leq \frac{5}{2}\pi$$
$$\therefore \quad -\frac{\pi}{4} \leq \theta \leq \frac{\pi}{4}, \quad \frac{3}{4}\pi \leq \theta \leq \frac{5}{4}\pi$$
したがって, D は $M : 0 \leq r \leq a\sqrt{\cos 2\theta}$, $-\frac{\pi}{4} \leq \theta \leq \frac{\pi}{4}$, $\frac{3}{4}\pi \leq \theta \leq \frac{5}{4}\pi$ に写る.
$$\therefore \quad \iint_D (x^2+y^2)\, dxdy = \iint_M r^2 \cdot r\, drd\theta$$
$y = \cos 2\theta$ のグラフの対称性を利用して
$$\iint_D (x^2+y^2)\, dxdy$$
$$= 4\int_0^{\frac{\pi}{4}}\left(\int_0^{a\sqrt{\cos 2\theta}} r^3 dr\right)d\theta$$
$$= 4\int_0^{\frac{\pi}{4}}\left[\frac{r^4}{4}\right]_0^{a\sqrt{\cos 2\theta}} d\theta$$
$$= \int_0^{\frac{\pi}{4}} a^4 \cos^2 2\theta\, d\theta$$
$$= a^4 \int_0^{\frac{\pi}{4}} \frac{1+\cos 4\theta}{2}\, d\theta$$
$$= \frac{a^4}{2}\left[\theta + \frac{1}{4}\sin 4\theta\right]_0^{\frac{\pi}{4}} = \frac{\pi}{8}a^4 \quad \cdots\cdots(\text{答})$$

練習問題 86

(1) $x = ar\cos\theta$, $y = br\sin\theta$ とおくと $J = abr$
D は $r^2 \leq 1$, $\cos\theta \geq 0$, $\sin\theta \geq 0$ から

$M: 0 \leq r \leq 1, \ 0 \leq \theta \leq \dfrac{\pi}{2}$ に写る.

$$\therefore \iint_D (x+y)\,dxdy$$
$$= \iint_M (ar\cos\theta + br\sin\theta)\,abr\,drd\theta$$
$$= ab\int_0^{\frac{\pi}{2}}(a\cos\theta + b\sin\theta)\,d\theta \int_0^1 r^2\,dr$$
$$= ab\Big[a\sin\theta - b\cos\theta\Big]_0^{\frac{\pi}{2}}\Big[\dfrac{r^3}{3}\Big]_0^1$$
$$= ab(a+b)\cdot\dfrac{1}{3} = \dfrac{1}{3}(a+b)\,ab \quad \cdots\cdots(答)$$

(2) 積分領域 D は $0 \leq y \leq 2\sqrt{a^2-x^2}$ かつ $0 \leq x \leq a$ であるから

$$D: \dfrac{x^2}{a^2} + \dfrac{y^2}{4a^2} \leq 1,\ x \geq 0,\ y \geq 0$$

$x = ar\cos\theta,\ y = 2ar\sin\theta$ とおくと
$$J = a\cdot 2ar = 2a^2 r$$
D は $r^2 \leq 1,\ \cos\theta \geq 0,\ \sin\theta \geq 0$ から
$M: 0 \leq r \leq 1,\ 0 \leq \theta \leq \dfrac{\pi}{2}$ に写る.

$$\therefore \int_0^a \int_0^{2\sqrt{a^2-x^2}} \sqrt{4x^2+y^2}\,dydx$$
$$= \iint_M \sqrt{4a^2r^2}\,2a^2 r\,drd\theta$$
$$= \iint_M 4a^3 r^2\,dr$$
$$= 4a^3 \int_0^{\frac{\pi}{2}} d\theta \int_0^1 r^2\,dr$$
$$= 4a^3 \Big[\theta\Big]_0^{\frac{\pi}{2}}\Big[\dfrac{r^3}{3}\Big]_0^1 = 4a^3\cdot\dfrac{\pi}{2}\cdot\dfrac{1}{3} = \dfrac{2}{3}\pi a^3$$
$$\cdots\cdots(答)$$

練習問題 87

(1) $x - y = u,\ x + y = v$ とおくと
D は $M: -1 \leq u \leq 1, -1 \leq v \leq 1$ に写る.
このとき, $x = \dfrac{u+v}{2},\ y = \dfrac{-u+v}{2}$ だから

$$J = \begin{vmatrix} x_u & x_v \\ y_u & y_v \end{vmatrix} = \begin{vmatrix} \dfrac{1}{2} & \dfrac{1}{2} \\ -\dfrac{1}{2} & \dfrac{1}{2} \end{vmatrix} = \dfrac{1}{4} - \left(-\dfrac{1}{4}\right)$$
$$= \dfrac{1}{2}$$

$$\therefore \iint_D (x+y)^2 e^{x-y}\,dxdy$$

$$= \iint_M v^2 e^u \dfrac{1}{2}\,dudv$$
$$= \dfrac{1}{2}\int_{-1}^1 v^2\,dv \int_{-1}^1 e^u\,du$$
$$= \dfrac{1}{2}\Big[\dfrac{v^3}{3}\Big]_{-1}^1 \Big[e^u\Big]_{-1}^1 = \dfrac{1}{2}\cdot\dfrac{2}{3}(e - e^{-1})$$
$$= \dfrac{1}{3}\left(e - \dfrac{1}{e}\right) \quad \cdots\cdots(答)$$

(2) $x = u,\ y = uv$ とおくと, D は
$1 \leq u \leq 2,\ 0 \leq uv \leq u$ すなわち
$M: 1 \leq u \leq 2,\ 0 \leq v \leq 1$ に写る.

$$J = \begin{vmatrix} x_u & x_v \\ y_u & y_v \end{vmatrix} = \begin{vmatrix} 1 & 0 \\ v & u \end{vmatrix} = u$$

$$\therefore \iint_D \dfrac{dxdy}{x^2+y^2} = \iint_M \dfrac{1}{u^2+u^2v^2}\,u\,dudv$$
$$= \iint_M \dfrac{1}{u}\dfrac{1}{1+v^2}\,dudv$$
$$= \int_1^2 \dfrac{du}{u}\int_0^1 \dfrac{dv}{1+v^2}$$
$$= \Big[\log u\Big]_1^2 \Big[\tan^{-1} v\Big]_0^1$$
$$= \log 2 \cdot \tan^{-1} 1 = \dfrac{\pi}{4}\log 2 \quad \cdots\cdots(答)$$

練習問題 88

(1) $x = r\sin\theta\cos\varphi,\ y = r\sin\theta\sin\varphi,$
$z = r\cos\theta$ とおくと $J = r^2\sin\theta$
D は $M: 0 \leq r \leq a,\ 0 \leq \theta \leq \pi,\ 0 \leq \varphi \leq 2\pi$ に写る.

$$\therefore \iiint_D \sqrt{a^2-x^2-y^2-z^2}\,dxdydz$$
$$= \iiint_M \sqrt{a^2-r^2}\,r^2\sin\theta\,drd\theta d\varphi$$
$$= \int_0^{2\pi} d\varphi \int_0^{\pi}\sin\theta\,d\theta \int_0^a r^2\sqrt{a^2-r^2}\,dr$$

$r = a\sin t$ とおくと
$dr = a\cos t\,dt$

r	$0 \to a$
t	$0 \to \dfrac{\pi}{2}$

$$\therefore\ 与式 = 2\pi\Big[-\cos\theta\Big]_0^{\pi}$$
$$\times \int_0^{\frac{\pi}{2}} a^2\sin^2 t\sqrt{a^2\cos^2 t}\,a\cos t\,dt$$
$$= 2\pi\cdot 2\cdot a^4 \int_0^{\frac{\pi}{2}} \sin^2 t\cos^2 t\,dt$$
$$= 4\pi a^4 \int_0^{\frac{\pi}{2}} (\sin^2 t - \sin^4 t)\,dt$$

$$= 4\pi a^4 \left(\frac{1}{2}\cdot\frac{\pi}{2}-\frac{3}{4}\cdot\frac{1}{2}\cdot\frac{\pi}{2}\right)$$

$$= \frac{\pi^2}{4}a^4 \qquad \cdots\cdots(答)$$

(2) $x = r\sin\theta\cos\varphi$, $y = r\sin\theta\sin\varphi$, $z = r\cos\theta$ とおくと $J = r^2\sin\theta$

D は $M : 0 \leqq r \leqq a$, $0 \leqq \theta \leqq \frac{\pi}{2}$, $0 \leqq \varphi \leqq \frac{\pi}{2}$ に写る.

$$\therefore \iiint_D (x^3+y^2+z^3)\,dxdydz$$

$$= \iiint_M r^3\{\sin^3\theta(\cos^3\varphi+\sin^3\varphi)+\cos^3\theta\}$$
$$\times r^2\sin\theta\,drd\theta d\varphi$$

$$= \int_0^{\frac{\pi}{2}}\left\{\int_0^{\frac{\pi}{2}}\sin^4\theta(\cos^3\varphi+\sin^3\varphi)\right.$$
$$\left.+\sin\theta\cos^3\theta\,d\theta\right\}d\varphi\int_0^a r^5\,dr$$

$$= \int_0^{\frac{\pi}{2}}\left\{\frac{3}{4}\cdot\frac{1}{2}\cdot\frac{\pi}{2}(\cos^3\varphi+\sin^3\varphi)\right.$$
$$\left.+\left[-\frac{1}{4}\cos^4\theta\right]_0^{\frac{\pi}{2}}\right\}d\varphi\left[\frac{r^6}{6}\right]_0^a$$

$$= \frac{a^6}{6}\int_0^{\frac{\pi}{2}}\left\{\frac{3}{16}\pi(\cos^3\varphi+\sin^3\varphi)+\frac{1}{4}\right\}d\varphi$$

$$= \frac{a^6}{6}\left\{\frac{3}{16}\pi\left(\frac{2}{3}+\frac{2}{3}\right)+\frac{1}{4}\cdot\frac{\pi}{2}\right\}$$

$$= \frac{\pi}{16}a^6 \qquad \cdots\cdots(答)$$

練習問題 89

$x^2+y^2=1$ を満たす点が特異点である.
$x = r\cos\theta$, $y = r\sin\theta$ とおくと, $J = r$
D は $M : 0 \leqq r \leqq 1$, $0 \leqq \theta \leqq 2\pi$ に写る.

$$\therefore \iint_D \sqrt{\frac{x^2+y^2}{1-x^2-y^2}}\,dxdy$$

$$= \iint_M \sqrt{\frac{r^2}{1-r^2}}\,r\,drd\theta$$

$$= \iint_M \frac{r^2}{\sqrt{1-r^2}}\,drd\theta$$

$$= \int_0^{2\pi}d\theta\int_0^1\left(\frac{1}{\sqrt{1-r^2}}-\sqrt{1-r^2}\right)dr$$

$$= 2\pi\left(\left[\sin^{-1}r\right]_0^1-\int_0^1\sqrt{1-r^2}\,dr\right)$$

$$= 2\pi\left(\frac{\pi}{2}-\frac{\pi}{4}\right) = \frac{\pi^2}{2} \qquad \cdots\cdots(答)$$

(2) $\alpha = -\beta$ ($\beta>0$) すなわち $\alpha<0$ のときは

$\frac{1}{(y-x)^\alpha}=\frac{1}{(y-x)^{-\beta}}=(y-x)^\beta$ より連続である. また, $\alpha=0$ のときも連続である. しかし, $\alpha>0$ のときは直線 $y=x$ 上では定義されない.

D は, $x \leqq y \leqq 1$, $0 \leqq x \leqq 1$ だから

$$\iint_D \frac{dxdy}{(y-x)^\alpha} = \int_0^1\int_x^1 \frac{1}{(y-x)^\alpha}\,dydx$$

$$= \int_0^1\left[\frac{(y-x)^{1-\alpha}}{1-\alpha}\right]_{y=x}^{y=1}dx$$

$$= \int_0^1 \frac{(1-x)^{1-\alpha}}{1-\alpha}\,dx$$

$$= \frac{1}{1-\alpha}\left[-\frac{(1-x)^{2-\alpha}}{2-\alpha}\right]_0^1$$

$$= \frac{1}{(1-\alpha)(2-\alpha)} \qquad \cdots\cdots(答)$$

練習問題 90

D は下の図のアミ部分であり
$\quad -y \leqq x$, $1 \leqq y \leqq 2$
したがって

$$\iint_D e^{-\frac{x}{y}}\,dxdy$$

$$= \int_1^2\left(\int_{-y}^\infty e^{-\frac{x}{y}}\,dx\right)dy$$

$$= \int_1^2\left[-ye^{-\frac{x}{y}}\right]_{x=-y}^{x=\infty}dy = \int_1^2 ey\,dy$$

$$= \left[\frac{e}{2}y^2\right]_1^2 = \frac{3}{2}e \qquad \cdots\cdots(答)$$

練習問題 91

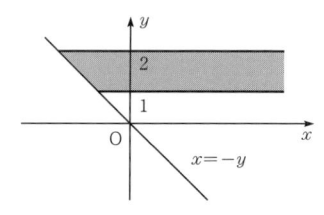

(1) $\int_{-\infty}^\infty \frac{1}{\sqrt{2\pi}}e^{-\frac{x^2}{2}}\,dx$ で $x = \sqrt{2}\,t$ とおくと

$dx = \sqrt{2}\,dt$

x	$-\infty \to \infty$
t	$-\infty \to \infty$

$$\therefore \int_{-\infty}^\infty \frac{1}{\sqrt{2\pi}}e^{-\frac{x^2}{2}}\,dx$$

$$= \int_{-\infty}^\infty \frac{1}{\sqrt{2\pi}}e^{-t^2}\sqrt{2}\,dt$$

$$=\frac{2}{\sqrt{\pi}}\int_0^\infty e^{-t^2}dt=\frac{2}{\sqrt{\pi}}\cdot\frac{\sqrt{\pi}}{2}=1$$

……(答)

(2) $\int_0^\infty e^{-x}x^{-\frac{1}{2}}dx$ で $\sqrt{x}=t$ とおくと

$\dfrac{dx}{2\sqrt{x}}=dt$ より $\dfrac{dx}{\sqrt{x}}=2dt$

x	$0 \to \infty$
t	$0 \to \infty$

$x=t^2$

$$\therefore \int_0^\infty e^{-x}x^{-\frac{1}{2}}dx=\int_0^\infty e^{-t^2}\cdot 2dt$$
$$=2\cdot\frac{\sqrt{\pi}}{2}=\sqrt{\pi}\quad\text{……(答)}$$

練習問題 92

$D:\left(\dfrac{x}{a}\right)^{\frac{2}{3}}+\left(\dfrac{y}{b}\right)^{\frac{2}{3}}\leqq 1$ とおくと，求める面積 S は，$S=\iint_D dxdy$

$x=au^3,\ y=bv^3$ とおくと，D は $M:u^2+v^2\leqq 1$ に写り

$$J=\begin{vmatrix}x_u & x_v \\ y_u & y_v\end{vmatrix}=\begin{vmatrix}3au^2 & 0 \\ 0 & 3bv^2\end{vmatrix}=9abu^2v^2$$

$$\therefore\ S=\iint_M 9abu^2v^2 dudv$$
$$=9ab\iint_M u^2v^2 dudv$$

さらに，$u=r\cos\theta,\ v=r\sin\theta$ とおくと，M は $E:0\leqq r\leqq 1,\ 0\leqq\theta\leqq 2\pi$ に写り，$J=r$ だから

$$S=9ab\iint_E r^2\cos^2\theta\cdot r^2\sin^2\theta\cdot r\,drd\theta$$
$$=9ab\int_0^{2\pi}\sin^2\theta\cos^2\theta\,d\theta\int_0^1 r^5 dr$$
$$=9ab\cdot 4\int_0^{\frac{\pi}{2}}(\sin^2\theta-\sin^4\theta)\,d\theta\cdot\left[\frac{r^6}{6}\right]_0^1$$
$$=36ab\left(\frac{1}{2}\cdot\frac{\pi}{2}-\frac{3}{4}\cdot\frac{1}{2}\cdot\frac{\pi}{2}\right)\cdot\frac{1}{6}$$
$$=\frac{3}{8}\pi ab\quad\text{……(答)}$$

練習問題 93

$\sqrt{\dfrac{x}{a}}+\sqrt{\dfrac{y}{b}}+\sqrt{\dfrac{z}{c}}=1$ のとき

$\sqrt{\dfrac{z}{c}}=1-\sqrt{\dfrac{x}{a}}-\sqrt{\dfrac{y}{b}}$

$\therefore\ z=c\left(1-\sqrt{\dfrac{x}{a}}-\sqrt{\dfrac{y}{b}}\right)^2$

$D:\sqrt{\dfrac{x}{a}}+\sqrt{\dfrac{y}{b}}\leqq 1$

したがって，求める体積を V とおくと

$$V=\iint_D c\left(1-\sqrt{\frac{x}{a}}-\sqrt{\frac{y}{b}}\right)^2 dxdy$$

$\sqrt{\dfrac{x}{a}}=u,\ \sqrt{\dfrac{y}{b}}=v$ とおくと

D は $M:u+v\leqq 1,\ u\geqq 0,\ v\geqq 0$ に写る．

$x=au^2,\ y=bv^2$ だから

$$J=\begin{vmatrix}x_u & x_v \\ y_u & y_v\end{vmatrix}=\begin{vmatrix}2ax & 0 \\ 0 & 2bv\end{vmatrix}=4abuv$$

$$\therefore\ V=\iint_M c(1-u-v)^2\cdot 4abuv\,dudv$$
$$=4abc\int_0^1 u\left(\int_0^{1-u}(1-u-v)^2 v\,dv\right)du$$
$$=4abc\int_0^1 u\left\{\int_{1-u}^0 t^2(1-u-t)(-dt)\right\}du$$
$$=4abc\int_0^1 u\left[(1-u)\frac{t^3}{3}-\frac{t^4}{4}\right]_{t=0}^{t=1-u}du$$
$$=4abc\int_0^1 u\cdot\frac{1}{12}(1-u)^4 du$$
$$=\frac{1}{3}abc\int_0^1\{(1-u)^4-(1-u)^5\}du$$
$$=\frac{1}{3}abc\left[-\frac{1}{5}(1-u)^5+\frac{1}{6}(1-u)^6\right]_0^1$$
$$=\frac{1}{3}abc\left(\frac{1}{5}-\frac{1}{6}\right)=\frac{1}{90}abc\quad\text{……(答)}$$

練習問題 94

$x^2+y^2+z^2=a^2$ のとき

$z=\pm\sqrt{a^2-x^2-y^2}$

$D:x^2+y^2\leqq ax$

したがって，求める体積を V とおくと

$$V=2\iint_D\sqrt{a^2-x^2-y^2}\,dxdy$$

$x=r\cos\theta,\ y=r\sin\theta$ とおくと $J=r$

D は $r^2\leqq ar\cos\theta$ から，

$M:0\leqq r\leqq a\cos\theta,\ -\dfrac{\pi}{2}\leqq\theta\leqq\dfrac{\pi}{2}$ に写る．

$$\therefore\ V=2\iint_M\sqrt{a^2-r^2}\,r\,drd\theta$$
$$=2\int_{-\frac{\pi}{2}}^{\frac{\pi}{2}}\left(\int_0^{a\cos\theta} r\sqrt{a^2-r^2}\,dr\right)d\theta$$
$$=2\int_{-\frac{\pi}{2}}^{\frac{\pi}{2}}\left[-\frac{1}{3}(a^2-r^2)^{\frac{3}{2}}\right]_{r=0}^{r=a\cos\theta}d\theta$$

$$= 2\int_{-\frac{\pi}{2}}^{\frac{\pi}{2}} -\frac{1}{3}\{(a^2\sin^2\theta)^{\frac{3}{2}} - (a^2)^{\frac{3}{2}}\}d\theta$$

$$= \frac{2}{3}a^3 \int_{-\frac{\pi}{2}}^{\frac{\pi}{2}} (1-|\sin\theta|^3)\,d\theta$$

$$= \frac{4}{3}a^3 \int_0^{\frac{\pi}{2}} (1-\sin^3\theta)\,d\theta$$

$$= \frac{4}{3}a^3 \left(\frac{\pi}{2} - \frac{2}{3}\right) = \frac{2}{9}(3\pi - 4)\,a^3$$

……(答)

練習問題 95

$x+y=u,\ y+z=v,\ z+x=w$ とおくと与えられた不等式 D は, $M: u^2+v^2+w^2 \leq 1$ に写る.

$$x = \frac{u-v+w}{2},\quad y = \frac{u+v-w}{2},$$

$$z = \frac{-u+v+w}{2}\ \text{であるから}$$

$$J = \begin{vmatrix} x_u & x_v & x_w \\ y_u & y_v & y_w \\ z_u & z_v & z_w \end{vmatrix} = \begin{vmatrix} \frac{1}{2} & -\frac{1}{2} & \frac{1}{2} \\ \frac{1}{2} & \frac{1}{2} & -\frac{1}{2} \\ -\frac{1}{2} & \frac{1}{2} & \frac{1}{2} \end{vmatrix}$$

$$= \frac{1}{2}$$

したがって, 求める体積 V とおくと

$$V = \iiint_D dxdydz = \iiint_M \frac{1}{2}\,dudvdw$$

$$= \frac{1}{2}\iiint_M dudvdw$$

$\iiint_M dudvdw,\ M: u^2+v^2+w^2 \leq 1$ は原点中心, 半径 1 の球の体積に等しいから

$$V = \frac{1}{2} \cdot \frac{4}{3}\pi = \frac{2}{3}\pi \qquad \text{……(答)}$$

練習問題 96

(1) $z \geq 0$ のとき
$$z = \sqrt{a^2 - x^2}$$
$$D: \begin{cases} x^2 + y^2 \leq a^2 \\ x \geq 0,\ y \geq 0 \end{cases}$$
とおくと, 求める曲面積 S は対称性から

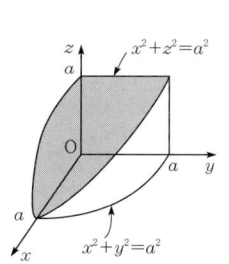

$$S = 8\iint_D \sqrt{1+\left(\frac{\partial z}{\partial x}\right)^2 + \left(\frac{\partial z}{\partial y}\right)^2}\,dxdy$$

$$= 8\iint_D \sqrt{1+\left(\frac{-x}{\sqrt{a^2-x^2}}\right)^2}\,dxdy$$

$$= 8\iint_D \frac{a}{\sqrt{a^2-x^2}}\,dxdy$$

$$= 8a\int_0^a \left(\int_0^{\sqrt{a^2-x^2}} \frac{dy}{\sqrt{a^2-x^2}}\right)dx$$

$$= 8a\int_0^a \frac{1}{\sqrt{a^2-x^2}} \cdot \sqrt{a^2-x^2}\,dx$$

$$= 8a\int_0^a dx = 8a^2 \qquad \text{……(答)}$$

(2) $z = \tan^{-1}\dfrac{y}{x}$ のとき

$$\frac{\partial z}{\partial x} = \frac{-\frac{y}{x^2}}{1+\left(\frac{y}{x}\right)^2} = \frac{-y}{x^2+y^2}$$

$$\frac{\partial z}{\partial y} = \frac{\frac{1}{x}}{1+\left(\frac{y}{x}\right)^2} = \frac{x}{x^2+y^2}$$

$\therefore\ \sqrt{1+\left(\dfrac{\partial z}{\partial x}\right)^2 + \left(\dfrac{\partial z}{\partial y}\right)^2}$

$$= \sqrt{1+\left(\frac{-y}{x^2+y^2}\right)^2 + \left(\frac{x}{x^2+y^2}\right)^2}$$

$$= \sqrt{\frac{x^2+y^2+1}{x^2+y^2}}$$

したがって, 求める曲面積 S は

$$S = \iint_D \sqrt{\frac{x^2+y^2+1}{x^2+y^2}}\,dxdy$$

$D: x^2+y^2 \leq 1,\ x \geq 0,\ y \geq 0$
$x = r\cos\theta,\ y = r\sin\theta$ とおくと, D は
$M: 0 \leq r \leq 1,\ 0 \leq \theta \leq \dfrac{\pi}{2}$ に写るから

$$S = \iint_M \sqrt{\frac{r^2+1}{r^2}}\,rdrd\theta$$

$$= \iint_M \sqrt{r^2+1}\,drd\theta$$

$$= \int_0^{\frac{\pi}{2}} d\theta \int_0^1 \sqrt{r^2+1}\,dr$$

ここで

$$\int \sqrt{r^2+1}\,dr = r\sqrt{r^2+1} - \int r \cdot \frac{r}{\sqrt{r^2+1}}\,dr$$

$$= r\sqrt{r^2+1} - \int \left(\sqrt{r^2+1} - \frac{1}{\sqrt{r^2+1}}\right) dr$$

$$2\int \sqrt{r^2+1}\, dr = r\sqrt{r^2+1} + \int \frac{dr}{\sqrt{r^2+1}}$$

$$\therefore \int_0^1 \sqrt{r^2+1}\, dr$$

$$= \frac{1}{2}\left[r\sqrt{r^2+1} + \log(r+\sqrt{r^2+1})\right]_0^1$$

$$= \frac{1}{2}\{\sqrt{2} + \log(1+\sqrt{2})\}$$

よって $\quad S = \dfrac{\pi}{2} \cdot \dfrac{1}{2}\{\sqrt{2} + \log(1+\sqrt{2})\}$

$$= \frac{\pi}{4}\{\sqrt{2} + \log(1+\sqrt{2})\} \quad \cdots\cdots(答)$$

練習問題 97

(1) 求める曲面積を S とおくと

$$S = \int_0^\pi 2\pi y \sqrt{1+y'^2}\, dx$$

$$= \int_0^\pi 2\pi \sin x \sqrt{1+\cos^2 x}\, dx$$

$\cos x = t$ とおくと
$-\sin x\, dx = dt$ から
$\sin x\, dx = -dt$

x	$0 \to \pi$
t	$1 \to -1$

$$\therefore\ S = \int_1^{-1} 2\pi \sqrt{1+t^2}\, (-dt)$$

$$= 4\pi \int_0^1 \sqrt{1+t^2}\, dt$$

$$= 4\pi \cdot \frac{1}{2}\{\sqrt{2} + \log(1+\sqrt{2})\}$$

$(\because 練習問題\ 96\ から)$

$$= 2\pi\{\sqrt{2} + \log(1+\sqrt{2})\} \quad \cdots\cdots(答)$$

(2) 求める曲面積を S とおくと

$$S = \int_{\frac{1}{2}}^2 2\pi x \sqrt{1+y'^2}\, dx$$

$$= 2\pi \int_{\frac{1}{2}}^2 x \sqrt{1+\left(\frac{1}{x}\right)^2}\, dx$$

$$= 2\pi \int_{\frac{1}{2}}^2 \sqrt{x^2+1}\, dx$$

$$= 2\pi \cdot \frac{1}{2}\left[x\sqrt{x^2+1} + \log(x+\sqrt{x^2+1})\right]_{\frac{1}{2}}^2$$

$$= \pi\left\{2\sqrt{5} - \frac{1}{2}\cdot\frac{\sqrt{5}}{2} + \log(2+\sqrt{5})\right.$$
$$\left. - \log\left(\frac{1}{2}+\frac{\sqrt{5}}{2}\right)\right\}$$

$$= \pi\left(\frac{7\sqrt{5}}{4} + \log\frac{3+\sqrt{5}}{2}\right) \quad \cdots\cdots(答)$$

練習問題 98

下の図での対称性から，$\bar{x} = \pi a$ は自明．

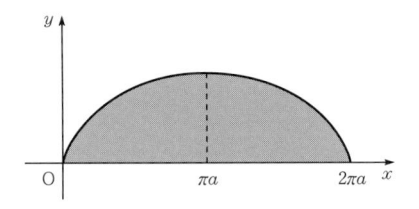

D の面積 S は

$$S = \int_0^{2\pi a} y\, dx$$

$$= \int_0^{2\pi} y \frac{dx}{dt}\, dt = \int_0^{2\pi} a^2(1-\cos t)^2\, dt$$

$$= \int_0^{2\pi} a^2 \cdot 4\sin^4 \frac{t}{2}\, dt = 4a^2 \int_0^\pi \sin^4 \theta \cdot 2\, d\theta$$

$$= 16a^2 \int_0^{\frac{\pi}{2}} \sin^4 \theta\, d\theta$$

$$= 16a^2 \cdot \frac{3}{4} \cdot \frac{1}{2} \cdot \frac{\pi}{2} = 3\pi a^2$$

$$\iint_D y\, dx\, dy = \int_0^{2\pi a} \int_0^{a(1-\cos t)} y\, dy\, dx$$

$$= \int_0^{2\pi a} \left[\frac{y^2}{2}\right]_0^{a(1-\cos t)}\, dx$$

$$= \int_0^{2\pi a} \frac{a^2}{2}(1-\cos t)^2\, dx$$

$$= \frac{a^2}{2}\int_0^{2\pi}(1-\cos t)^2 \frac{dx}{dt}\, dt$$

$$= \frac{a^3}{2}\int_0^{2\pi}(1-\cos t)^3\, dt = 4a^3 \int_0^{2\pi} \sin^6 \frac{t}{2}\, dt$$

$$= 4a^3 \cdot 2 \int_0^{\frac{\pi}{2}} \sin^6 \theta \cdot 2\, d\theta$$

$$= 16a^3 \cdot \frac{5}{6} \cdot \frac{3}{4} \cdot \frac{1}{2} \cdot \frac{\pi}{2} = \frac{5}{2}\pi a^3$$

$$\therefore\ \bar{y} = \frac{5}{2}\pi a^3 \div 3\pi a^2 = \frac{5}{6}a$$

よって，重心は $\left(\pi a,\ \dfrac{5}{6}a\right) \quad \cdots\cdots(答)$

練習問題 99

(1) 原点から点 $(2, 0)$ へ至る線分は
$\quad x = t,\ y = 0 \quad (0 \leqq t \leqq 2)$

点 $(2, 0)$ から点 $(1, 1)$ へ至る線分は

$x = 2-s, \quad y = s \quad (0 \leqq s \leqq 1)$

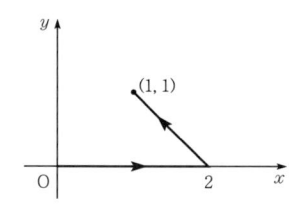

$\therefore \ I = \int_0^2 \left\{ (2x-y)\dfrac{dx}{dt} + (x+y)\dfrac{dy}{dt} \right\} dt$
$\quad + \int_0^1 \left\{ (2x-y)\dfrac{dx}{ds} + (x+y)\dfrac{dy}{ds} \right\} ds$

$= \int_0^2 2t\,dt + \int_0^1 (3s-2)\,ds$

$= \Big[t^2 \Big]_0^2 + \Big[\dfrac{3}{2}s^2 - 2s \Big]_0^1$

$= 4 + \left(-\dfrac{1}{2}\right) = \dfrac{7}{2}$

……(答)

(2) C は
$\begin{cases} x = 1 + \sin t \\ y = 2 - \cos t \end{cases}$
$\left(0 \leqq t \leqq \dfrac{\pi}{2} \right)$

と表せるので

$I = \int_0^{\frac{\pi}{2}} \left\{ (2x-y)\dfrac{dx}{dt} + (x+y)\dfrac{dy}{dt} \right\} dt$

$= \int_0^{\frac{\pi}{2}} \{ (2\sin t + \cos t) \cdot \cos t$
$\qquad + (3 + \sin t - \cos t) \cdot \sin t \} dt$

$= \int_0^{\frac{\pi}{2}} (1 + \sin t \cos t + 3\sin t)\,dt$

$= \Big[t + \dfrac{1}{2}\sin^2 t - 3\cos t \Big]_0^{\frac{\pi}{2}}$

$= \dfrac{\pi}{2} + \dfrac{1}{2} - (-3) = \dfrac{\pi}{2} + \dfrac{7}{2}$ ……(答)

練習問題 100

(1) グリーンの定理において，$P = -\dfrac{y}{2}$，$Q = \dfrac{x}{2}$ とおくと

$\int_C \dfrac{1}{2}(x\,dy - y\,dx) = \iint_D \left(\dfrac{\partial Q}{\partial x} - \dfrac{\partial P}{\partial y} \right) dxdy$

$= \iint_D dxdy$

よって，これは D の面積を表す． ……(答)

(2) $P = 0, \ Q = \pi x^2$ とおくと

$\int_C \pi x^2 \, dy = \iint_D \left(\dfrac{\partial Q}{\partial x} - \dfrac{\partial P}{\partial y} \right) dxdy$

$= \iint_D 2\pi x\,dxdy$

$= 2\pi \iint_D x\,dxdy$

D の面積を S とおくと，D を密度が一様の平面図形と考えたときの重心の x 座標 $\bar{x}$ が

$\bar{x} = \dfrac{1}{S} \iint_D x\,dxdy$

で与えられるから

$\iint_D x\,dxdy = \bar{x}S$

$\therefore \ \int_C \pi x^2\,dy = 2\pi \bar{x}S$

よって，これは D を y 軸のまわりに1回転したときの D の重心の動いた距離に D の面積 S を掛けたものである．

(**注**) パップス・ギュルダンの定理から，(2) は D を y 軸のまわりに1回転してできる立体の体積に等しい．

●著者紹介

江　川　博　康
　　え がわ　ひろ やす

横浜市立大学文理学部数学科卒業．
1976 年より予備校教師となる．
両国予備校を経て，現在は，中央ゼミナール，一橋学院で教えている．
ミスのない，確実な計算力をもとにした模範解答作りには定評がある．
数学全般に精通している実力派人気講師．
著書に『大学 1・2 年生のためのすぐわかる数学』（東京図書）
　　　　『弱点克服 大学生の線形代数』（東京図書）
　　　　『弱点克服 大学生の複素関数/微分方程式』（東京図書）
　　　　『弱点克服 大学数学の計算問題』（東京図書）他がある．

弱 点 克 服　大学生の微積分　　Printed in Japan
じゃくてんこくふく　だいがくせい　び せきぶん

2005 年 12 月 20 日　第 1 刷発行　　Ⓒ Hiroyasu Egawa 2005
2015 年 5 月 25 日　第11刷発行

著者　江 川 博 康
発行所　東京図書株式会社

〒102-0072　東京都千代田区飯田橋 3-11-19
振替 00140-4-13803　　電話 03 (3288) 9461
http://www.tokyo-tosho.co.jp

ISBN 978-4-489-00719-4

◆◆◆微積分と線形代数を完全攻略！◆◆◆
大学1・2年生のためのすぐわかる数学
●江川博康 著 ────────────A5判

大学数学にとまどう学生の弱点を熟知している著者が、高校数学から大学数学へスムーズに導き、微積分と線形代数を徹底的に理解させるために書き下ろした。

[内容]

SECTION 1．微分法

SECTION 2．1変数の積分法

SECTION 3．偏微分法

SECTION 4．重積分

SECTION 5．定積分の応用

SECTION 6．微分方程式
微分方程式の作成／変形分離形／同次形／線形微分方程式（1階）／完全微分方程式／定数係数の2階同次線形微分方程式／定数係数の2階非同次線形微分方程式／定数係数のn階線形微分方程式／微分演算子による解法／簡単な連立線形微分方程式

SECTION 7．線形代数
対称行列・交代行列／行列の分割による積／ケーリー・ハミルトンの公式／2次の正方行列のn乗／特殊な行列のn乗／行列の階数／行列式の計算／行列式の余因子展開／行列式の因数分解／行列の積の行列式／余因子による逆行列／クラーメルの公式／連立1次方程式／掃き出し法による逆行列／外積／部分空間／ベクトルの1次独立・1次従属／和空間・交空間の基底と次元／線形写像の決定／表現行列／像と核／固有値，固有ベクトル／正則行列による対角化／行列の3角化／エルミート行列の対角化

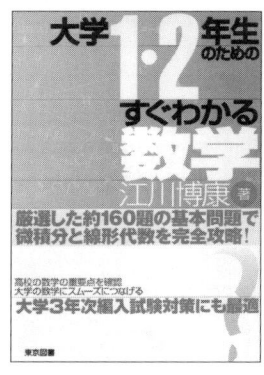

◆◆◆ 定期試験から、編入・転部、院入試対策までカバー ◆◆◆

弱点克服 大学生の微積分

●江川博康 著 ──────────────── A5判

試験問題はぜんぶ「選択問題」と考えて、自分の解ける問題をキッチリ解こう。重要100項目を見開きで一目でわかるように構成し、理解度チェックから得点力を磨くコツを伝授する。

◆◆◆ 文系学生にもわかりやすく、理解のコツと解答の仕方を伝授 ◆◆◆

弱点克服 大学生の線形代数

●江川博康 著 ──────────────── A5判

予備校でさまざまな学部生の数学の急所を熟知している著者が、線形代数の問題を解くためのプロセスと考え方を85題の典型問題で詳説、試験で実力を発揮できる工夫も満載。

◆◆◆ 微積分がスッキリと，微分方程式も見通しよく解ける ◆◆◆

弱点克服 大学生の複素関数／微分方程式

●江川博康 著 ──────────────── A5判

物理・工学現象の解析に欠かせないこの分野は、オイラーの公式 $e^{i\theta} = \cos\theta + i\sin\theta$ により、微積分の見通しが格段によくなり、微分方程式のスッキリとした解法にもつながる。豊富な図とていねいな計算過程で複素関数33題、微分方程式67題を詳説。

◆◆◆ 大学数学の基礎固めに，実力UP！ ◆◆◆

弱点克服 大学数学の計算問題

●江川博康 著 ──────────────── A5判

理工系でもっともよく使う、大学数学のエッセンスを88題に集約！ 計算問題のテクニックも熟知した、予備校で編入・転部クラスを担当する著者が、計算過程からていねいに解説。

◆◆◆ 親切設計で完全マスター！ ◆◆◆

改訂版 すぐわかる微分積分
改訂版 すぐわかる線形代数

●石村園子 著　　　　　　　　　　　　　　　A5判

じっくりていねいな解説が評判の定番テキスト。無理なく理解が進むよう［定義］→［定理］→［例題］の次には，［例題］をまねるだけの書き込み式［演習］を載せた。学習のポイントはキャラクターたちのつぶやきで，さらに明確に。ロングセラーには理由がある！

すぐわかる代数
●石村園子 著　　　　　　　　　　　　　　　A5判

すぐわかる確率・統計
●石村園子 著　　　　　　　　　　　　　　　A5判

すぐわかる微分方程式
●石村園子 著　　　　　　　　　　　　　　　A5判

すぐわかるフーリエ解析
●石村園子 著　　　　　　　　　　　　　　　A5判

すぐわかる複素解析
●石村園子 著　　　　　　　　　　　　　　　A5判